후쿠오카

유후인 | 나가사키 | 벳푸 | 기타큐슈

| 테마북 |

절대 놓칠 수 없는
최신 여행 트렌드

전상현 · 두경아 지음

길벗

무작정 따라하기 후쿠오카

The Cakewalk Series - FUKUOKA

초판 발행 · 2017년 8월 2일
초판 5쇄 발행 · 2018년 3월 9일
개정판 발행 · 2018년 8월 22일
개정판 4쇄 발행 · 2019년 2월 22일
개정 2판 발행 · 2019년 5월 16일
개정 2판 2쇄 발행 · 2019년 7월 1일
개정 3판 발행 · 2023년 5월 31일
개정 4판 발행 · 2025년 3월 14일

지은이 · 전상현 · 두경아
발행인 · 이종원
발행처 · (주)도서출판 길벗
출판사 등록일 · 1990년 12월 24일
주소 · 서울시 마포구 월드컵로10길 56(서교동)
대표전화 · 02)332-0931 | **팩스** · 02)322-0586
홈페이지 · www.gilbut.co.kr | **이메일** · gilbut@gilbut.co.kr

편집팀장 · 민보람 | **기획 및 책임편집** · 방혜수(hyesu@gilbut.co.kr)
표지 디자인 · 강은경 | **제작** · 이준호, 손일순 | **영업마케팅** · 정경원, 김진영, 조아현, 류효정 | **유통 혁신** · 한준희
영업관리 · 김명자 | **독자지원** · 윤정아

본문 디자인 · 김영주 | **교정** · 이정현
CTP 출력 · 인쇄 · 제본 · 상지사 피앤비

ISBN 979-11-407-1445-2 13980
(길벗 도서번호 020245)

정가 17,000원

INSTRUCTIONS
무작정 따라하기를 소개합니다.

이 책에 수록된 관광지, 맛집, 숙소, 교통 등의 여행 정보는 2025년 2월 기준이며 최대한 정확한 정보를 싣고자 노력했습니다. 하지만 출판 후 또는 독자의 여행 시점과 동선에 따라 변동될 수 있으므로 주의 부탁드립니다.

VOL 1 테마북

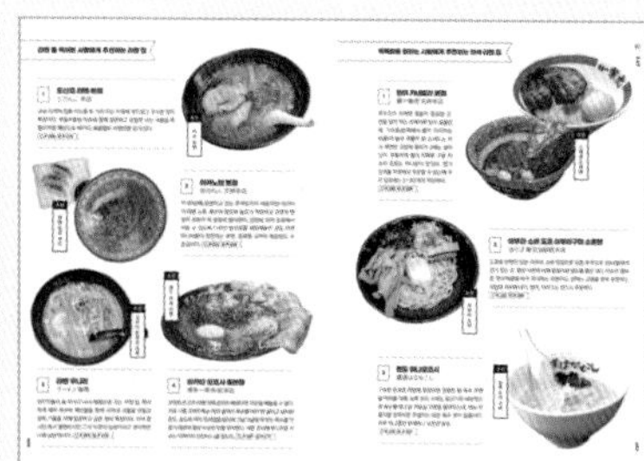

- 최신 소식과 다양한 여행 테마를 한 번에!
- 새로운 정보를 한 번에 파악하는 뉴스레터
- 각 지역별 위치 및 특징, 체크리스트를 소개하는 지역 한눈에 보기 페이지
- 필요한 정보만 쏙 골라 볼 수 있는 관광, 음식, 쇼핑, 체험 등 다양한 테마 구성

VOL 2 가이드북

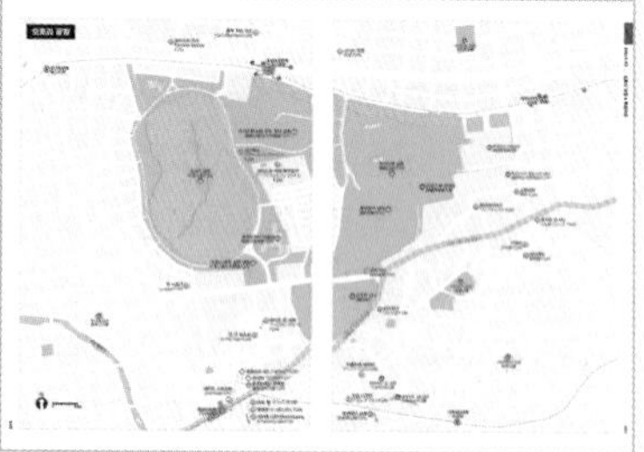

- 각 지역별 여행 코스와 정보를 알기 쉽게 쏙!
- 해당 지역으로 이동할 때 이용해야 할 교통 정보를 한 페이지에 보여주는 교통편 한눈에 보기
- 각 지역별로 소개하는 모든 장소를 한글과 일어, 소개한 페이지와 연동한 정확한 실측 지도
- 해당 지역을 고민 없이 완벽하게 둘러볼 수 있는 지역별 추천 여행 코스
- 지역별 관광, 음식, 쇼핑 체험 장소 정보를 일목요연하게 정리한 여행 정보 페이지

이 책에 사용된 아이콘

추천 관광	체험	주차장	노면전차	VOL.1 VOL.1 페이지
추천 음식	숙소	버스 정류장	관광열차	구글 지도 구글맵 검색어
추천 쇼핑	관공서	택시 정류장	공항	가는 방법
추천 체험	우체국	삼림	여객선 터미널	주소
호텔	학교	버스 터미널	여행 안내소	운영 시간
관광	렌터카	기차역	VOL. 2 페이지	휴무일
식당	ATM	지하철역	VOL. 2 지도	가격
쇼핑	로커	전철역	MAP 지도 페이지	홈페이지

PROLOGUE

나의 20대와 30대를 보낸 규슈!

제 생애 첫 해외여행지는 일본 시모노세키였습니다. 지금처럼 저가 항공사가 난립하던 때는 아니어서 항공편 대신 배를 타고 다녀왔죠. 15년도 더 된 일이지만 그때의 기억이 생생합니다. 장마의 시작을 알리는 세찬 비바람이 불던 날이었죠. 파도도 꽤 높아서 여객선의 출항 여부도 불투명하던 때 마치 기적처럼 먹구름이 사라져 우여곡절 끝에야 첫 단추를 꿰었습니다. 물론 평소에는 거의 하지 않는 멀미를 심하게 하기는 했지만요. 그렇게 둘러본 시모노세키는 제게 새로운 문을 열어주는 것만 같았습니다. 조선통신사가 일본에 첫발을 디뎠다는 '조선통신사 상륙지'에서는 고작 반나절 멀미로 고생했던 주제에 '조선시대에는 어떻게 대한해협을 건넜을까?' 싶어 감정이입이 되었고요. 일본에서 처음 맛보는 가라토 시장의 신선한 스시 한입에 눈물이 울컥 터지려는 걸 억지로 참은 기억도 있습니다. 3박 4일의 짧은 여행이었지만 그 여행이 제게 준 좋은 기억 덕분에 '여행 작가'라는 일을 하게 되었어요.

그리고 몇 년 후, 규슈 여행 가이드북 집필을 맡게 되었습니다. 저희의 현장 취재 제1원칙이 '직접 경험한 것을 토대로 정직하게 책을 내자!'였기 때문에 후쿠오카에 거처를 마련하는 것이 취재의 시작이 되었어요. 마침 단기 월세로 나온 곳이 있어 어찌저찌 후쿠오카살이가 시작되었고 단숨에 후쿠오카의 매력에 빠져버렸습니다. 계획성이라고는 1도 없는 대문자 P형 인간이라 취재 일정이 당초 생각했던 것보다 2배 이상 길어지고 원고 집필 작업도 덩달아 늦어졌지만 매일 새로운 경험을 할 수 있다는 것이 행복했습니다. 3년이나 되는 시간을 들여 완성된 책을 받았을 때는 얼마나 행복했는지 몰라요. 20대 후반에 시작한 후쿠오카 취재가 30대 초반이 되어 끝났고 이제는 40대를 앞두고 있습니다.

요즘은 5년에 한 번 강산이 바뀐다고 하죠? 후쿠오카도 그간 많은 부분이 달라졌습니다. 한 달에 한 번은 후쿠오카 취재를 다녀오지만 그때마다 달라져 흠칫 놀랄 정도니 보통의 여행자는 오죽할까 싶어요. 이 책을 통해 하루가 다르게 바뀌는 후쿠오카 소식을 알릴 수 있다면 더할 나위 없이 행복할 것 같습니다.

전상현

Special Thanks to

2017년 세상에 나온 《무작정 따라하기 후쿠오카》가 어느덧 출간 8년 차가 됐습니다. 짧지 않은 시간, 완성도 있는 책을 위해 힘써 주신 많은 분들이 계셔서 작가들도 힘이 납니다. 감사합니다.

제가 가장 사랑하는 뮤지컬 <이프 덴>의 'Always Starting Over'라는 넘버에는 이런 가사가 있습니다.

'가보지 못한 길에 미련 없어. 널 만나 사랑한 그 삶이면 난 충분해. 어떤 운명 어떤 미래 두렵지 않아. 다 받아줄게. 그 어떤 아픔도 내게 온다면 내 인생.'

어쩌면 지난 12년간 여행 작가로서의 제 인생을 관통하는 가사가 아닐까 싶어 한동안 귀에 피가 나도록 들었습니다. 돌이켜 보면 코로나19, 일본 불매운동 등 크고 작은 굴곡이 있을 때마다 온몸으로 큰 파도를 넘어온 것 같네요. 사력을 다해 파도를 넘고 또 넘느라 지칠 때면 마치 통과의례처럼 처음 제 이름 석 자가 적힌 책을 받은 날을 떠올리곤 했습니다. 그러면 힘든 순간마저 제 인생에 담을 수 있겠더라고요. 아프고 후회로 가득한 순간조차 제 인생을 걸고 살았던, 그 당시에는 빛나던 시절이라는 것을 인정하고 받아들이는 데 이렇게 오랜 시간이 걸렸어요. 저의 빛나는 20대와 30대를 모두 담은 책을 또 한 번 여러분께 선보입니다.

"여권 챙기셨나요?"

언젠가 여행 강의로 만난 분께 이런 질문을 받은 적이 있어요.

"작가님의 다음 여행이 궁금합니다.(기대에 찬 눈빛)"

"내일 새벽 비행기 타고 일본에 갑니다."

"앗, 내일 새벽이요?"

2015년 겨울, 《무작정 따라하기 후쿠오카》 집필 계약서에 도장을 찍은 뒤로 일본 여행은 특별한 이벤트가 아닌 삶의 일부분이 되었어요. 후쿠오카에 집을 얻어 살면서 취재를 했고, 책이 출간된 후에도 또 다른 책 《지금은, 일본 소도시 여행》을 집필하며 1년의 반은 일본에서 보냈습니다. 일본 전역을 여행하며 마음 깊이 사랑에 빠진 소도시도 많지만, 제 첫사랑은 늘 후쿠오카였어요. 그래서 저는 일본 어느 도시로 입국(in)하더라도, 출국(out)하는 도시는 언제나 후쿠오카였습니다. 비록 취재가 주목적이었지만, 후쿠오카는 쇼핑하기도 좋고, 먹으러 가도 좋고, 쉬러 가도 좋은 곳이잖아요. 코로나19 팬데믹을 거치며 많은 것이 바뀌었지만, 후쿠오카의 변화는 일본의 다른 어떤 도시들에 비해 특히 놀라운 것 같아요. 그 변화를 온몸으로 느끼며 개정판 취재를 했습니다. 8년 전보다 정확히 8배는 흥미로워진 것 같아요.

흔히 '끼리끼리 논다'고 하죠. 제 주변 지인들은 저 못지않은 여행 마니아들입니다. 그러니 모임 끝에는 언제나 술주정처럼 "아~ 여행 가고 싶다"를 외칩니다. 그럴 땐 제가 솔깃한 제안을 던지죠.

"내일 뭐 해?" "별일 없어." "그럼 당일치기로 후쿠오카 다녀오자!"

아, 물론 제 지인 대부분은 저와 후쿠오카에 다녀온 경험이 있지만, 그래도 '당일치기 후쿠오카'는 언제나 주목을 끌기 좋은 단어입니다.

"자, 오전 6시 50분 비행기를 타. 그럼 후쿠오카 공항에는 8시 30분쯤 도착하겠지? 후쿠오카는 공항하고 시내랑 엄청 가까워. 그러니까, 서울역과 명동 정도 거리라고 보면 돼."

이쯤 되면 말도 안 된다며 코웃음을 치던 지인들의 눈빛이 반짝이기 시작합니다.

"돌아오는 마지막 비행기가 저녁 8시 *항공이야. 그러니 넉넉히 8시간 여행이 가능하지? 자, 이제 여권을 챙겨볼까?"

물론 시간이 허락한다면, 당일치기가 아닌 그 이상이라면 더 좋겠죠. 중요한 건 후쿠오카 여행은 '마음만 먹는다면' 지금 당장이라도 가능하다는 사실입니다. 자, 그럼 여권 유효기간부터 확인해볼까요?

두경아

Special Thanks to

초판을 낼 때는 취재를 도와주신 분들이 너무 많아서 감사 인사를 나눌 자리가 부족할 정도였습니다. 그로부터 8년이 지나면서, 코로나19 팬데믹을 제외하고는 해마다 개정판을 내다 보니, 책의 콘텐츠가 아주 많이 바뀌었고, 처음의 다정한 이름들을 지울 수밖에 없었습니다.

책을 마무리하며 감사 글을 쓰다 보면, 고마운 사람들의 얼굴을 새삼 떠올리게 되는데, 이번에는 그 누구보다도 지금 이 글을 읽고 계실 독자 여러분이 생각났어요. 지난 8년 동안 이 책을 읽어주신 독자분들은 어떤 분들일까 궁금해지면서, 언젠가 만나 뵙고 "이 책과 함께한 여행은 어땠나요?"라고 묻어 싶어졌습니다. 감사합니다, 여러분. 늘 유용하고 알찬 정보로 후쿠오카 여행의 든든한 친구가 되어드리고 싶습니다.

그리고 애정을 담아 우리 책을 꼼꼼히 편집해주신 방혜수 에디터님, 늘 시덥지 않은 농담으로 위안을 주고받았던 전상현 작가에게 다시 한번 감사 인사를 전합니다.

CONTENTS
VOL.1 테마북

CONTENTS
VOL.2 가이드북

INTRO

AREA

FUKUOKA

HOT & NEW 13

2025~2026

1 | 더욱 발전한 후쿠오카 공항

2025년 3월 완공한 제2 활주로와 국제선 터미널 증축 공사로 탑승 터미널과 면세점이 최대 4배 넓어졌습니다. 항상 붐비던 식당가도 확충했죠. 8개의 F & B 브랜드가 입점해 기존 3개뿐이던 식당이 11개로 대폭 늘어났어요. 보안 검색 레인도 6개에서 11개로 확장하고 국제선과 국내선 터미널을 잇는 도로도 개선해 이동 거리가 15분에서 5분으로 단축되어 공항에서 시내까지 지하철 접근성이 한층 좋아졌습니다.

2024년 12월에는 공항 내 버스 터미널 역할을 담당하는 액세스 홀(アクセスホール)을 완공했습니다. 시설 개선은 물론이고, 환승 편의성까지 한층 강화했습니다. 이곳에서 규슈 지역 곳곳을 더욱 편하게 갈 수 있습니다. 국내선 터미널과 국제선 터미널을 잇는 셔틀버스 및 택시 탑승 장소도 바뀌었습니다. 액세스 홀에서 오른쪽으로 나가면 바로 보이는 위치입니다. 하카타행 시내버스와 모든 고속버스는 액세스 홀에서 탑승할 수 있어요.

기존 국제선 터미널 편의/서비스 시설이 모두 옮겨 간 액세스 홀

넓고 깔끔하게 탈바꿈한 고속버스 승차장

JR 규슈 레일 패스 교환처

국내선 터미널과 국제선 터미널을 잇는 셔틀버스

2 | 텐진은 지금 대규모 공사 중

1976년 완공해 약 45년간 텐진의 얼굴이었던 텐진 코어와 텐진 비브레, 임즈 건물이 완전 철거됐어요. 이 자리에는 각각 2025년, 2026년 완공을 목표로 대형 상업 시설과 오피스, 호텔 등 복합 빌딩이 들어선다고 합니다.

3 | 올 규슈 패스 출시

규슈 지역 내 신칸센(규슈 신칸센, 니시 규슈 신칸센)과 JR 일반 및 쾌속 열차, 고속버스 및 시내버스, 일부 페리 노선을 무제한으로 이용할 수 있는 '올 규슈 패스'가 2024년 11월 출시됐습니다. 10일 기간 중 3일을 지정해서 사용할 수 있으며 마이 루트(My Route) 앱 또는 공식 판매처를 통해 쉽게 구입할 수 있어요. 가격은 성인 3만7000¥, 아동 2만4500¥.

4 | 후쿠오카 숙박비 급상승

코로나19와 인플레이션, 엔저의 영향으로 후쿠오카 숙박 요금이 많이 오른 상태입니다. 특히 텐진이나 하카타 등 도심 지역 호텔의 숙박비는 코로나19 직전 대비 2배 가까이 상승했습니다. 주말에는 빈방을 구하기가 힘들어 교통비를 추가 부담하더라도 기타큐슈(고쿠라), 시모노세키, 미나미 후쿠오카 등 인접 도시나 교외 지역에 숙박하는 게 나을 수 있습니다.

5 | 후쿠오카에 주목하는 패션 브랜드

대형 스포츠&아웃도어 제품 전문점인 알펜(ALPEN)이 도쿄에 이어 일본 두 번째 플래그십 스토어로 후쿠오카를 택했습니다. 캐널 시티 하카타 1~3층에 무려 3000평이 넘는 규모로 상품을 체험해볼 수 있는 구역도 생겼어요. 패션 브랜드도 후쿠오카 진출에 적극적입니다. 요즘 일본에서 제일 잘나가는 스트리트 패션 브랜드 중 하나인 휴먼메이드(HUMAN MADE)는 후쿠오카 다이묘에 직영점을 열었습니다.

6 | 후쿠오카는 지금 가챠 붐!

우리나라의 '뽑기'에 해당하는 가챠(ガチャ)의 인기가 대단합니다. 여행객들이 많이 찾는 장소 위주로 가챠 숍이 하나둘 생기는 추세입니다. 가챠에 흥미가 없더라도 캐릭터 제품부터 각종 브랜드 컬래버레이션 제품까지, 종류가 무척 다양해서 소장 욕구가 200% 솟아오릅니다. 인기 제품은 순식간에 매진되기도 하니 서두르세요!

+ TIP

추천하는 후쿠오카 가챠 성지 Best

1. 요도바시 카메라 지하 1층
2. 캐널 시티 하카타 지하 1층
3. 파르코 본관 7층
4. 텐진 중심가의 가챠 전문 숍

7 | 2025년 최고의 관심사, 원 후쿠오카 빌딩 오픈

공사 단계부터 모두의 관심을 받았던 '원 후쿠오카 빌딩(ONE FUKUOKA)'이 마침내 오픈합니다. 서울 강남역 사거리의 삼성타운, 도쿄 롯폰기 모리타워, 뉴욕 허드슨야드를 탄생시킨 'KPF'건축 사무소에서 설계를 했고요. 일본 최대 규모의 샤넬 매장, 규슈 최초로 들어서는 메종키츠네와 카페키츠네, 도쿄 긴자의 유명 고급 문구매장인 이토야, 후쿠오카 최대 규모의 츠타야 서점 등이 입점되어 있습니다. 2025년 4월 24일 오픈해요!

8 | 길어진 후쿠오카 공항 입국 소요 시간

엔저의 영향으로 우리나라뿐 아니라 중국, 대만, 홍콩, 태국 등에서 여행객이 몰리면서 입국 소요 시간이 길어지고 있습니다. 그나마 오전에는 20~30분 정도로 매우 쾌적한 편이고요. 시간이 늦어질수록 대기 시간이 길어지고 있습니다. 피크 타임은 오후. 길면 2시간 이상 소요되기도 해요.

10 | 후쿠오카 공항~호텔 짐 배송 서비스 인기

무거운 짐을 끙끙대며 갖고 다니기 버겁다면 공항에서 호텔까지 짐을 배송해주는 서비스를 이용해보세요. 가격이 저렴하고 절차가 까다롭지 않아 인기를 얻고 있습니다.

+ TIP

짐 배송업체 '카고 패스(Cargo Pass)'

· **접수 방법(한국에서)** 머무르는 호텔이 카고 패스 제휴 호텔인지 확인한 뒤 카카오톡(https://pf.kakao.com/_JnZDG)으로 접수하기. 한국어 응대 가능.
· **접수 방법(일본에 도착해서)** 후쿠오카 공항 국제선 터미널 1층 전용 카운터에서 묵는 호텔 바우처를 보여준 뒤 직원의 안내에 따라 접수.
· **요금** 짐 1개당 550¥, 15kg 이상 1100¥ · **운영 시간** 08:30~20:30
· **짐 배송 접수 가능 시간** 공항 → 호텔 08:30~14:00 / 호텔 → 공항 당일 10:00까지

9 | 교통 패스권은 이제 필수가 아닌 선택!

외국인 전용 교통 패스가 여행 필수품이었지만 2024년을 기점으로 교통 패스권 가격이 대폭 인상해 가격경쟁력이 많이 떨어졌습니다. 그나마 고속버스 및 시내버스를 무제한 탈 수 있는 산큐 패스, 후쿠오카와 기타큐슈(고쿠라, 모지코)를 모두 둘러볼 수 있는 JR 규슈 모바일 패스(후쿠오카 와이드 에어리어) 정도는 여전히 가성비가 괜찮습니다. 그 외에는 글쎄요.

11 | 역사 속으로 사라진 퀸비틀 고속선

지난 2024년 12월 말, 부산과 후쿠오카를 연결해주던 퀸비틀 여객선이 사업 철수를 결정했습니다. 선박 결함 은폐로 일본 당국의 수사를 받으며 운항을 무기한 중지한 바 있죠. 여러 차례 운항 재개를 시도했지만 결국에는 이사회에서 사업 철수를 하겠다고 결정했어요. 이제 부산과 후쿠오카를 잇는 여객선은 고려훼리에서 운항하는 '카멜리아호'가 유일합니다.

12 | 캐널 시티의 인기 하락

캐널 시티 레노베이션 공사가 길어지고 입점 브랜드가 많이 축소되며 예전과 같은 인기를 끌지 못하고 있습니다. 심지어 라라포트, 미나 텐진, 마크이즈 모모치 등 대형 쇼핑몰이 잇따라 개장하며 인기가 끝없이 추락하고 있습니다. 입점 식음료 브랜드도 다른 쇼핑몰에 비해 적은 데다 그마저도 유명 맛집은 거의 없고 평범한 체인 레스토랑 위주라 시간을 내서 다녀오기보다 지나가는 길에 들르는 것을 추천합니다.

13 | 요즘 뜨고 있는 후쿠오카 근교 & 소도시 여행

요즘은 벳푸와 나가사키 같은 전통적인 여행지보다 히타(日田), 모지코(門司港), 시모노세키(下関), 이토시마(糸島) 등 후쿠오카에서 가까운 거리에 있는 소도시가 인기 높습니다. 대중교통도 잘 갖춰져 있고 볼거리도 많기 때문이죠. 시간이 부족하다면 패키지 여행과 자유 여행의 장점을 합친 버스 투어로도 다녀올 수 있으니 일정 중 하루 정도는 소도시 여행 어떠세요?

요즘 가장 뜨는 여행지, 히타

레트로풍 건물과
개항 음식이 맛있는 모지코

해산물이 맛있는 시모노세키

신비로운 분위기의 소도시 이토시마

AREA

후쿠오카 지역 정보

국명 / 국기

일본

Japan / にほん

일장기의 붉은 동그라미는 태양을 뜻한다. 나라 이름은 '태양의 중심, 태양이 나오는 나라'라는 뜻을 지녔다.

언어

일본어

일본어를 사용하며 글씨는 중국에서 온 한자와 일본 문자인 히라가나와 가타카나를 병용한다.

일본의 공휴일·영업시간

1월 1일 설날
1월 둘째 주 월요일 성인의 날
2월 11일 건국 기념일
3월 20일(또는 21일) 춘분
4월 29일 쇼와의 날
5월 3일 헌법 기념일
5월 4일 녹색의 날
5월 5일 어린이날
7월 셋째 주 월요일 바다의 날
8월 11일 산의 날
9월 셋째 주 월요일 경로의 날
9월 23일(또는 24일) 추분
10월 둘째 주 월요일 체육의 날
11월 3일 문화의 날
11월 23일 근로 감사의 날
12월 23일 일왕 탄생일

위치와 면적

규슈(九州)는 일본에서 세 번째로 큰 섬으로, 일본 최남단에 위치한다. 면적은 3만6753km²로 일본 면적(37만7915km²)의 약 10분의 1에 해당하며, 우리나라(남한) 면적(10만210km²)의 3분의 1 정도다.
규슈 북부에 자리한 후쿠오카(福岡)는 삼면이 산으로 둘러싸인 곳으로, 대한해협을 향해 펼쳐진 후쿠오카 평야의 중앙에 위치한다.

시차, 소요 시간

비행시간 : 50분~1시간 10분, 시차 없음

후쿠오카를 포함한 일본 전역은 한국과 시차가 없다. 인천공항에서 비행기를 타면 1시간 10분 정도 걸린다.

비자 & 여권

90일 이하 체류 시 비자 면제

대부분의 나라는 유효기간이 6개월 이상 남아 있는 여권을 소지해야 하지만, 일본은 귀국 항공편만 있다면 여권 유효기간은 크게 문제 되지 않는다. 관광 목적 등 90일 이하의 기간 동안 체류할 때는 비자가 면제된다.

후쿠오카 대한민국 총영사관

여권 분실, 도난 등 여행 중 문제가 생겼다면 전화 문의를 한 뒤 후쿠오카에 자리한 대한민국 총영사관을 방문하자.

주소 福岡県福岡市 中央区地行浜1-1-3
전화 092-771-0462

전기 & 전압

전압 100V, 콘센트 2구형

일본의 전압은 100V이며 납작한 2구 전기 콘센트 플러그를 사용한다. 일본에서 우리나라 전자 제품을 사용할 때는 일명 '돼지코'라고 하는 변압 어댑터를 꽂으면 사용할 수 있는데, 요즘은 C타입, USB 포트, 일반 플러그 등 다양한 제품을 한번에 사용할 수 있는 제품이 인기다. 여러 제품을 한꺼번에 사용하면 고장이 날 수 있으니 가용 전력 및 최대 정격전력 사양을 반드시 체크하자.

화폐

100¥ = 약 960원(2025년 2월 기준)

일본의 화폐 단위는 엔(￥)이며 100¥당 환율은 930~1000원이다. 화폐는 동전과 지폐로 나뉜다. 동전은 1¥, 5¥, 10¥, 50¥, 100¥, 500¥이 있으며, 지폐는 1000¥, 5000¥, 1만¥이 있다. 지난 2024년 7월 1000¥, 5000¥, 10000¥ 지폐 신권을 도입하며 디자인이 바뀌었는데 일부 자판기, 버스 요금기, 키오스크에서는 신권이 인식되지 않아 구권 사용만 가능한 경우도 있으니 주의하자.

1¥ 5¥ 10¥ 50¥ 100¥ 500¥

1만¥

5000¥

1000¥

와이파이

백화점이나 쇼핑몰, 커피숍 등에서는 와이파이를 제공하고, 후쿠오카시에서 제공하는 '후쿠오카 시티 와이파이(Fukuoka City Wifi)' 존이 후쿠오카 시내에 439개나 된다. 홈 화면에 접속해 한 번만 등록하면 6개월간 계속 사용할 수 있어 편리하지만, 시간이나 횟수의 제약이 있으니 주의하자. 또 스프트뱅크에서 외국인에게만 제공하는 '프리 와이파이 패스포트(Free Wifi Passport)는 한번 등록하면 일본 내 40만 곳의 핫스폿에서 2주간 무료로 사용할 수 있다.

* 로손, 패밀리마트, 세븐일레븐 등 주요 편의점은 무료 와이파이 서비스를 제공하고 있다.

소비세·숙박세·입욕세

일본은 소비세 8~10%를 포함하지 않고 가격을 공지하는 경우가 있다. 일상생활과 밀접한 물건 및 서비스의 경우에는 8%의 소비세를, 주류와 외식비에는 10% 소비세를 부과한다. 가격에 '税込'라고 표시돼 있으면 소비세를 포함한 금액이고, '+税'로 표기된 경우는 소비세를 더 내야 한다. 숙박세는 관광 인프라 개선과 도시 환경 정비 등을 명목으로 호텔과 료칸, 민박 시설 투숙객에게 부과하는 지방세다. 세금이 적용되는 숙박료에는 식사와 소비세는 포함되지 않는다. 후쿠오카시에서 숙박할 경우 숙박세는 숙박료가 2만¥ 미만일 경우 1인당 1박에 200¥, 2만¥ 이상일 경우 500¥이 부과된다. 유후인, 벳푸, 나가사키 등 후쿠오카 이외 규슈 도시에서는 일괄 1박 200¥이다. 이때 료칸이나 온천 호텔에 투숙할 경우 숙박세 외에 입욕세가 별도로 발생한다. 보통 1인당 1박에 150¥이다. 숙박세와 입욕세는 체크인 시 현지에서 지불하는 경우가 많다.

신용카드·체크카드·페이

일본에서는 예전과 달리 돈키호테, 백화점, 편의점 등 관광객이 주로 찾는 업소에서 카드를 편리하게 사용할 수 있으나, 여전히 현금 결제만 가능한 곳이 있다. 특히 료칸은 인터넷을 통해 카드로 예약했더라도 현장에서 현금으로 지불해야 하는 곳이 많다. 카드는 마스터카드, 비자 등이 무난하다. 또 현금이 필요할 경우를 대비해 신용카드 이외에 현금을 인출할 수 있는 체크카드를 준비하도록 하자. 요즘에는 네이버페이(라인페이)와 카카오페이, 애플페이 등도 쉽게 사용할 수 있다.

환전

환전은 국내에서 하는 것이 이득이다. 거래 은행의 인터넷뱅킹으로 환전 신청을 한 뒤 출국 날 해당 은행 공항 지점에서 받아 가는 것이 좋다. 요즘은 충전식 트래블 체크카드 하나만 있으면 일본 현지 ATM 기기로 필요할 때마다 엔화를 인출하거나 결제할 수 있어 편리하다.

AREA

후쿠오카 한눈에 보기

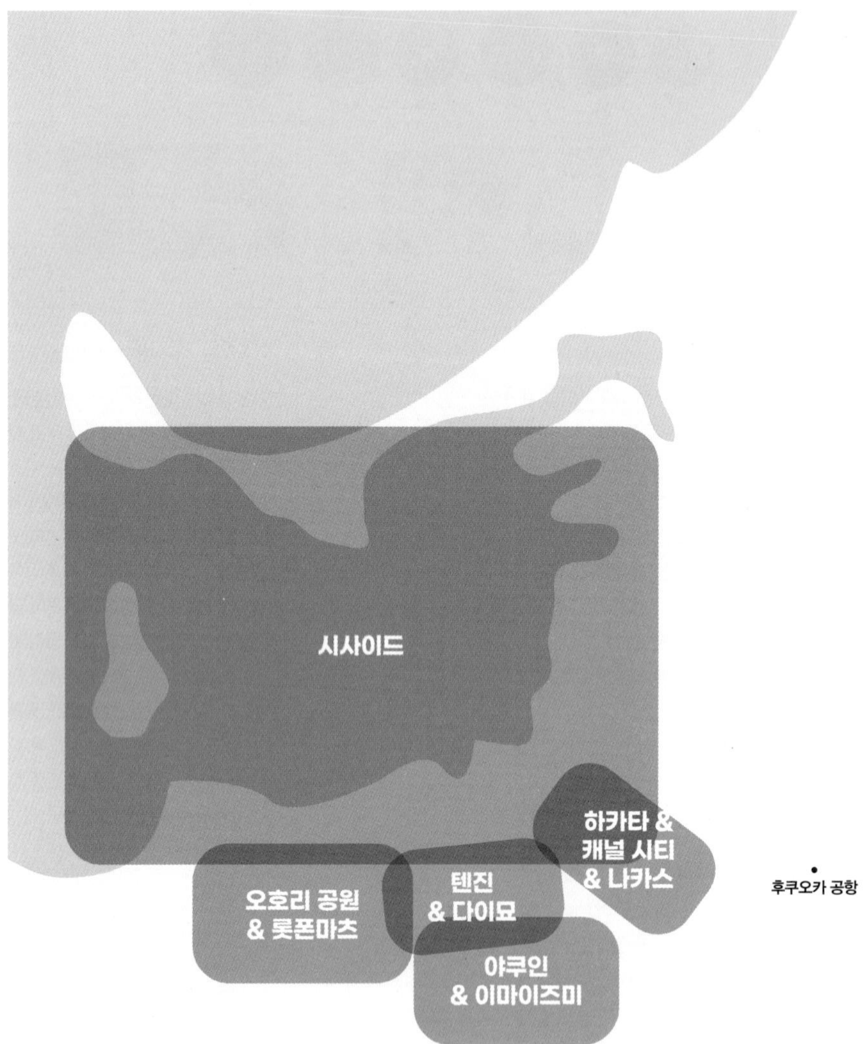

AREA 1 하카타 & 캐널 시티 & 나카스

관광	쇼핑	식도락
★★★☆☆	★★★★★	★★★★★

후쿠오카 교통의 중심. 공항에서 가깝고 버스 투어, 고속 버스, 열차를 이용하기에도 편리해 규슈 여행의 중심지 역할을 한다. 대형 쇼핑몰과 백화점이 밀집되어 쇼핑과 미식 여행에도 제격이다.

CHECK LIST

- 하카타식 돈코츠 라멘과 우동 맛보기
- 도심 속 신사 탐방
- 나카스 & 나카강 산책하기

AREA 2 텐진 & 야쿠인

관광	쇼핑	식도락
★★★☆☆	★★★★★	★★★★★

유명 백화점과 쇼핑센터, 각종 숍이 빽빽하게 들어선 쇼핑 특구이자 후쿠오카 중심가다. 대부분 텐진 지하상가로 연결되어 있어 쇼핑하기 편리한 것도 장점. 바로 옆에 자리한 다이묘와 이마이즈미, 야쿠인도 각각의 특색이 있으니 꼭 한번 들러보자.

CHECK LIST

- 백화점, 면세점, 스트리트 숍 쇼핑하기
- 야쿠인의 트렌디한 카페 들르기
- 다이묘 쇼핑하며 걷기

AREA 3 오호리 공원 & 롯폰마츠

관광	쇼핑	식도락
★★★★☆	★★☆☆☆	★★★☆☆

후쿠오카의 센트럴 파크라고 할 수 있는 오호리 공원이 있는 지역이다. 산책하거나 자전거를 타고 후쿠오카의 멋진 풍경을 즐기기에 좋다. 롯폰마츠는 서울의 연남동 같은 곳으로 트렌디한 맛집과 카페가 몰려 있다.

CHECK LIST

- 오호리 공원 산책하기
- 특색 있는 카페 순례하기
- 롯폰마츠 미식 탐방하기

AREA 4 시사이드

관광	쇼핑	식도락
★★★★★	★★★☆☆	★★☆☆☆

하카타나 텐진에서 택시로 10분 정도면 바다를 만날 수 있는 베이사이드 플레이스 주변, 노을과 야경이 예쁜 후쿠오카 타워, 시사이드 모모치 해변 공원이 있는 지역으로 나눠져 있다. 이동 소요 시간이 길고 교통이 불편해 부지런히 다녀야 한다.

CHECK LIST

- 노코노시마에서 봄가을 꽃구경하기
- 후쿠오카 타워에서 탁 트인 전망 보기
- 우미노나카미치 수족관 구경하기

AREA

북규슈 한눈에 보기

AREA 5 다자이후

후쿠오카에서 약 30분 거리

관광	쇼핑	식도락
★★★★★	★★☆☆☆	★★★☆☆

학문의 신을 모시는 다자이후 텐만구와 참배 길을 따라 들어선 상점가가 대표적인 볼거리다. 반나절 정도 시간을 내 다녀오거나 유후인이나 벳푸 가는 길에 잠깐 들르는 식으로 여행하는 사람이 많다. 그늘이 거의 없어 한여름에는 비추천.

CHECK LIST

- 학문의 신에게 합격 빌어보기
- 참배 길을 따라 걸으며 숍 구경하기
- 기모노 대여해서 인생사진 남기기

AREA 6 이토시마

후쿠오카에서 약 1시간 거리

관광	쇼핑	식도락
★★★★★	★☆☆☆☆	★★★★☆

조용한 해변 마을. 최근 SNS를 통해 사진 찍기 좋은 곳으로 급부상해 일부러 찾아가는 여행자들이 많다. 이토시마반도 1일 프리패스를 사용해 돌아보거나 렌터카로 가는 것이 편하다. 반드시 맑은 날 방문하자.

CHECK LIST

- 바다 위 신사를 배경으로 사진 찍기
- 후타미가우라 해변 따라 걷기
- 해변 카페에서 시간 보내기

AREA 7 유후인

후쿠오카에서 약 2시간 거리

관광	쇼핑	식도락
★★★★☆	★★☆☆☆	★★★★☆

작은 온천 마을. 유후산과 긴린 호수 등 멋진 자연경관 덕분에 어느 료칸을 가더라도 만족스럽다. 온천과 휴식에 집중하고 남는 시간은 유노츠보 거리의 맛집과 쇼핑 스폿 탐방을 하며 시간을 보내자.

CHECK LIST

긴린 호수 주변 산책하기
온천 하기, 가이세키 요리 즐기기
유노츠보 거리의 맛집과 디저트 탐방

AREA 8 나가사키

후쿠오카에서 약 2~3시간 거리

관광	쇼핑	식도락
★★★★★	★★★☆☆	★★★★☆

일본에서 가장 아름다운 야경과 항구 풍경으로도 유명하지만 일본 역사에서 아주 중요한 전환점이 된 곳이다. 일본 최초의 개항 도시답게 서양의 신문물을 들여온 흔적이 곳곳에 남아 있으며 원자폭탄 투하지이자 숱한 조선인이 강제 징용되어 목숨을 잃은 도시이기도 하다.

CHECK LIST

일본 최고의 야경 감상하기
나가사키 짬뽕, 카스텔라 등 개항 음식 맛보기

AREA 9 벳푸

후쿠오카에서 2시간 30분 거리

관광	쇼핑	식도락
★★★★★	★☆☆☆☆	★★★★☆

온천 휴양 도시. 스기노이 호텔을 비롯한 중·대규모 온천 호텔과 리조트, 놀이공원, 동물원, 테마파크 등 가족 친화 관광지가 많아 가족 여행자에게 사랑받는다. 카보스, 분고규 등 식문화 체험도 즐겁다.

CHECK LIST

벳푸 지옥 순례 & 노천 온천 즐기기
온천 증기 찜 요리, 온천수 커피, 온천 푸딩 등 먹어보기

AREA 10 기타큐슈(고쿠라&모지코&시모노세키)

후쿠오카에서 45분 거리

관광	쇼핑	식도락
★★★☆☆	★★★☆☆	★★★★☆

규슈 제2의 도시. 고쿠라역을 중심으로 상점가와 맛집, 관광지가 촘촘히 자리하고 있으며 시가지가 단순해 당일치기 여행으로도 좋다. 고쿠라와 모지코, 시모노세키의 분위기가 다 달라 더욱 매력적이다. 후쿠오카에 비해 관광객이 적고 덜 붐빈다는 것도 큰 메리트.

CHECK LIST

모지코 레트로 & 시모노세키 당일치기
우오마치 맛집, 드러그스토어 털기
단가 시장에서 길거리 음식 맛보기

후쿠오카 날씨 & 축제 캘린더

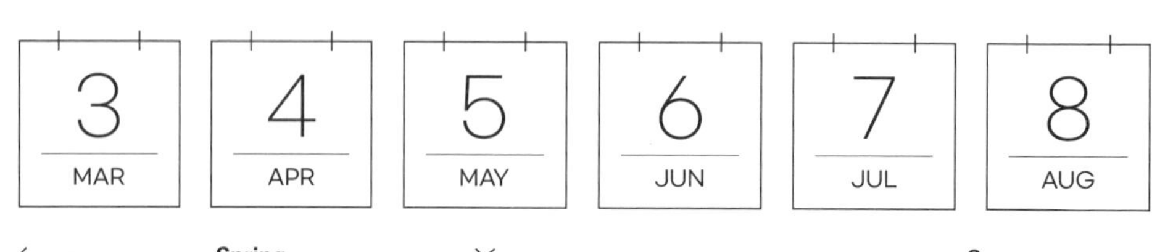

Spring

우리나라에 비해 봄이 일찍 온다. 3월 말부터 벚꽃이 피기 시작해 4월 초에 절정을 이루며 유채, 튤립, 등나무 등 대표적인 봄꽃이 연이어 개화 소식을 알린다. 일교차가 10°C 이상 나는 날이 많아 옷차림에 특히 신경 써야 하는데, 가볍게 걸칠 수 있는 재킷이나 아우터, 바람막이가 있으면 유용하다. 4~5월은 날씨가 화창하고 온난해 여행하기 가장 좋다.

CHECK LIST

벚꽃 축제 3월 말~4월 첫째 주가 절정. 후쿠오카 성터 & 마이즈루 공원 일대 & 니시 공원
유채꽃 개화 3월 중순~4월 초. 노코노시마
골든 위크 일본 최대의 황금연휴 4월 말~5월 초

Summer

여름이 빨리 찾아온다. 6월 중순~말부터 장마가 시작되어 연 강수량의 3분의 1에 달하는 비가 이 시기에 집중적으로 내린다. 장마가 끝나자마자 찜통더위가 시작되는데 습도가 90%를 웃도는 날이 많고 열대야도 지독하게 이어진다. 냉방을 많이 하지 않기 때문에 휴대용 선풍기와 양산, 자외선 차단제, 선글라스, 챙 있는 모자 등은 생존을 위해 반드시 가지고 다니자.

CHECK LIST

하카타 기온 야마카사 7월 1일~15일. 하카타 일원 및 구시다 신사
서일본 오호리 불꽃 축제 8월 1일. 오호리 공원 등
여름휴가 기간 7월 말~8월 초

우리나라와 비슷하게 사계절의 경계가 뚜렷한 편이다. 하지만 저위도에 자리하고 있어 겨울이 상대적으로 짧고 따뜻하며 동남아 날씨 못지않은 찜통더위가 길게 이어지고 태풍의 영향도 많이 받는다.

	1월	2월	3월	4월	5월	6월	7월	8월	9월	10월	11월	12월
최저 기온 (°C)	2	3	6	11	15	20	24	25	21	14	9	4
최고 기온 (°C)	9	11	14	19	24	27	31	32	28	23	17	12
강수량 (mm)	71.8	75.6	99.7	124.2	136.9	262.7	283	199.8	178	95.3	86.9	70.1

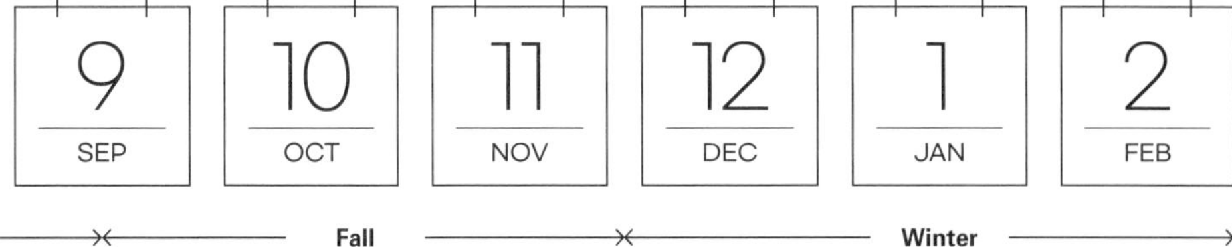

Fall

Winter

9월 중순이 되면 살이 타 들어갈 듯한 더위는 주춤하고 찬 바람이 조금씩 불어온다. 태풍이 많이 지나가는 계절이기도 해서 태풍 예보를 주의 깊게 봐야 하는 시기이기도 하다. 10~11월은 봄만큼이나 일교차가 많이 나 옷차림에 신경 써야 한다. 얇은 아우터나 셔츠 하나에 반팔 티를 입는 정도면 적당하다.

춥고 건조한 우리나라 겨울에 비해 훨씬 따뜻하고 비가 자주 내린다. 아무리 추운 날에도 영하로 떨어지는 경우가 거의 없지만 바닷바람이 세게 불 때는 체감온도가 더 내려가 조심해야 한다. 한겨울에 입을 법한 두꺼운 패딩보다 초겨울용 옷차림이면 충분하며 장갑이나 목도리 정도는 챙겨 입는 것이 좋다.

 CHECK LIST

호조에(방생회) 축제 9월. 하코자키 궁 주변
각종 가을 축제 10월. 시내 곳곳
단풍 11월 상순~하순. 오호리 공원, 유센테이, 라쿠스이엔 등

 CHECK LIST

크리스마스 마켓 & 일루미네이션 하카타역, 텐진 중앙 공원, 텐진 백화점, 캐널 시티 하카타, 후쿠오카 타워, 나카스
새해 기념 세일 기간 1월 2일부터. 시내 백화점 및 쇼핑센터. 1년 중 쇼핑하기 가장 좋은 시기
하츠모데 행사 신년을 기념해 신사를 방문하는 행사. 각 신사

후쿠오카를 제대로 여행하는 여섯 가지 방법

후쿠오카를 여행하는 방법은 무궁무진하다.
그 방법을 찾는 것은 온전히 여행자의 몫. 여행할수록, 알면 알수록 빠져드는
후쿠오카의 매력을 찾아 나서자.

1 지역별 명물 음식 맛보기

후쿠오카를 비롯한 규슈 지역은 일본에서도 유명한 맛의 고장이다. 돈코츠 라멘, 멘타이코, 모츠나베, 한입 교자, 고마사바 정도는 꼭 한번 먹어보자.

라멘(P.054), 멘타이코(P.062), 모츠나베(P.060)

2 나이트 라이프 즐기기

나카스와 텐진 거리에 줄지어 선 야타이(포장마차)는 후쿠오카의 자랑이다. 후쿠오카 시내 곳곳에는 맛있기로 유명한 야키토리를 선보이는 이자카야가 많으며, 밤늦도록 영업하는 카페와 우동 가게도 있어 후쿠오카의 밤은 지루할 틈이 없다.

이자카야(P.068)

3 소도시 탐험하기

도시의 복잡함에서 벗어나고 싶다면 후쿠오카 주변 소도시를 경험해볼 시간. 도시와는 또 다른 매력으로 다가와 중독되는 사람도 많다.

유후인(P.278), 이토시마(P.268), 기타큐슈(P.332), 다자이후(P.258)

4 온천 하기

온천수 용출량 '전 세계 1위'의 온천 여행지답게 온천 명소가 차고 넘친다. 벳푸나 유후인으로 갈 계획이 없다면 대욕장이 있는 호텔이라도 경험해보자.

유후인(P.143), 벳푸(P.142)

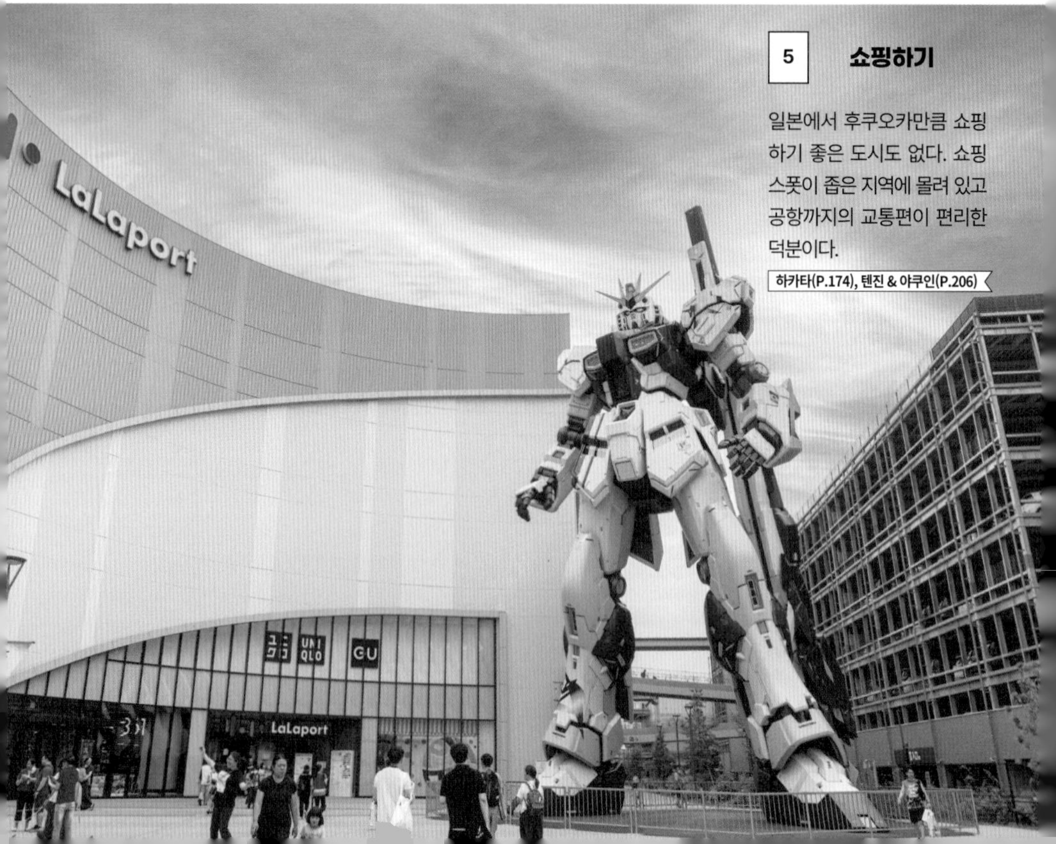

5 쇼핑하기

일본에서 후쿠오카만큼 쇼핑하기 좋은 도시도 없다. 쇼핑 스폿이 좁은 지역에 몰려 있고 공항까지의 교통편이 편리한 덕분이다.

하카타(P.174), 텐진 & 야쿠인(P.206)

6 카페 투어하기

카페의 도시 후쿠오카. 오래된 킷사텐부터 로컬 커피 브랜드, 수준 높은 파티스리가 어우러져 탄생한 후쿠오카 카페 문화를 경험해보자.

카페(P.076), 파르페(P.080), 베이커리(P.072)

SIGHTSEEING

후쿠오카와
근교 & 소도시 여행의
모든 것

후쿠오카가 처음이라면 이곳부터 클리어!
후쿠오카 명소 BEST 7

음식과 쇼핑만으로 후쿠오카를 정의하기엔 은근히 가볼 곳이 많다.
취향에 맞는 곳은 꼭 가보자. 후쿠오카의 매력을 제대로 느낄 수 있을 것이다.

1 후쿠오카 타워
福岡タワー

높이 234m의 랜드마크 타워로 해변 타워로는 서일본에서 가장 높다. 360도로 볼 수 있는 전망 스폿과 포토 존 등이 마련되어 즐길 거리가 꽤 많다. 가장 인기 있는 시간대는 해가 질 무렵. 이 시간에는 엘리베이터를 타는 데만 20분씩 기다려야 하니 조금 일찍 찾아가는 것을 추천한다. 모두 둘러보는 데는 1시간가량 소요된다. 바로 앞에 있는 시사이드 모모치 해변공원에서 노을을 감상한 뒤, 후쿠오카 타워를 구경하는 식으로 일정을 짜보자.

ⓘ P.252 Ⓜ P.250

2 오호리 공원
大濠公園

하카타와 텐진의 복잡함에 지칠 때 추천하는 곳. 서울숲보다 조금 작은 총 면적 39만8000㎡ 중 60% 이상이 호수로 이뤄져 있어 속이 뻥 뚫린다. 후쿠오카 성 축조 당시에 하카타 만으로 이어져 있던 습지를 일부 매립해 만들었는데 '오호리(大濠)'라는 지명 역시 '큰 구덩이'라는 뜻에서 기원했다. 호수 한가운데를 가로지르는 오솔길은 꼭 걸어보자. 개원 당시부터 있었던 소나무 숲과 호수, 후쿠오카 시내 전경이 한데 섞인 광경은 여기서만 볼 수 있다.

ⓘ P.242 Ⓜ P.240

오호리 공원 구석구석 즐기기

1 마이즈루 공원과 후쿠오카 성터

봄에는 벚꽃, 여름에는 수국으로 물드는 공원으로 오호리 공원 바로 옆에 있다. 특히 벚꽃철에는 사쿠라 마츠리도 열리니 꼭 다녀오자.

ⓘ P.242 Ⓜ P.241

2 오호리 공원 일본 정원

일본 여행 온 기분을 내고 싶다면 추천하는 곳. 일본식으로 꾸민 정원에 차를 마실 수 있는 다실도 마련되어 여유를 즐길 수 있다.

ⓘ P.242 Ⓜ P.240

3 후쿠오카시 미술관

샤갈, 앤디 워홀, 구사마 야오이 등 유명 미술가들의 작품을 소장하고 있어 미술 애호가들이 일부러 들르는 곳이다.

ⓘ P.247 Ⓜ P.240

4 스타벅스 오호리 공원점

호숫가 바로 옆에 자리한 스타벅스로 호수를 바라볼 수 있도록 설계되어 인기다. 좋은 자리는 치열한 눈치싸움에서 이긴 사람만이 차지할 수 있다.

ⓘ P.244 Ⓜ P.240

3 구시다 신사
櫛田神社

기온 야마카사 마츠리, 돈타쿠 마츠리 등 수백 년간 이어온 큰 행사가 이곳에서 시작된다. 성인식과 결혼식 등 삶의 새로운 출발선에 선 사람들에게도 이곳은 시작을 축복하는 곳으로서 의미를 지닌다. 하지만 한국인에게는 아픈 역사가 떠오르는 공간. 명성황후의 생명을 앗아 간 '히젠토(肥前刀)'라는 일본도가 남아 있다. 시해 당시, 명성황후의 마지막 표정을 잊지 못한 자객이 명성황후의 얼굴과 닮은 관음상과 히젠토를 함께 바쳤다는 슬픈 이야기가 전해진다. 현재 명성황후 관음상은 구시다 신사에서 걸어서 20분가량 떨어진 '셋신인(節信院)' 정문 옆 한쪽 구석에 있으며 히젠토는 일반에 공개되지 않는다.

ⓘ P.192 Ⓜ P.176

[+ PLUS]

구시다 신사에서 이건 꼭 해보자

01 각종 행사 구경하기
주말이면 신사 본전에서 결혼식이나 성인식 등 다양한 행사가 열린다.

02 재미로 해보는 오미쿠지
운세를 점쳐볼 수 있는 오미쿠지도 재미로 뽑아보자. 한국어로 된 오미쿠지도 있다.

03 출출할 땐 야키모찌 냠냠
달콤한 맛과 쫀득한 식감의 구운 찹쌀떡. 신사 입구의 구시다 차야(櫛田茶屋)에서 판다. 1개 150¥

4 텐진 중앙 공원
天神中央公園

텐진 중심가에 자리한 도심형 공원. 조경이 잘되어 있고 아크로스 후쿠오카, 공회당 귀빈관 등 멋진 건물들이 있어 사진을 찍기에도 좋다. 나카스 강변과 맞닿아 있으며 멘타이쥬, 팽 스톡, 코메다 커피, 토피 파크 등 인기 식당이 근처에 있어 동네 산책과 미식을 함께 즐기면 더욱 풍성한 여행이 된다. 이른 아침이나 밤에 방문하길 추천.

Ⓘ P.226 Ⓜ P.209

5 나카스 야타이 거리
中洲屋台

후쿠오카의 진짜 매력은 밤 풍경에서 비롯된다. 포장마차를 뜻하는 야타이(屋台)가 나카스 강변을 따라 쭉 들어서면 색다른 후쿠오카를 만날 수 있기 때문이다. 하지만 감성에 취해 야타이에서 식사를 하는 것은 추천하지 않는다. 매우 좁고 불편한 것은 기본이며 일반 식당에 비해 비싸고 맛도 없다. 게다가 일본어를 못하면 그나마 남아 있는 야타이의 매력을 느끼기 어렵다. 현지인도 잘 가지 않는 추세라 특유의 분위기도 사라진 지 오래여서 지나가는 길에 둘러보는 정도로 충분하다. Ⓜ P.176

6 캐널 시티 하카타
キャナルシティ博多

수로 도시를 콘셉트로 1996년 오픈한 대규모 쇼핑센터. 주기적으로 개보수와 증축을 해 여전히 후쿠오카를 대표하는 랜드마크 역할을 한다. 오전 10시부터 밤 10시까지 30분 주기로 분수 쇼를 하는데 대단한 볼거리는 아니지만 지나가는 길에 한번은 볼만하다. 캐릭터 숍, 각종 브랜드 숍, 맛집 등이 모여 있으며 유니클로, 자라 등의 매장은 규모가 꽤 커서 다 둘러보는 데 시간이 걸린다.

Ⓘ P.091 Ⓜ P.176

©Macky Albor / Shutterstock.com

7 라라포트 후쿠오카
ららぽーと福岡

비교적 최근 문을 연 쇼핑센터로 실물 크기의 건담 모형으로 인기를 끈다. 매시 정각이면 건담의 팔과 머리가 움직이며 오후 7시부터는 조명과 스크린 연출이 추가된 라이트 쇼도 선보인다. 쇼핑몰 4층에는 건담 전문 프라모델 숍과 엔터테인먼트 시설이 있어 함께 들르기 좋다. 다양한 브랜드 매장과 푸드 마켓, 마트 등 즐길 거리도 많다.

Ⓘ P.188 Ⓜ P.177

소도시 여행 1 - 고즈넉한 신사 산책
다자이후

후쿠오카 여행에서 일본의 전통적인 분위기를 느끼고 싶다면 다자이후를 추천한다.
학문의 신을 모시는 다자이후 텐만구는 수험생이 아니더라도
아름다운 신사에서 자연을 느낄 수 있으니 충분히 만족할 것이다.

관광+식도락
이동 시간 버스로 30분
추천 일정 6시간

다자이후 텐만구 산책

다자이후 텐만구(太宰府天満宮)는 '학문의 신'이자 '텐진신'이라 불리는 스가와라노 미치자네를 모시는 신사다. 그를 모신 텐만구가 일본 전역에 걸쳐 1만2000여 곳이나 있는데, 그중 다자이후 텐만구는 교토에 있는 기타노 텐만구(北野天満宮) 못지않게 유명한 곳이다.
6000그루의 매화나무와 수백 그루의 거대한 녹나무가 있어, 사계절을 만끽하기 좋다. 특히 본전 옆 매화나무 '도비우메(飛梅)'는 교토에서 다자이후로 하룻밤 사이에 날아왔다는 전설을 품고 있는데, 신사에 있는 많은 매화나무 가운데 가장 먼저 꽃을 피워 봄을 알린다고 한다.
신사 입구를 들어서면 연못과 과거, 현재, 미래를 상징하는 3개의 주홍빛 다리가 있다. 2개의 다리는 아치형 다이코바시(太鼓橋)로, 입구 뒤편과 본전으로 가는 2층 누각문 앞으로 멋진 경관을 조성한다.

ⓘ P.263 Ⓜ P.261

POINT 2 매화 먹거리

유명한 신사인 만큼 여행이 시작되는 니시테츠 다자이후역에서부터 다자이후 텐만구로 이어지는 길에는 많은 상점이 늘어서 있다. 그중 가장 눈에 띄는 먹거리는 합격떡 또는 매화떡으로 불리는 우메가에모찌(梅が枝もち)다. 찹쌀떡에 팥소를 가득 넣어 구워 만든다. 다자이후에서 스가와라 미치자네가 투병 중이던 때, 한 노인이 그의 쾌유를 빌며 떡을 매화나무 가지에 매달아 전한 데서 유래했다. 매실 사이다는 다자이후 홍백 매실로 만든 시럽을 넣은 것이 특징이다.

Ⓘ P.266 Ⓜ P.260

POINT 3 다자이후 이야기가 담긴 기념품

다자이후 텐만구 참배 길에서 만날 수 있는 다자이후 고유의 이야기가 담긴 기념품들이 있다. '학문의 신'을 모신 만큼, 중요한 시험을 앞두고 합격을 비는 많은 이들이 일본 전역에서 찾아온다.

· 기우소 木うそ

참샛과 새 우소의 모양을 본떠 목련나무로 만든 나무 피리새. 오래전 다자이후 텐만구에 벌 떼가 몰려들어 곤란을 겪었을 때, 우소 무리가 날아와 벌 떼를 퇴치했다는 일화가 있다.

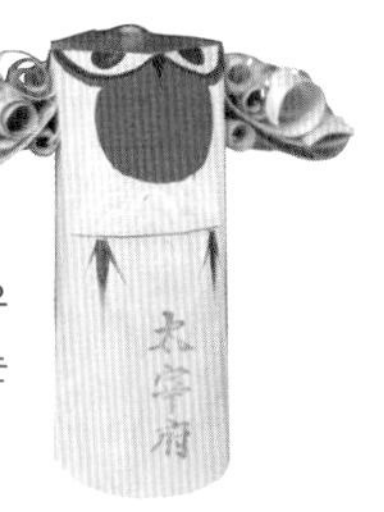

· 매화 무늬 소품

매화는 다자이후 텐만구의 마스코트나 마찬가지. 매화꽃으로 장식한 여러 상품을 판매한다.

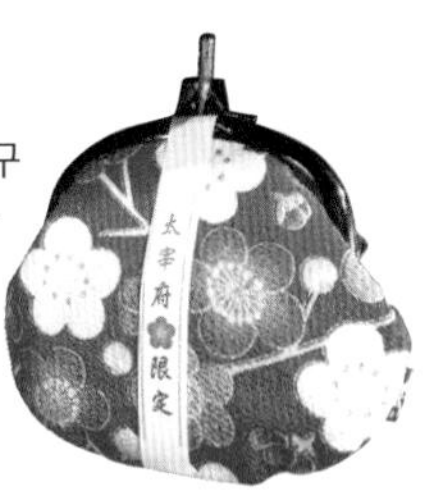

· 합격 부적

학문의 신에게 받은 기운이 담긴 합격 부적. 시험을 앞둔 사람에게 선물하기 좋다.

+ PLUS

'텐진'이 텐만구에서 유래했다고?

일본의 학자이자 정치가 스가와라노 미치자네(菅原道真)는 901년 정치적 모함을 받아 다자이후(太宰府)로 좌천되어 2년 후에 생을 마감한다. 그런데 장례를 치르기 위해 우마차에 관을 싣고 교토로 가려는데, 마차를 끌어야 하는 소가 꼼짝하지 않았다. 사람들은 이를 스가와라노 미치자네가 다자이후를 떠나지 않겠다는 뜻으로 여겨 이곳에 그를 묻었다. 이후 교토에서는 벼락이 떨어지고 화재가 계속 나는 흉흉한 일이 발생한다. 이를 보고 사람들은 스가와라노의 혼령이 교토에 저주를 내린 거라고 생각했고, 그를 천신(天神)으로 우대해 묫자리 위에 사당을 지었다고 한다. 그것이 지금의 다자이후 텐만구다. 후쿠오카의 텐진(天神, 천신)이라는 지명 역시 이 일화에서 유래했다.

소도시 여행 2 - 아기자기 사랑스러운 온천 마을
유후인

온천+휴양
+관광+식도락
이동 시간 버스로
2시간 30분
추천 일정
1~2DAY

유후인은 일본인들에게도 인기 있는 온천 마을이다. 도보로 돌아볼 수 있을 정도로 아기자기한 마을에서 온천, 식도락, 산책 등을 알차게 즐길 수 있다. 요즘은 버스 투어로 1~2시간 정도 돌아보는 코스가 인기지만, 시간이 있다면 하루 이상 료칸에 머물면서 느긋하게 시간을 보내길 권한다.

POINT 1

유노츠보 거리 산책

JR 유후인역에서 긴린 호수 방향으로 걷다 보면 길 양쪽으로 디저트 가게와 레스토랑, 공예품 등을 판매하는 약 70개의 점포가 있다. 특히 디저트 맛집이 많아 더욱 인기. 그중에서도 롤케이크 전문점 비스포크, 미르히 치즈 케이크, 금상 고로케 등은 검증된 맛집이라 믿고 구입해도 좋다.

Ⓘ P.287 Ⓜ P.280

POINT 2

긴린 호수 산책

복잡한 유노츠보 거리를 지나면 긴린 호수에 닿는다. 유후산과 어우러진 경관은 그야말로 한 폭의 그림 같다. 주변 산책로를 걷기에 좋아 유후인 여행자라면 반드시 거쳐 가는 관광 코스다. 긴린(金鱗)은 '금빛 비늘'이라는 뜻으로, 메이지 시대에 한 학자가 호수에서 헤엄치는 물고기의 비늘이 석양 빛을 받아 황금색으로 빛나는 모습을 보고 이름 지었다고 전해진다. 특이하게도 호수 바닥에서 온천이 솟는데, 그 덕분에 연중 수온이 높아 겨울철 새벽에는 호수에서 안개(증기)가 피어오르는 환상적인 광경을 볼 수 있다. 호숫가 반대편에는 '유후인 인증숏'으로 유명한 호수 위에 떠 있는 도리이가 있다. Ⓘ P.287 Ⓜ P.281

POINT 3

온천에서 힐링

온천을 해야 유후인을 제대로 여행한 느낌이다. 유후인 온천은 일본에서 두 번째로 용출량이 많으며 근육통·신경통·관절염 완화, 피로 해소에 좋은 효능이 있다고 알려져 있다. 온천을 즐기는 최고의 방법은 료칸을 이용하는 것이다. 일본 전통 주택의 다다미방을 제공하며, 일식 코스 요리인 가이세키(懐石)와 실내외 온천탕이 딸려 있어서 여유로운 온천이 가능하다. 당일치기로 유후인을 찾는다면 료칸에 딸린 온천탕만 시간제로 예약해 이용하는 히가에리 온센(日帰り温泉)을 이용하자. 주민들이 이용하는 목욕탕을 찾는 방법도 있다.

Ⓘ P.143 Ⓜ P.281

소도시 여행 3 - 별난 마을이라는 뜻의 벳푸

온천+휴양+관광
이동 시간 버스로 3시간
추천 일정 1~2DAY

일본 여행의 꽃인 온천 여행을 계획하고 있다면 벳푸를 빼놓을 수 없다.
세계에서 가장 많은 온천수 용출량을 자랑하는 도시답게 온천만 즐겨도 시간이 부족하다.

POINT 1 지옥 온천 순례

펄펄 끓는 온천수가 계속 흘러나오는 여덟 곳을 각기 다른 테마의 '지옥'으로 꾸며놓았다. 가마솥 지옥과 바다 지옥은 반드시 둘러보는 것이 좋고, 나머지 여섯 군데 지옥은 봐도 그만, 안 봐도 그만이다. 온천 증기로 쪄낸 다양한 음식을 판매하는 매점과 지옥별 한정 제품을 판매하는 기념품점, 무료 족욕장 등 즐길 거리가 다양하다.

Ⓘ P.327 Ⓜ P.316

POINT 2 온천에서 힐링

온천 천국인 벳푸에서는 취향에 따라 다양한 온천을 즐길 수 있다. 자연을 감상하며 프라이빗한 온천욕을 즐기고 싶다면 '무겐노사토 슌카슈토', 140여 년 전통의 모래찜질을 경험하고 싶다면 '다케가와라 온천', 가장 유명한 대중 온천탕을 경험하고 싶다면 '효탄 온천'을 추천한다.

Ⓘ P.324, P.325, P.330 Ⓜ P.314, P.315, P.317

POINT 3 온천 후에는 근사한 디저트 타임

땀을 빼고 먹는 건 전부 다 맛있지만 이왕이면 분위기 좋은 곳에서 힐링해보자. '아마미 차야'와 '시나노야'의 전통 디저트와 100년이 넘는 역사를 지닌 '토모나가 팡야'의 빵을 추천. 온천 커피를 판매하는 '커피 나츠메'도 시간이 남으면 들러보자.

Ⓘ P.322, P.323, P.331
Ⓜ P.315, P.317

소도시 여행 4 - 이국적 정서와 레트로를 느낄 수 있는 나가사키

관광+식도락
이동 시간 2시간 30분
(기차, 버스 이용)
추천 일정 1~2DAY

나가사키는 일본에서 개항과 함께 서양 문물을 제일 먼저 받아들인 곳이다.
17세기 이후에는 포르투갈과 네덜란드 등과 교류하는 무역항을 열었으며,
기독교 포교의 중심지였기 때문에 이국적인 정서가 넘치는 건축물이 곳곳에 남아 있다.

나가사키 명물 음식

1 나가사키 짬뽕 長崎ちゃんぽん

시카이로(四海樓) 창업자 천핑순 씨가 중국 유학생들에게 영양가 높고 맛 좋은 음식을 싸게 대접하고 싶다는 마음에 만든 음식. 돼지고기, 해산물, 채소, 어묵 등을 강한 불로 볶아낸 뒤 돼지 뼈와 닭 뼈로 우려낸 국물을 붓고 푹 끓여 만든다.

ⓘ P.306, P.309 Ⓜ P.298

2 카스텔라 カステラ

나가사키에 들어온 선교사들이 만든 서양식 과자를 발전시킨 것이 카스텔라다. 나가사키 카스텔라는 촉촉하고 쫀득한 식감이 일품이다. 빵 바닥에는 굵은 설탕이 깔려 있어 바삭바삭한 식감이 더해진다.

ⓘ P.304, P.306 Ⓜ P.298

3 도루코 라이스 トルコライス

돈가츠, 볶음밥, 스파게티를 한 접시에 모은 재미있는 음식이다. 딱히 맛있다고 할 수는 없지만, 한꺼번에 다양한 음식을 맛보는 재미가 있다.

ⓘ P.306 Ⓜ P.298

4 나가사키 밀크셰이크 長崎 ミルクセーキ

음료보다는 빙수에 가까운 형태라 스푼으로 떠 먹으면 된다. 우유와 달걀을 넣고 얼린 뒤 얼음이 씹힐 정도로 갈아 넣고 그 위에 빨간 통조림 체리를 올린다.

ⓘ P.306, P.307 Ⓜ P.298

개항기 분위기의 근대 건축물 탐방

1 구라바엔 グラバー園

나가사키 시내에 있던 개항 초기에 지은 오래된 서양식 건물들을 고스란히 옮겨놓은 정원이다. 건물 안에는 가구나 소품, 식탁까지 재현해 당시의 생활상을 생생히 느낄 수 있다. 특히 이곳에서 내려다보는 나가사키 항구의 풍경이 아름답기로 유명하다.

ⓘ P.308, P.310 Ⓜ P.298

2 데지마 出島

나가사키항으로 들어온 서양인과 일본인의 접촉을 막기 위해 조성한 부채꼴의 인공 섬이다. 당시의 모습을 재현해놓은 건물과 유물이 전시되어 있다. ⓘ P.304 Ⓜ P.298

3 오란다자카 オランダ坂

외국인이 선호하던 거주 지역으로, '네덜란드의 언덕'이라는 뜻이다. 당시 건축된 서양식 주택들은 현재 박물관과 카페, 레스토랑 등으로 개조해 사용하고 있다. ⓘ P.308 Ⓜ P.298

소도시 여행 5 - 단 20분이면 도착하는 새로운 세상
기타큐슈(고쿠라&모지코&시모노세키)

관광+음식
이동 시간 신칸센으로 20분
추천 일정 1DAY

후쿠오카 하카타에서 신칸센으로 단 20분이면 새로운 세상에 도착한다. 규슈 최대의 공업 도시지만 혼슈와 가까운 지리적 특징 덕분에 역사적인 명소가 많다. 기타큐슈의 번화가인 고쿠라, 레트로한 분위기의 모지코, 혼슈섬 끄트머리의 시모노세키가 같은 생활 권역으로 묶여 있어 함께 여행하기 좋다. 촉박한 일정 중 근교까지 즐기고 싶은 여행자에게 추천한다.

POINT 1 고쿠라 성 탐방

후쿠오카에서 일본 성(城)을 보지 못하는 게 아쉽다면 이곳을 추천한다. 유명한 성에 비하면 작지만 천수각과 해자, 주변 부속 건물이 잘 복원되어 있어 전통적인 분위기를 느끼기에 좋다. 야사카 신사, 고쿠라 성 정원을 함께 둘러본 뒤 리버 워크 기타큐슈에 있는 로피아에서 쇼핑을 하면 동선이 매끄럽다. ⓘ P.341 Ⓜ P.336

모지코 레트로 즐기기

1890년대 무역항으로 번성했던 곳이 지금은 옛 모습을 간직한 고즈넉한 항만 관광지가 됐다. 역사를 간직한 아기자기한 건물들과 철도 박물관, 주변 경관이 한눈에 보이는 전망대가 주요 볼거리. 일본 최초로 바나나를 수입한 곳답게 바나나를 재료로 한 기념품과 먹을 거리가 많으니 놓치지 말자. 식사로는 야키카레를 추천한다. ⓘ P.347 Ⓜ P.338

진짜 기타큐슈의 맛

1 단가 시장 旦過市場

'기타큐슈의 부엌'이라는 별칭이 붙은 재래시장. 2023년 큰 화재로 일부 소실됐지만 여전히 사람들로 붐빈다. 시장의 명물 음식인 가마보코 어묵은 반드시 맛보자.
ⓘ P.344 Ⓜ P.337

2 가라토 시장 唐戸市場

관동 지역에 츠키지 시장이 있다면 서쪽에는 가라토 시장이 있다. 비록 규모에서는 많이 밀릴지 몰라도 때를 잘 맞춰 가면 츠키지 못지않은 볼거리가 있어 일단 눈이 즐겁다. 금~일요일 아침에는 맛있는 스시를 저렴하게 골라 담아 맛볼 수 있으니 체크하자. ⓘ P.349 Ⓜ P.338

3 고쿠라의 인기 음식점

조금만 인기 있어도 긴 대기 줄이 늘어서는 후쿠오카와 달리 고쿠라의 식당들은 어지간하면 긴 대기 줄이 생기지 않는다. 덕분에 시간 효율이 높은 여행이 가능하다는 사실! 체인점이라고 하기엔 믿기지 않는 우동 맛이 일품인 '스케상 우동', 한국 사람 입맛에 잘 맞는 '이나카안', 저자의 인생 오므라이스 집 '타마고 모노가타리'를 추천한다. 후식으로는 '시로야'에서 빵 하나 사 먹으면 딱 적당하다.
ⓘ P.342, P.343 Ⓜ P.336, P.337

소도시 여행 6 - 아름다운 후쿠오카현의 하와이 이토시마

관광+사진 명소
이동 시간 자동차로 40~50분
추천 일정 1DAY

야자수가 늘어선 거리, 빨간 2층 런던 버스, 푸른 바다 위 하얀 도리이가 아름답다 못해 비현실적이기까지 한 이곳은 후쿠오카현 서쪽 해안가에 위치한 이토시마(糸島)다. 하카타역에서 자동차로 불과 40~50분 정도 떨어진 곳에 위치하지만, 전혀 다른 세상이다. 날씨만 도와준다면 인생샷 100장을 찍을 수 있는 이토시마 여행 포인트를 소개한다.

사쿠라이 신사 후타미가우라 도리이

푸른 바다 위에 떠 있는 새하얀 도리이와 2개의 바위가 있는 풍경은 언제 봐도 놀랍다. 도리이 뒤편에는 바다 위에서 솟은 듯한 2개의 바위가 마치 액자 속 그림처럼 자리 잡고 있는데, 그 모습이 마치 부부 같다고 해서 '부부 바위(메오토이와, めおといわ)'라고 불린다. 바위는 시메나와라는 굵은 밧줄로 연결되어 신비로움을 더한다.

Ⓘ P.274 Ⓜ P.270

+ PLUS

도리이와 바위가 동시에 보이는 위치가 사진 명당. 이 위치에 자연스럽게 관광객 줄이 형성돼 있으니 순서대로 찍으면 된다.

노기타 해변

노기타 해변은 이토시마에서 가장 하와이 같은 곳이다. 거기에 런던에서 공수해온 2층 버스, 줄지어 선 야자수, 서핑하기 좋은 파도, 에메랄드빛 바다, 해변 카페와 레스토랑, 상점은 이곳이 일본임을 잊게 해준다. 특히 런던 버스 카페는 이곳을 더욱 매력적으로 만들어준다. 맞은편 미국 스쿨버스도 인생숏 포인트.

Ⓘ P.276 Ⓜ P.270

+ PLUS

런던 버스 앞 의자에 앉아 아이스크림을 먹으며 사진을 찍어보자. 노란색의 낡은 스쿨버스, 의류점 등 해변가 주변 모든 건물과 시설이 모두 예쁜 포토 존이다.

야자수 그네

해변가에 야자수 나무로 그네를 만든 공원인데, 다양한 그네들은 각기 다른 모양과 역할을 해 골라 타는 재미가 있다. 무엇보다 포토 존은 셀 수 없을 정도. 애니메이션 <스즈메의 문단속>이 떠오르는 문과 천사의 사다리, 죠스 등 조형물이 다양하다. Ⓘ P.273 Ⓜ P.271

+ PLUS

야자수 그네를 타는 뒷모습을 찍을 것. 바다, 모래사장과 함께 나오도록 찍어야 예쁘다.

POINT 4

이토시마 팜 하우스 우보

후타미가우라로 이어지는 선셋 로드를 따라 1정거장 정도 걷다 보면 달걀을 테마로 만든 예쁜 카페 건물이 있다. 바로 이토시마 팜 하우스 우보다. 현지 농가에서 생산한 달걀을 주제로 디저트와 식사를 선보이는 곳인데, 조형물이 귀여워서 필수 포토 존이다. Ⓘ P.275 Ⓜ P.270

+ PLUS

건물 앞 벤치와 자전거 앞에서 사진을 찍어보자. 선명한 노란빛 푸딩도 예쁜 소품이 된다.

소도시를 여행하는 가장 효율적인 방법
원데이 버스 투어

유후인, 벳푸, 다자이후, 구로카와 등 후쿠오카 주변 도시를 버스로 돌아보는 1일 패키지 여행 상품이 있다. 짧은 시간에 여러 도시를 효율적으로 돌아볼 수 있어서 인기다.

+ PLUS

1일 버스 투어 꿀팁

1. 가이드와 친해지자

투어에 따라서 가이드가 확보한 지역 맛집, 쇼핑 팁 등을 정리한 자료를 보내주는 경우가 있다. 전화 예약만 가능한 식당 예약도 도와줄 수 있다.

2. 투어 상품의 디테일을 보자

같은 상품처럼 보여도 코스 순서나 제공하는 서비스가 다를 수 있다. 예를 들어 다자이후가 아닌 유후인을 먼저 가면 다른 투어와 겹치지 않아 한가해서 좋지만 다자이후에는 저녁에 도착하기 때문에 상점가가 문을 닫기도 한다. 중간에 휴게소, 유후산, 유노하나 등을 거쳐 가며 다양한 경험을 제공하는 투어도 있다.

3. 하차는 내 맘대로

편도도 가능하다. 유후인, 벳푸, 구로카와 등에서 1박을 하고 싶다면, 원하는 도시가 최종 목적지인 투어를 골라 하차하자. 그렇다고 가격을 깎아주지는 않는다.

4. 가격은 정직하다

후쿠오카에서 출발하는 버스 투어는 대체로 5만~6만 원선. 얼핏 보기에 모두 같은 상품 같지만, 입장권, 제공 간식, 현장 결제 추가금 등에서 차이가 있을 수 있고 비싸다면 거기에 맞는 서비스가 제공되는 식이다.

내 취향대로 고르는 여행사

베스트셀러 버스 투어

· 유유투어 & 유투어

오랫동안 후쿠오카에서 버스 투어를 운영해온 업체다. 기본 코스를 가장 잘 운영하며, 어떤 코스든 기본 이상의 노하우를 지니고 있다.

인생 사진을 얻고 싶다면

· 인디고 트래블

가격은 다른 여행사에 비해 1만 원 정도 비싸지만, 가이드가 DSLR로 직접 사진을 찍어준다.

· 여행한그릇

라이카 카메라로 사진을 찍어주고, 전문가의 보정을 거친 사진을 전송받을 수 있다.

여유롭게 투어하고 싶다면

· 라쿠투어

출발 시간이 다른 투어에 비해 30분~1시간 빠르다. 타 버스 투어와 겹치는 곳이 적어 여유롭게 관광을 즐길 수 있다.

· 소소버스 투어

다른 투어와 겹치지 않아 여유로운 관광이 가능하다. 라라포트 쇼핑몰을 경유해 하차할 수 있다.

버스 투어 프로그램 BEST 3

후쿠오카 버스 투어는 70~80% 이상이 인기 코스에 몰려 있지만
소도시를 좋아한다면 구마모토현이나 사가현 투어도 만족도가 높다.
모든 투어의 집결지는 JR 하카타역 지쿠시 출구에 있는 로손 편의점 앞이다.

1위 다자이후·유후인·벳푸 버스 투어

후쿠오카 원데이 버스 투어 중 압도적 인기를 끄는 코스. 일본 전체를 통틀어도 가장 인기가 좋을 만큼 사계절 두루 만족도도 높다. 후쿠오카 여행이 처음인 사람에게 추천하며, 버스 투어로 세 도시를 경험한 뒤 다음 여행에서 느긋하게 머물 도시를 알아보기 위한 경험으로도 훌륭하다. 보통 다자이후·유후인·벳푸를 기본으로, 상품에 따라서 다자이후나 벳푸 대신 히타를 넣기도 한다. 동선에 맞는 유후산, 휴게소, 라라포트 등을 코스에 넣는 경우도 많다.

+ PLUS

일정에 여유가 있다면, 다자이후보다 히타가 포함된 상품을 권한다. 다자이후는 후쿠오카에서 30분 정도밖에 걸리지 않고 교통편도 좋지만, 히타는 일부러 찾아가기에 불편하다.

2위 이토시마·사가현 버스 투어

요즘 한창 뜨는 이토시마를 중심으로 사가현 대표 관광지 이마리와 다케오 등을 돌아보는 코스다. 이토시마에서는 하얀 도리이로 유명한 후타미 가우리와 소금 공방 톳탄을 방문하고, 사가현에서는 이마리 도자기 마을 오카와치야마 혹은 온천 마을 다케오 등을 돌아본다. 모두 복잡한 관광지는 아니라 여유롭고 느긋하게 돌아볼 수 있다.

3위 아소산·구로카와(혹은 구마모토 성) 버스 투어

구마모토현 지역을 돌아보는 투어. 보통 아소산 화산 지대 3~5개 코스를 기본으로, 구마모토 성이나 구로카와 온천에 가는 식이다. 온천을 좋아한다면 반드시 구로카와 온천을 거쳐 가는 투어를 고르자. 깊은 산골짜기에 위치한 아름다운 온천 마을은 애니메이션 <센과 치히로의 행방불명>의 배경이 된 곳 중 하나다.

다자이후·유후인·벳푸 버스 투어 미리 보기

07:00~08:00 집합

하카타역 지쿠시 출구 로손 편의점 앞에서 집합한다.
예약한 여행사의 깃발을 든 가이드를 찾아가서 출석 체크한 뒤 버스에 탑승.

09:20 다자이후 텐만구
(자유 시간 약 1시간)

학문의 신을 모시는 곳으로, 일본 신사 특유의 분위기가 물씬 나는 곳.

- 참배 길에서 향토 음식인 우메가에모찌와 유명한 명란빵을 찾아보자. 세계적인 건축가 구마 겐고가 설계한 스타벅스 콘셉트 스토어도 필수 코스!

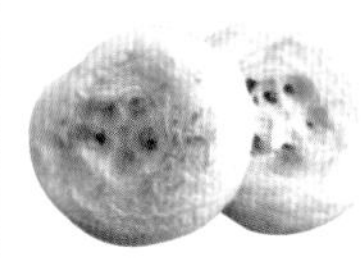

[+ PLUS]

후쿠오카에서 유후인까지 왕복 교통비가 1일 투어 요금과 비슷하니 유후인에서 오래 머물 생각이 아니라면 1일 투어가 무조건 이득이다.

12:00 유후인
(자유 시간 약 3시간)

구경할 것도 먹을 것도 많은 아기자기한 온천 마을.
3시간을 알차게 보내기 위해서는 나름의 계획이 필요하다.

- 대부분의 여행사가 비슷한 시간에 도착해서 맛집을 방문하는 건 거의 불가능에 가깝다. 시간이 넉넉지 않다면 맛집은 포기하고 자리가 있는 식당이나 길거리 음식을 공략하자.
- 유후인에서 당일치기 온천을 하고 싶다면, 간단한 세면도구와 수건을 챙기자. 당일치기 온천과 대중탕은 143p 참조.

15:40 유후산
(자유 시간 약 10분 혹은 차창 밖 구경)

유후인에서 벳푸로 가는 길에 있는 유후산은 아름답기로 유명하다. 봄에는 진달래가 만개하고, 여름에는 녹색 초원이 펼쳐지며 가을에는 단풍이 물든다. 시간이 없다면 차창 밖으로만 구경한다.

16:20 벳푸 지옥 순례
(자유 시간 약 40분)

100°C 전후의 증기나 열탕이 분출하는 벳푸의 대표 관광지. 가마솥 지옥, 바다 지옥, 귀신 지옥 등을 돌아보자.

- 유후인에서 온천을 못했다면 벳푸에서 족욕을 해보자. 족욕을 염두에 두고 수건이나 티슈 등 발을 닦을 거리를 챙기면 좋다.
- 라무네와 온천 달걀은 반드시 맛보자!

19:00 JR 하카타역 도착

라라포트가 마지막 코스인 투어의 경우 라라포트에서 하차해 식사와 쇼핑을 해도 좋다.

내가 만드는 셀프 투어

버스 투어는 빡빡한 일정이 부담스럽고, 자유 여행은 일정 짜기 귀찮고 교통이 불편하다.
이런 여행자의 마음을 잘 알아주는 후쿠오카 셀프 여행 프로그램과 관광 티켓을 소개한다.

1 후쿠오카 오픈 톱 버스

한국어 오디오 가이드를 들으며 버스로 후쿠오카를 돌아보는 투어. 티켓을 구입한 당일에는 같은 노선을 몇 번이고 탈 수 있을 뿐 아니라, 공항행을 포함한 후쿠오카 시내버스(도시권 버스)도 무료로 탑승할 수 있다. 어느 정류장에서나 내릴 수 있지만, 탑승은 텐진 후쿠오카 시청 앞과 하카타역, 구시다 신사 정류장에서만 가능하다.

요금 12세 이상 2000¥(1코스), 4~12세 1000¥, 4세 미만 탑승 불가
한국어 오디오 가이드 출발 10분 전까지 접수 창구에 신청
예약 (현장) 후쿠오카 시청 내 승차권 카운터에서 출발 예정 시간 20분 전까지 승차권 구매 (인터넷) https://global.atbus-de.com
홈페이지 https://fukuokaopentopbus.jp/ko

2 니시테츠 관광 티켓

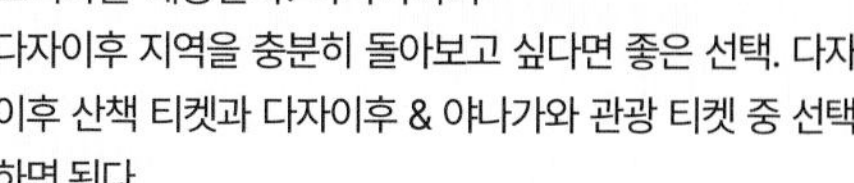

교통 티켓과 입장권, 식사권, 할인권 등이 포함된 셀프 1일 투어 티켓이다. 티켓을 구입하면 한글로 된 지역 안내서와 할인 쿠폰이 담긴 소책자를 제공한다. 야나가와와 다자이후 지역을 충분히 돌아보고 싶다면 좋은 선택. 다자이후 산책 티켓과 다자이후 & 야나가와 관광 티켓 중 선택하면 된다.

구매 니시테츠 텐진역·야쿠인역에서 구입(개찰일로부터 2일간 사용 가능)

+ PLUS

오픈 톱 버스 인기 코스

- **시사이드 모모치 코스**(약 60분) : 텐진 후쿠오카 시청 앞 ⇒ 도시고속도로(아라츠대교, 후쿠오카 페이페이 돔 차창 관람 가능) ⇒ 후쿠오카 타워 ⇒ 오호리 공원 ⇒ 오호리 공원·후쿠오카 공원
- **하카타 도심 코스**(약 60분) : 텐진 후쿠오카 시청 앞 ⇒ JR 하카타역 앞 ⇒ 구시다 신사 ⇒ 오호리 공원·후쿠오카 공원
- **후쿠오카 야경 코스**(약 80분) : 텐진 후쿠오카 시청 앞 ⇒ JR 하카타역 앞 ⇒ 구시다 신사(통과) ⇒ 도시고속도로(마린메세 후쿠오카, 하카타 포트 타워, 아라츠대교, 후쿠오카 페이페이 돔 차창 관람 가능) ⇒ 힐튼 후쿠오카 시호크 ⇒ 후쿠오카 타워 ⇒ 오호리 공원(통과)

+ PLUS

다자이후 산책 티켓

다자이후 왕복 교통비, 우메가에모찌가 포함된 티켓이다. 전철로 다자이후에 간다면 필수!

요금 성인 1060¥, 아동 680¥(니시테츠 전철 왕복 승차권, 우메가에모찌(2개) 교환권, 관광지 할인 쿠폰 포함)

다자이후 & 야나가와 관광 티켓

다자이후와 야나가와를 한 날에 돌아보고 싶은 사람에게는 최고의 티켓. 왕복 교통비와 승선권, 할인권이 포함돼 있다.

요금 성인 3340¥, 아동 1680¥(니시테츠 전철 왕복 승차권, 뱃놀이 승선권, 관광지 할인 쿠폰 포함)
* 승차권 : 후쿠오카(텐진)·야쿠인역 → 다자이후(야나가와) → 야나가와(다자이후) → 후쿠오카(텐진)·야쿠인역

모토무라 P.220

기와미야 P.216

신신 라멘 본점 P.227

쿠로마츠 P.222

이나다야 선 P.235

돈가츠 요시다 P.243

EAT

맛의 천국
후쿠오카
미식 여행

일본 레스토랑에서 꼭 지켜야 할 식사 예절

[1] 잡담을 자제하자. 특히 가게 앞에서 줄을 서야 할 때 잡담을 자제하고, 목소리를 크게 내지 말자. 주택가를 중심으로 소음 민원이 꾸준히 들어오기도 한다.

[2] 아무리 빈자리가 많다고 해도 무조건 직원의 안내를 받은 뒤 착석하자.

[3] 다른 손님이나 직원 사진은 허락을 받고 찍도록 하자. 우리나라만큼 개인의 초상권에 대해 예민하다. 조용한 식당인 경우 사진 촬영음이 여러 사람에게 폐가 될 수 있으니 무음 모드로 바꾼 뒤 촬영하자.

[4] 예약 시간보다 늦거나 노쇼를 하지 말자.

[5] 콘센트를 빌려 쓰는 것은 무례한 부탁일 수 있다. 우리나라와 달리 휴대폰이나 스마트 기기를 식당이나 카페에서 충전하는 것을 전기를 훔쳐 쓴다고 여기는 사람이 많다. 보조 배터리를 항상 휴대하자.

[6] 외부에서 발생한 쓰레기를 버리면 안 된다.

[7] 음식을 남기거나 남은 음식을 포장하는 것은 예의가 아니다.

[8] 식사 중 그릇 위에 젓가락을 올려놓으면 안 된다. 또 젓가락은 항상 가로로 놓는 것이 원칙이다.

식당 예약하는 방법

[1] 인터넷 예약

공식 홈페이지, 구글맵 및 구글폼, 타베로그(https://tabelog.com/kr), 핫페퍼(https://www.hotpepper.jp/), 테이블 체크(https://www.tablecheck.com/ko/japan) 등에서 예약할 수 있는 가게가 점점 많아지고 있다.

[2] 전화 예약

여전히 전화 예약만 받는 곳도 많다. 관광객의 노쇼를 방지하기 위해 일본 내 연락처를 요구하는 곳이 많은데, 묵고 있는 일본 호텔 직원 혹은 일본에 거주하는 지인, 패키지나 버스 투어의 여행 가이드에게 예약을 부탁해보자.

[3] 예약 대행업체 이용

예약을 대행해주는 업체도 있다. 단, 건당 비용이 있고 성공률이 100%는 아니기 때문에 주의해야 한다.

대기줄 최대한 짧게 서는 방법

1 피크 타임은 피하자. 피크 타임에는 회전 초밥집이나 라멘, 우동 등 회전율이 좋은 레스토랑을 선택하는 것이 낫다. 아침 식사 8~9시, 점심 식사 10~11시/2~4시, 저녁 식사 4~6시/9~10시를 추천한다.

2 밥과 디저트를 거꾸로 먹자. 식후 커피, 식후 디저트가 아니라 커피와 디저트를 식사 시간에 먹고 오후 2시 이후 애매한 시간에 하면 대기 줄이 그나마 짧다. 커피와 디저트를 즐기지 않는다면 그 시간에 쇼핑이나 관광을 하며 시간을 보내면 된다.

3 오픈런을 할 거라면 애매하게 일찍 가는 것은 비추천. 오픈하자마자 들어갈 수 있을 만큼 일찍 가는 게 아니라면 오히려 오픈런을 하지 않는 사람보다 더 오래 기다려야 할 수 있다. 오픈런을 할 거라면 첫 타임에 입장할 수 있을 정도로 확실하게 하자.

4 가게 영업시간을 반드시 체크하자. 우리나라와 달리 브레이크 타임이 있는 곳이 많고, 점심이나 저녁 장사만 하는 곳도 더러 있다.

5 구글맵의 실시간 혼잡도를 참고하자. 가게마다 시간별 혼잡도를 알려주니 일정을 짜기 전에 미리 참고하면 편리하다.

이치란 본사총본점 

개요 메뉴 리뷰 사진 업데이트

인기 시간대: 화요일

평상시 대기 시간을 보려면 시간을 탭하세요.

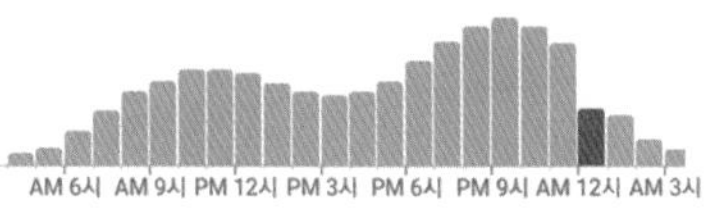

오후 8:30~오후 9:30의 최대 대기 시간 **45분**

사람들이 보통 여기에서 **45분** 머무름

대기표 작성하는 방법

요즘은 지류 대기 순번표 뽑기, QR코드 등록 등 다양한 대기 방법이 생겼다. 그래도 현지에서 가장 많이 쓰는 방법은 가게 입구의 대기표에 직접 손으로 작성하는 것. 생각보다 어렵지 않으니 차근차근 써보자. 대기표 작성을 하지 않는 곳이라면 인원수와 원하는 좌석 종류를 점원에게 이야기하면 된다.

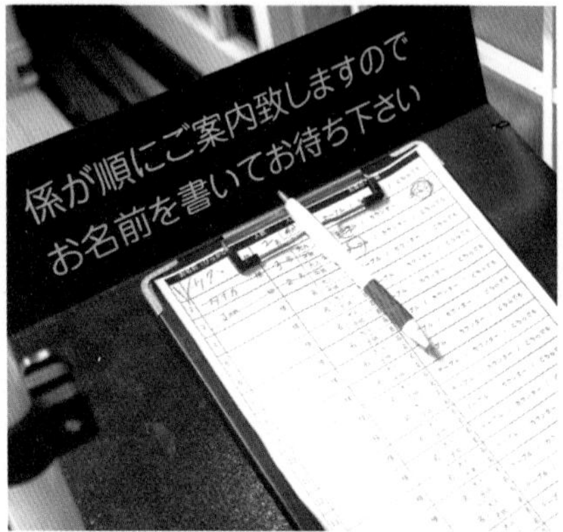

1 (お)名前 : 이름. 일본어나 영어로 작성하면 된다. 부르기도, 알아듣기도 힘들고 중복되는 성씨가 많은 한국식 이름을 쓰는 것보다 최대한 간단하고 편한 영어 알파벳을 쓰는 게 낫다. 작가의 경우 'J'라고 쓴다.

2 人(客)数 : 사람 수. 일행의 인원을 숫자로 적는다.

3 カウンター(席)/テーブル(席)/どちらでも : 순서대로 카운터석(일명 다치석)/테이블석(다인용 좌석)/아무 좌석이나. 반드시 별도의 테이블석에 앉을 필요 없다면 '아무 좌석'이나에 체크하자. 기다리는 시간이 짧아진다.

후쿠오카에서 시작된 일본 대표 면 요리
우동

후쿠오카는 우동과 소바 역사에 큰 획을 그은 도시다. 집집마다 다른 재료를 고아 육수를 내고 제면도 손수 하는 집이 대부분. 고명 맛도 다 달라 먹고 또 먹어도 질리지 않는다.

후쿠오카 우동의 탄생

1241년 중국 송나라에서 돌아온 승려가 여러 신문물을 전파했는데, 핵심은 제분 기술이었다. 당시 현재의 후쿠오카 지역에 속했던 하카타의 상인들은 장사하기에도 너무 바빠 밥 먹을 겨를이 없었고, 짬을 내 식사를 빠르게 하기 위해 우동 면을 미리 삶아 부드럽게 했던 것이 하카타식 우동의 시초라고 한다. 면의 단면이 둥글지 않고 납작한 것도 하카타식 우동의 특징이다.

+ PLUS

우동 주문 방법

원하는 토핑만 이야기하면 주문 끝. 집집마다 가격이 다르지만 보통 면 곱빼기는 100¥ 추가이며, 두 가지 토핑이 들어간(合わせ, 아와세) 메뉴를 주문하는 경우 더 비싼 토핑 가격에서 100¥ 정도를 추가(增)하면 된다. 예를 들어 니쿠 우동이 600¥, 고보텐 우동이 500¥일 때 니쿠 고보텐 우동을 주문하면 700¥이 책정되는 식이다. 토핑 종류를 미리 참고하자.

고보텐 ごぼう : 우엉 튀김

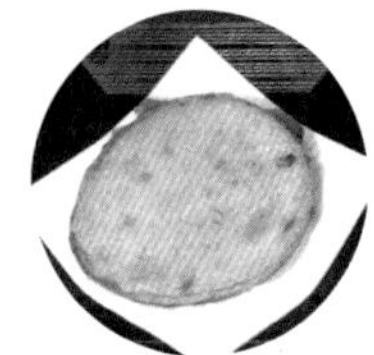

마루텐 丸天 : 둥근 어묵 튀김

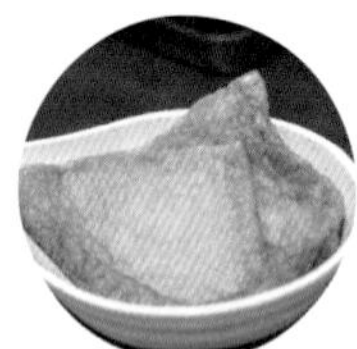

키츠네 きつね : 유부

야마카케 山かけ : 마

와카메 わかめ : 미역

니쿠 肉 : 고기

후쿠오카 4대 우동 맛집

1

다이치노 우동
大地のうどん

후쿠오카 사람들이 가장 즐겨 먹는 고보텐 우동(우엉 튀김 우동)으로 유명한 집이다. 우엉을 얇게 썰어 납작한 도넛 모양으로 튀긴 뒤 우동에 올리는 것이 특징. 다양한 튀김을 올려 눈과 입을 즐겁게 하는 붓카케 우동도 인기 메뉴다.

Ⓘ P.186 Ⓜ P.177

2

에비스야 우동
えびすやうどん

한국 사람 입맛에 딱 맞는 갈비 우동 맛집. 후쿠오카산 밀을 사용해 100% 자가 제면 방식으로 면을 뽑는다. 여기에 홋카이도산 다시마로 국물을 내고 손질하기 까다로운 소 늑간살로 토핑을 만드니 맛없기가 힘들다. 냉우동과 온우동 모두 맛있다. Ⓘ P.193 Ⓜ P.177

3

우동 다이라
うどん 平

후쿠오카에서 가장 유명한 우동 집답게 매일 가게 앞에 긴 줄이 선다. 니쿠 고보텐 우동은 꼭 맛봐야 할 메뉴. 국물 맛이 시원하고 깊어 입맛이 자꾸 당긴다. 인기 메뉴는 재료 소진이 빠르니 가능한 한 일찍 방문하자.

Ⓘ P.191 Ⓜ P.177

4

하가쿠레 우동
葉隠うどん

우동 다이라의 직원이 차린 우동 집. 우동 다이라와 메뉴 구성이 비슷하지만 국물 맛은 더 좋다는 평이다. 신선한 재료로 바로 만들어 언제든 원하는 메뉴를 먹을 수 있다. Ⓘ P.187 Ⓜ P.177

돼지 뼈 육수와 다양한 토핑의 조화
라멘

얄팍한 지갑과 늘 부족한 시간으로 힘든 노동자들의 몸보신을 위해 고안된 음식이 바로 '돈코츠 라멘'. 쓸모없어 버리기 일쑤였던 돼지 뼈로 육수를 만들고, 빠른 시간 안에 면발을 후루룩 삼키듯 먹기 위해 면을 푹 삶아낸 것이 시작이었다. 일본에서 돈코츠 라멘 붐을 일으켰던 후쿠오카의 라멘을 즐겨보자.

[+ PLUS]

<돈코츠 라멘 주문하는 방법>

STEP 1. 면의 익힘 정도 정하기

면을 익히는 정도에 따라 맛이 천차만별로 달라지기 때문에 주문할 때 반드시 이야기해야 한다.

명칭	면 삶는 시간 (가게마다 다름)	특징
生/粉落とし 나마/코나오토시	2~3초	거의 생면 정도로 딱딱하다.
はりが(針金) 하리가네	5초	조금 더 삶았지만 역시 딱딱하다.
ばりかた (バリカタ) 바리카타	8~10초	딱딱한 식감이 많이 남아 있다. 돈코츠 마니아들이 주로 먹는 익힘 정도.
かため/かた 카타메/카타	30초	조금 딱딱하지만 초보가 먹기에 좋은 정도.
普通(ふつう) 후츠	45초	보통 익힘 정도. 한국인 입맛에 가장 잘 맞는다.
やわりかめ/やわ 야와리카메 /야와	60초	푹 삶아서 면발에 힘이 없는 상태. 즉시 먹어야 한다.

STEP 2. 추가 토핑 정하기

① 차슈 チャーシュー : 삶거나 구운 돼지고기를 얇게 썬 것.
② 타마고 卵 : 라멘 필수 토핑인 반숙 달걀.
③ 멘마 メンマ : 죽순을 삶아 염장 발효한 것. 매력적인 식감이 포인트.
④ 나루토 마키 鳴門巻き : 빠지면 섭섭한 소용돌이 모양 어묵.
⑤ 미쿠라게 キクラゲ(木耳) : 목이버섯을 말려 채 썬 것.
⑥ 네기 ネギ : 송송 썰린 파를 올려야 제맛.
⑦ 노리 のり : 비주얼 포인트가 되는 김.
⑧ 옥수수 コーン : 달달한 맛이 은근 잘 어울린다.

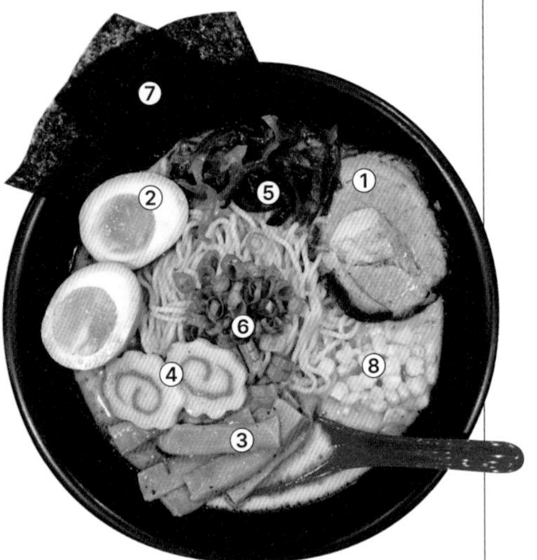

STEP 3. 맵기 정하기

빨간 양념이 첨가되는 라멘의 경우 맵기 레벨이 있는데, 대부분은 단계로 구분 짓는다.

STEP 4. 면 추가해서 먹기

완식을 한 뒤 카에다마(替え玉/かえだま)라고 해서 면만 추가해서 먹을 수 있다. 보통 100~150g의 면을 카에다마해주는데, 양이 많다 싶으면 절반만 주문할 수도 있으며 이때는 한다마(半玉/はんだま、はんたま)를 요청하면 된다.

라멘 초급자에게 추천하는 라멘 집

1 이치란 라멘 본점
一蘭 本社総本店

우리나라 사람 입맛에는 가장 잘 맞는다. 돈코츠 특유의 꼬릿한 냄새가 거의 없으며 맵기 단계도 칼칼하게 조절할 수 있다. 실내를 독서실처럼 꾸며 혼밥 하기에도 안성맞춤. 고추 양념을 추가하면 더 맛있게 먹을 수 있다.

Ⓘ P.200 Ⓜ P.176

추천
이치란 5선 라멘

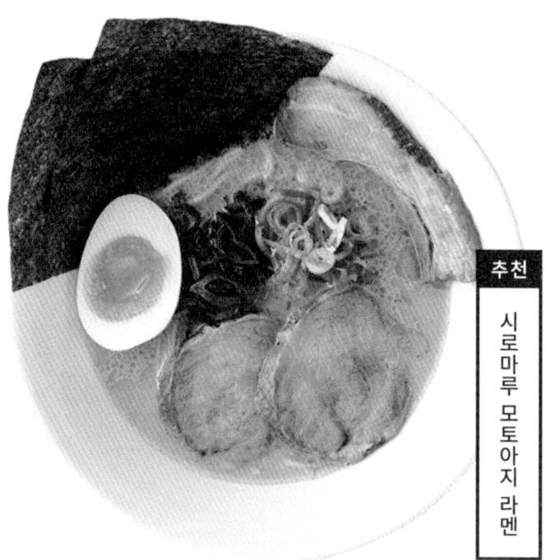
추천
시로마루 모토아지 라멘

2 잇푸도 라멘 본점
一風堂 大名本店

이치란에 비해 돼지 육수 냄새가 강하지만 초보자도 어렵지 않게 먹을 수 있는 유명 체인점이다. 본점답게 '모토아지(元味)' 메뉴를 통해 개업 당시의 맛을 그대로 보존하고 있으며 본점 한정 '하카타 쇼유 라멘'도 인기 있다.

Ⓘ P.220 Ⓜ P.208

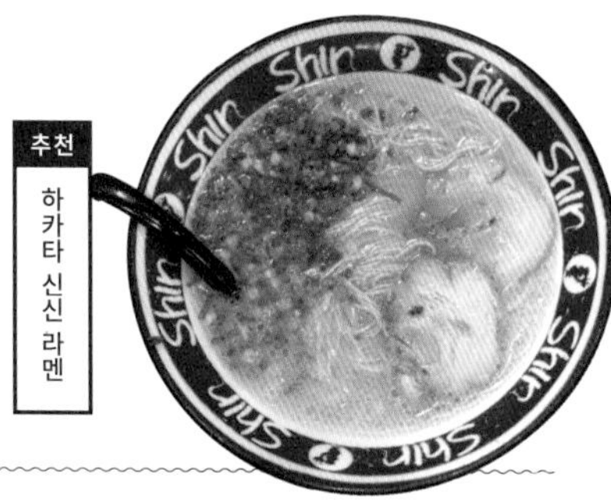

추천
하카타 신신 라멘

추천
차슈 라멘

3 신신 라멘 본점
ShinShin 天神本店

유명 연예인들이 후쿠오카를 찾을 때마다 들를 정도로 후쿠오카 최고의 돈코츠 라멘이라 인정받는 곳. 볶음밥과 교자가 포함된 점심 세트 메뉴가 인기 있다.

Ⓘ P.227 Ⓜ P.209

4 멘야가가
麺屋我ガ

이치란 라멘 창업주의 손자가 차린 곳. 이치란보다 국물 맛이 깊고 담백해서 후쿠오카 현지인들은 이곳을 더 높이 쳐주는 분위기다. 밝고 개방된 분위기도 이치란과 매우 다른 부분. 생맥주가 포함된 세트 메뉴도 추천한다. Ⓘ P.232 Ⓜ P.210

라멘 좀 먹어본 사람에게 추천하는 라멘 집

추천
차슈 라멘

1 도산코 라멘 본점
どさんこ 本店

규슈 지역의 전통 미소를 두 가지 이상 사용해 부드럽고 구수한 맛이 특징이다. 부들부들한 차슈와 함께 얼큰하고 감칠맛 나는 국물을 쭉 들이켜면 해장으로 딱이다. 볶음밥도 라멘만큼 인기 있다.
Ⓘ P.196 Ⓜ P.176

추천
라멘 정식 세트

2 아카노렌 본점
赤のれん 天神本店

약 80년째 운영하고 있는 후쿠오카의 대표적인 하카타식 라멘 노포. 육수의 염도와 농도가 적당하고 고명과 면발의 조화가 딱 알맞게 떨어진다. 입맛에 따라 조절해서 먹을 수 있도록 다양한 향신료를 세팅해놓은 것도 라멘 마니아들이 칭찬하는 부분. 중화풍 교자와 볶음밥도 수준급이다. Ⓘ P.221 Ⓜ P.208

추천
교카이 돈코츠 라멘

추천
레드 차슈 라멘

3 라멘 우나리
ラーメン海鳴

현지인들이 술 마시고 나서 해장으로 가는 라멘 집. 특이하게 돼지 육수와 해산물을 함께 우려내 국물을 만들고 양파 기름을 더해 깔끔하고 깊은 맛이 특징이다. 저녁 장사만 해서 불편하지만 그게 이곳의 감성이라고 생각하면 나름 낭만적이다. Ⓘ P.201 Ⓜ P.176

4 하카타 잇코샤 총본점
博多一幸舎 総本店

꼬릿한 돈코츠 라멘 맛에 완전히 빠졌다면 이곳을 빼놓을 수 없다. 서로 다른 3개의 특수 제작 솥에서 육수를 여러 번 끓이고 날씨와 온도, 습도에 따라 조리법을 달리해 그날그날에 딱 맞는 육수를 만들기 때문에 항상 비슷한 맛을 유지한다. 저온 조리해 부드러운 차슈는 먹자마자 감탄이 나올 정도다. Ⓘ P.187 Ⓜ P.177

독특함을 원하는 사람에게 추천하는 이색 라멘 집

1 멘야 카네토라 본점
麺や兼虎 天神本店

후쿠오카 츠케멘 열풍의 중심인 곳. 면을 담가 먹는 츠케지루 맛이 일품인데, 가수율(반죽에서 물이 차지하는 비율)이 높아 국물이 잘 스며드는 자가 제면만 고집해 풍미가 2배는 살아난다. 두툼하게 썰어 직화로 구운 차슈와 토핑도 하나같이 맛있다. 맵기 단계를 지정해서 주문할 수 있는데 우리 입맛에는 2~3단계가 적당하다.

ⓘ P.236 Ⓜ P.209

추천
스페셜 츠케멘

추천
아부라 소바

2 아부라 소바 도쿄 아부라구미 쇼혼텐
油そば 東京油組総本店

도쿄에 본점이 있는 아부라 소바 맛집으로 요즘 후쿠오카 20대들에게 인기 있는 곳. 일반 라멘에 비해 칼로리와 염도를 줄인 데다 라유의 맵싸한 맛이 혀끝을 마구 자극하는 덕분이다. 원하는 고명을 함께 주문하는 식인데 차슈와 네기, 멘마, 타마고는 반드시 주문하자.

ⓘ P.222 Ⓜ P.208

3 멘도 하나모코시
麺道はなもこし

구수한 돈코츠 라멘에 질렸다면 깔끔한 닭 육수 라멘을 먹어볼 차례. 농후 토리 소바는 닭고기와 새우젓으로 육수를 내고 닭 가슴살 고명을 올려주는데, 메뉴 이름처럼 진하지만 무겁지는 않은 육수 맛이 일품이다. 하루 15그릇만 판매하니 오픈런 필수.

ⓘ P.230 Ⓜ P.210

추천
농후 토리 소바

공식처럼 외워야 하는 후쿠오카의 명물
야키니쿠

달고 짠 음식이 입에 맞지 않는 사람, 가리는 음식이 많은 사람,
초딩 입맛인 사람까지 모두 만족할 만한 음식을 고르라면 야키니쿠가 최고다.

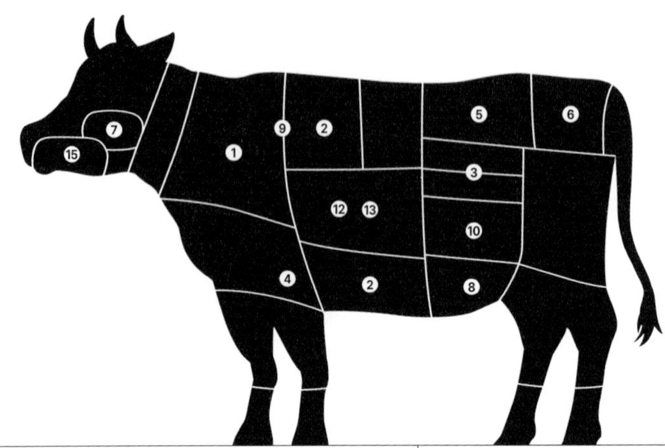

+ PLUS

아카미(赤身, 붉은 살) 부위

1. 肩ロース(가타로스/로스)
어깨 등심. 한국의 삼겹살처럼 가장 보편적인 부위. 음식점의 수준을 가늠할 수 있는 부위이기도 하다.

2. リブロース(리브로스)/カルビ(갈비)
등심 갈비. 가장 인기 있는 부위로 가게에 따라 도쿠조 갈비(特上カルビ, 특상 갈비)나 호네츠키 갈비(骨付きカルビ, 뼈에 붙어 있는 갈비) 등도 판다.

3. ヒレ(히레)/フィレ(필레)
안심. 최고급 부위인 만큼 비싸고 맛도 좋다.

4. ミスジ(미스지)
부챗살. 소 한 마리에서 2kg밖에 나오지 않는 희소 부위로 입에서 살살 녹는다는 표현이 딱 어울린다.

5. サーロイン(설로인)
허리 부분의 등심. 지방과 근육이 거의 없어서 식감이 무척 부드러운데, 스테이크로 먹거나 두툼하게 구워 먹으면 더 맛있다.

6. ランブ(우둔살/란부)
허리에서 엉덩이에 걸쳐 있는 부위로 결이 세세하고 부드러운 맛이 특징.

7. ホホニク(볼살/호호니쿠)
부들부들 쫄깃쫄깃한 식감이 특징. 특유의 질감 덕분에 마니아가 많은 부위다.

8. 三角バラ(참갈비/산카쿠바라)
갈비뼈 주변이라 살코기와 지방이 번갈아가며 형성되어 감칠맛이 풍부하고 맛의 밸런스가 좋다.

9. ハネシタ(살치살/하네시타)
등심의 윗부분으로 마블링이 좋은 부분만 분리해 부드럽고 입안에서 살살 녹는다.

10. シンタマ(신타마)/ササミ(사사미)
치마살로 채끝 아래 복부에 있는 부위다. 살코기가 많아 육질이 단단하고 육즙이 많다.

호르몬(ホルモン, 내장) 부위

11. ミノ(미노)
소의 첫 번째 위장(소 양). 한국식 양대창과 비슷한 맛이다.

12. ハラミ(하라미)
횡격막. 안창살로 더 잘 알려져 있으며 저렴하면서도 부드러운 식감이 특징이다.

13. サガリ(사가리)
하라미 주변의 횡격막. 하라미가 없을 때 주문하면 된다.

14. 小腸(소초)
소장. 지방이 많고 식감이 좋아 술안주로 딱이다. 야키니쿠나 구시야키(꼬치)로 만들어 먹는다.

15. タン(탄)
소의 혀. 씹는 맛이 매우 좋으며 파를 올려 굽는 네기탄시오(ネギタン塩)나 소금을 쳐서 굽는 단시오야키(タン塩焼き) 등도 있다.

후쿠오카 야키니쿠 맛집 BEST 3

1 야키니쿠 바쿠로 やきにくのバクロ

아직은 고깃집 혼밥이 두려운 사람이라면 이곳이 정답. 매장 한가운데 1인용 좌석이 크게 마련돼 있어 고깃집 혼밥도 두렵지 않다. 한국어 번역도 매우 잘되어 있다는 것이 장점. 점심시간에만 판매하는 런치 세트 메뉴가 인기 있으며 여섯 가지 와규의 희소 부위를 맛볼 수 있는 '바쿠로 와규 진미 세트' 추천. ⓘ P.193 Ⓜ P.177

2 니쿠야 니쿠이치 にく屋 肉いち

오래전부터 우리나라 사람들에게 꾸준한 인기를 얻어온 야키니쿠 집. 어떤 부위를 주문해도 보통 이상의 맛과 저렴한 가격대 덕분에 도장 깨기 하듯 여러 부위를 부담 없이 먹을 수 있다. 조갈비, 네기탄시오, 가이노미 등의 부위를 추천. 예약하지 않으면 1시간 30분 정도 대기해야 한다. 하카타 지점보다 야쿠인 지점이 대기 줄이 짧은 편이다.

ⓘ P.186 Ⓜ P.177

3 니쿠토사케 주베 肉と酒 十べぇ

마블링이 좋은 등심과 우설, 양념 주베 갈비 등이 인기 메뉴. 버터 감자와 버섯 모둠도 함께 구워 먹으면 더 맛있다. 푸짐하게 먹고 싶다면, 고기를 코스 제공하고 음료와 술을 2시간 동안 무제한으로 제공하는 4000~6000¥ 코스를 선택하자. 양이 넉넉한 레몬 사와도 추천. ⓘ P.235 Ⓜ P.209

+ PLUS

야키니쿠의 역사

일본은 원래 1000년 가까이 육식을 금지하던 나라였다. 메이지유신을 통한 사회 개혁으로 육식이 허용됐는데, 이때 일본에 퍼지게 된 것이 한국식 고기구이다. 하지만 평범한 일본 국민이 육식을 즐겨 하기에는 경제적인 부담이 컸고 고기를 굽는 것 자체가 어려운 환경이었다. 1940년대까지는 환기 시설이 발달하지 않아 고기 굽는 연기가 온 집 안을 덮치기 일쑤였고, 목조 주택이 대부분이라 화재 위험도 컸기 때문이다. 1970년대부터 에어컨 보급률이 높아지고 콘크리트 건물이 많아지는 등 일본 경제가 발전하며 야키니쿠가 대중적인 인기를 얻게 되었다.

야키니쿠는 꼭 예약하자

회전율이 좋지 않고 식사 시간이 긴 야키니쿠의 특성상 예약하지 않으면 오래 기다리거나 못 먹을 수도 있다. 인터넷 예약을 받는 곳이면 예약하는 것을 추천. 저녁보다 점심시간이 좀 더 여유롭다. 예약하지 않고 오픈런으로 기다리면 30분~1시간 안에 식사를 마친다는 전제하에 들여보내주기도 한다.

뜨끈한 국물 요리가 먹고 싶을 때
모츠나베&미즈타키

뜨끈한 국물이 먹고 싶기는 한데, 라멘은 좀 부담스럽고 우동은 포만감이 없을 것 같다면
후쿠오카의 명물 미즈타키와 모츠나베를 먹어보자.

모츠나베(もつ鍋)의 슬픈 시작

이름 그대로 소 곱창(もつ) 전골 요리(鍋)인 모츠나베의 칼칼한 맛 뒤에는 강제징용의 아픔이 담겨 있다. 1920~1930년대 규슈 각지의 탄광 및 산업 시설에 끌려온 조선인들이 당시 일본인들은 잘 먹지 않아 엄청 싼 소 곱창과 채소를 넣어 자작하게 끓여 먹던 것이 시초다. 모츠와 동의어로 사용하는 '호르몬(ホルモン, 돼지나 소의 내장)'의 어원을 살펴보면 여러 설이 있지만 '버리다'라는 의미인 호루(放る)와 '물건'이라는 뜻의 모노(もの)가 합쳐진 것으로 본다. 즉 아무도 먹지 않아 버리던 부위였던 것. 전쟁이 길어지고 패전 분위기였던 1940년대에 이르러서야 호르몬과 모츠나베는 비로소 일본인들도 즐기는 요리가 되었다.

미즈타키(水炊き), 일본식 닭 한 마리

우리나라에 닭 한 마리가 있다면 후쿠오카를 비롯한 규슈 지방에는 미즈타키가 있다. 만드는 방식도 꽤 비슷하다. 닭 뼈와 고기를 오랜 시간 푹 삶은 뒤 갖가지 채소를 넣고 다시 한번 끓여내는 식이다. 간이 세지 않고 잡내가 거의 없어 누구나 부담 없이 먹을 수 있는 것이 미즈타키의 가장 큰 매력. 규슈 지방에서 나는 과일인 카보스와 유자로 맛을 낸 소스에 찍어 먹으면 없던 입맛도 되살아나는 마법의 요리다.

+ PLUS

미즈타키 먹는 방법

STEP 1. 닭 육수가 끓으면 육수부터 마신다.

STEP 2. 두부와 닭고기 완자, 채소 한 움큼을 넣고 센 불에 익힌 뒤 샤부샤부처럼 먹는다.

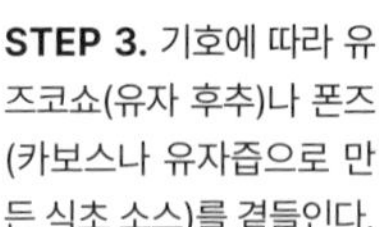

STEP 3. 기호에 따라 유즈코쇼(유자 후추)나 폰즈(카보스나 유자즙으로 만든 식초 소스)를 곁들인다.

STEP 4. 남은 밥과 달걀을 넣고 자작하게 끓여 죽을 만들어 먹으면 근사한 한 끼 식사 끝!

모츠나베 & 미즈타키 대표 맛집

모츠나베 맛집 1

모츠나베 맛집 2

1 오야마
おおやま

다른 곳에서는 쉽게 맛볼 수 없는 향토 요리로 구성된 세트 메뉴가 인기 있는 집. 모츠나베와 멘타이코, 말고기 육회를 모두 맛볼 수 있는 잔마이 세트 메뉴를 추천한다. 1인용 세트도 비교적 저렴한 가격에 내놓는데, 구성과 양이 알차다고 소문났다.

Ⓘ P.182 Ⓜ P.177

2 마에다야 총본점
前田屋総本店

전통적인 모츠나베 맛집. 무난하고 깔끔한 맛으로 한국 사람의 입맛을 사로잡는다. 다른 모츠나베 집에 비해 국물이 진하지만 자극적이지는 않아 모츠나베를 처음 접하는 사람에게 추천한다. 하카타 명물 음식인 고마사바(고등어 회에 참깨 소스를 뿌린 것)도 꼭 맛보자.

Ⓘ P.186 Ⓜ P.177

미즈타키 맛집 1

미즈타키 맛집 2

3 토리덴
とり田

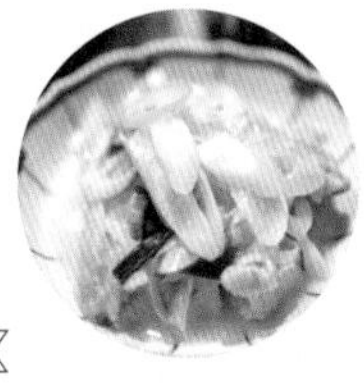

분위기 있는 곳에서 미즈타키와 향토 닭 요리를 코스로 맛보고 싶다면 추천하는 집. 가격이 꽤 비싸지만 음식의 퀄리티와 접객 수준이 높아 어른들을 모시고 가기에도 적당하다. Ⓘ P.229 Ⓜ P.210

4 아지도코로 이도바타
味処 井戸端

저녁에는 이자카야로, 점심에는 미즈타키를 비롯한 하카타 향토 요리를 선보이는 집. 오후 12시부터 2시까지 런치 타임에만 판매하는 닭 육수 라멘도 별미.

Ⓘ P.197 Ⓜ P.176

후쿠오카의 소울푸드
멘타이코(명란젓)

일제강점기 조선에서 일본으로 전파된 대표적인 음식이 '멘타이코', 즉 명란젓이다.
오랜 연구와 산업화를 거쳐 지금은 후쿠오카를 대표하는 지역 음식이 되었다.

©후쿠오카현 관광연맹

우리나라 명란젓이 규슈 향토 음식으로

1949년 해방 직후, 부산에 살던 한 일본인이 귀국해 어린 시절 먹던 명란젓을 떠올리며 맵게 절인 카라시 멘타이코(辛子明太子)를 개발했다. 그가 지금의 후쿠야를 세운 카와하라 토시오(川原俊夫)다. 이후 카라시 멘타이코는 멘타이코 혹은 멘타이로 불리며 일본 전국으로 퍼져나갔다. 멘타이코 가운데 약 80%가 규슈 지역에서 생산되며, 후쿠오카현에만 멘타이코 제조 회사가 무려 200개나 된다. 규슈의 멘타이코 소비량도 일본 내 1위다.

+ PLUS

후쿠야 하쿠하쿠 멘타이코 체험관
ふくやハクハク明太子体験館

일본에서 가장 먼저 멘타이코를 만든 회사인 후쿠야(ふくや)에서는 전시 체험관 하쿠하쿠를 운영한다. 멘타이코 제조 공장 견학과 하타카의 음식 문화 전시뿐 아니라 멘타이코 만들기 체험, 갓 만든 멘타이코 뷔페 등 다양한 체험 이벤트를 진행한다. Ⓜ P.251

후쿠오카 대표 멘타이코 맛집

1 카쿠우치 후쿠타로 カクウチ福太郎

명란젓을 무제한 리필해서 먹을 수 있는 곳. 오후 2시까지 세 종류의 점심 메뉴를 판매한다. 명란젓, 반찬 세 가지와 장국, 여섯 가지 양념이 나오는 '멘타이 세트'가 대표 메뉴다. 시치미, 레몬, 와사비, 참기름, 치즈 파우더 등 양념을 각각 명란젓과 섞어 먹으며 각 양념에 따라 달라지는 맛을 비교하는 재미가 있다. Ⓘ P.235 Ⓜ P.209

2 멘타이쥬 めんたい重

후쿠오카 최초의 명란젓 요리 전문점이다. 대표 메뉴인 멘타이주(めんたい重)는 가다랑어 등 온갖 재료를 더해 조리한 얇은 다시마를 명란젓에 말아 오랜 시간 숙성한 것으로 깊은 맛을 낸다. 여기에 이 집에서 개발한 특제 소스 '카케다레(かけだれ)'를 뿌려 먹으면 최고다. Ⓘ P.199 Ⓜ P.176

3 우오덴 うお田

해산물 덮밥으로 유명한 가게. 그중 가장 인기 있는 메뉴가 명란젓 하나를 통째로 올린 멘타이 이쿠라 타마고 야키돈(明太いくら玉子焼丼)이다. 명란의 짭짤한 맛이 부드러운 달걀말이, 연어 알과 잘 어울린다. Ⓘ P.192 Ⓜ P.177

+ PLUS

다양한 멘타이코 제품

· 멘타이코 센베이 '멘베이'
후쿠오카 대표 간식으로 바삭한 식감에 적당히 매콤한 명란젓의 맛이 일품이다.

· 후쿠야 러스크
바삭바삭한 식감의 러스크에 감칠맛 나는 명란이 뿌려져 있는 디저트.

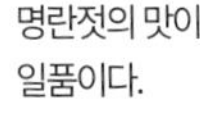

· 명란 프링글스
규슈 한정 명란 프링글스. 기념품이나 선물용으로 좋다.

· 명란 튜브
명란젓에 다시마와 가츠오부시 국물을 섞어 부드럽게 만든 제품.

· 명란 마요네즈
짭짤한 명란과 고소한 마요네즈는 최고의 조합이다. 약간 매운맛이라 느끼하지 않다.

· 명란 스프레드
식빵에 발라 구우면 바로 명란빵이 되는 마법의 소스. 하나만 사면 후회한다.

삼시 세끼를 먹어도 질리지 않는 스시&해산물

일본 여행을 한다면 신선한 해산물로 만든 스시는 꼭 한번 맛보자.
갑각류와 어패류를 제외한 대부분의 해산물은 규슈 앞바다에서 어획해 신선도가 높고 맛이 좋다.

미리 알고 가면 좋은 스시 이름

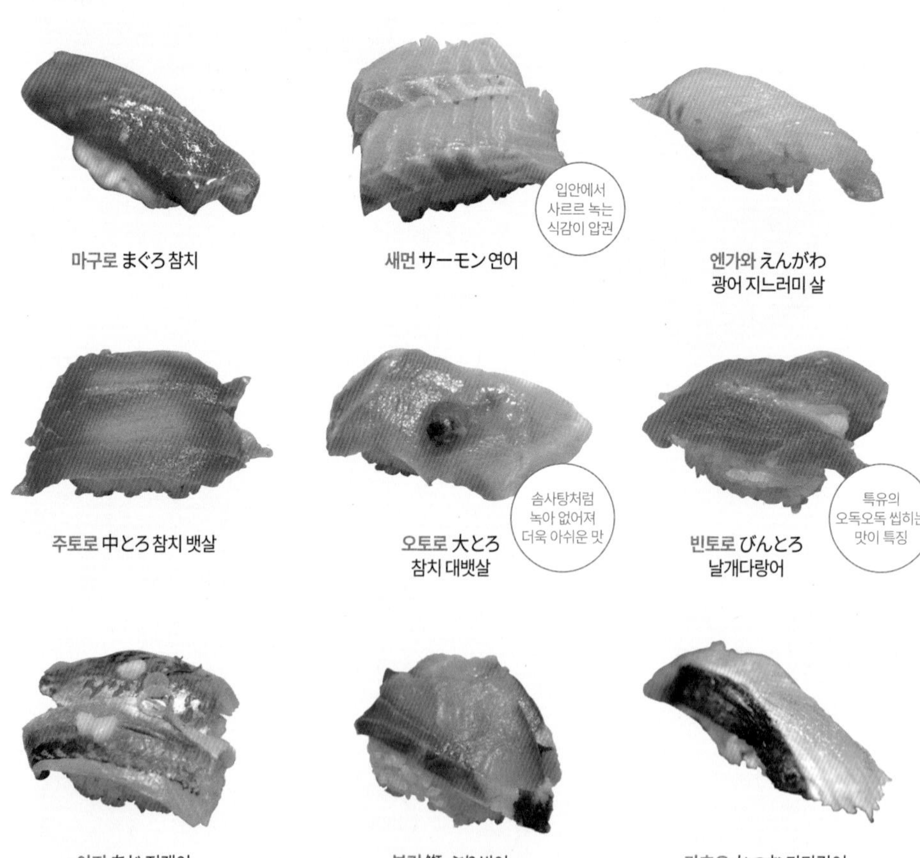

마구로 まぐろ 참치

새먼 サーモン 연어

입안에서 사르르 녹는 식감이 압권

엔가와 えんがわ 광어 지느러미 살

주토로 中とろ 참치 뱃살

오토로 大とろ 참치 대뱃살

솜사탕처럼 녹아 없어져 더욱 아쉬운 맛

빈토로 びんとろ 날개다랑어

특유의 오독오독 씹히는 맛이 특징

아지 あじ 전갱이

부리 鰤·ぶり 방어

가츠오 かつお 가다랑어

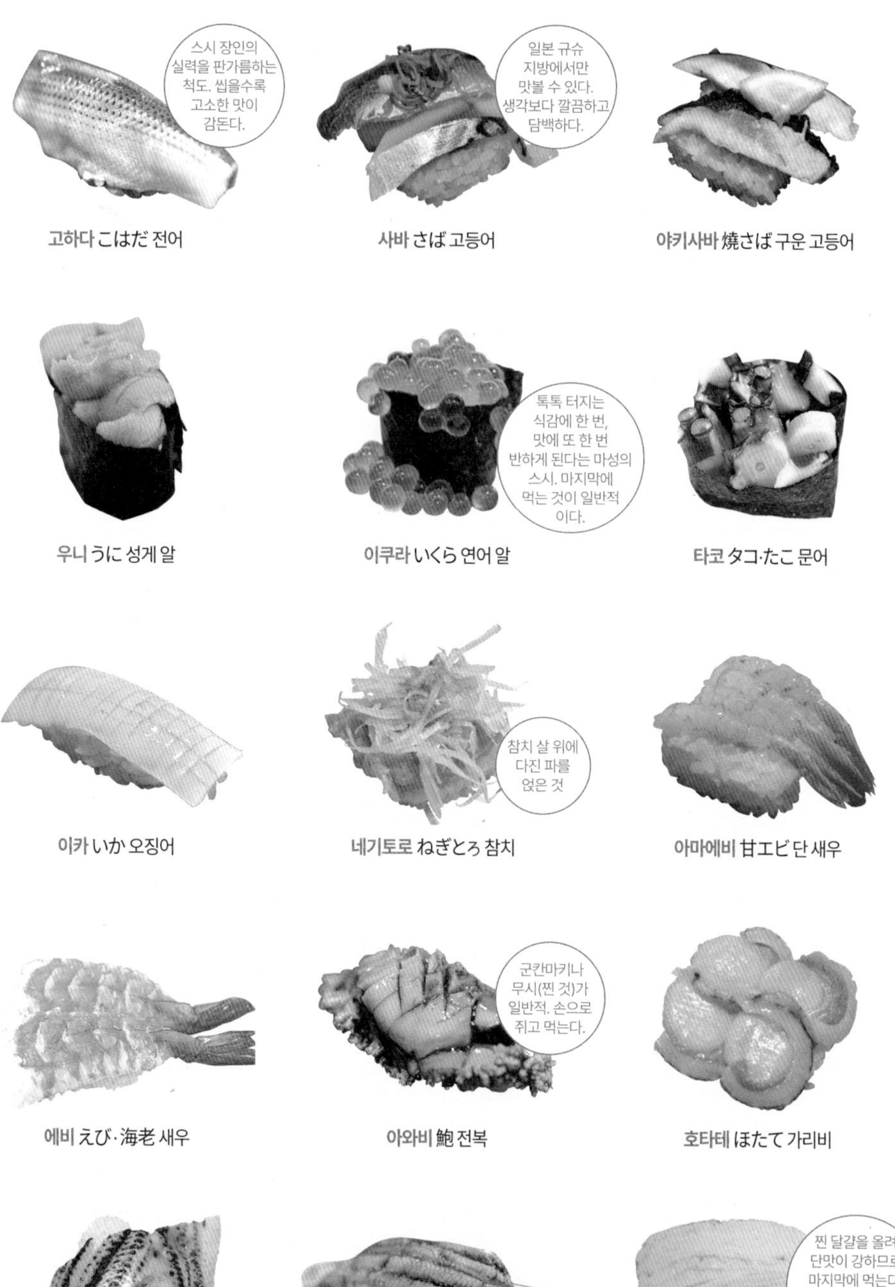

고하다 こはだ 전어

사바 さば 고등어

야키사바 焼さば 구운 고등어

우니 うに 성게 알

이쿠라 いくら 연어 알

타코 タコ·たこ 문어

이카 いか 오징어

네기토로 ねぎとろ 참치

아마에비 甘エビ 단 새우

에비 えび·海老 새우

아와비 鮑 전복

호타테 ほたて 가리비

우나기 うなぎ 장어

아나고 あなご 붕장어

타마고 玉子 달걀

후쿠오카 3대 스시 집

1 효탄스시 본점
ひょうたん寿司

후쿠오카에서 가장 인기 있는 스시 맛집. 가성비 좋기로 유명한 오늘의 세트, 대게 크림 고로케가 가장 인기 있다. 바 좌석에 앉으면 스시 장인이 스시를 만드는 과정을 볼 수 있다. ⓘ P.212 Ⓜ P.209

2 스시 사카바 사시스
すし酒場さしす

젊은 층을 중심으로 요즘 뜨는 스시 체인점. 체인점별 맛 차이가 적고 기본 이상의 맛을 보장한다. 새우 육회, 참치 스시가 인기 메뉴. 회전율이 높아 금방 먹고 일어나는 분위기다. ⓘ P.184 Ⓜ P.177

3 우오타츠 스시
市場ずし 魚辰

나가하마 수산시장 안에 자리 잡은 스시 집. 퀄리티 대비 가격이 저렴한 편이다. 구조는 회전 스시 집이지만, 대부분 원하는 종류를 주문해서 먹는다. 계절 한정 메뉴와 추천 메뉴를 공략할 것! 다양한 세트 메뉴 중 골라 먹어도 좋다. ⓘ P.255 Ⓜ P.251

+ PLUS

스시 먹는 법 & 에티켓

1. 스시 종류에 따라 먹는 방법이 다르다. 어떤 것은 젓가락으로 먹고 어떤 것은 맨손으로 쥐고 먹어야 더 맛있는데, 잘 모르면 주방장이 알려주는 대로 하면 된다.

2. 스시는 시간이 흐를수록 수분을 잃고 선도가 급격히 떨어지는 '시간과 온도'에 예민한 음식이다. 나오자마자 먹어야 스시 맛을 온전히 느낄 수 있다. 그러니 스시 집에서만큼은 먹는 데 집중! 인증숏은 빈 접시로 대신하자.

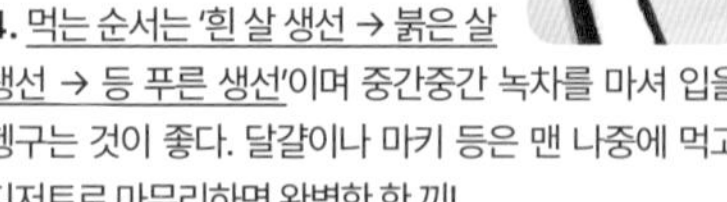

3. 고급 스시집에는 손 닦는 수건이 두 종류가 놓여 있는 게 대부분이다. 용도가 다르니 유의해서 사용하자.

4. 먹는 순서는 '흰 살 생선 → 붉은 살 생선 → 등 푸른 생선'이며 중간중간 녹차를 마셔 입을 헹구는 것이 좋다. 달걀이나 마키 등은 맨 나중에 먹고 디저트로 마무리하면 완벽한 한 끼!

5. 간장을 찍을 때에는 생선 살(네타)이 아래로 가게끔 해서 생선 살만 간장을 살짝 찍어야 한다. 군칸마키는 생강 초절임을 간장에 찍은 다음 붓질하듯 간장을 묻히는 것이 정석. 소스나 양념을 발라 내오는 스시는 그대로 먹으면 된다.

가성비 좋은 스시 집 BEST 4

1 스시로
スシロー

항상 웨이팅이 있는 체인 회전 스시 집. 먹고 싶은 스시를 선택하면 레일을 따라 배송되는 시스템으로 본인이 주문한 스시만 먹어야 한다. 참치, 연어, 생새우, 달걀, 이벤트 한정 스시 메뉴를 공략하면 실패할 일이 적다.

Ⓘ P.227 Ⓜ P.208

2 스시 잔마이
すしざんまい

영업시간이 길어 언제든 식사할 수 있는 스시 집. QR코드를 스캔해 주문하는데, 단품 스시는 보통 2피스씩 제공되어 양이 많다. 자릿세 등이 부과되어 가성비는 살짝 떨어지는 게 흠. 참치가 포함된 메뉴를 집중 공략하자.

Ⓘ P.213 Ⓜ P.209

3 쿠라스시
くら寿司

돈키호테 나카스 지점 건물에 자리해 쇼핑 후 가기에 좋다. 대부분 테이블석이라서 가족 단위로 방문하기 좋은데, 아이들이 좋아하는 주문형 배달 시스템이라 만족도가 높다. 참치, 흰 살 생선, 튀김이 베스트셀러 메뉴. 생맥주 자판기가 있고 빈 그릇 수거 기계가 있는 것도 신기하다.

Ⓘ P.200 Ⓜ P.176

4 하카타 토요이치
博多豊一

모든 스시를 하나당 132¥에 판매하는 스시 집. 초밥 뷔페처럼 원하는 초밥을 낱개로 고를 수 있어 다양한 스시를 맛볼 수 있는 것이 장점이다. 밥 위에 올린 회가 큼지막하고, 종류도 다양해 만족도가 높다. 성수기나 주말에 대기 줄이 길다면 테이크아웃을 선택하자.

Ⓘ P.254 Ⓜ P.251

술 한잔의 낭만
이자카야

하루 2만 보씩 걷는 게 일상인 후쿠오카 여행.
두 다리가 고생한 만큼 오늘 밤은 살 찔 걱정 말고 마음껏 먹어보자.

[+ PLUS]

이자카야 이용 TIP

1. 메뉴판 번역이 안 되는 곳이 은근히 많다.

대부분 손 글씨나 필기체로 메뉴판을 만들어 파파고나 구글 번역이 통하지 않는다. 이럴 때는 구글 맵으로 들어가 리뷰를 확인하거나 추천 메뉴를 검색하는 것이 빠르다.

2. 금액을 반드시 확인하자.

여전히 음식 가격을 공지하지 않는 집들이 있다. 높은 확률로 가격이 비싼 곳이니 미리 확인하자.

3. 분위기를 미리 체크하자.

손님과 직원이 대화를 많이 하는 집인 경우 일본어 회화를 못하면 매력이 없을 수 있다. 이런 곳들은 음식을 준비하는 시간이 길어 젓가락만 쪽쪽 빨아야 할 수도 있다.

4. 현금 결제만 가능한 곳이 많다.

카드 결제도 가능한 곳이 늘어나는 추세이긴 하지만 아직도 현금만 받는 곳도 많으니 꼭 현금을 챙겨 가자.

5. 각종 요금이 있다.

일종의 자릿세인 오토오시(お通し)가 있다. 식사 전에 애피타이저로 음식을 내주는데, 1인당 300~1000¥ 정도의 자릿세에 포함되어 있으니 자릿세를 내기 싫으면 당당히 이야기하자. '코레 이라나이데스(이거 필요 없습니다)'라고. 시간에 따라 자릿세의 금액이 달라지기도 한다. 보통은 오토오시 가격 정도만 추가로 받지만 경우에 따라 주말 요금, 연말연시 요금, 서비스료 등의 명목으로 추가 요금이 더 청구될 수 있다. 일반적인 술집에서는 거의 찾아보기 힘들고 외국인을 상대로 호객 행위를 하는 술집에서 주로 받기 때문에 조심해야 한다.

야키도리 추천 메뉴

야키도리는 닭, 돼지, 소고기를 주로 사용하지만 아무래도 닭고기가 가장 대중적이다. 메뉴판 번역이 안 되는 곳이 많기 때문에 몇 가지 정도는 미리 알고 가는 것이 편하다.

가와(かわ)
닭 껍질. 식감이 독특하고 기름기가 많아서 맥주 안주로 제격이다. 여성들이 즐겨 먹는 부위다.

츠쿠네(つくね)
다진 닭고기를 반죽해 동그랗게 빚어 구운 것. 집집마다 맛이 달라 비교해가며 먹는 재미가 있다.

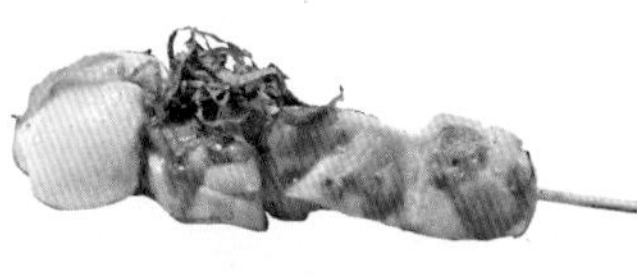

사사미(ささみ)
닭 가슴 살. 생각보다 식감과 풍미가 뛰어나 입맛을 돋울 겸 가장 먼저 먹는 것이 좋다. 우메보시나 들깻잎 등 함께 조리하는 재료에 따라 맛이 다르다.

세세리(せせり)
먹기 좋게 뼈를 바른 닭 목살. 육질이 부드럽고 풍미가 진해 맥주와 와인에 모두 잘 어울린다.

데바사키(手羽先)
닭 날개 살의 윗부분. 먹기는 조금 불편하지만 기름기가 많고 간이 잘 배어 있어 맛의 밸런스가 좋다.

모모(もも)
닭의 넓적다리. 씹으면 탄력 있는 육질과 풍부한 육즙이 느껴져 미식가들의 사랑을 받는다.

+ PLUS

야키도리 메뉴 읽기

에린기(エリンギ) 새송이버섯
나스(なす) 가지
시이타케(しいたけ) 표고버섯
아스파라(アスパラ(ガス)) 아스파라거스
닌니쿠(にんにく) 마늘
카보차(かぼちゃ) 호박
다이콘(大根) 무
유데타마(ゆで卵) 삶은 달걀
콘냐쿠(こんにゃく) 곤약
치쿠와(ちくわ) 원기둥 모양의 어묵
아게가마보코(揚げかまぼこ) 튀긴 어묵
마루텐(丸天) 둥근 모양의 어묵
네기타코텐(ねぎたこ天) 문어와 파를 넣은 어묵
킨차쿠(きんちゃく) 모찌 유부 주머니
부타바라(豚バラ) 삼겹살
카시라(かしら) 돼지의 볼이나 관자놀이
가츠(がつ) 돼지의 위
시로(シロ) 돼지의 소장, 대장
뎃포(テッポー) 돼지의 직장
하츠(ハツ) 닭의 심장
스나기모(砂肝) 닭의 모래주머니

1차로 좋은 야키도리 BEST 3

1 야키도리 라쿠가키
やきとり処 楽がき

현지인, 관광객 모두에게 인기 있는 야키도리 맛집으로 후쿠오카에 다시 오게 하는 맛이다. 특유의 활기찬 분위기와 누구에게나 입맛에 잘 맞는 츠쿠네 덕분에 인기다. 한국어 가능한 점원도 있다.

ⓘ P.190 Ⓜ P.177

꼬치구이 모둠 세트

2 무사시
やきとり 六三四

다양한 야키도리를 맛보고 싶다면 이곳부터 가자. 현지인과 관광객 모두에게 사랑받기에 웨이팅이 필수지만 그만한 만족감을 준다. 추천 메뉴는 모두 평타 이상이다. ⓘ P.226 Ⓜ P.209

츠쿠네, 가와, 세세리

모모

세세리

3 가와야
かわ屋

현지인도 줄 서서 먹는 닭 껍질 튀김 전문점. 투박하고 정겨운 분위기 덕분에 여행 온 기분이 제대로 난다. 오픈런을 노리면 웨이팅 시간이 짧다. 생맥주를 안 먹고는 못 버틸 곳.

ⓘ P.244 Ⓜ P.211

부타바라

가와

2차로 딱인 선술집 BEST 3

오뎅

닭 날개 튀김

모츠니

1 사케도코로 아카리
酒処あかり

여러 유튜브 채널에서 소개한 맛집으로 마츠다 부장까지 픽한 곳. 곱창 조림인 모츠니가 맛있기로 유명하다. 가격이 매우 저렴하고 우리 입맛에도 잘 맞아 대부분의 메뉴가 인기 있다.

Ⓘ P.187 Ⓜ P.177

2 로바타 카미나리바시, 로바타 산코바시
炉ばた 雷橋, 炉ばた 三光橋

현지 분위기를 물씬 느껴보고 싶다면 이곳을 추천한다. 형제 이자카야로 메뉴는 거의 같지만 서로 다른 분위기다. 골목 안에 있는 작은 로바타야키지만 항상 만석일 정도로 인기가 많다. 환기가 잘 되지 않는다는 점은 아쉽다.

Ⓘ P.226 Ⓜ P.209

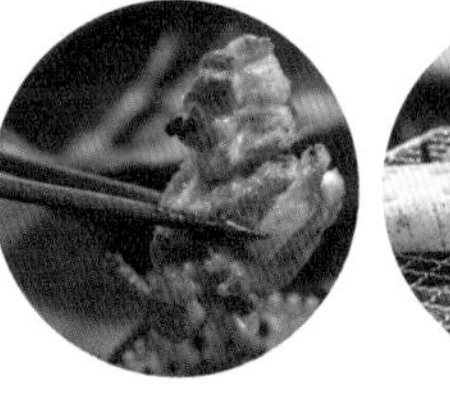

연골

채소 모둠

닭고기 모둠

3 나카스 오뎅
中洲おでん

한국인 여행자에게 엄청난 인기인 오뎅 맛집. 매우 작은 가게지만 주인 아저씨의 친절함과 오뎅 맛 덕분에 금세 유명해졌다. 전 좌석이 테이블석이며 먹고 싶은 메뉴를 그때그때 주문해서 먹을 수 있어 편하다.

Ⓘ P.202 Ⓜ P.176

네기타코텐, 마루텐, 아부라아게

후쿠오카 빵지 순례
베이커리

지금 후쿠오카는 '빵 전쟁' 중이라 해도 좋을 만큼 개성 있고 매력적인 베이커리가 많다. 대형 빵집보다 주로 소규모 베이커리가 많은데, 하드 계열부터 페이스트리까지 다양한 종류를 판매하는 것은 물론 가격까지 저렴하다.

1 아맘 다코탄 アマム ダコタン

케이크, 페이스트리, 샌드위치, 하드롤 등으로 유명한 작은 베이커리다. 종류가 다양해서 보는 즐거움, 고르는 즐거움이 있다. 게다가 가격도 합리적이라 한 번 온 사람은 반드시 다시 오게 된다. 인기 메뉴는 다코탄 버거, 소시지 빵, 명란 바게트 등이다.

ⓘ P.245 Ⓜ P.241

2 마츠 빵 マツパン

후쿠오카 유명 빵집인 팽스톡 출신이 운영하는 베이커리. 하드 계열 빵과 식빵이 메인이며 크루아상, 피자빵, 크로크무슈, 포테이토 베이컨 등 식사류 빵과 달콤한 페이스트리도 인기다. 테이블은 없지만, 바로 옆에 있는 제휴 커피숍 커피맨에서 먹고 갈 수 있다. ⓘ P.246 Ⓜ P.240

3 롯폰폰 ろっぽんぽん

롯폰마츠에 위치한 작은 붕어빵 가게. 인기 메뉴는 키나코타이모찌로, 팥이 든 붕어빵 모양의 떡에 설탕과 섞인 콩가루를 듬뿍 올려준다. 너무 달지 않으면서도 고소해서 맛있다. 가라아게도 판매하며, 테이크아웃 전문점이라 테이블은 없으나 인근 공원에서 먹을 수 있다. ⓘ P.246 Ⓜ P.240

4	**팽 스톡** パンストック

발효빵과 명란 바게트, 프렌치토스트 등으로 유명한 곳이다. 특히 하드 계열 빵이 유명한데, 딱딱하지만 안은 엄청나게 부드럽다. 빵 종류가 다양하고 가격도 저렴한 편이다. 브런치 메뉴도 있으며, 커피와 빵을 모두 주문하면 테이블에 앉아서 먹고 갈 수 있다. Ⓘ P.199 Ⓜ P.176

5	**무츠카도** むつか堂

말랑말랑한 식빵 하나로 후쿠오카 명소로 자리 잡은 곳. 닭 가슴 살같이 결이 살아 있는 촉촉하고 부드러운 식빵으로 유명하다. 신선한 과일과 달지 않은 생크림을 사용한 과일 샌드위치, 베이컨 양파 크로크무슈나 앙버터 토스트가 인기다. 하카타역 지점에는 앉아서 먹을 수 있는 카페도 있다.

Ⓘ P.180, P.229 Ⓜ P.177, P.210

6	**후루후루 하카타** THE FULL FULL HAKATA

1986년 문을 연 베이커리로, 명란과 버터를 넣어 구운 멘타이코 바게트가 최고 인기 메뉴. 이곳이 인기 높은 이유는 명란과 버터의 비율이 적당해 비리지 않고, 일본산 밀가루를 쓰기 때문이라고. 흑설탕 사과 도넛과 멜론 빵 등 다른 빵들도 모두 맛있다.

Ⓘ P.194 Ⓜ P.177

7 16구 16ku

일본의 명인에게 주어지는 칭호인 '현대의 명공(現代の名工)'과 일본판 산업훈장 격인 '오주호쇼(黄綬褒章)'를 받은 미시마 타카오가 프랑스로 유학 후 1981년 문을 연 디저트 가게다. 달콤한 밤 향이 나는 몽블랑, 달지 않고 부드러운 다쿠아즈 등이 인기 메뉴. 매달 달라지는 이달의 디저트도 주목하자.

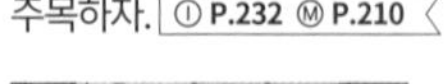
ⓘ P.232 ⓜ P.210

8 파티스리 자크 Patisserie Jacques

세계적인 파티시에 모임인 를레 디저트의 회원 요시나라 오츠카 씨의 베이커리 겸 카페다. 고급 케이크를 작은 조각으로 판매해 차와 함께 즐기기 좋다. 인기 메뉴는 캐러멜 배 케이크. 절인 배 조각이 들어 있어서 부드럽고 달콤하다.

ⓘ P.243 ⓜ P.240

9 일 포르노 델 미뇽 il Forno del Mignon

하카타역에 가면 크루아상의 진한 버터 향에 이끌려 자신도 모르게 줄을 서게 된다. 이 집 크루아상은 한입에 쏙 들어가는 크기라 먹기 좋다. 플레인, 초콜릿, 고구마 등 세 가지 맛이 있다.

ⓘ P.183 ⓜ P.177

10 초콜릿 숍 チョコレートショップ

후쿠오카의 전통 스위츠 가게인 초콜릿 숍에서 가장 인기 있는 하카타노이시다타미는 '큐브 케이크'로 알려져 있다. 초콜릿 스펀지케이크, 초콜릿 무스, 생크림 등을 쌓아 만든 생초콜릿 케이크로, 부드럽고 진한 초콜릿 맛이 일품이다. ⓘ P.201 Ⓜ P.176

+ PLUS

백화점 스위츠 & 후쿠오카 오미아게

· 갸토 페스타 하라다 Gâteau Festa Harada

모양은 평범하지만 중독적인 맛의 러스크. 여러 가지 맛이 있어 취향 따라 골라 먹기 좋다.

· 몽셰르 도지마롤 Moncher 堂島ロール

우리나라에서도 먹을 수 있지만, 역시 현지에서 먹는 것이 가장 맛있다. 홋카이도산 우유로 만들어 신선하면서도 달지 않고 깔끔해 많이 먹어도 느끼하지 않다.

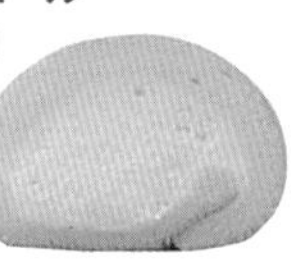

· 호라쿠 만주 蜂楽饅頭

홋카이도산 팥을 사용해 달콤한 맛이 일품인 즉석 만주. 1945년에 시작해 규슈 전역에서 지점을 운영 중이다. 흰팥 만주와 검은팥 만주가 있는데, 흰팥이 더 인기가 좋다. 니시진 본점, 이와타야 백화점 지점이 있다.

· 하카타 히요코 博多ひよこ

앙증맞은 병아리 모양의 만주. 1912년에 탄생해 110년 넘는 세월 동안 사랑받아온 후쿠오카 대표 오미야게다. 촉촉하고 부드러운 반죽과 적당한 단맛의 노른자 앙금이 잘 조화를 이룬다. 퍽퍽하고 목이 메는 느낌을 싫어한다면 비추천.

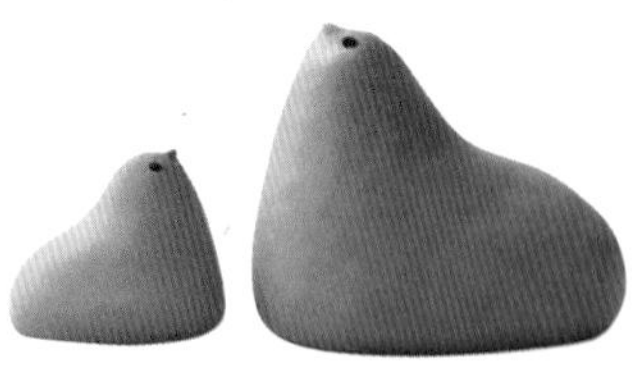

· 하카타 토리몬 博多通りもん

모양이 히요코에 비해 평범해 인지도에서는 밀리지만, 몽드 셀렉션 최고상인 특별 금상을 연속으로 수상해 맛은 월등한 편. 우유 향이 나는 얇은 빵에 부드러운 흰팥이 들어 있다.

커피의 도시, 후쿠오카의 카페

후쿠오카는 커피의 도시다.
오랫동안 활동해온 커피 장인과 커피 대회 우승자, 오래된 킷사텐과
신생 커피 브랜드가 공존하며 독특한 커피 문화를 만들어가고 있다.

Part 1. 후쿠오카 커피의 역사 '장인의 카페'

브라질레이로
ブラジレイロ

Since 1934

후쿠오카에서 가장 오래된 카페. 일본 문인들이 모여들며 살롱 문화를 꽃피운 역사적인 곳이기도 하다. 대부분의 로스터리 카페가 커피 외 간단한 디저트만 파는데, 이곳은 식사 메뉴가 유명하다. 인기 메뉴인 멘치카츠는 조기 마감될 정도. 블렌드 커피는 생크림이 함께 나와 비엔나커피로도 마실 수 있다. Ⓘ P.201 Ⓜ P.176

코히샤 노다
珈琲舎のだ

Since 1966

요즘 만나기 어려운 사이폰 커피를 맛볼 수 있는 카페다. 커피를 주문하면 생크림이 함께 나와 비엔나커피처럼 즐길 수 있다. 커피뿐 아니라 쫀쫀한 푸딩으로도 유명하다. 솔라리아 백화점에도 분점이 있다.

Ⓘ P.223 Ⓜ P.208

히이라기
ひいらぎ

Since 1973

연륜 넘치는 바리스타가 운영하는 독특한 카페다. 어두운 조명, 차분한 분위기의 바 좌석에 앉아 커피를 주문하면 벽 한 면을 가득 채운 커피잔 중 원하는 것을 고를 수 있다. 블렌드 커피와 치즈 케이크 세트가 대표 메뉴. Ⓘ P.244 Ⓜ P.241

코히 비미
珈琲美美

Since 1977

후쿠오카 커피 장인 고(故) 모리미츠 무네오 씨의 아내가 제자들과 운영하는 카페. 커피는 주문 즉시 바에서 융 드립으로 내려준다. 매년 예멘과 에티오피아 등지에서 직접 골라 온 각종 스페셜티 커피를 취급하며, 블렌드 커피만 해도 네 종류다. Ⓘ P.243 Ⓜ P.241

Part 2. 후쿠오카 카페 문화를 이끌어가는 '로컬 카페'

마누 커피
マヌ コーヒー

후쿠오카에 네 곳의 체인점을 둔 카페로, 후쿠오카의 커피 문화를 이끌어가는 카페다. 원두는 자사 로스팅 공장에서 직접 로스팅해 공급하며, 자체 블렌드부터 과테말라, 브라질, 에티오피아 등 싱글오리진 등 다양한 원두를 구비해놓았다. 프렌치 프레스로 진하게 우려낸 커피는 꼭 맛보자. ⓘ P.236 Ⓜ P.211

렉 커피
Rec coffee

2014년 일본 바리스타 챔피언십 우승, 2016년 월드 바리스타 챔피언십 준우승에 빛나는 이와세 요시카즈 씨가 운영하는 카페다. 커피는 오리지널 블렌드부터 게이샤 등 고급 원두까지 폭넓게 취급한다. 대회에서 사용한 에티오피아와 파나마 원두를 블렌딩한 커피도 맛볼 수 있다. ⓘ P.184, P.230 Ⓜ P.177, P.211

후쿠 커피
Fuk Coffee

후쿠오카 공항 코드 'Fuk'를 붙인 카페다. 후쿠오카에만 네 곳의 지점과 로스터리가 있다. 'Fuk' 레터링이 선명한 라테와 쫀쫀함이 살아 있는 푸딩이 인기 메뉴. 자체 굿즈 등 볼거리도 쏠쏠하다.
ⓘ P.193 Ⓜ P.177

토카도 커피
豆香洞コーヒー

2012년 일본 로스팅 챌린지에서 우승하고, 2013년 세계 커피 로스팅 챔피언십에서 우승한 커피 장인 고토 나오키 씨가 운영하는 카페다. 원두는 싱글오리진 원두의 스페셜티 커피뿐 아니라 10종류나 되는 다양한 블렌드가 있다. ⓘ P.200 Ⓜ P.176

Part 3. 사진을 예쁘게 찍을 수 있는 '인스타 감성 카페'

스테레오 커피
Stereo Coffee

카페 이름처럼 좋은 스피커로 나오는 음악과 맛있는 카페라테로 유명한 카페. 외벽이 멋진 포토 존이라 후쿠오카 인증숏 필수 코스다. 인근에 레코드 숍 '리빙 스테레오'를 운영하니, 음악이 마음에 든다면 함께 둘러볼 것. ⓘ P.236 Ⓜ P.211

토피 파크
TOFFEE park

나카스 강변에 자리 잡은 카페로 야외 테라스 좌석이 인기다. 진하고 고소한 두유 베이스 라테가 유명하다. 인기 메뉴인 소이 바닐라 라테는 차갑게 마시는 편이 훨씬 맛있다. 낮에도 좋지만, 밤에는 나카스 야경을 감상할 수 있어 더욱 매력적이다. ⓘ P.199 Ⓜ P.176

워터 사이트 오토
Water site OTTO

나카스 강변에 자리 잡은 카페로, 넓은 야외 공간이 매력적이다. 특히 오후 4시까지 주문 가능한 가성비 좋은 점심 메뉴가 인기. 여기에 500¥만 추가하면 수프, 커피, 주스, 차 등을 뷔페식으로 마실 수 있는 드링크 바를 이용할 수 있다. ⓘ P.227 Ⓜ P.209

굿 업 커피
Good Up Coffee

한두 평 남짓한 작은 카페지만 인기 폭발인 곳. 외진 위치, 오래 앉아 있기 불편한 의자인데도 언제나 만석이다. 커피는 물론이고 직접 만든 팥앙금을 듬뿍 올린 토스트가 맛있다. ⓘ P.231 Ⓜ P.211

오감으로 즐기는 특별한 디저트
파르페

우리에게 파르페는 추억의 디저트 정도지만, 일본에서는 6월 28일이 '파르페의 날'일 정도로 인기다.
삿포로나 도쿄, 오사카의 파르페가 유명한데
후쿠오카에서도 기대 이상의 파르페를 맛볼 수 있다.

1 프린스 오브 더 프루트 PRINCE of the FRUIT

일본 각지의 과일 특산품으로 만든 파르페가 유명한 집. 최고급 과일만 사용하기 때문에 가격이 사악하지만 맛은 인정받는다. 홋기이도산 라이덴 멜론을 넣은 파르페 등이 인기. 시럽이나 초콜릿 등 인위적인 단맛이 아닌 과일의 단맛을 오롯이 느낄 수 있다는 점이 매력적이다. ⓘ P.233 Ⓜ P.210

2 미츠이모 타임 ミツイモタイム

구마모토산 꿀고구마 디저트 전문점으로 현지 여성들에게 큰 인기를 얻고 있다. 시즈닝한 고구마 칩과 소프트아이스크림, 맛탕, 고구마 튀김을 한 컵에 넣은 '고구마 파르페'가 가장 인기 있는 메뉴. 고구마로 만든 다양한 디저트가 있어 눈이 즐겁다.
ⓘ P.233 Ⓜ P.210

120cm 파르페, 카페 올림픽 カフェ オリンピック

나가사키의 카페 올림픽은 높이 120cm의 엄청난 파르페로 유명한 곳이다. 일반적인 높이인 35cm부터 어린이 키만 한 120cm까지 다양한 파르페를 선보여 푸드 파이터나 먹방 인플루언서의 성지로 사랑받는다. Ⓘ P.305 Ⓜ P.298

3 캠벨 얼리 キャンベル・アーリー

창업한 지 80년이 넘은 과일 가게에서 운영하는 카페로, 신선한 제철 과일을 사용한 다양한 디저트를 맛볼 수 있다. 과일을 잘 아는 전문 스태프가 과일의 상태와 당도를 확인하면서 최상의 과일만 골라 만드니 최상의 맛을 경험할 수 있다. 인기 메뉴는 팬케이크와 파르페.

Ⓘ P.180 Ⓜ P.177

4 이치고야 카페 탄날 Ichigoya cafe TANNAL

후쿠오카에서 유명한 아마오우 딸기로 만든 디저트를 선보이는 카페다. 이토시마에 위치한 딸기 농장에서 직접 운영하다 보니 최고의 딸기를 맛볼 수 있다. 딸기 케이크, 딸기 팬케이크, 딸기 셰이크 등 딸기로 만든 다양한 메뉴를 판매한다. 가장 인기 높은 딸기 파르페는 커스터드 크림 위에 설탕을 녹여 만든 크렘 브륄레와 딸기, 크런치, 카스텔라, 딸기 젤리를 올린다.

Ⓘ P.216

VIORO
ROYAL FLASH
VIORO
10%
OFF

SHOPPING

슬기로운 쇼핑을 위한 완벽 가이드

후쿠오카 쇼핑 가이드

알아두면 돈 되는 쇼핑 TIP

후쿠오카는 쇼핑에 최적화된 도시다. 공항이 시내와 가깝고, 쇼핑 스폿이 몰려 있어서 오직 쇼핑만을 위한 당일치기 여행도 가능할 정도. 원하는 물건을 싼값에 샀을 때의 기쁨은 무엇과도 비교할 수 없다. '아는 것이 힘'이라는 말은 쇼핑에서 가장 큰 힘을 발휘한다. 소소하지만 모이면 돈 벌 수 있는 정보와 최적의 코스를 소개한다.

1 여권 소지 외국인 전용 할인 혜택

한큐 백화점, 이와타야 백화점 등에서는 외국인에게 5% 할인 혜택을 주는 게스트 카드·쿠폰을 발급한다. 여권은 필수로 지참해야 하며 고가의 일부 명품은 적용되지 않는다.

2 결제 수수료 없는 트래블 카드 필수

각 신용카드사에서 발급 중인 트래블 카드의 경우 환전·결제·ATM 수수료가 무료라 요즘은 여행 필수 아이템이다. 발급부터 수령까지 시간이 걸리니, 여유를 두고 발급받는 것이 좋다. 카드마다 일본 내 사용 시 할인 혜택이 주어지므로 출국 전 반드시 확인하자.

3 해외 겸용 카드 할인 쿠폰 체크

가지고 있는 해외 겸용 카드에서 제공하는 할인 혜택을 반드시 체크하자. 비자 카드의 경우 홈페이지에서 돈키호테, 마츠모토 키요시, 빅 카메라 등에서 5% 할인받을 수 있는 쿠폰을 제공한다. 일본 브랜드인 JCB 카드는 빅 카메라, 요도바시 카메라, 이온몰, 마츠모토 키요시 등에서 5~7% 혹은 500¥ 할인을 받을 수 있는 쿠폰을 제공한다.

4 결제는 현지 통화로

해외여행에서 신용카드로 물건을 산 경우 원화로 결제하는 것보다 현지 통화로 결제하는 편이 더 유리하다.

5 소비세 포함 or 불포함

요즘은 소비세를 추가해 표기하는 경우가 많아졌지만, 일본은 여전히 소비세가 별도인 경우가 많다. 가격에 '税抜', '税別'이 붙은 경우 세금 제외, '税込'이 붙은 경우 세금 포함이다.

6 가격 비교는 필수

이제는 국내에서 구입할 수 있는 일본 제품이 많아졌다. 특히 우리나라에도 매장을 둔 무인양품, 유니클로 등은 세일 기간에 현지만큼이나 저렴해지는 경우도 많다. 그러니 쇼핑 전에 우리나라 면세점, 백화점, 네이버 스토어, 쿠팡 등 온라인 마켓까지 검색해 가격을 비교해보자. 또 요즘에는 라쿠텐, 아마존, 쿠팡 등에서 일본 식품류까지 구매 대행이 잘되어 있으니 굳이 힘들게 사 오지 않아도 된다.

하카타·텐진 완벽 쇼핑 코스

후쿠오카 쇼핑 지구는 크게 텐진과 하카타로 나눌 수 있다. 하카타의 경우 JR 하카타역을 중심으로 캐널 시티까지 묶어서 돌아보고, 텐진은 지하상가를 중심으로 거미줄처럼 얽혀 있는 쇼핑 스폿을 차례차례 둘러보는 식으로 공략하면 좋다. 24시간 운영하는 돈키호테(텐진점, 나카스점)는 편한 시간에 아무 때나 가보자.

1. 하카타 쇼핑 코스

여행 마지막 날, 공항 출발 전 몰아서 돌아보면 좋다. 확실한 쇼핑 리스트만 있다면 2~3시간이라도 충분하다.

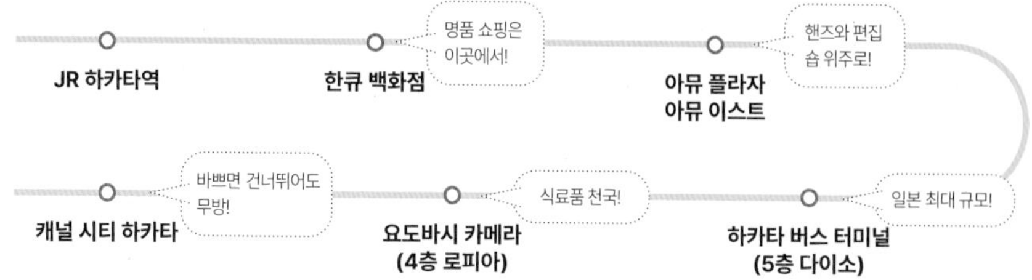

2. 텐진 쇼핑 코스

오픈런이 필요한 숍부터 시작해, 재고 걱정 없는 미나 텐진에서 끝내는 것이 좋다.

2-A. 이와타야 백화점 오픈런 코스

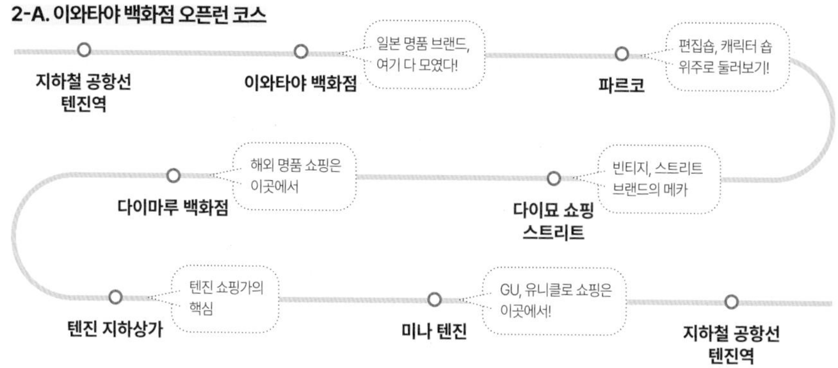

2-B. 브랜드 상관없이 두루 돌아보는 코스

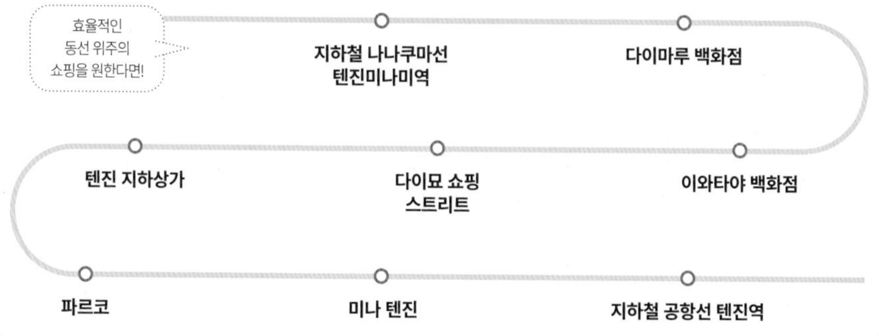

쇼핑의 재미, 택스 리펀

일본에서는 쇼핑 후 결제 총액이 일정액 이상인 경우 물건값에 포함된 소비세를 바로 돌려준다. 공항에서 환급받는 시스템이 아니라 구입한 당일, 해당 상점에서 택스 리펀을 받는 구조라 훨씬 편하다. 백화점, 면세점, 대형 쇼핑몰 등은 대부분 면세가 가능하나, 스트리트 숍은 면세가 안 되는 경우가 많다. 반드시 면세 마크가 있는지 확인하고 구입하자.

면세 기준

구분	종류	면세 기준	소비세
비소모품 (일반 물품)	가전제품, 액세서리, 신발, 가방, 의류	동일 매장에서 같은 날 구입한 물품의 총액이 5000¥ 이상(소비세 제외)의 경우	10%
소모품	의약품, 화장품, 술, 담배	동일 매장에서 같은 날 구입한 물품의 총액이 5000~50만¥ (소비세 제외). * 일본 내에서 소비되지 않도록 포장된 경우	10%
소모품	식음료, 무알코올 맥주		8%
면세 제외	일본 내 음식점에서 식사한 금액, 입장료 등 그 나라에서 소비한 것은 면세가 적용되지 않는다. 외식은 10%, 테이크 아웃은 8%를 부담해야 한다.		8/10%

* 면세 수속 일괄 카운터가 있는 경우 여러 매장에서 구입한 금액의 총합이 5000¥(소비세 제외) 이상일 경우 가능
* 돈키호테의 경우 소모품, 비소모품 구분 없이 합산해 5000¥(세금 제외) 이상이면 면세 가능. 이때 모두 한 번에 포장해 일본 내 사용을 금할 경우에만 가능

택스 리펀 무작정 따라하기

택스 리펀 준비물

❶ 구매한 상품
❷ 여권(입국 스탬프 필요)
❸ 구매한 영수증
❹ 지불한 카드
* ❷~❹는 명의가 일치해야 한다.

STEP 1. 쇼핑 전에 택스 리펀을 받을 수 있는 준비물을 챙긴다. 여권, 지불할 카드는 명의가 일치해야 한다.

STEP 2. 상품을 구매한 후 면세 카운터를 찾아간다. 구매 당일 본인이 가야 가능하다.

STEP 3. 지참한 준비물을 카운터에 제시하고 구매자 서약서에 서명한다.

STEP 4. 상품 구매가에 포함된 소비세를 환급받는다(카드나 현금으로 받을 수 있지만, 카드의 경우 수수료가 발생하니 현금이 유리하다. 상점에 따라 1~2% 면세 수수료를 제하고 돌려주기도 한다).

STEP 5. 지정된 봉투에 넣어 포장한 구매 물품은 훼손되지 않도록 주의해야 한다. 영수증은 출국 시 세관에 제출한다.

항공사별 수하물 추가 규정

즐거운 쇼핑 후 양손 가득 쇼핑백을 들고 왔다면, 이제 짐을 정리할 차례. 이때 정확한 수화물 규정을 알지 못하면 공항에서 초과 수하물 요금 폭탄을 맞을 수 있다. 미리 알아두고 대비하자.

항공사	위탁 수하물	초과 수하물 (후쿠오카 → 인천)	휴대 수하물
대한항공	•무게 : 23kg 1개 •크기 : 3변 길이의 합 158cm 이내(손잡이와 바퀴 포함)	•개수 초과 : 추가 수하물 1개당 70달러, 2개 초과부터 100달러 •무게 초과 : 24~32kg 50달러	•무게 : 10kg 1개 •크기 : 3변 길이의 합 115cm 이내(40×20×55cm, 손잡이와 바퀴 포함) *필요 시 개인 물품 1개까지 추가 가능
아시아나항공		•개수 초과 : 추가 수하물 1개당 60달러, 2개 초과부터 90달러 •무게 초과 : 24~28kg 35달러, 29~32kg 50달러	
LCC(진에어, 티웨이, 에어서울, 에어부산, 이스타항공 제주항공)	•무게 : 15kg 1개 •크기 : 3변 길이의 합이 203cm 이내	•무게 초과 : 1kg당 8~12달러 (항공사마다 다름)	

* 이코노미 클래스, 성인·아동 기준
* 일본 출발 초과 수하물의 경우, USD 기준 금액을 당일 은행 대고객 매도율 적용한 현지 통화로 환산 적용
* 항공기 출발 24시간 전까지 홈페이지 내 사전 구매 시 할인 혜택 있음
* 필요 시 기내 반입 물품 : 소형 서류 가방, 핸드백, 노트북 컴퓨터, 기내에서 읽을 서적, 작은 크기 면세품, 비행 중 사용하는 유아용 음식, 몸이 불편한 손님의 지팡이나 목발, 시각장애인의 안내견, 일자형으로 접히는 소형 유모차
* 세부 사항은 다를 수 있음. 정확한 내용은 각 항공사 홈페이지 참조
* 아시아항공, 대한항공 합병으로 추후 변경 가능성 있음

후쿠오카 국제공항 래핑 서비스

여행의 마지막 단계는 쇼핑한 물건을 캐리어에 안전하게 담아 오는 일이다. 이때 캐리어가 열려 물건이 유실되거나 가방이 파손될 위험이 걱정된다면 래핑 서비스를 이용해보자. 래핑은 기내 위탁 수하물을 스트레치 필름으로 꼼꼼히 포장해, 바이러스 노출, 파손, 오염, 물 샘, 유실 등을 방지할 수 있는 캐리어 포장 서비스다. 골프백이나 자전거와 같은 특수 수하물도 포장 가능하며, 박스와 수하물용 케이블 타이도 따로 판매한다. 가격은 짐의 사이즈나 모양에 따라 달라진다.

위치 후쿠오카 국제공항 국제선 여객터미널 3층 항공사 카운터 M 인근 'Wrap & Box' 코너
가격 3변의 합이 160cm 미만 1500¥, 3변의 합이 160cm 이상 2000¥, 기타 등등 2500¥(특수 크기 등)
영업 시간 06:00~19:00
문의 080-1926-5050
홈페이지 https://wrap-and-box.com

패션 피플의 성지 다이묘와 대표 쇼핑 타운

텐진, 아카사카와 이마이즈미에 둘러싸인 다이묘는
서울의 홍대나 이태원 거리를 떠올리게 한다. 빈티지 숍과 스트리트 패션, 디자이너 숍 등이
들어서 있어서 패션 피플이라면 반드시 찾아가는 골목이다.

1 휴먼메이드 HUMAN MADE

최근 일본과 우리나라에서 떠오르는 핫한 일본 패션 브랜드. 독특한 프린팅과 자수로 잘 알려져 있는데, 꼼데가르송과 같은 하트 로고 제품이 가장 인기. 입고 즉시 품절되기 때문에 보이는 대로 구입해야 한다.

ⓘ P.225 Ⓜ P.208

2 슈프림 Supreme

스트리트 브랜드의 끝판왕. 전 세계 단 18개의 오프라인 매장 가운데 하나. 물건이 많지 않지만, 패션 피플에게는 성지 같은 곳이다. ⓘ P.224 Ⓜ P.208

3 크롬하츠 Chrome Hearts

실버 액세서리 전문 미국 브랜드로, 크리스트교와 중세 유럽의 문양을 모티브로 와일드한 이미지를 내세운다. 일본 크롬하츠 매장에서만 판매하는 제품도 있다. Ⓜ P.208

4 스투시 Stüssy

패션 피플들이 사랑하는 미국 스트리트 패션 브랜드. 우리나라에서 쉽게 구할 수 없는 한정판 제품이 있지만, 인기 상품은 금세 품절된다. ⓘ P.215 Ⓜ P.208

5 나나미카 후쿠오카 nanamica Fukuoka

미니멀한 디자인과 세련된 분위기로 인기인 일본 브랜드. 노스페이스 퍼플 라벨도 만날 수 있어서 다이묘 필수 코스다. ⓘ P.225 Ⓜ P.208

6 챔피언 Champion

매장은 작지만 흐뭇한 가격에 원하는 제품을 구입할 수 있다. 일본 라인, US 라인으로 나뉘어 있다. Ⓜ P.208

7 베이프 Bape

국내에서 지드래곤을 비롯한 패셔니스타가 입어 잘 알려진 브랜드다. 유니크한 디자인이 특징. ⓘ P.224 Ⓜ P.208

8 캐피탈 Kapital

디자인과 컬러가 유니크한 일본 로컬 브랜드. 뉴진스가 입어 더욱 유명해졌다. 수작업으로 작업해 디자인이 남다르다. ⓘ P.224 Ⓜ P.208

9 와이쓰리 Y-3

요지 야마모토가 아디다스와 손잡고 론칭한 브랜드 숍. 개성 있는 디자인과 실루엣의 스포츠웨어를 선보인다. ⓘ P.225 Ⓜ P.208

10 엑스라지 X-large

LA의 스케이트보드와 스트리트 브랜드다. 여러 브랜드 혹은 아티스트와 자주 협업한다. Ⓜ P.208

빈티지 편집숍

11 **래그태그** Ragtag

일본 대표 빈티지 프랜차이즈. 꼼데가르송, 준야 와타나베 등 디자이너 브랜드, 슈프림, 언더커버 등 스트리트 브랜드, 명품까지 아이템이 많아 연예인 등 패션 피플이 즐겨 찾는 곳으로 유명하다. ⓘ P.224 Ⓜ P.208

12 **세컨드 스트리트** 2nd Street

후쿠오카 인기 빈티지 프랜차이즈. 득템할 가능성이 가장 높은 곳이다. 넓고 쾌적한 매장에 명품부터 스트리트 패션까지 두루 판매하며 정리가 잘되어 있다.
ⓘ P.223 Ⓜ P.208

13 **앵커** Anchor

규모가 큰 빈티지 숍. 저렴한 제품부터 브랜드 제품까지 다양하게 진열해 보물찾기 하는 재미가 쏠쏠하다.
ⓘ P.225 Ⓜ P.208

14 **유니온 3** UNION 3

다이묘 대표 빈티지 숍. 슈프림, 노스페이스, 나이키 등 스트리트 패션을 좋아한다면 만족할 만하다. 물건은 상태가 좋은 편이지만, 그만큼 비싸다. ⓘ P.223 Ⓜ P.208

+ PLUS

후쿠오카 인기 편집숍

후쿠오카에 단톤, 니들스 등 인기 브랜드 매장이 없다고 실망하지 말자. 다양한 브랜드를 만날 수 있는 편집숍이 있다.

비숍 B shop
빔즈와 비슷한 분위기인 편집숍. 단톤 등 인기 브랜드 제품을 갖추었다. 숍끼리 재고 확인도 가능해 이용하기 편하다.

Ⓜ 솔라리아 플라자 3층, 아뮤 플라자 4층, 원 후쿠오카 3층

빔즈 Beams
유명한 캐주얼 의류를 모아놓은 셀렉트 숍. 아메리칸 캐주얼 라인이 특히 인기이며, 요즘 유행하는 아이템도 모두 만날 수 있다. 자체 제작 PB 상품도 눈여겨보자.

Ⓜ 파르코 신관 1~2층, 아뮤 플라자 3층

저널 스탠더드 Journal Standard
일본의 고급 편집 매장. 프랑스, 이탈리아, 영국 등 유럽 캐주얼 의류가 많으며 자체 생산 제품도 눈에 띈다.
Ⓜ 파르코 본관 1~2층, 아뮤 플라자 6층

프릭스 스토어 Freak's Store
미국 브랜드 중심의 편십숍. 단톤, 파타고니아, 노스페이스 등의 브랜드 제품 쇼핑이 가능하다.

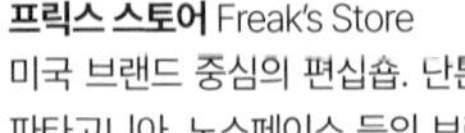

Ⓜ 파르코 신관 4층, 아뮤 플라자 4층

후쿠오카 대표 쇼핑 타운

후쿠오카에 쇼핑 여행을 왔다면, 어디부터 공략해야 할까?
쇼핑 초보자부터 패션 피플까지 꼭 알아두어야 하는 쇼핑 타운을 소개한다. 각자 자신의 취향과 스케줄에 맞게 골라보자.

1 JR 하카타 시티

후쿠오카에 여행 온 사람들은 누구나 거쳐 간다는 JR 하카타역 역사인 하카타 시티. 한큐 백화점부터 아뮤 플라자, 아뮤 이스트, 핸즈 등 쇼핑센터가 들어서 있어서 그야말로 원스톱 쇼핑이 가능하다. ⓘ P.178 Ⓜ P.177

2 텐진 지하상가

텐진의 지하를 남북으로 관통하는 지하상점가. 패션 상품, 먹을거리, 서적 등을 파는 점포 150개가 자리 잡고 있다. 지하 통로를 통해 텐진 대부분의 백화점과 쇼핑몰로 진입할 수 있다. ⓘ P.215, 218 Ⓜ P.209

3 미나 텐진

2023년 리모델링 이후 새롭게 떠오른 쇼핑 명소. 세리아, 스리코인스, 니토리 등 인기 리빙 숍이 모두 들어서 있다. 유니클로와 GU, 세리아, 로프트 모두 규슈에서 제일 큰 매장이니 기대해도 좋다. ⓘ P.228 Ⓜ P.209

4 마크 이즈 후쿠오카 모모치

페이페이 돔 옆에 위치한 쇼핑몰. 유니클로, GU, ABC 마트, 스리코인스, 토이저러스, 츠타야 등 180개의 매장이 들어서 있다. 특히 3층은 패밀리 & 키즈, 잡화층이라 아이가 있다면 필수 코스. ⓘ P.256 Ⓜ P.250

5 캐널 시티 하카타

텐진 지하상가와 함께 후쿠오카 대표 쇼핑 타운이다. 현재 공사 중이라 대부분의 숍이 문을 닫았지만, 일본 인기 브랜드, 캐릭터 숍 등은 여전히 영업하고 있으니 방문 전 체크할 것. ⓘ P.192 Ⓜ P.176

잘 사면 항공권 비용 뽑을 수 있는 명품 쇼핑

엔화 환율이 떨어지면서 명품 쇼핑의 메카로 떠오른 일본. 특히 백화점 할인 혜택이 적용되는 브랜드에 주목하자! 백화점 '오픈런'을 하게 만드는 브랜드를 소개한다.

+ PLUS

오픈런 필수 명품 BEST 5

1. 셀린느 Celine

우리나라보다 훨씬 저렴해 '일본 특산품'이라고 불릴 정도. 게다가 다른 하이엔드 명품 브랜드와 달리 백화점 할인 혜택, 면세 혜택, 엔저 현상까지 합치면 관세를 포함하더라도 많게는 수십만 원까지 저렴해진다.

Ⓜ 한큐 백화점, 이와타야 백화점

2. 구찌 Gucci

백화점 할인 혜택이 적용되는 브랜드로, 관세를 포함해도 우리나라보다 싸게 살 수 있는 모델이 많다. 지갑과 미니 백 라인이 인기.

Ⓜ 한큐 백화점

3. 디올 Dior

역시 백화점 할인 혜택이 적용되는 브랜드. 관세를 포함해도 우리나라보다 싸게 살 수 있는 모델이 많다. 특히 지갑, 스카프는 면세 범위 안에서 구입할 수 있어서 더욱 저렴하다.

Ⓜ 이와타야 백화점

4. 루이비통 Louis Vuitton

백화점 할인 혜택이 적용되지 않으므로, 고가의 가방보다 지갑, 스카프 등 액세서리가 유리하다. 제품을 구입할 때는 홈페이지를 통해 가격을 비교하고, 관세를 고려한 금액까지 계산해보는 것이 좋다.

Ⓜ 한큐 백화점

5. 에르메스 Hermès

백화점 할인 혜택이 적용되지는 않지만, 엔저로 관심을 가져야 하는 브랜드다. 신발이나 스카프, 벨트 등의 소품이 그나마 부담 없이 구입할 수 있는 품목.

Ⓜ 이와타야 백화점, 한큐 백화점

TIP

· 일부 품목은 일본이 더 비싼 경우도 있으니, 우리나라와 일본 홈페이지, 면세점 가격까지 체크해봐야 손해 보지 않는다.

· 단돈 1200~1500¥에 명품 쇼핑을 할 수 있다. 일본 백화점에서는 지방시, 폴로 랄프 로렌, 랑방 등 라이선스 계약을 맺은 명품 브랜드의 손수건, 장갑, 스타킹, 양말 등을 만들어 판다. 명품인데도 매우 저렴한 가격에 판매하니 선물용으로 좋다. 선물 포장도 가능하다.

인기 일본 디자이너 브랜드 & 일본 한정 라이선스 명품

1	**꼼데가르송 라인** Comme des Garçons

일본 대표 브랜드 꼼데가르송은 필수 직구 제품으로 꼽힌다. 13개 라인 중 눈이 달린 하트 마크가 포인트인 캐주얼한 '플레이' 라인이 인기. 셔츠와 카디건, 티셔츠 인기가 많은데 입고 당일 매진되는 것이 아쉽다. 또 준야 와타나베도 국내에 많은 마니아층을 거느린 꼼데가르송 라인 중 하나.
Ⓜ **이와타야 백화점, 기온 로드 숍**

2	**이세이 미야케 라인** Issey Miyake

일본을 대표하는 3대 패션 브랜드 중 하나로, 체형에 구애받지 않은 주름 디자인으로 유명하다. 가장 상위 라인인 이세이 미야케를 비롯해 혁신적인 디자인의 프리즘 백으로 유명한 바오바오, 주름 스카프로 유명한 플리츠플리즈 등이 인기 라인. Ⓜ **한큐 백화점, 이와타야 백화점, 공항 면세점**

3	**폴 스미스** Paul Smith

남성이라면 주목. 폴 스미스는 일본에서 자체 생산해 우리나라보다 저렴한 가격에 구입할 수 있다. Ⓜ **이와타야 백화점**

4	**누아 케이 니노미야** Noir Kei Ninomiya

2012년 꼼데가르송 소속 디자이너 케이 니노미야가 창립한 브랜드로, 창의적인 실험과 독창적인 디자인으로 주목받는다. 특히 국내에서는 아이돌에게 인기 있는 브랜드라는 소문이 퍼지면서 인지도를 쌓았다. Ⓜ **이와타야 백화점**

5	**요지 야마모토 라인** Yohji Yamamoto

'깔끔하고 깨끗한 룩만큼 심심한 것은 없다'는 문구가 적힌 라벨을 옷에 붙일 정도로 독특한 패션관을 지닌 디자이너 요지 야마모토의 브랜드다. 메인 라인인 Y's와 블랙 컬러를 기본으로 하는 요지 야마모토 등이 있다. Ⓜ **이와타야 백화점**

후쿠오카 백화점 총정리

1

인기 브랜드는 다 모였다!

한큐 백화점 阪急百貨店

한큐 백화점은 해외 명품부터 세계에서 주목받는 일본 명품 브랜드, 요즘 유행하는 트렌디한 브랜드까지 골고루 갖춰 이와타야와 함께 꼭 들러야 하는 백화점이다. 1층 화장품 매장은 후쿠오카 최대 규모이며, 지하 1층 식품 매장에는 도쿄와 오사카 인기 디저트는 물론이고 규슈 명물을 모두 모아놓았다.

ⓘ P.178 Ⓜ P.177

+ PLUS

TIP

- **인기 브랜드** : 셀린느, 구찌, 에르메스, 루이비통, 바오바오 등 이세이 미야케 라인 Y-3, 요지 야마모토, 손수건, 양말 등 액세서리 코너, 갸토 페스타 하라다, 몽셰르

- **백화점 할인 혜택** : 1층 인포메이션 센터에 여권을 제시하면 1100¥ 이상 구입 시 5% 할인되는 게스트 쿠폰을 받을 수 있다. 단, 세일 제품과 음식, 에르메스, 루이 비통, 티파니 & Co., 불가리, 까르티에 등 일부 명품 브랜드는 제외.
- **면세 카운터** : 면세 수속은 M3층 세금 환급 카운터에서 가능하다. 같은 날에 구입한 품목의 합계가 5000¥ 이상일 때 가능하며(소비세 제외), 세전 가격의 1.55%를 서비스 수수료로 청구한다. 영수증, 여권, 신용카드는 모두 명의가 일치해야 한다.

2

해외 명품 쇼핑의 메카!

다이마루 백화점 大丸 福岡天神店

샤넬을 비롯해 루이비통, 까르띠에 등 대부분의 고급 명품 브랜드 매장이 입점되어 있다. 한큐 백화점처럼 1층에는 명품 라이선스 브랜드 손수건과 양말, 스타킹 등을 판매한다. 지하에는 한큐 백화점 못지않은 유명 식품관이 있으며, 생활 잡화 전문 숍인 '애프터눈 티'도 있어서 쇼핑의 즐거움을 더한다. 또 지하 식품관 라인업도 좋은데, 몽블랑으로 유명한 디저트 숍 앙젤리제도 입점돼 있다.

ⓘ P.214 Ⓜ P.209

+ PLUS

TIP

- **인기 브랜드** : 샤넬, 까르띠에, 루이비통
- **면세 카운터** : 별관 5층에 있다.

3 일본 디자이너 브랜드 쇼핑의 메카
이와타야 백화점 岩田屋

규슈 최초의 터미널 백화점이자 후쿠오카 대표 백화점이다. 지하 2층, 지상 7층 규모의 본관과 지하 2층, 지상 8층 규모의 신관, 2동으로 이루어져 있으며, 일본 인기 디자이너 브랜드와 라이선스 브랜드, 명품 브랜드, 인기 로컬 브랜드 매장이 두루 자리한다. 특히 꼼데가르송은 꼼데가르송 포켓을 비롯해 6개 라인을 갖추었고, 이세이 미야케의 인기 라인도 4개나 있다. 또 세계적인 일본 디자이너 요지 야마모토의 브랜드도 있으니 쇼핑을 목적으로 후쿠오카에 온 여행자라면 꼭 들러보자.

Ⓘ P.214 Ⓜ P.209

+ PLUS

TIP

· **인기 브랜드** : 구찌, 셀린느, 에르메스, 꼼데가르송 포켓, 블랙 꼼데가르송, 이세이 미야케 라인, 준야 와타나베, 언더커버, 사카이, 아크네 스튜디오

· **할인 혜택 & 면세** : 게스트 카드는 신관 7층 면세 카운터에서 발급하며 발급일로부터 3년간 사용할 수 있다. 3000¥ 이상의 상품에만 적용되고, 세일 상품, 식품, 에르메스, 까르띠에, 티파니 & Co., 반클리프 아펠, 롤렉스 등 일부 명품 브랜드는 제외. 미츠코시 이세탄 그룹의 모든 백화점에서 사용 가능한데, 후쿠오카는 이와타야 본점뿐 아니라 미츠코시 백화점에서도 사용 가능하다. 면세 수수료의 1.55%를 서비스 수수료로 청구한다.

4 남들과 다른 쇼핑을 원한다면
파르코 백화점 PARCO

유명 브랜드나 고가 명품보다 일본 유명 편집숍과 일본 로컬 브랜드, 맛집을 강조한 특색 있는 백화점. 최고 인기 편집숍 빔즈, 빈티지 셀렉트 숍 카라, 인기 캐릭터 숍 '텐진 캐릭터 파크', 리빙 & 인테리어 숍 '프랑프랑' 등이 있다. 특히 지하 1층 푸드 코트에는 이마리규 햄버그스테이크 레스토랑 '기와미야', 돈코츠 라멘 맛집 '신신 라멘', 칼칼한 탄탄멘 전문점 '멘야 카네토라'도 인기다. Ⓘ P.214 Ⓜ P.209

+ PLUS

TIP

· **인기 브랜드** : 빔즈, 프릭스 스토어, 저널 스탠더드, MHL, 카라, 기와미야, 테츠 나베, 신신 라멘, 모토무라

· **면세 카운터** : 따로 없고, 매장별로 면세된 가격으로 결제한다.

일본 쇼핑의 하이라이트 돈키호테

뷰티 아이템, 의약품, 생필품, 잡화, 의류, 식품, 기념품 등 어지간한 제품은 모두 갖춘 종합 할인점. 우리나라 여행객에게 '일본 쇼핑=돈키호테'라는 이미지가 생긴 지 오래다.

+ PLUS

돈키호테 쇼핑 TIP

1. 텐진점에서는 5층에 주요 인기 제품만 따로 빼서 판매한다. 인기 제품만 살 예정이라면 바로 5층으로 가는 것이 편하다.

2. 손님이 가장 적은 시간대는 밤 12시부터 아침 9시까지. 항상 긴 대기 줄이 늘어서는 면세 카운터도 기다리지 않아도 되므로 매우 쾌적하다. 단, 오전 담당 직원이 출근하는 8~9시가 지나서야 제품을 보충하기 때문에 인기 제품은 품절될 가능성이 크다. 추천하는 시간대는 오전 9시다.

3. 원하는 상품이 품절되었더라도 포기하지 말자. 인기 제품은 같은 층의 여러 곳에 나눠서 진열하는 경우가 많다.

4. 그래도 품절된 상품이 있다면 면세 카운터 직원에게 문의하자. 결제 단계에서 손님의 단순 변심이나 카드 잔액 부족 등으로 계산하지 않고 빼놓은 제품이 있을 수 있다.

5. 5500¥ 이상 구입 시 면세 전용 카운터에서 택스 리펀 혜택을 받을 수 있으며, 돈키호테 홈페이지 등에서 할인 쿠폰을 다운받아 보여주면 5% 추가 할인 혜택을 받을 수 있다.

6. 택스 리펀 혜택을 받는 것이 아니라면 돈키호테에서 쇼핑할 이유가 전혀 없다. 가격이 비싸고 손님이 많아 힘들기만 할 뿐이다.

7. 100ml 이상 액체류는 별도의 장바구니에 담아뒀다가 계산 시 따로 담아달라고 요청하자. 위탁 수하물과 기내 반입 수하물으로 나눠서 가져가야 할 경우를 대비하기 위함이다.

8. 결제 후 영수증을 꼼꼼히 확인하자. 바코드가 여러 번 찍히는 일이 생각보다 많다.

돈키호테보다 저렴한 드러그스토어

돈키호테는 상품 종류가 많아 편리해 보이지만 사실 가격이 그리 저렴한 편은 아니다. 사람 많은 것 딱 질색이고 기다리는 것도 싫다면 돈키호테 말고 다른 드러그스토어로 가자. 가격도 돈키호테보다 저렴하다.

장점	단점
· 가격이 저렴하다. · 돈키호테보다 훨씬 덜 복잡하고 계산 대기 줄도 짧다. · 체력적, 정신적으로 쇼핑하기 편리한 구조. · 직원들이 더 친절하다. · 지하철역과 가까운 곳이 많아 편리하다.	· 식품은 간단한 요깃거리만 판매하는 곳이 많다. 술도 판매하지 않는다. · 24시간 영업하지 않는다. · 상품의 구성과 카테고리가 다양하지 않고 인기 물품이 아니면 없는 것도 꽤 있다. · 한국어 안내가 미흡한 곳이 많다.

텐진 미나미역

1 코스모스 텐진다이마루마에점
コスモス 天神大丸前店

가격은 후쿠오카 시내에서 최저가 수준이다. 상품마다 차이는 있지만 돈키호테에 비해 10%정도 저렴한 편. 텐진미나미역 바로 앞이라 위치가 정말 좋다. 1층을 넓게 사용해 층을 옮겨 다닐 필요가 없고 손님이 많지 않아 여유로운 쇼핑이 가능한 것이 큰 장점이다. 면세 가능. Ⓘ P.237 Ⓜ P.209

2 다이코쿠 드러그 텐진미나미점
ダイコクドラッグ 天神南店

새로 생긴 드러그스토어로 규모가 크고 위치가 좋다. 구입 금액에 따라 추가 할인해주며 직원들이 친절하다. 한국 사람에게 더 편리한 제품 진열로 상품을 찾기가 수월하며 쇼핑 카트가 있어 무겁게 들고 다니지 않아도 되니 편하다. 면세 가능. 구매 금액별 추가 할인도 된다.

Ⓘ P.233 Ⓜ P.209

텐진 미나미역

돈키호테 인기 아이템 총정리

돈키호테 인기 아이템 중에서도 추천할 만한 제품들을 소개한다.
가격은 지점마다 차이가 있으며 행사 여부에 따라 차이가 크다.

베이크 크리미 치즈케이크
BAKE CREAMY CHEESECAKE
돈키호테에서만 판매하는 황치즈 과자. 뽀또보다 훨씬 진하고 부드럽지만 깊은 향과 맛으로 치즈 '덕후'라면 빠져들 수밖에 없는 제품이다. 그 때문인지 돈키호테에서 자주 품절된다. 299¥

돈키호테 한정 '도' 제품
'도(ド)'라고 쓰인 제품은 모두 돈키호테에서만 구입할 수 있는 자체 브랜드 상품이다. 주로 식품 및 식재료 상품에 많다. 표고버섯 스낵, 이모켄피(고구마 스틱) 등이 인기. 표고버섯 스낵 646¥~

DUO 클렌징 밤 블랙 리페어
DUO Cleansing Balm Black Repair
클렌징 밤으로 피부 고민에 따라 다섯 가지 제품으로 나뉜다. 그중 모공에 쌓인 노폐물과 피지를 말끔히 흡착하는 블랙 리페어가 인기. 이중 세안이 필요 없고 즉각적으로 피부가 말끔해지는 듯한 느낌이다. 90g 3060¥

사나 두유 이소 플라본 아이 크림
SANA 豆乳イソフラボン
두유 발효액로 만든 착한 가격의 아이 크림. 안티에이징, 주름·피부 탄력 개선과 보습 효과가 있으며 다크서클을 집중 케어하는 제품도 인기다. 878¥

수이사이 뷰티클리어 파우더 워시
スイサイビューティクリアパウダーウォッシュ
수분 공급과 각질 제거에 탁월한 과립형 클렌저. 피부 자극이 적고 세정력이 좋은 데다 피붓결 정리에 효과가 있어 화장이 잘 받지 않는 사람에게도 추천한다. 하나를 뜯으면 2~3회 쓸 수 있도록 소분되어 있다.
64개입 3740¥, 32개입 1980¥

앤허니 헤어 오일
&Honey Hair Oil
세 가지 천연 꿀을 섞어 만든 헤어 오일로 수분 공급과 윤기 부여에 탁월하다. 저용량 제품도 저렴한 가격에 판매하니 시험 삼아 구입해보는 것도 추천. 100ml 1540¥

퀄리티 퍼스트 마스크 팩 Quality 1st
일곱 가지 라인업이 있는 마스크 팩으로 수분 및 비타민 C를 보충하고 잡티 생성을 억제하는 VC100, 투명한 피부로 가꿔주는 VC100 화이트가 가장 인기. 앰풀이 많이 들어 있어 넉넉히 사용할 수 있다.
5개입 660¥

술지게미 팩
酒粕パック
사케에 들어가는 효모와 쌀겨 등을 추출해 만든 워시오프 마스크 팩. 피부 진정과 보습, 각질 제거에 효과가 있는 만능 아이템으로 유명하다. 마스크 팩 외에 클렌저, 크림 등도 골고루 인기 있다. 10개입 715¥

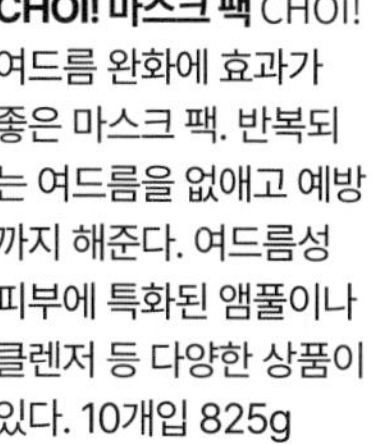

CHOI! 마스크 팩 CHOI!
여드름 완화에 효과가 좋은 마스크 팩. 반복되는 여드름을 없애고 예방까지 해준다. 여드름성 피부에 특화된 앰풀이나 클렌저 등 다양한 상품이 있다. 10개입 825g

사랑하는 엉덩이 엉덩이용 비누
愛するお尻
엉덩이에 바르면 피부 트러블이 싹 사라진다는 비누. 복숭아 모양 패키지도 귀엽다. 486¥

산토리 가쿠빈
Suntory Whisky
레몬즙, 소다 등을 섞어 하이볼로 많이 마시는 위스키. 라벨과 뚜껑 색에 따라 네 가지로 구분되는데 노란색(가쿠빈) 제품이 가장 인기 있다. 1890¥

츠바키 리페어 마스크
TSUBAKI REPAIR MASK
염색이나 탈색, 열에 손상된 머릿결을 복구하는 헤어 마스크. 사용법이 간단해 '0초 기다림'이라는 광고 문구로 유명한 제품이다. 180g 1078¥

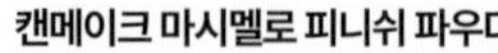

캔메이크 마시멜로 피니쉬 파우더

マシュマロフィニッシュパウダ
가성비 좋은 파우더 제품으로 노란빛 얼굴을 화사하게 해준다. 컬러는 총 네 가지로 MO호가 가장 인기. 들뜸이나 밀림이 없고 톤업과 자외선 차단 효과도 있어 수정 화장용으로 덧발라도 좋다.
940¥

캔메이크 섀도우 팔레트

シャドウパレット
여덟 가지 컬러와 제형으로 이뤄진 섀도용 팔레트. 용도에 따라 원하는 컬러를 선택해 사용할 수 있어 활용도가 높고 발색도 좋은 편이다.
1078¥

라이언 클리니카 프로 칫솔

ライオン クリニカPRO
탄력 있는 고무 솔이 치아에 밀착해 치석을 제거한다. 사용감이 부드럽고 잇몸에 부담을 주지 않으며 입안에서 움직이기 쉽다. 328¥

란도린 패브릭 미스트

Laundrin Classic Floral
BTS 정국이 애용하기로 유명한 섬유 탈취제. 검은색 용기의 클래식 플로럴 향이 가장 인기. 휴대용과 리필용도 판매한다.
370ml 548¥, 휴대용 361¥

보루도 캡슐 섬유 유연제

ボールドジェルボール
향이 좋은 것으로 유명한 캡슐형 섬유 유연제. 세척력과 탈취력, 유연 효과까지 볼 수 있다. 무겁고 부피가 크다는 것이 단점이지만 수용성 필름으로 만들어 캐리어에 넣어도 잘 터지지 않는다.
88개입 2948¥

산토리 고다와리 레몬 사와 논알코올

サントリーこだわり酒場の
レモンサワー
레몬 사와의 상큼한 맛을 그대로 재현한 무알코올 음료. 알코올이 들어간 제품도 다양하다. 1.8L짜리 '산토리 고디와리 주점 레몬 사와 원액' 한 통으로 레몬사와 36잔을 만들 수 있어 인기다.
원액 1738¥~

윤켈 코테이

YUNKER KOTEI
몸이 무겁고 피곤할 때 좋은 피로 해소 음료. 여섯 가지 비타민과 허브를 함유해 마시는 즉시 에너지를 불어넣는다. 15세 이상 1일 1회 섭취. 30ml 658¥

드러그스토어 스테디셀러 아이템

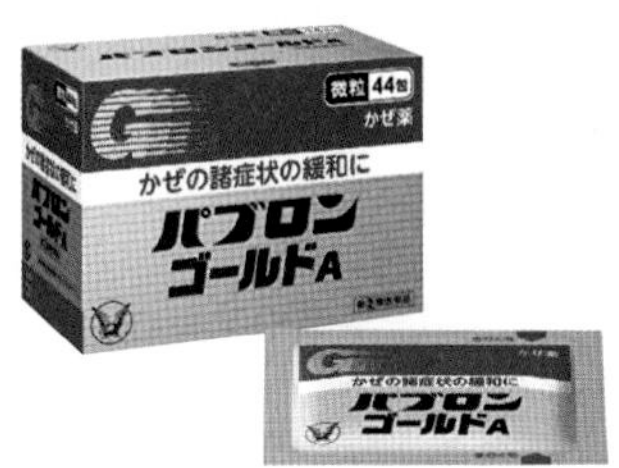

파브론 골드 A
パブロンゴールドA
코의 염증을 완화해 가래 배출을 돕는 라이소자임, 감기에 걸렸을 때 필요한 비타민 B_1·B_2 등 아홉 가지 유효 성분을 배합한 종합 감기약. 1세 이상 복용 가능, 15세 이상 1일 3회 1포씩. 44포 1628¥

신지키닌 과립
新ジキニン顆粒
진해제, 해열 진통제, 생약 감초 추출물 등을 배합한 감기약. 3세 이상부터 어른까지 복용 가능하다. 15세 이상 1일 3회 1포씩. 22포 1620¥

오타이산 太田胃散
생약 위주의 소화제로 소화를 도울 뿐 아니라 속쓰림, 위통, 식욕부진, 위산 과다 등에도 효과가 있다. 8세 이상 복용할 수 있으며, 15세 이상 1일 3회 1포씩. 48포 1298¥

카베진 코와 알파
キャベジンα
위 점막을 보호하고 소화작용을 촉진해 위를 편안하게 만든다. 8세 이상 복용할 수 있으며, 15세 이상 1일 3회 2정씩. 100정 1078¥

액티넘 EX 플러스
アリナミンEXプラス
비타민 B_1·B_6·B_{12} 등 비타민 B군과 비타민 E를 배합한 영양제. 피로, 근육통, 관절통, 신경통, 손발이 저리는 증상 완화 등에 효과가 있다. 15세 이상 1일 1회 2~3정씩. 270정 5586¥

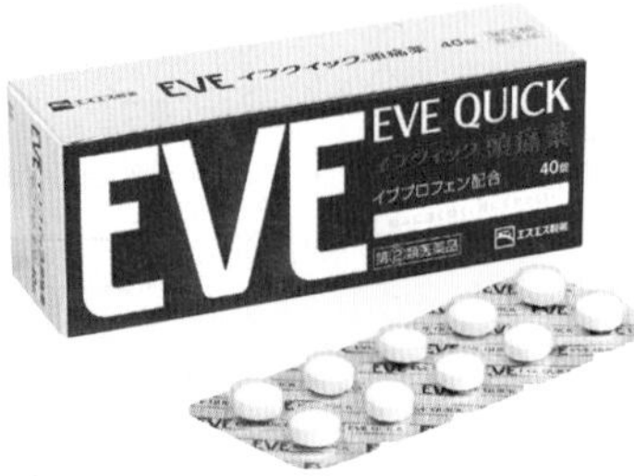

이브 EVE
이부프로펜 150mg에 진통 효과를 높이는 알릴이소프로필 아세틸요소와 무수 카페인을 함유한 약이다. 15세 이상 1일 2회 1정씩. 40정 1198¥

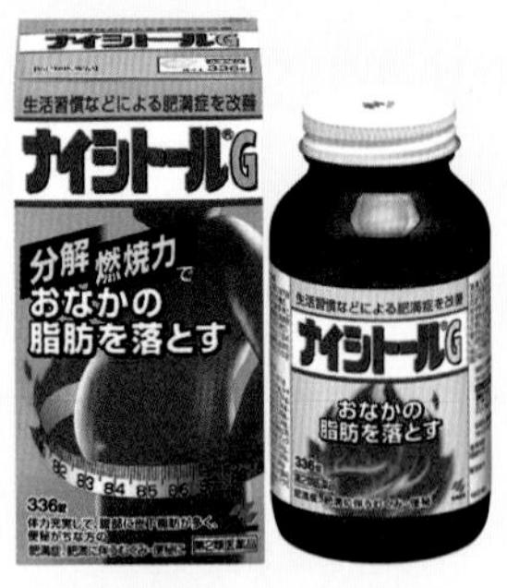

나이시토루 G
ナイシトールG
지방 분해와 연소를 촉진해 복부 비만을 완화하고 변비에도 효과적이다. 15세 이상 1일 2회 5정. 168정 3016¥

코락 퍼스트 コーラック First
유효 성분이 위에서 녹지 않고 장까지 도달해 효과를 충분히 발휘하도록 5겹 감싼 변비약이다. 15세 이상 1일 1회 2정, 배변을 원하는 때로부터 6~11시간 전에 복용. 20정 657¥

사론 파스A サロンパスA
어깨가 뭉치거나 허리가 결릴 때, 강렬한 운동 후 통증이 느껴질 때 사용하면 효과를 볼 수 있으며 타박상과 염좌 완화에도 좋다. 140매 1373¥

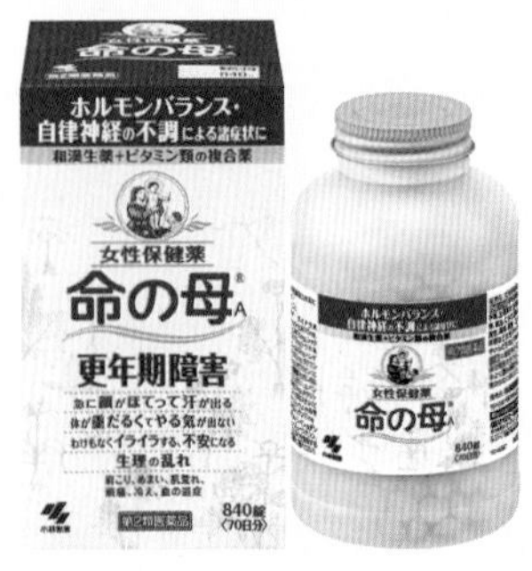

이노치노 하하 命の母
13가지 생약과 비타민, 칼슘 등을 배합해 여성의 생리 불순과 갱년기 증상 완화에 효과적이다. 혈액순환을 촉진해 체온을 정상적으로 유지하게 하고 여성호르몬과 자율신경의 균형을 바로잡는다. 15세 이상 1일 3회 4정. 420정 2178¥

휴족시간 休足時間
다섯 가지 허브 성분이 들어 있어 피로 해소와 안정 효과를 볼 수 있다. 18매 658¥

칼로리미트
カロリミット
식사 전 복용하면 탄수화물과 지방의 흡수를 억제한다고 한다. 1회 4정, 식사 15~20분 전 복용. 80정 3780¥

구내염 패치 다이쇼 A
口内炎パッチ 大正A
구내염과 설염 등 입안에 염증이 있을 때 붙이면 통증이 완화되는 패치다. 5세 이상 사용 가능. 10매 1078¥

시루콧토 우루우루 화장솜

シルコット うるうるコットソ

드러그스토어에서 쓸어 가는 1위 품목. 저렴한 가격에 뛰어난 성능으로 사랑받고 있다. 흡수력 좋고 보풀이 잘 생기지 않으며 휜 모양으로 사용하기도 편안하다. 40매 250¥

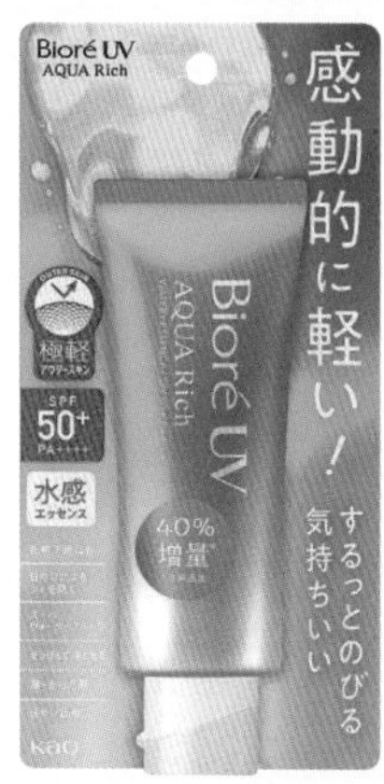

비오레 UV 아쿠아리치 워터리 에센스

Biore UV AQUA Rich

유분기가 없고 촉촉한 데다 가격도 굉장히 저렴한 편이라 편하게 쓸 수 있는 선크림이다. 백탁도 없어서 남녀노소 부담 없이 사용할 수 있다. 70g 1078¥

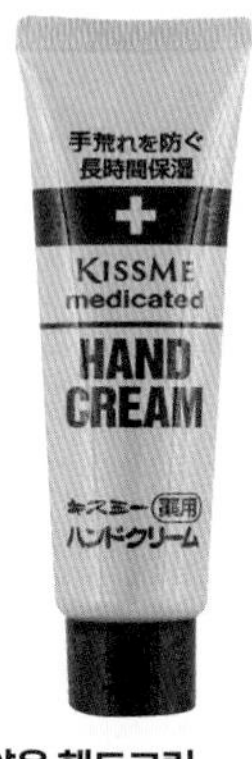

키스미 약용 핸드크림

Kiss me Hand Cream

악건성 피부를 위한 쫀득한 핸드크림. '약용'이라는 이름답게 손을 많이 써서 거칠어진 피부에도 효과가 있다. 촉촉한 보습 효과가 8시간 지속된다고. 30g 217¥

퍼펙트 휩

パーフェクトホイップ

풍부한 거품이 메이크업을 완벽하게 지우는 클렌저. 특화된 용도에 따라 다양한 제품이 있다. 150g 526¥

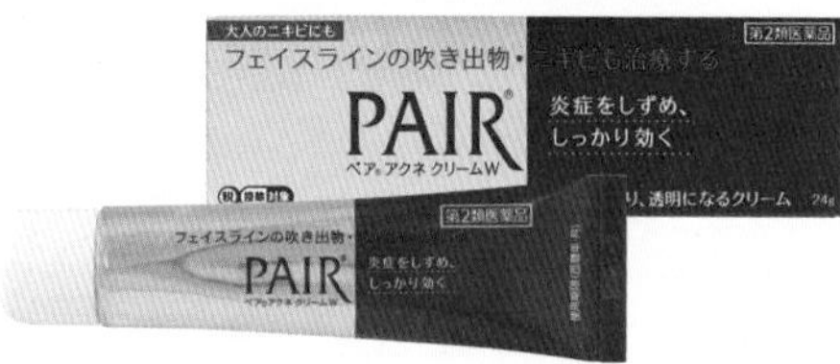

페어 아크네 크림W

ペアアクネクリームW

여드름 완화에 효과 좋기로 유명한 크림이다. 소염, 살균 성분 배합으로 피부 트러블을 예방하고, 보습 성분인 비타민 C 유도체를 함유해 촉촉함을 유지하면서도 피부 트러블을 잡아준다. 24g 1754¥

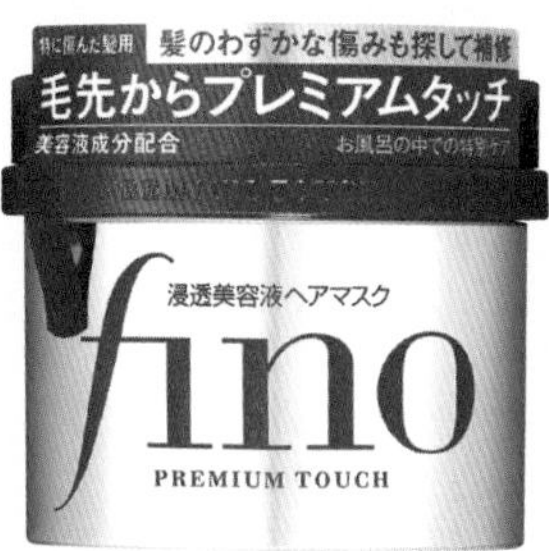

피노 프리미엄 터치 헤어 마스크 팩

フィーノ プレミアムタッチ浸透美容液ヘアマスク

염색, 펌, 열로 손상되고 건조한 모발을 복구하는 효과로 입소문 난 헤어 마스크 팩. 로열젤리 EX, PCA, 리피듀어 EX 성분으로 모발의 모근부터 모발 끝까지 수분, 강화, 영양, 부드러움, 건강함을 선사한다. 230g 878¥

일본 전문가들의 드러그스토어 쇼핑 아이템

노도누루 누레마스크
のどぬ~るぬれマスク
"안에 젖은 패드를 끼워 넣을 수 있는 가습 마스크예요. 장시간 비행기를 타거나, 겨울철 건조할 때 쓰면 좋아요. 10시간이라고는 하지만, 7~8시간 지속되는 것 같습니다. 수면용 일상용 큰 사이즈와 작은 사이즈 등 종류가 다양해요."(니나, 도쿄 유학생 출신 일본 관광업 종사자)
10개 657¥

메디 퀵 H
メディクイックH
"습진에 바르는 물파스 비슷한 약이에요. 두피가 가려울 때 사용하면 정말 유용합니다. 습진과 피부염, 두드러기, 땀띠, 벌레에 물려 생긴 상처 등 피부 질환이나 일반적인 가려움증에도 사용하면 좋아요. 물파스 타입이라 바르기도 편하죠."(니나, 도쿄 유학생 출신 일본 관광업 종사자)
200ml 1304¥

브레스케어 필름
ブレスケア フィルム
"필름 타입의 구취제예요. 입안이 텁텁할 때 혀에 얹으면 사르르 녹아내리는데, 순간 화한 느낌과 함께 상쾌함만 남죠. 작아서 휴대도 간편합다."(니나, 도쿄 유학생 출신 일본 관광업 종사자)
24매 220¥

케어리브
ケアリーヴ
"손에 가벼운 상처가 났을 때 쓰는 상처 케어 밴드. 쫀쫀하게 늘어나고 접착력이 좋으며, 쉽게 떨어지지 않아서 손끝 밴드라고도 불립니다. 상처에 잘 붙어 빨리 낫는 건 당연하죠. 한번 쓰면 딴 건 못 씁니다."(이유진, 도쿄 유학생 출신 '단독전문' 기자) 30매 418¥

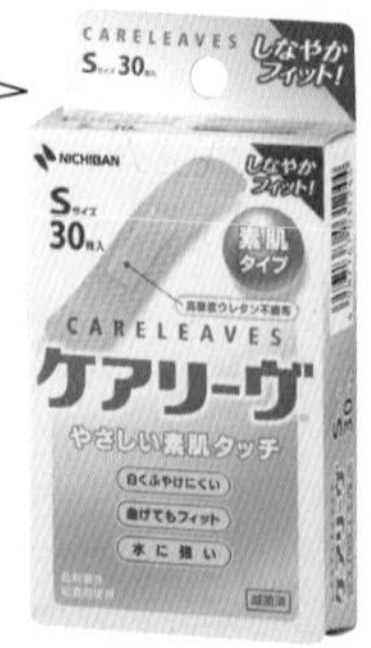

리세·C큐브쿨
リセコンタクト · Cキューブクール
"늘 이용하는 인공 눈물이에요. 리세는 사용감이 부드러워서 부담 없이 사용할 수 있고, C큐브쿨은 넣는 순간 엄청 시원한 느낌이 들어요."(쩌로, 후쿠오카 유학생)
8ml 547¥, 13ml 605¥

AHA 클렌징 폼
クレンジングリサーチ
ウォッシュクレンジング
"여드름이 자주 나는 타입이라, 클렌저도 신중하게 선택하는 편이에요.
이 제품은 퍼펙트 휩보다 비싼 편이지만, 세정력이 훨씬 좋더라고요."
(쩌로, 후쿠오카 유학생)
120g 950¥

비후나이트 초코누리
びふナイトちょこぬり
"여드름 치료제입니다. 립밤형으로 되어 있어서 슥슥 바르기만 하면 됩니다. 엄청 편리해요."
(쩌로, 후쿠오카 유학생)
12ml 792¥

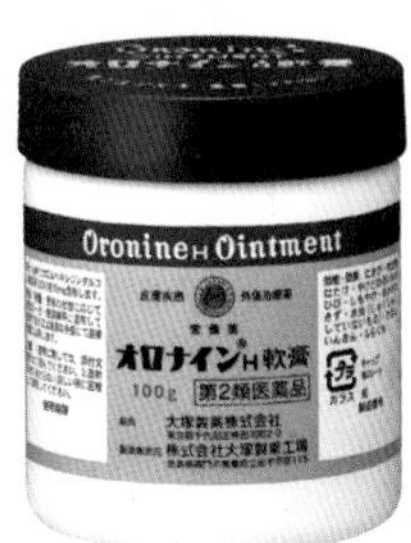

비오페르민 유산균
新ビオフェルミンS
"몇 년째 가족의 장 건강을 책임지고 있는 유산균이에요. 동일 용량의 다른 유산균 제제에 비해 가격이 저렴하고 복용이 쉬워서 좋아요."
(정숙영, 여행 작가)
540정 3812¥

오로나인 H연고
オロナインH軟膏
"주로 여드름 등 피부 트러블에 사용하는 연고예요. 국민 연고로 불리죠. 가벼운 화상이나 동상, 습진, 가벼운 무좀, 모기 물린 곳에 써도 좋아요."(오원호, 여행 작가) 100g 1034¥

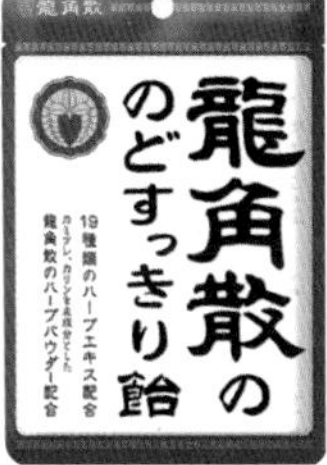

용각산 캔디
龍角散ののどすっきり飴
"소리가 나지 않는, 바로 그 용각산을 사탕으로 만들었어요. 맛이 똑같습니다. 목감기, 기침감기에 걸렸을 때 하나씩 녹여 먹으면 좋아요. 적어도 입에 물고 있을 때만큼은 기침이 안 나옵니다."
(두경아, 여행 작가) 100g 278¥

로이히츠보코 동전 파스
ロイヒつぼ膏
"뭉친 근육에 붙이면 효과가 빨라요. 강한 파스를 좋아하는 한국 사람에게 인기 있는데, 끈적거리지 않아 깔끔해요. 부모님이 좋아하셔서 일본에 갈 때마다 박스 단위로 사 와요."(전상현, 여행 작가) 156매 699¥

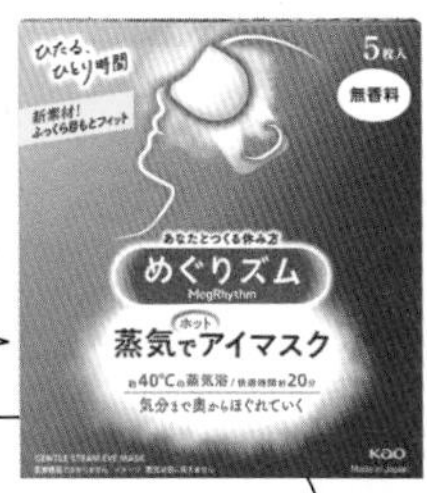

메구리즘 아이 마스크
めぐりズムアイマスク
"잠 안 오는 밤, 비행기 안에서 휴식을 취하고 싶을 때 자주 이용해요. 온도가 40°C까지 올라가서 온몸의 피로가 풀리는 것 같은 느낌이 있어요. 군인 시절, 휴가 나올 때마다 몇 박스씩 사서 부대에 복귀한 기억이 있네요."(전상현, 여행 작가)
5매 577¥

식료품 쇼핑의 끝판왕
대형 마트

식품만큼은 돈키호테가 아닌 대형 마트를 이용하자. 종류가 다양하며, 가격은 저렴하고, 여유로운 쇼핑이 가능하다. 게다가 도시락과 즉석식품이 어마어마하게 다양해서 골라 먹는 재미가 있다. 저자가 먹어본 것 중 진짜 맛있는 제품만 골라 소개한다.

후쿠오카 인기 마트 BEST 3

	로피아 ロピア	이온 쇼퍼즈 イオンショッパーズ	맥스밸류 익스프레스 マックスバリュエクスプレス
위치	하카타 ⓘ P.188 Ⓜ P.177	텐진 ⓘ P.228 Ⓜ P.209	캐널 시티 하카타 인근 ⓘ P.194 Ⓜ P.176
영업시간	10:00~20:00	09:00~22:00	24시간
면세	X	O (도시락류 면세 불가, 면세 카운터 20:30까지 운영)	X (1층 드러그스토어만 면세 가능)
카드 사용	X	O	O
할인	X	5% 할인 쿠폰 (홈페이지 다운로드)	X
꿀팁	도시락 포함 인기 품목이 빠르게 매진되니 이른 시간에 방문 추천	오후 7시부터 도시락 할인	· 전자레인지 있음 · 8시부터 도시락 할인
ATM	출입구 맞은편 세븐일레븐 ATM 기기	지하 1층 이온 ATM	셀프 계산대 옆 이온 ATM
총평	소비세를 감안해도 식품 쇼핑은 이곳이 갑!	가격이 저렴하고 물건도 많다. 딱 한 곳만 간다면 이곳으로!	품목에 따라 가격이 비쌀 수 있지만 24시간 운영이 매력!

+ PLUS

TIP

요즘은 해외 직구로도 웬만한 제품은 다 구입할 수 있다. 그러므로 해외 직구로 구입할 수 없거나 가격 차이가 많이 나는 제품 위주로 쇼핑하자. 보냉이 필요한 제품을 쇼핑하려면 다이소에서 보냉 백을 구입하는 것도 좋다.

마트별 추천 먹거리 BEST

일본 대형 마트는 가격 대비 도시락 퀄리티가 좋은 편이다.
단, 식당에서 사 먹는 정도를 기대하면 안 된다. 양이 많은 편이니 먹을 만큼만 구입하자.

로피아

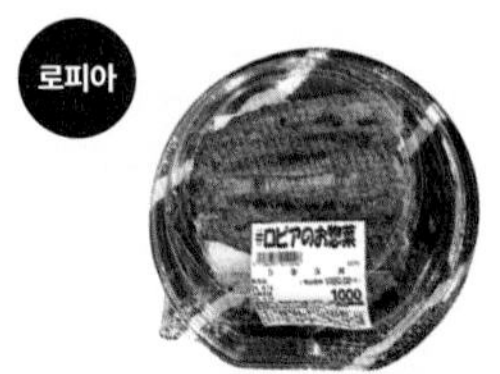

장어덮밥 : 장어 한 마리를 통째로 넣은 장어덮밥. 전문 레스토랑에 비하면 퀄리티는 떨어지지만 가격 대비 훌륭하다.

로피아

스시 : 네타가 큼지막해 씹는 재미가 있다. 간장과 와사비는 무료로 가져갈 수 있으니 반드시 챙기자.

로피아

텐동 : 튀김덮밥 도시락. 저녁에 구입하면 튀김옷이 퍼져서 흐물흐물하니 오전 중에 구입하자.

로피아

피자 : 가성비 좋기로 소문난 피자. 인기가 워낙 좋아 금방 매진된다.

이온 쇼퍼즈

Best Price 제품 : 이온의 자체 브랜드 상품이 많다. 베스트 프라이스 제품을 주목하자.

이온 쇼퍼즈

TOPVALU 제품 : 톱밸류(베스트 프라이스)에서 나오는 과자들을 주목. 저렴하고 양이 많다.

이온 쇼퍼즈

로스 돈가츠 도시락 : 양이 많고 저렴한 데다 맛도 좋다. 야식으로도 굿.

이온 쇼퍼즈

빵 코너 : 후쿠오카 대형 마트 중 빵이 가장 많은 편에 속한다. 야마자키, 후지빵, 파스코 등 유명 업체 제품으로 고르자.

맥스 밸류

홋카이도 멜론 소프트아이스크림 : 홋카이도 세이코마트의 명물 아이스크림을 후쿠오카에서도 맛볼 수 있다.

맥스 밸류

과일 도시락 : 1인용 제철 과일 도시락도 판매한다. 신선하고 당도가 높다.

맥스 밸류

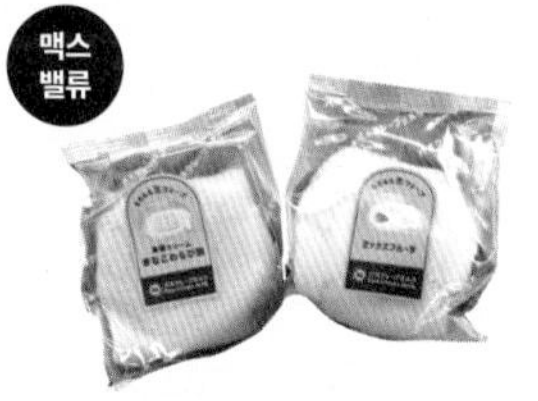

인기 스위츠 숍 콜라보 제품 : 후쿠오카의 인기 디저트 집과 콜라보한 제품도 종종 발견할 수 있다.

맥스 밸류

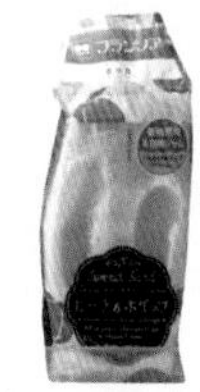

프루츠 산도 : 규슈의 제빵 회사인 프랑수아(フランソア)에서 만든 과일 샌드위치로 부드러운 맛이 일품이다.

마트 인기 아이템 총정리

카루비 포테이토칩 : 가장 대중적인 감자칩 스낵. 콘소메 맛이 인기다.

브란출 : 부드러운 쿠키 안에 화이트 초콜릿을 넣어 티타임용으로 강추.

농후 초코 브라우니 : 이름처럼 초콜릿 맛이 진하며 개별 포장으로 먹기에 편리하다.

컨트리맘 : 진한 초코와 버터, 뉴욕 치즈케이크 맛이 인기.

포키 : 밀크 쇼콜라 같은 한정 제품으로 구입하자. 고급스러운 맛의 프리미엄 라인도 추천.

쟈가비·쟈가리코 : 일본에서는 훨씬 더 저렴하고 다양한 맛이 있으니 쓸어 와도 좋다.

우마이봉 : 일본 과자의 고전. 특히 인기인 콘포타주와 치즈는 매진되는 경우가 많다.

다케노코노 사토 : 우리나라의 초코송이 과자와 비슷한데 과자 부분이 딱딱하지 않고 부드럽다.

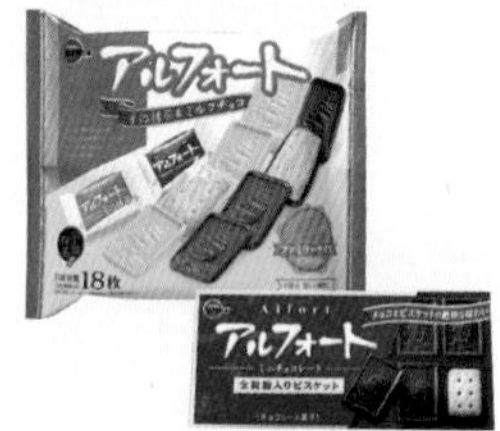

알포토 : 가장 대중적인 초콜릿 쿠키로 다양한 맛 중 골라 먹는 재미가 있다.

티라미수 초코 캔디 : 아몬드가 들어 있는 티라미수 맛 캔디. 부드럽고 달달하다.

민티아 : 저렴하고 크기가 작아 많이 사도 부담이 적다. 포도 맛이 가장 인기.

킨노미루꾸 : 밀크 캐러멜의 단맛이 입안을 가득 채우는 사탕.

킷캣 : 일본 대표 초코 과자로 딸기, 크림치즈, 말차, 사케 등 다양한 맛이 있다.

멜티키스 : 사르르 녹는 식감이 예술인 동절기 한정 초콜릿.

DARS : 부드러운 단맛이 입안을 사로잡는 초콜릿 제품. 촉촉한 다스 초코 케이크도 추천.

고베 로스트 초콜릿 : 진하면서도 부드러운 초콜릿으로 고급스러운 맛이 일품이다.

샤샤 : 예전에 우리나라에서도 팔았던 초콜릿. 겹겹이 쌓인 초코가 그때 그대로다.

블랙썬더 초코 바 : 적당히 달고 쓴 맛이 나는 초코 바. 개별 포장되어 먹기 좋다.

오히로 곤약 젤리 : 곤약과 비슷한 식감의 과일 맛 젤리.

하이츄 : 우리나라에서 맛볼 수 없는 시즌, 지역 한정 제품을 눈여겨보자.

코로로 젤리 : 진짜 포도알같이 톡 터지는 식감으로 가장 대중적인 인기를 누리고 있다.

후리카케 : 다양한 종류 중에서도 연어, 새우 등의 해산물 맛을 추천.

혼쯔유 : 일본 요리에 필수인 간장. 다른 조미료 없이 쯔유로만 요리해도 맛이 달라진다.

마요네즈 : 마요네즈에 진심인 일본. 콘 마요, 참치 마요, 명란 마요 등은 식빵에 바르면 바로 샌드위치가 완성된다.

가반 블랙 페퍼 : 맛과 풍미가 좋은 후추로 일본 레스토랑에서도 많이 볼 수 있다.

달걀 간장 : 달걀 요리에 넣어 먹으면 맛있는 달걀 전용 간장.

캬베츠노 우마타레 : 일본 이자카야에서 볼 수 있는 양배추용 소스.

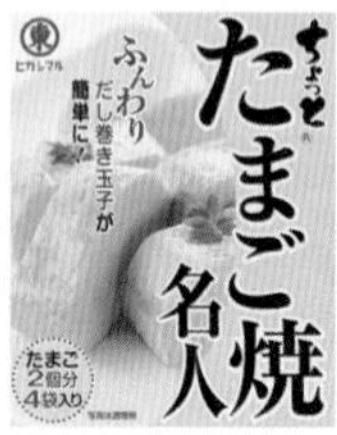

타마고야키 명인 : 집에서도 일본식 달걀말이를 먹을 수 있는 비법 소스.

스타벅스 말차 라테 스틱형 : 85℃ 우유에 부으면 바로 근사한 말차 라테 완성.

AGF 블렌디 : 유명한 즉석 커피 브랜드로 특히 캡슐 형태의 액상 포션 커피가 인기.

UCC 쇼쿠닝 드립 커피 : 향, 맛, 가격까지 만족스러운 일본 대표 드립 커피. 50개 대용량 제품은 가성비 최고.

빵에 뿌리는 딸기 & 버터 풍미 크림 : 용기를 꾹 누르면 딸기잼과 버터가 나오는 제품. 빵에 뿌려 먹기 편하다.

춋토 돈부리 : 돈부리(덮밥)를 집에서도 쉽게 먹을 수 있는 양념. 가츠동 제품이 가장 인기다.

카레 : 카레 천국 일본의 골든 커리, 자와 카레, 바몬드 카레 등 고형 제품은 꼭 사 오자.

모모야 라유 : 고추기름과 튀긴 마늘의 조화로 밥, 국수, 튀김 등 어디든 어울린다.

낫토 : 워낙 저렴해 보냉 백만 있다면 쓸어 오는 것이 좋다.

칼디 커피 팜 Kaldi Coffee Farm

조금 특별한 식재료를 사려면 칼디로 가자. 수입 식재료와 커피용품 전문점으로 시간 가는 줄 모르고 쇼핑하게 된다. 수천 가지는 되는 상품 중 뭘 사야 할지 모르겠다면 지금 소개하는 것부터 장바구니에 담자. Ⓘ P.219 Ⓜ P.209

포로 쇼콜라
꾸덕꾸덕한 초코 브라우니. 화이트 등 다른 맛도 인기.

스프레드 제품
식빵에 바른 뒤 굽기만 하면 되는 스프레드 제품. 멜론, 명란, 카레, 퀸 아망, 슈거토스트, 커피, 초코 민트 등 맛이 다양하다.

양배추 드레싱
뿌리기만 해도 근사한 샐러드를 먹을 수 있는 참깨 & 마늘 드레싱.

워터 드립 커피
쉽게 드립 커피를 만들어 먹을 수 있는 제품. 맛은 호불호가 갈리지만 커피 애호가에게 꾸준히 인기다.

마일드 커피
우리나라 사람들 입맛에 딱 맞는 달달한 믹스 커피.

시나몬 롤
계피 향이 가득한 롤 빵. 사이사이에 들어간 계피잼과 치즈 프로스팅이 입맛을 돋운다.

진짜 일본인의 삶과 맛이 있는 곳
편의점

일본인들은 아침에 눈뜨면 커피와 도넛을, 점심에는 도시락과 샌드위치를, 퇴근길에는 저녁거리와 맥주를 사기 위해 편의점으로 간다. 따끈한 오뎅과 치킨, 다양한 맥주도 팔아 야식까지 해결될 정도. 일본의 인기 편의점 제품을 공개한다.

쟈지 우유 푸딩
ジャージー牛乳プリン
가장 인기 있는 푸딩. 마치 밀크셰이크처럼 고소하고 부드러운 맛이다.

글리코 푸칭 푸딩
glico プッチンプリン
만화에서 보던, 그릇에 엎어놓으면 시럽이 흐르는 푸딩. 탱글탱글한 식감과 느끼하지 않은 커스터드 맛이 오랜 인기의 비결.

브륄레
OHAYO ブリュレ
요즘 가장 인기 있는 아이스크림으로 브륄레의 맛과 풍미를 잘 재현해냈다.

모리나가 야키 푸딩
森永焼きプリン
크림 브륄레처럼 겉을 구운 푸딩. 젤라틴을 사용하지 않고 달걀을 많이 사용해 고급스러운 맛이 일품이다.

하겐다즈
Häagen-Dazs
우리나라에서 맛보기 힘든 한정 제품을 계절마다 선보이며, 가격도 훨씬 저렴하다.

아이스노미
アイスの実
50원짜리 크기의 구슬 모양 아이스크림으로 씹는 식감이 색달라 인기.

팜 PARM
촉촉하고 부드러운 식감이 좋은 아이스크림. 현지인들도 즐겨 먹는다.

유키미다이 후쿠
雪見だいふく
우리나라 찹쌀떡과 비슷하지만 쫀쫀한 식감이나 우유의 부드러움, 풍미가 좋다.

이로하스 모모
いろはすもも
일명 '복숭아 물'로 유명한 음료. 우리나라의 2%와 비슷하지만 더 고급스럽게 향긋한 맛.

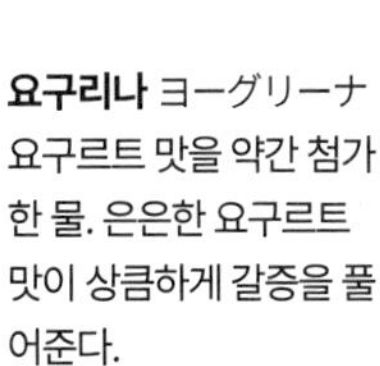

요구리나 ヨーグリーナ
요구르트 맛을 약간 첨가한 물. 은은한 요구르트 맛이 상큼하게 갈증을 풀어준다.

피노 Pino
조그마한 초콜릿에 바닐라 아이스크림이 들어 있다.

R-1 요구르트
R-1
여행만 가면 변비에 걸리는 사람이라면 주목. 단계별로 여러 제품이 있으니 상황에 따라 고르자.

CC 레몬
CC Lemon
비타민 1,000mg을 함유한 비타민 음료. 시고 상큼한 맛이 여행의 피로를 풀어준다.

칼피스 더 리치 カルピス The Rich
기존 칼피스 워터보다 고급스럽고 부드러운 맛이 특징. 유산균 음료라 장 건강에도 좋다.

UFO 야키소바
UFO 焼きそば
진하고 맛있는 소스가 일품인 야키소바.

아야타카 말차 라테
綾鷹抹茶ラテ
녹차 맛이 진하고 단맛이 강한 음료.

닛신 돈베이 유부 우동
日清どん兵衛うどん
한국인들의 장바구니에 하나씩은 꼭 들어 있는 컵라면으로 우리 입맛에 잘 맞는다.

닛신 컵 누들
CUP NOODLE
카레, 해산물 맛을 고르면 후회 없다. 칠리 토마토 맛도 개운하고 맛있다.

에이스쿡 부타 김치 컵라면
エースコック豚キムチ味ラーメン
느끼한 일본 음식에 질렸다면 매콤하고 칼칼한 김치 라면으로 속을 풀어보자.

달걀말이
厚焼玉子
두툼한 달걀말이는 저탄고지 아침 메뉴로 좋다. 감칠맛 도는 부드럽고 촉촉한 식감이 일품!

오뎅
おでん
오뎅뿐 아니라 무, 곤약, 유부, 달걀말이, 두부 등까지 판매해 한 끼 식사로 충분하다. 간장과 머스터드 등 소스도 맛있다.

샌드위치 サンドイッチ
어지간한 샌드위치는 다 맛있다. 일본식 달걀 오믈렛을 듬뿍 넣은 '타마고산도(たまごサンド)'는 반드시 맛보자.

도시락 & 오니기리
弁当 & お寿司
가성비 좋은 한 끼 식사로 최고다. 가격과 맛은 기본, 양도 푸짐해서 만족도가 높다. 오니기리 중에는 호불호가 갈리는 제품이 많으니 무난한 것으로 고르자.

커피 Coffee
일본은 편의점 커피의 질이 높다. 카페 들를 시간이 없다면 편의점 커피를 추천한다.

[+ PLUS]

여행자의 다정한 친구, 편의점 이용 TIP

1 급히 현금이 필요하다면 편의점으로
해외 발행 현금카드와 신용카드로 현금 인출이 가능한 ATM이 있다. 수수료가 붙을 수 있지만, 한적한 시골이라도 편의점만 찾으면 현금을 찾을 수 있어서 든든하다. 또 우리나라 돈을 엔화로 바꿔주는 외화 환전기를 갖춘 매장도 있다.

2 화장실 인심은 편의점에서 나온다
일본의 편의점은 대부분 매장 내에 화장실이 있다. 게다가 마음 편히 무료로 이용할 수 있다.

3 점내 취식 불가능
우리나라와 달리 점내 취식(이트인)이 되지 않는 편의점이 대부분이다. 그나마 패밀리마트와 미니스톱은 이트인 가능 매장이 많다.

4 급하게 바우처를 인쇄해야 한다면
여행을 다니다 보면 인터넷으로 예약한 바우처를 프린트해서 갈 일이 생긴다. 급히 프린트할 일이 생긴다면 편의점으로 가자. USB로 들고 가면 좋지만, 인터넷으로 파일을 업로드한 뒤 인쇄할 수도 있다.

5 편의점에서도 텍스 프리?
편의점 중에는 텍스 리펀이 가능한 매장이 있다. 한 번에 많은 양을 구입할 계획이라면 텍스 리펀이 가능한 매장인지 확인하자.

세븐일레븐 추천 상품

편의점 PB 상품이 가장 다양한 곳이다. 일반 제품보다 맛이 한층 업그레이드된 '세븐 프리미엄' 제품을 선택하면 실패할 일이 적다. 일본 라면업계 1위인 닛신과 협업해 만든 컵라면도 눈여겨보자. 도시락, 레토르트, 간편식 제품 구색도 좋다. 특히 킨노(金の) 제품의 평이 좋다.

과일 스무디 FRUIT SMOOTHIE
냉동 생과일 컵을 전용 기계에 넣으면 순식간에 스무디 완성. 과일 조합에 따라 골라 먹는 재미도 있다.

킨노 아이스 와플 콘
金のワッフルコーン
풍부한 바닐라 향의 소프트아이스크림. 와플 콘 끝까지 아이스크림이 가득 들어 은근 양이 많다.

슈거 버터 트리 샌드
SUGAR BUTTER TREE SAND
슈거 버터 트리 샌드와의 협업 제품. 오리지널 맛이 가장 맛있다.

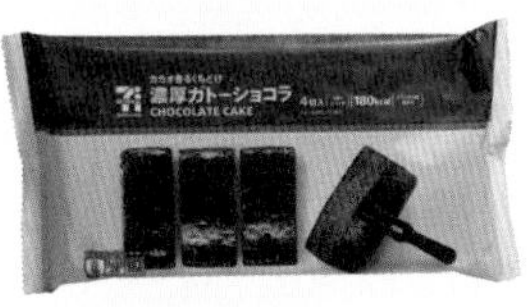

농후 가토 쇼콜라
濃厚ガトーショコラ –
고급 초콜릿인 쿠베르튀르를 사용해 깊고 진한 맛이 일품인 초코 브라우니.

두꺼운 바움쿠헨
シェアして食べるバウムクーヘン
홋카이도산 크림과 달걀을 넣어 부드럽고 밀도 높은 맛이 압권.

다이가쿠 이모
大学いも
실온에 15~20분 정도 자연 해동해서 먹는 고구마 맛탕.

랑그도샤 초콜릿
ラングドシャチョコレート
바삭한 랑그도샤 쿠키에 부드러운 밀크 초콜릿을 넣어 마치 쿠크다스와 빈츠를 섞은 듯한 맛이다.

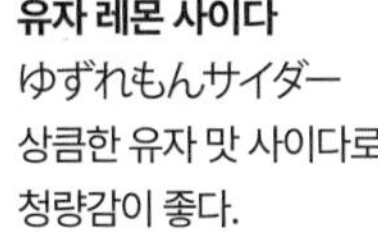

유자 레몬 사이다
ゆずれもんサイダー
상큼한 유자 맛 사이다로 청량감이 좋다.

+ PLUS

꿀 조합 메뉴 추천

1 탄탄멘 担々麺 **+ 반숙 달걀** 半熟煮たまご **+ 가쿠니** 金の豚角煮
탄탄멘 컵라면을 끓인 뒤 데운 반숙 달걀과 가쿠니(일본식 돼지고기찜)를 넣어서 먹으면 완성. 칼칼하고 얼큰하다.

2 닛신 칠리 토마토 컵 누들 Chilli Tomato Cup Noodle **+ 칠리 새우** 海老チリ
각각 조리법에 맞게 조리한 뒤 곁들여 먹으면 된다. 서로 다른 칠리 맛이 어우러져 더욱 강렬한 맛을 즐길 수 있다.

로손 추천 상품

로손 한정 스위츠 브랜드인 '우치 카페' 상품을 주목할 것. 가성비 좋은 디저트와 베이커리가 많다.
요즘은 저당, 글루텐 프리 등 건강한 스낵류를 내놓고 있다.
생활용품 및 간편식 전문 브랜드 무인양품 코너가 입점된 매장도 있으니 체크하자.

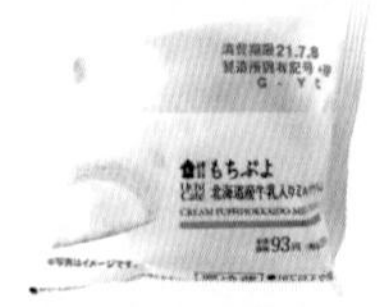

모찌뿌요 もちぷよ
홋카이도산 우유 크림을 넣어 달콤하고 쫀득쫀득한 식감의 크림빵. 15년째 로손의 스테디셀러이며 초콜릿 맛도 있다.

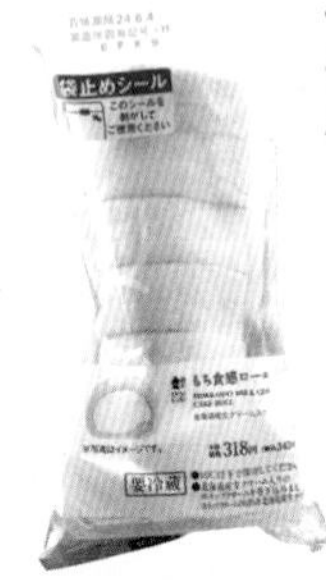

모찌 식감 롤 もち食感ロール
홋카이도산 우유 크림이 잔뜩 들어 부드럽고 쫄깃한 롤케이크.

오키나 트윈 슈
大きなツインシュー
폭신폭신한 빵 안에 크림이 가득 들어 있는 슈크림 빵.

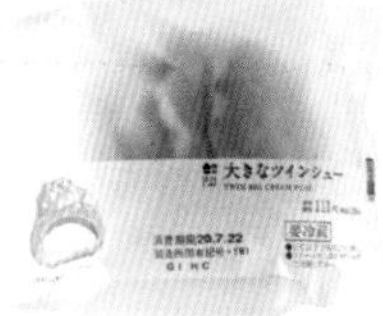

프리미엄 롤케이크
プレミアムロールケーキ
홋카이도산 우유 크림 100%로 만든 롤케이크.

사츠마 이모켄피
さつま芋けんぴ
많이 달지 않고 이에 들러붙지 않아 부담 없이 먹기 딱 좋은 고구마 맛탕.

치즈 타라 チーズ鱈
대구포와 치즈의 기가 막힌 만남. 짭짤하고 고소한 맛이 술안주로도 좋다.

도라모찌 どらもっち
크림과 팥앙금이 듬뿍 들어 있는 일본식 단팥빵.

모찌 초코 빵
もっちチョコパン
쫀득쫀득한 식감의 초코 빵. 초코의 풍미가 깊고 맛이 부드럽다.

패밀리마트 추천 상품

패밀리마트는 치킨, 오뎅, 가라아게 등 즉석조리 제품이 맛있다.
지역 한정으로 출시하는 제품이 다양하고 최근에는 자체 베이커리/스위츠 브랜드
'파미마 베이커리'와 '파미마 스위츠' 제품을 공격적으로 출시하고 있다.

파미치키 ファミチキ
바삭바삭한 치킨 가라아게.
맥주 안주로도 딱이다.

과육을 즐기는 딸기 우유
果肉を楽しむいちごミルク
딸기 과육 20%가 들어 있어
입안 가득 딸기가 씹히는 우유.
계절별로 멜론, 블루베리 등
다양한 맛이 출시된다.

수플레 푸딩 スフレプリン
폭신폭신한 수플레와 치즈,
캐러멜 맛 푸딩을 함께 맛볼 수
있어 인기.

오징어 소면
炙りいかそうめん
쫀득쫀득한 식감과 짭짤한 맛이
매력적인 오징어 소면. 입이 심
심할 때 먹기 좋다.

무기초코 麦チョコ
초코 맛이 나는 죠리퐁 맛이라
익숙하지만 자꾸만 손이 간다.

나마 콧페 빵
生コッペパン
폭신한 빵 사이에 부재료를
넣은 빵. 종류가 매우 다양한데
야키소바와 타마고를 추천한다.

초코 슈
チョコシュー
홈런볼과 비슷하지만
초콜릿을 많이 넣어
맛이 진하다.

삶은 달걀 주먹밥
煮たまごおむすび
입맛 없을 때 먹으면
속이 든든하다.

삶의 질을 업그레이드시키는 인테리어 & 리빙 숍

일본은 생활 잡화의 천국인 만큼 기발한 아이디어 제품이 많다. '이런 기능이 있는 물건이 있으면 좋겠다'라고 생각하면 어디선가 그런 제품을 발견할 수 있을 정도. 집 안 분위기를 확 바꿀 만한 제품도 만날 수 있다.

가격 대비 만족스러운 제품을 원한다면!

1 세리아 Seria

다이소와 마찬가지로 '100¥ 숍'을 콘셉트로 운영하는 생활 잡화점이다. 다이소가 방대한 종류의 제품을 다룬다면, 세리아는 다이소보다 물건 퀄리티가 좋고 디자인도 더 세련된 편이다. 특히 주방용품을 눈여겨보자.

Ⓢ 미나 텐진

퀄리티 좋은 그릇이 단돈 100¥

도시락 장식용품

2 스리코인즈 3 coins

300¥ 숍으로, 다이소와 세리아 등 100¥ 숍에 비해 제품의 질이 확실히 좋다. 여름에는 모자와 양산, 겨울에는 방한용품 등 시즌 상품을 판매하기 때문에 여행에 필요한 아이템을 구입하기 좋다.

Ⓢ 미나 텐진, 아뮤 이스트

UV 기능이 있는 모자

3 내추럴 키친 Natural Kitchen

텐진 지하상가 끝에 위치한 100¥ 주방용품 숍. 그릇, 주방 도구, 인테리어 소품 등을 판매한다. 공간이 좁지만 예쁘고 귀여운 그릇이 오밀조밀 진열돼 있어서 구경하는 재미가 있다. 저렴한 가격에 비해 퀄리티가 좋아서 그릇 마니아라면 더욱 추천한다.

Ⓢ 텐진 지하상가

소품 하나로 분위기를 확 바꾸고 싶다면!

4 프랑프랑
Francfranc

여성들에게 사랑받는 라이프스타일 리빙 숍. 테이블웨어가 제일 인기 높다. 고풍스러운 유럽풍 디자인과 파스텔 계열 컬러가 특징이며, 디즈니사와 협업해 만든 미키마우스 모양 식판과 컵, 와플 팬 등 귀여운 캐릭터 상품을 선보인다.

아뮤 플라자, 파르코

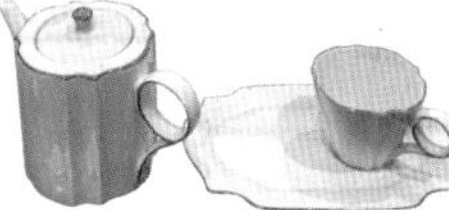
고풍스러운 유럽풍 주방용품을 눈여겨볼 것!

5 애프터눈 티 리빙
Afternoon Tea Living

유럽풍 리빙 숍으로 귀여우면서도 고급스럽고, 우아한 디자인의 상품을 선보인다. 리빙, 주방용품뿐만 아니라 미용용품과 패션 잡화도 선보이는 것이 특징. 계절별로 테마를 달리해 방문할 때마다 다른 분위기의 인테리어 소품을 만나볼 수 있다.

시즌마다 바뀌는 귀엽고 아기자기한 소품

ⓢ 아뮤 플라자, 다이마루 백화점

믿고 가는 인테리어 리빙 백화점

6 로프트
Loft

믿을 만한 제품을 구비해놓는 인테리어 대형 잡화점이다. 주방용품, 여행용품, 화장품, 패션 잡화, 문구 등 엄선한 품목을 선보인다. 주방용품 중 특히 커피용품과 도시락용품 등이 다양하다. 문구 마니아라면 꼭 방문하길 추천한다.

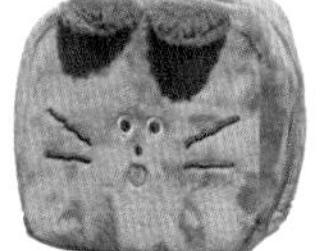
귀여운 아이템이 가득!

미나 텐진

7 핸즈
HANDS

로프트가 일상적인 생활용품에 강하다면, 핸즈는 '고성능, 고품질 생활용품'을 내세운다. 여행용품, 패션 잡화, 문구, 주방용품뿐 아니라 DIY 도구, 아이디어 뷰티용품과 주방용품 등 독특한 제품도 갖추었다.

DIY용품의 끝판왕

아뮤 플라자

일본 필수 쇼핑 코스 '다이소'

우리나라에서도 인기 있는 다이소는 일본에서 필수 쇼핑 코스로 꼽힌다. 특히 '10대들의 백화점'이라 불릴 만큼 캐릭터 제품이나 굿즈, 스티커 등 아이들이 좋아하는 제품이 모여 있다. 또 요즘은 전자 제품, 식료품, 의복, 화장품 등 다양한 라인으로 선보이는 제품도 많아 볼거리가 훨씬 다양해졌다. 하카타 버스 터미널점은 일본 내에서도 큰 규모라 후쿠오카에서 반드시 방문해야 하며, 비교적 새로 오픈한 미나 텐진점도 규모가 크다.

Ⓢ 하카타 버스 터미널

① 캐릭터용품

'탄생 50주년' 기념 헬로키티 등 산리오 캐릭터나 짱구 등 다양한 일본 캐릭터와의 협업 캐릭터용품. 지퍼백, 파우치, 지갑, 스티커 등 소품 등이 있다.

② 도시락 제품

일본은 도시락의 천국이다. 그런 만큼 도시락을 쉽게 쌀 수 있는 제품이나 도시락 장식 제품 등 다양하다. 주먹밥 재료인 후리카케, 토핑인 캬라후루도 다양해서 추천한다.

③ 과자, 젤리 등 간식

100¥이라는 가격에 맞게 용량을 줄인 간식도 있지만 곤약 젤리나 음료는 돈키호테보다 저렴하다. 특히 4개를 하나로 묶은 줄 과자는 선물용으로도 좋다.

④ 캐릭터 입욕제

국내 다이소에도 입욕제가 있긴 하지만, 일본 다이소에는 훨씬 다양한 종류를 구비했다. 그중 캐릭터 배스밤은 입욕제와 가챠를 합친 형태로, 물에 녹으면 랜덤 피겨가 나타난다.

+ PLUS

TIP

1. 택스 리펀은 되지 않으며 표시 금액의 8% 소비세가 붙는다.

2. 일본에서만 판매하는 제품도 있지만, 우리나라에서도 판매하는 제품이 늘어나고 있다. 구입하기 전 우리나라 다이소에서 판매 중인지 먼저 확인해보자.

⑤ 맛밤 & 반건조 고구마

우리나라 맛밤에 비해 양도 많고 가격도 저렴해 가성비가 좋다. 제조는 일본에서 했으나 밤 원산지는 중국산. 반건조 고구마도 양이 많아 인기 높다.

⑥ 문구, 굿즈 보조 용품

일명 '다꾸' 다이어리 꾸미기 취미가 있다면 주목. 스티커, 테이프 등 다양한 다꾸용품과 문구를 득템할 수 있다. 산리오 캐릭터 문구도 많다. 또 덕후 생활에 필수인 포토 프레임, 레이스 톱로더, OPP 포장지, 부채 등 굿즈 보조 용품 등이 다양하다.

⑦ 화장품

국내에서도 다이소 화장품이 인기지만 화장품 천국 일본에서는 자체 제작한 '코위(Coou)' 같은 코즈메틱 브랜드도 만나볼 수 있다. 특히 가격에 맞춘 미니 사이즈 화장품이나 브러시와 같은 화장 도구 등을 추천한다.

⑧ 보냉 백

슈퍼마켓에서 냉동식품을 가져가려면 필수인 보냉 백. 집에서 챙기는 걸 깜빡했다면 다이소에서 구입하자.

[+ PLUS]

TIP 하카타 버스 터미널점에만 있는 다이소 세컨드 브랜드

❶ 스탠더드 프로덕트
Standard Products

다이소에서 선보이는, 무인양품과 비슷한 콘셉트의 프리미엄 라인이다. 생활에 필요한 제품을 심플하고 세련된 디자인으로 선보인다. 300¥을 기본으로 하며 1000¥까지 다양하다. 다이소 매장 안에 있지만 모든 지점에 있는 것은 아니다.

❷ 스리피 THREEPPY

'THREE(300¥)'로 시작하는 'HAPPY(해피)'한 생활이라는 뜻의 300¥ 숍이다. 그레이나 핑크, 민트 등의 트렌드 컬러를 적용해 귀엽고 사랑스러운 액세서리, 인테리어, 식기, 패션 잡화 등을 취급한다.

덕후가 아닌데도 쓸어 오고 싶은 캐릭터 숍

캐릭터용품에 진심인 일본답게 인기 캐릭터 전문 숍이 곳곳에 자리하고 있다.
쇼핑몰 한 층 전체가 캐릭터 숍일 정도이니 천천히 둘러보자.

산리오 갤러리 サンリオギャラリー

산리오 덕후라면 가볼 만한 곳. 문구, 팬시 등의 제품이 많으며 오후 6시까지는 면세도 받을 수 있다. <원피스>, <드래곤볼>, <슬램덩크> 등을 출간한 일본의 유명 만화사 '점프'에서 운영하는 '점프 숍(Jump Shop)'도 옆에 있으니 함께 가보길 추천한다.

① 쿠로미 키홀더 ② 헬로키티 스티커
③ 구루미 인형

포켓몬 센터 ポケモンセンター

포켓몬에 관한 모든 것을 만날 수 있는 공간. 포켓몬 캐릭터 상품은 물론 식기, 생활용품, 잡화 등 다양한 상품을 판매하며 한정 제품도 있다. 포켓몬 카드는 1인당 개수 한정으로 데스크에서 구입할 수 있다. 면세 가능.

④ 피카츄 X 포켓몬 컬래버레이션 인형
⑤ 매월 코스튬이 바뀌는 한정 피카츄 인형

디즈니 스토어

ディズニーストア

규모가 매우 작지만 제품이 다양한 편이라 디즈니 팬이라면 가볼 만하다. 아기자기한 굿즈와 생활용품, 팬시 제품 등을 주로 판매한다. 매장마다 취급 제품이 조금씩 다르니 마음에 드는 것이 있으면 바로 사는 게 좋다.

⑥ 마음대로 연결해서 쓰는 스마트폰 액세서리 ⑦ 디즈니 츠무츠무 인형

텐진 캐릭터 파크

天神キャラパーク

디즈니, 치이카와, 리락쿠마, 스누피, 미피 등 다양한 캐릭터 상품을 한데 모아둔 곳으로 규모가 꽤 크고 제품도 다양하다. 생활용품도 다양해서 성인도 살 만한 게 있다.

⑧ 디즈니 팝 앤 스텝
⑨ 리락쿠마 칫솔 걸이

크레용 신짱 오피셜 숍

クレヨンしんちゃんオフィシャルショップ

짱구 관련 굿즈를 판매하는 곳으로 규모가 작지만 사고 싶은 제품이 많다. 에코 백, 파우치, 의류 등 쓰임 많은 제품과 후쿠오카 한정 제품 위주로 구경하자. 면세 불가능.

⑩ 짱구 잠옷 상·하의 세트
⑪ 짱구 에코 백

마지막 쇼핑 찬스
공항 면세점

여행 마지막 날. 원 없이 먹고 볼 것도 다 봤다 싶겠지만 우리에게는 공항 면세점 쇼핑이 남았다. 마지막 날까지 알차게 쇼핑할 수 있도록 공항 면세점 인기 제품을 소개한다.

1위

슈거 버터 트리 샌드

Sugar Butter Tree Sand

빠르게 매진되는 제품. 설탕과 버터로 코팅해 바삭한 식감과 부드러운 화이트 초콜릿의 조합이 환상적이다. 일본 세븐일레븐에서 협업 제품을 비교적 저렴하게 판매하고 있으니 미리 맛보는 것을 추천. 14개입 1380¥ / 10개입 840¥

2위

로이즈 초콜릿 ROYCE'

생초콜릿으로 유명한 제품. 일본 직구로만 구입할 수 있어 1.5배가량 비싸고 배송도 오래 걸린다. 입에 넣으면 바로 사르르 녹는 생초콜릿과 얇은 감자칩에 초코 코팅한 제품도 인기다. 요청하면 보냉 포장도 해준다. 감자칩 초콜릿 800¥

3위

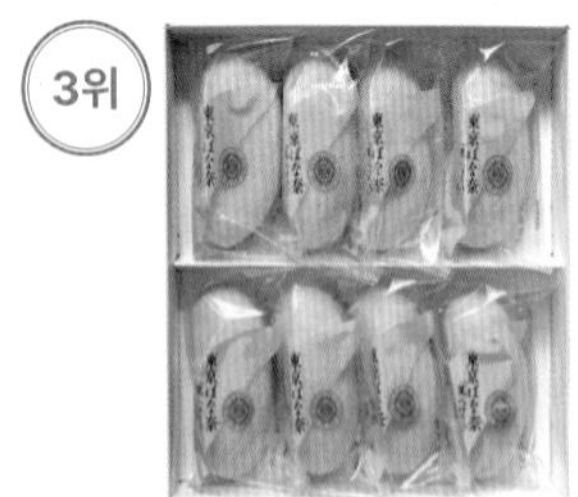

도쿄 바나나 東京ばな奈

일본 여행 기념품으로 빼놓을 수 없는 도쿄 바나나. 시폰처럼 보들보들한 빵 속에 바나나 맛 크림이 가득한 오리지널 제품도 인기지만 포켓몬스터 콜라보 쿠키 샌드, 킷캣 콜라보 초콜릿, 초코 바나나 쿠키 등 다양한 제품이 있다. 8개입 1200¥

4위

쟈가포쿠루 프리미엄 감자 스틱

じゃがポックル

홋카이도산 감자만으로 만든 최고급 감자 스틱. 오호츠크해 소금을 95% 이상 사용해 일반 감자 스낵에 비해 고소한 맛과 질감이 뛰어나 술안주로도 좋다.
10개입 1019¥

5위

시로이 고이비토 白い恋人

우리나라의 쿠크다스와 맛이 비슷한 과자. 초콜릿 맛에 따라 화이트, 다크로 나뉘며 두 가지 맛이 섞인 제품도 있다. 12개입 960¥, 18개입 1440¥, 24개입 1920¥

6위

후쿠사야 카스텔라

福砂屋 カステラ

나가사키 카스텔라의 원조로 알려진 오리지널 카스텔라는 쫀득쫀득한 식감이 매력적이다. 1호(10조각) 2100¥

7위

르타오 프로마주 더블

LeTAO Fromage Double

살살 녹는다는 것이 어떤 건지 생생하게 느낄 수 있는 치즈 케이크. 홋카이도산 우유로 만든 부드럽고 가벼운 크림 맛도 일품이다. 1620¥

8위

도쿄 밀크 치즈 팩토리

Tokyo Milk Cheese Factory

도쿄 바나나를 만든 회사에서 최근 론칭했다. 질감이나 식감이 시로이 고이비토와 비슷한데, 치즈의 짙고 고소한 맛이 극강의 조화를 이룬다. 입맛에 따라 호불호는 있다. 10개입 1200¥

9위

명란 제품 明太子

튜브형 멘타이코, 스프레드, 센베이 등 멘타이코를 재료로 한 제품도 다양하다. 무료로 보냉 포장해준다. 멘베이 1112¥, 튜브형 멘타이코 90g 700¥, 멘타이코 스프레드 350¥

[+ PLUS]

후쿠오카 공항 면세점 이용 TIP

1. 인기 브랜드 중 미처 못 산 것이 있어도 포기하지 말자. 요시다 포터, 롱샴, 오니츠카 타이거, 바오바오 이세이 미야케 등을 주목하자. 반드시 사야 할 제품이 있는 경우 면세점 홈페이지로 들어가 찾아보는 것이 안전하다.

2. 일본 교통카드, 카카오페이 결제도 가능하다.

3. 일행이 있다면 따로 쇼핑하자. 담배/술, 식품 면세점이 따로 있고 대기 줄이 길기 때문에 그만큼 시간이 절약된다.

4. 출국장 안에 고쿠민 드러그스토어도 있다. 단, 면세는 5500¥ 이상 구매 시 적용되며 여권이 필요하다. 하지만 물품이 한정적이니 꼭 필요한 것이 있으면 시내에서 구입하자.

5. 출발 항공편이 몰려 있는 오후 7시 30분을 기점으로 면세점 대기 줄이 많이 짧아진다. 비행기를 놓치지 않는 선에서 빠르게 쇼핑하자.

6. 일부 제품은 무료 시식도 가능므로 맛본 뒤 구입하자.

요즘 가장 인기 아이템
사케&위스키

요즘 일본 여행 가서 꼭 사 오는 주류가 있다. 우리나라에서는 프리미엄이 붙어 아주 비싼 가격에 구입해야 하지만 일본에서는 훨씬 저렴해서 술 2병이면 왕복 항공권 값이 굳는다는 얘기가 나온다.

+ PLUS

주류 쇼핑 TIP

• 면세 한도는 미화 400달러 이하. 1명당 병 개수와 상관없이 2L까지만 허용된다. 추가 쇼핑을 하는 경우 반드시 세관 신고를 한 뒤 관세를 납부해야 하니 조심.
• 꼭 사고 싶은 주류 리스트를 작성해두자. 우리나라에서 위스키를 저렴하게 판매하는 앱인 '데일리 샷'이나 인터넷 면세점, 스마트 스토어 등을 비교하며 전반적인 시세를 알아두면 큰 도움이 된다
• 있을 때 사자. 인기 제품은 금세 품절된다.

어디서 살까?

후쿠오카 시내 리큐어 숍(주류 전문점) 가격이 훨씬 저렴하다. 단, 품절이 빠르고 일부러 시간을 내야 한다는 단점이 있다. 돈키호테는 추천하지 않는다. 일부 미끼 상품을 제외하면 거품 가격이 많고 손님이 너무 많아 쇼핑하다가 금세 지친다.

1. 닷사이(선물용) : 공항 면세점을 추천한다.
2. 닷사이(비선물용) : 자신이 소비할 거라면 박스 포장이 생략되어 가격이 더 저렴한 이와타야 백화점 지하 2층 전용 코너 추천.
3. 위스키, 샴페인 : 야마야, 샴 드 뱅 등 후쿠오카 시내의 리큐어 숍이 가격과 상품 구성 등 거의 모든 부분에서 메리트가 있다. 다만 한국인에게 많이 알려져 품절 사태가 심심치 않게 일어나 운이 좋아야 득템 가능하다. 리큐어 숍에도 매물이 없다면 텐진 빅 카메라 위스키 코너를 강추.
4. 일반 주류 : 어디서 사든 가격대가 비슷한 편이다. 다른 제품을 쇼핑할 때 함께 쇼핑하면 될 정도. 전문 숍이나 공항 면세점에 판매하지 않는다.
5. 지자케, 프리미엄 사케 : 일부 전문 숍에서만 구입할 수 있다. 스미요시 슈한 강추.

샴 드 뱅

빅 카메라

요즘 가장 인기 있는 술 BEST 4

1 닷사이 23, 닷사이 39
獺祭 23, 獺祭 39

요즘 한국인 여행자들이 쓸어 가듯 구입한다는 사케. 목 넘김이 부드럽고 특유의 향이 있어 사케 입문용으로 좋다. 내놓는 족족 팔려서 사실상 이와타야 백화점 지하 2층의 전용 카운터와 후쿠오카 공항 면세점이 유일한 구입처다. 가격이 꾸준히 오르고 있지만 우리나라에서 구입 시 20만 원대인 것을 감안하면 파격적인 가격으로 구입할 수 있다. 간혹 공항 면세점에도 물량이 부족하면 품절되곤 한다.

2 히비키, 야마자키 12년산
響, 山崎12年

산토리의 프리미엄 블렌디드 위스키로 애주가들의 사랑을 받고 있다. 생산량이 적고 인기가 많아 구경하기도 힘들다. 인터넷이나 SNS를 통해 시내 몇몇 리큐어 숍에서 판매한다는 소문이 나는 것과 동시에 품절되곤 한다. 텐진 중심가의 리큐어 숍에서 상시 판매하는데, 프리미엄이 붙어 예전보다 가격이 많이 올랐다.

3 구보타만주
久保田萬壽

170년 전통의 아사히 주조에서 나오는 최고급 사케 중 하나. 맛의 균형이 잘 맞고 목 넘김이 좋아 호불호가 많이 갈리지 않는다. 생산량이 많아 인기에 비해 수월하게 구입할 수 있다.

4 츠루우메 유즈, 호오비덴 유즈
鶴梅ゆず, 鳳凰美田 ゆず

우리나라 사람들에게 가장 인기 있는 유즈슈(유자술). 술을 잘 마시지 못하고 유즈슈가 처음이라면 알코올 도수가 낮고 새콤달콤한 맛과 향이 강해 하이볼로 마시기 좋은 츠루우메 유즈를 추천한다. 좀 더 색다른 맛을 원한다면 호오비덴도 좋다.

위스키 추천 리스트

우리나라 판매가 대비 50% 정도, 최대 60% 이상 저렴하게 살 수 있으니
이왕이면 예산이 허락하는 한도 안에서 가장 비싼 것으로 골라보자.

로얄샬루트 21년
Royal Salute 21y
고급 블렌디드 스카치 위스키의 대명사

조니워커 블루라벨
Johnnie Walker Blue
조니워커의 최고급 클래스 위스키

글렌피딕 12년
Glen Fiddich 12y
약 200개국에서 사랑받는
세계 최대 수상 싱글몰트 위스키

글랜리벳 18년
THE GLENLIVET 18y
'왕을 위한 위스키'라는 별칭이 있는
고급 싱글몰트 위스키

글랜리벳 12년
THE GLENLIVET 12y
가볍고 산뜻해 입문자에게
추천하는 위스키

시바스리갈 18년 미즈나라 캐스크 피니시
Chivas Regal 18y Mizunara Cask Finish
일본산 참나무 캐스크로 숙성해
독특한 풍미가 있는 위스키

발베니 12년 더블우드
The Balvenie 12y Double Wood
대중적으로 인기 있는 발베니의
대표 라인업으로 입문자에게 추천

규슈 대표 지자케(지역 술) BEST 3

1 나베시마 鍋島

규슈 사가에 위치한 후쿠치요 양조장의 사케. 청량감이 좋고 부드럽고 깔끔한 맛이 특징이다. 출시 직후부터 지금까지 수상 이력도 많아 마니아층이 탄탄하다.

2 우부스나 産土

규슈 구마모토에 위치한 하나노코 양조장의 사케. 탄산감이 뛰어나고 과실 향이 짙어 애주가들 사이에서 가장 인기 있는 사케로 통한다.

3 요코야마 よこやま

규슈 나가사키에 위치한 오야마 양조장의 사케. 향긋한 꽃과 과일 향 덕분에 첫맛은 상큼하고 끝으로 갈수록 감칠맛과 여운이 느껴진다. 사케 입문자에게도 추천한다.

선물용으로 좋은 사케 BEST 3

1 구로키리시마 黒霧島

규슈 지역에서 가장 유명한 고구마 소주 중 하나. 미야자키산 고구마와 천연수로 만들어 첫맛이 쌉쌀하고 감칠맛이 좋다. 가격이 저렴해 선물용으로 무난하다.

2 구보타센주 久保田千壽

구보타만주에 비해 정미율이 높아 한 단계 낮은 긴조 등급으로 분류된다. 은은한 첫맛과 목을 타고 넘어가는 부드러운 느낌이 특징으로, 일본 소주를 처음 접하는 사람에게 추천할 만하다.

3 핫카이산 八海山

알코올 도수 15도의 청주. 입안에 퍼지는 향이 좋으며 등급 대비 품질이 높은 것으로 유명하다.

EXPERIENCE

후쿠오카에서 누리는
특별한 시간

일본 여행의 꽃
료칸&온천 호텔

뜨끈한 온천욕을 하고 근사한 가이세키 요리를 먹으면 이게 바로 천국인가 싶다.
일본 여행에서 빼놓을 수 없는 온천을 즐기며 내게 주어진 특별한 시간을 만끽해보자.

료칸에 가기 전 꼭 알아두세요!

일본의 전통 숙박 시설 료칸은 숙박 이상의 서비스를 제공하는 문화 체험의 장이다. 주로 온천 지역에 위치하는 료칸은 전통식과 현대식, 리조트식 등 운영 방식과 형태는 다양하지만, 다다미가 깔린 객실과 온천 시설, 가이세키를 제공하는 식사 서비스 등은 공통적이다.

1. 유카타

료칸 숙박은 유카타를 입으면서 본격적으로 시작된다. 보통 객실 내에 비치돼 있지만, 규모가 큰 료칸의 경우 로비에 다양한 유카타를 구비해놓아 골라 입을 수도 있다. 유카타는 료칸 안에서 입고 다닐 수 있으며 유카타는 왼쪽 깃이 위로 오도록 겹쳐 입은 뒤 허리띠를 맨다.

2. 온천

온천은 료칸의 가장 핵심으로, 얼마나 다양한 온천탕을 갖추었느냐에 따라 료칸의 급이 나눠질 정도다. 공동 온천(노천탕, 실내 대욕탕)과 예약하고 사용하는 전세탕이 일반적이다. 공동 온천은 남녀 온천탕을 요일별로 바꾸어 운영하는 경우가 있으니, 입장 전 반드시 남녀탕 표시를 확인하고 입장하자. 온천을 하러 갈 때는 객실에 마련된 페이스 수건과 목욕 수건을 지참해야 한다.

+ PLUS

남녀탕을 바꾸는 이유는?

음양의 조화를 맞추기 위해서이기도 하지만 각각 다른 탕을 두루 이용해보라는 배려의 의도가 크다. 노천탕의 경우 주변 탕마다 보이는 풍경이 달라 다양한 분위기를 느낄 수 있다.

3. 가이세키 요리

료칸 예약 시 저녁 식사와 아침 식사, 혹은 아침 식사만 제공하는 플랜을 선택할 수 있다. 이에 따라 가격도 천차만별이지만, 저녁과 아침 식사 모두 선택하는 것을 추천한다. 저녁의 경우 가이세키 요리로 제공하는데, 제철 식재료를 사용해 코스마다 재료, 맛, 조리법이 겹치지 않도록 구성해 더욱 특별하다. 식사 시간은 보통 체크인 시 원하는 시간으로 예약하면 된다.

4. 객실

다다미방을 기본으로, 방 한가운데는 좌식 의자와 테이블이 놓여 있다. 저녁이 되면 의자와 테이블을 밀고, 이불을 깔아주는 서비스를 제공한다. 요즘은 다다미방에 침대를 놓는 절충식이나 아예 서양식 객실에 인테리어만 일본풍으로 장식하는 경우도 많다.

5. 송영 서비스

규모가 있는 료칸 중에서는 대중교통 접근성이 떨어지는 경우 숙박객을 대상으로 송영 버스를 운행하기도 한다. 역에서 료칸까지 픽업 & 드롭 서비스를 제공하는 것인데, 체크인, 체크아웃 시작 시간 전후로만 운영하는 경우가 대부분이라 시간을 반드시 체크해야 한다. 숙소 예약 시 전화나 이메일로 송영 버스 가능 여부를 반드시 확인하자.

6. 입욕세

입욕세(入湯税)는 온천 시설이 딸린 시설에 투숙하는 사람에게 부과하는 세금으로, 1인당 1일마다 숙박료(음식 포함)에 따라 부과된다. 숙박비를 온라인으로 지불해도, 입욕료는 반드시 체크인할 때 따로 결제하도록 되어 있다. 12세 미만은 면제되지만, 12세 이상이라면 온천 시설을 이용하지 않아도 부과된다.

	숙박료	입욕세
유후인	400¥ 이상 당일 입욕	70¥
	4000¥ 이하	100¥
	4001¥ 이상	250¥
벳푸 (6박 7일 이상은 반액)	1500~2000¥	50¥
	2001~4500¥	100¥
	4501~6000¥	150¥
	6001~5만¥	250¥
	5만1¥ 이상	500¥

1 스기노이 호텔
杉乃井ホテル

가족 여행, 특히 아이가 있다면 이곳만 한 숙소가 없다. 호텔 내 볼거리와 즐길 거리를 누리기만 해도 하루가 짧을 정도. 온천 시설도 이 지역 호텔 가운데 가장 큰데 1200평 규모의 '다나유 온천'과 야외 온천 수영장 '아쿠아 가든'에서는 벳푸 최고의 전망을 볼 수 있다. 어린아이가 있다면 부대시설을 이용하기 편리한 하나관 객실을 선택하는 것이 좋다. 시티뷰와 오션뷰 객실은 숙박료가 더 비싼 만큼 전망이 뛰어나 추천한다. 식사는 조식과 석식 모두 뷔페식으로 제공하는데 고급스럽고 맛있다는 평이 많다. JR 벳푸역에서 무료 셔틀버스를 운행한다. ⓘ P.325 Ⓜ P.314

+ PLUS

이런 볼거리도 있어요!

1. 레이저 쇼
하루 2~4회 수영장을 무대로 레이저 쇼가 펼쳐진다. 다나유 온천 입구 옆 테라스가 관람 명당.

2. 일루미네이션
늦가을에서 초봄까지 호텔 주변이 온통 화려한 불빛으로 뒤덮인다. 온천의 열기로 만든 전기를 이용한다.

3. 매핑 쇼
벽면 전체가 살아 움직이는 듯한 조명 쇼.

탁 트인 전망이 압권인 다나유 온천

일본 전통 가옥 구조를 유지해 별장에 온 듯한 기분이 든다.

매일매일 온천욕하고 싶어지는 노천탕

2 오카모토야
岡本屋

7대를 이어 운영하고 있는 노천탕 자체가 아름다운 곳이다. 피부 보습에 효과가 있는 유노하나 온천을 멋진 전망과 함께 즐길 수 있어 일본인들도 많이 찾는다. 예전 모습을 그대로 유지하는 객실과 전망까지 까다로운 여행자의 취향에 딱이다. 벳푸 시내까지 멀고 교통편이 불편해 렌터카가 아니면 가기가 힘들다. Ⓜ P.314

3 호테이야
ほてい屋

관광객이 바글바글한 유후인 한가운데에 이런 료칸이 있다는 사실도 놀라운데 시설은 더더욱 놀랍다. 별채 11실, 본관 2실로 이뤄진 료칸 안에 노천탕 7개와 실내탕 4개가 마련돼 있다. 여기에 남녀 노천 대욕장 '벤텐노유'와 '다이코쿠노유'가 들어서 있으며 전세 노천탕도 있다. 일본식 화로에서 구운 온천 달걀과 옥수수, 매일 아침 온천욕 후 마실 수 있게 유리병에 담은 우유를 주는 것만 봐도 세심한 서비스가 수준급. 역시 비싼 데는 그럴 만한 이유가 있다. JR 유후인역까지 송영 버스를 운행한다. Ⓜ P.281

누구나 이용할 수 있는 공용 공간

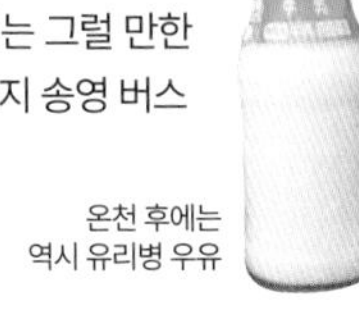
온천 후에는 역시 유리병 우유

객실에 딸려 있는 노천탕

개방감이 있는 대욕탕

4 유후노고 사이가쿠칸
柚富の郷 彩岳館

부담스럽지 않은 가격에 유후인다운 료칸을 경험하길 원한다면 이곳이 제격. 유후산의 풍경을 가까이에서 볼 수 있는 점이나 성분이 다른 두 가지 온천을 즐길 수 있다는 것이 장점이다. 전망에 약간 차이가 있을 뿐 어느 객실이든 최대 4명까지 묵을 수 있어 가족 여행자에게 반응이 좋다. 자동 승강기가 설치돼 있어 부모님을 모시고 가기에도 좋다. JR 유후인역에서 료칸까지 무료 송영 버스 서비스를 제공한다. Ⓜ P.281

온천욕 후 쉴 수 있는 공용 공간

온천 수질이 뛰어난 료칸

1 호텔 시라기쿠
ホテル白菊

'일본 온천 호텔·료칸 250선'에 수차례 선정된 온천 호텔. 넓은 실내탕과 노천탕을 갖추었으며 일본식 정원을 본떠 만들었다는 구스노키 노천탕(楠湯殿)의 오래된 녹나무 그늘에서 온천욕을 즐길 수 있다. 탄산수소와 알칼리 성분을 함유해 피부를 아주 촉촉하고 매끌매끌하게 만드는 온천수 때문에 '미인탕'으로 잘 알려져 있다. 특히 만성 피부 질환·화상·류머티즘 완화에 효과가 있어 치료 목적으로 이곳을 찾는 사람도 많다. 격일로 남녀탕을 바꾼다. Ⓜ P.314

이곳의 최대 자랑거리인 구스노키 노천탕

벳푸 시내가 한눈에 보이는 레스토랑

피부 보습에 탁월한 온천수

2 유후인 야스하
ゆふいん泰葉

"일본 어디에 가도 이런 온천수를 만나기 쉽지 않을 걸요!" 지배인의 자랑이 끊이지 않는다. 분출할 때는 무색이었다가 시간이 지나며 점차 푸른빛을 띠는 온천수로 일본에서도 매우 희귀하다는 것이 그의 설명. 메타규산 성분이 풍부해 보습 효과가 탁월하고 피부가 매끌매끌해져 여성들이 무척 좋아한다고 한다. 객실은 2인용부터 최대 6인실까지 다양한데 숲에 둘러싸여 있어 전망을 기대하기는 어렵다. JR 유후인역까지 송영 버스를 운행한다.

Ⓜ P.281

온천수 미스트
300¥

유후인 주요 관광지에서 멀리 떨어져 있어 한적한 분위기

전망 좋은 료칸

1 아마네 리조트 세이카이
AMANE RESORT SEIKAI

전망이 무엇보다 중요하다면 이곳이 최고다. 모든 시설이 오션뷰이며 일출이 멋있기로 유명하다. 모든 객실에 개인 온천이 딸려 있어 프라이빗한 온천욕이 가능한데, 벳푸만이 한눈에 들어오는 숙박객 전용의 '8층 대욕탕'과 해수면과 같은 높이에서 바다를 볼 수 있는 '1층 대욕탕'을 갖추었다. 비숙박객은 호텔 레스토랑에서 식사를 하면 1층 온천을 무료로 이용할 수 있으며, 식사와 커피, 온천을 즐길 수 있는 '히카에리 플랜'도 있다. Ⓜ P.314

바다를 보면서 온천욕을 즐길 수 있는 8층 대욕탕

2 그랜드 머큐어 벳푸완 리조트 & 스파
Grand Mercure Beppu Bay Resort & Spa

그랜드 머큐어 벳푸완 리조트 & 스파는 시내 중심가에서 떨어져 있다는 단점을 상쇄하기 위해 부대시설을 다양하게 구비했으며 구내 레스토랑도 여럿이고 숙박비도 적당한 편이다. 특히 객실에서 바라보는 벳푸만 풍경은 이곳의 최대 자랑거리로 수평선 위로 해가 뜨는 풍경을 1년 내내 볼 수 있다. JR 벳푸역까지 송영 버스를 운행한다. Ⓜ P.314

1년 내내 볼 수 있는 벳푸만의 아름다운 일출

3 간나와엔
神和苑

간나와 한가운데 들어선 현대식 대형 료칸. 벳푸가 발아래 펼쳐지는 2개의 공용탕은 물론이고 객실마다 전용 노천탕이 있어 프라이빗한 휴가를 보내기도 좋다. 온천수를 흘려보내는 방식으로 운영해 수질이 잘 유지되는 것도 만족스러운 부분. 이러니 인기가 있을 수밖에 없겠다 싶다. JR 벳푸역까지 송영 버스를 운행한다. Ⓜ P.316

©Kannawaen

여성 취향 료칸

1 야와라기노사토 야도야
やわらぎの郷 やどや

유노츠보 거리 주변의 소규모 호텔. 규모에 비해 객실 수가 적은 편이라 어디서 뭘 하든 붐비지 않는다. 객실은 양실과 화실, 두 유형으로 나뉘어 있으며 이 지역의 농수산물로 조리한 식사도 수준급이다. 특히 유후산이 보이는 세 종류의 노천 전세탕은 누구라도 사랑할 수밖에 없는 공간. 체크인할 때 저녁과 아침 각각 한 타임씩(50분) 전세탕을 예약할 수 있으며 탕 종류와 시간을 선착순으로 고를 수 있다. 온천욕 후에 족욕을 하며 맛있는 저녁을 먹다 보면 지나가는 하루가 아쉬울 뿐이다. 여자라면 체크인 시 유카타를 직접 골라 입는 재미를 놓치지 말자. 일반 료칸에 비해 디자인이 예쁜 유카타가 더 많다.

Ⓜ P.281

숙박비에 비해 매우 넓은 룸

2 하나 벳푸
花べっぷ

하나부터 열까지 여자 마음에 쏙 들기가 참 어려운데, 그 어려운 걸 해내는 곳이다. 발바닥에 무리가 가지 않도록 쿠션처럼 폭신한 질감을 살려 설계한 다다미 바닥에 발을 딛는 순간부터 여자들은 "어머, 어머"를 연발한다. 소금물이 섞인 나트륨 탄산수 온천은 이곳의 자랑거리. 특히 '마이크로 버블 배스'라는 거품 목욕 시설과 '미스트 사우나'가 피부를 매끄럽게 만들고 체내 노폐물 배출을 도와 '미인 온천'이라는 별칭까지 얻었다.

Ⓜ P.314

오이타산 대나무로 만든 공용 공간의 파티션과 가구

쿠션이 들어 있는 대나무 바닥

가성비 료칸

1 유후인 산스이칸
ゆふいん 山水館

유후인에서 흔치 않은 중규모 이상의 료칸. 도보 여행자들이 찾아가기 좋은 위치에 있다. 1층의 '유후노유'와 2층의 '아사기리노유'의 노천탕 2개를 운영하는데, 알칼리성 온천수로 피부가 부드러워지는 효과가 있다. 객실은 서양식과 일식, 혼합형으로 나뉘며 그중 일식인 화실은 최대 5명까지 묵을 수 있어 가족 여행자가 많이 찾는다. JR 유후인역과 버스센터에서 료칸까지 송영 버스를 운영한다.

Ⓜ P.280

루이보스티, 감귤탕 등 다양하고 특색 있는 탕으로 유명한 산스이칸

전세탕만큼 여유로운 공용 온천

2 히스이노야도 레이메이
ひすいの宿 黎明

산 중턱에 자리한 덕분에 건물이 높지 않은데도 객실 전망이 좋다. 하지만 멋진 전망을 얻은 대신 접근성이 크게 떨어지는 점이 단점. 친절한 한국인 스태프가 상주해 든든하다는 점과 주변이 조용하다는 점은 장점이다. 최소 2명부터 많게는 6명 이상까지 묵을 수 있어 렌터카를 이용하는 가족 여행자가 많이 찾는다. Ⓜ P.281

3 료소 마키바노이에
旅荘 牧場の家

프라이빗한 분위기를 느끼고 싶다면 좋은 료칸이다. 모든 객실이 단독 건물로 구성되어 있어 누구에게도 방해받지 않고 편안하게 쉴 수 있다. 객실은 그리 넓지 않지만, 필요한 모든 것을 갖추고 있어 불편함이 없다. 2개의 공동탕과 다양한 형태의 전세탕이 무려 7개나 마련되어 있다. 전세탕도 매력적이지만, 넓은 공동 노천탕에서는 자연을 만끽하며 온천을 즐길 수 있어 더욱 만족스럽다. Ⓜ P.280

바쁜 여행자들을 위한
당일치기 온천

일본 어디를 가나 유명한 온천이 있지만 온천수 용출량으로 일본 내 부동의 1위를 지키는 벳푸와 이에 못지않은 유후인에 유명 온천이 몰려 있다. 료칸에 머물며 느긋하게 온천을 즐기는 것도 좋지만, 당일치기 여행에서도 얼마든지 온천의 즐거움을 누릴 수 있다.

+ PLUS

일본 온천 에티켓 & 순서

STEP 1. 깨끗이 샤워하기
탕에 들어가기 전, 몸을 깨끗이 씻는 것은 기본. 온천은 목욕이 아닌 휴식의 과정이다.

STEP 2. 몸 가리기
온천 내에서는 페이스 타월로 주요 부위를 가리고 다녀야 한다.

STEP 3. 탕 안에는 아무것도 넣지 말기
머리카락이 탕에 닿지 않게 유의하자. 페이스 타월은 접어 머리 위에 올린 채 탕에 들어가면 된다. 빨래, 때 밀기, 수영 등은 금물!

STEP 4. 뒷정리하기
의자와 목욕 바구니 등 모든 시설물을 제자리에 두는 것은 기본!

STEP 5. 페이스 타월로 몸의 물기 닦기
몸에 묻은 물이 탈의실 바닥에 떨어지면 미끄러워 사고의 원인이 될 수 있다. 탈의실 바닥에 물이 떨어지면 꼭 닦자.

여행 일정이 넉넉하지 않다면
후쿠오카 시내 & 근교 온천 당일치기

하카타역에서 20분

1 나미하노유
波葉の湯

하카타항 인근에 위치해 바다 내음을 맡으며 노천 온천욕을 즐길 수 있는 시설이다. 노천탕 규모도 크고 요금도 저렴해 만족도가 높다. 큰 대욕탕 2개와 냉탕, 사우나 등을 갖춘 실내탕과 수온이 각각 다른 4개의 노천탕이 있다. 7개의 찜질방과 휴게실을 갖춘 사우나도 있으며, 가족이나 연인끼리 이용할 수 있는 다다미방이 딸린 가족탕도 있다.

Ⓜ P.251

2 나카가와 세이류
那珂川清滝

후쿠오카 시내에서 대중교통과 셔틀버스로 40분가량 떨어져 있지만, 유후인, 벳푸 등 온천 마을에 가기 어려울 때 좋은 대안이다. 히노키탕(여탕에만 있음), 폭포탕, 동굴 증기탕 등 다양한 종류의 노천탕과 여러 종류의 사우나도 갖췄다. 식당에서는 제철 가이세키 요리도 즐길 수 있다. 온천욕을 마치고 난 뒤에는 다다미방과 툇마루, 정원, 족욕탕 등을 갖춘 휴게실에서 쉴 수 있다.

Ⓜ P.251

하카타역에서 1시간

벳푸역에서
차로 11분
(현재 공사 중)

최고의 온천을 만나고 싶다면 벳푸 당일치기 온천

1 무겐노사토 슌카슈토
夢幻の里・春夏秋冬

폭이 좁은 비포장도로를 따라 도착한 인적 드문 곳에 몽환적인 온천이 있다. 유황 성분이 강한 온천수로 인기가 많으며 계절에 따라 분위기와 입욕감이 확연히 달라지는 것이 이곳만의 특징. 남녀 공용탕과 전세탕 5개를 보유하고 있는데 원천이 2개인 호타루노유와 폭포 바로 앞에서 온천을 즐길 수 있는 타키노유가 인기 있다. 공사로 임시 휴업 중이니 미리 확인하고 가자.

Ⓘ P.325 Ⓜ P.314

벳푸역에서
차로 13분

2 효탄 온천
ひょうたん温泉

일본 유일의 미슐랭 스타 온천. 입욕료만 내면 실내탕과 노천탕은 물론이고 온천 증기 사우나, 시원한 낙수 마사지를 할 수 있는 폭포수탕, 보행탕 등 8개 탕을 모두 즐길 수 있고, 추가 요금을 내면 온도 별 모래찜질을 체험할 수 있다. 대부분이 온탕이고 즐길 거리가 많아 아이들과 가기에 좋으며 가족탕도 다양하다. Ⓘ P.330 Ⓜ P.317

벳푸역에서
차로 5분

3 다케가와라 온천
瓦温泉

1878년부터 무려 140년 가까이 영업해온 터줏대감 온천. 건물은 1938년에 새로 지은 것으로 근대문화유산으로 지정된 문화재다. 단돈 300¥에 온천욕을 할 수 있지만 여행자들에게 더 유명한 것은 모래찜질이다. 피크 타임에는 한참 기다려야 할 정도로 인기니 오픈런을 추천한다.

Ⓘ P.324 Ⓜ P.315

벳푸역에서
차로 17분

4 유야 에비스
湯屋えびす

벳푸의 대표적인 유황 온천. 뽀얀 온천수는 유화 탄소 가스를 함유해 혈관을 넓히고 혈압을 낮추는 데 효과가 있으며 피로 해소에도 좋다. 유황 농도가 짙어 온천욕을 하고 나면 특유의 꼬릿한 냄새가 다음 날까지 가는 점도 꽤 색다른 경험이다. 온천수의 온도가 높고 전망을 딱히 기대하기 어려운 점은 다소 아쉽다. Ⓘ P.331 Ⓜ P.314

아기자기한 풍경 속 유후인 당일치기 온천

유후인역에서 도보 20분

1 누루카와 온천
ぬるかわ温

유후인의 대표적인 당일치기 온천으로, 긴린 호수 인근에 있어서 접근성이 좋다. 총 7개의 탕이 있는데, 당일치기 관광객은 전세탕만 이용할 수 있다. 내탕과 노천탕의 가격 차이가 있으며 숙박객은 무료다. ⓘ P.293 Ⓜ P.281

유후인역에서 도보 9분

2 료소 마키바노이에
旅荘 牧場の家

전세탕으로 유명한 료칸으로, 당일치기 전세탕으로 더 유명하다. 2개의 공동탕에 여러 형태의 전세탕이 무려 8개나 있다. 전세탕도 좋지만 넓은 공동 노천탕은 자연과 더불어 온천을 할 수 있도록 잘 조성되어 오래 목욕을 해도 답답하지 않다. Ⓜ P.280

유후인역에서 도보 5분

3 오토마루 온천관
乙丸温泉館

수온이 다른 2개의 내탕이 전부지만, 물이 좋고 요금이 족욕탕 수준으로 저렴해 시설을 기대하지 않으면 만족스럽다. JR 유후인역 인근에 있어 후쿠오카로 떠나기 전 잠시 들러 피로를 풀기에도 좋다. 비누와 샴푸, 수건 등은 제공하지 않으니 따로 준비할 것. ⓘ P.286 Ⓜ P.280

유후인역에서 도보 15분

4 유후인 건강 온천관
湯布院健康温泉館

독일식 수영장과 헬스 기구, 안마 의자까지 갖춘 주민을 위한 건강 센터지만, 노천 온천이 훌륭해 당일치기 온천으로 좋은 곳이다. 온천은 내탕과 노천탕이 있으며, 노천탕은 선베드까지 갖춘 정원으로 이어져 온천욕을 느긋하게 즐기기 좋다. ⓘ P.286 Ⓜ P.280

지극히 일본스러운 시간
다도 체험

일본식 정원이 내다보이는 다다미방에 앉아 곱게 거품을 낸 말차를 음미하는 시간.
후쿠오카에서 이보다 더 평화로운 순간은 없을 것이다.

돌담 '하카타 베이'
전쟁 중 타다 남은 돌이나 기와를 점토로 굳혀서 만든 돌담이다.

1 라쿠스이엔
楽水園

하카타역에서 도보로 10여 분, 스미요시 신사 바로 뒤에 위치해 후쿠오카 내 정원 중 접근성이 가장 좋은 곳이다. 규모는 상대적으로 작지만 아기자기한 일본 정원의 요소를 모두 갖춰놓았다. 1906년 하카타 상인 지카마사 씨가 별장으로 지은 이곳은 이후 다실과 료칸으로 사용했고 1995년 지금의 일본 정원으로 개원했다. 작은 폭포와 연못, 다리 등으로 조성된 정원과 차를 마실 수 있는 다다미방 등으로 이루어져 있다. 말차 세트에는 계절마다 달라지는 디저트가 함께 나온다.

ⓘ P.191 Ⓜ P.177

작은 돌다리 등 아기자기한 디테일이 눈에 띈다.

말차 세트
부드러운 말차와 함께
입에 넣으면 사르르 녹는 과자를 내온다.
말차 세트 이용권은 입구에서 입장권과 함께 구매하자.

다실
이곳 주인은 규슈에 다도 문화를
전파하기 위해 많은 노력을 했다고 알려졌다.

2 쇼후엔
松風園

한적한 고급 주택가에 자리 잡은 다실 겸 일본식 정원이다. 1945년 타마야 백화점 창업자 다나카 마루 젠파치 씨의 자택으로 지은 만큼, 당시 고급 주택의 호화스러움을 경험할 수 있다. 다실은 당시 모습 그대로 보존돼 있다.

대문에 들어서면 바로 돌계단이 이어지고, 안쪽에는 100년이 넘는 나무와 정자 등으로 꾸며 일본식 정원의 아름다움을 제대로 느낄 수 있다. 다다미방에 앉아 말차를 마시며 정원을 바라보면 산란했던 마음이 평온해진다.

ⓘ P.229 Ⓜ P.210

돌계단
입구에 들어서면 나오는 돌계단.
마치 숲속에 들어서는 듯한
기분이 들게 한다.

말차 세트
라쿠스이엔보다
말차 양이 넉넉하다.

오히로마
연못에 접한 다실로, 무사 문화를 배경으로 하는 건축양식으로 지었다.

3 유센테이 공원
友泉亭公園

버스를 타고도 내려서 10분 정도 걸어야 갈 수 있지만, 험난한 길을 거쳐 찾아가면 그 이상의 감동을 느낄 수 있는 정원이다. 이곳은 1754년 6대 후쿠오카 영주 구로다 츠구타카가 세운 별장으로, 후쿠오카시에서 처음으로 지천회유식(연못 주변을 거닐며 감상하도록 조성하는 양식) 일본 정원으로 정비했다. 메인 다실인 오히로마에 들어서면 감탄이 절로 나온다. 두 면의 창밖으로 연못이 펼쳐지는데, 연못 중앙에는 정자가 그림처럼 들어서 있다. 공원이라 이름 붙일 정도 규모가 방대하고 여러 시설이 곳곳에 들어서 있어서 보물찾기하듯 돌아보아도 좋다.

Ⓘ P.243 Ⓜ P.241

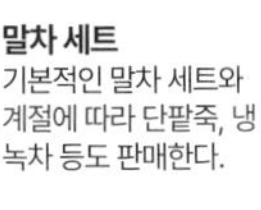

말차 세트
기본적인 말차 세트와 계절에 따라 단팥죽, 냉녹차 등도 판매한다.

폭포
깊은 숲속에서 볼 법한 작은 폭포. 정원을 대표하는 장소로, 바로 앞에 평상을 두어 앉아서 감상할 수 있게 했다.

조스이안
본관에서 뚝 떨어진 정원에 지은 작은 다실이다. 버섯 모양의 지붕이 인상적이다.

연못가를 걸으면서 즐길 수 있는 1만2,000㎡의 넓은 정원

4 오호리 공원 일본 정원
大濠公園日本庭園

후쿠오카의 오아시스인 오호리 공원 안에 들어선 잘 가꾼 일본식 정원이다. 1984년 오호리 공원 개원 50주년을 기념으로 시마네현 아다치 미술관을 조성한 조경가 나카네 긴사쿠가 설계했다. 일본의 전통 정원 기법에 근대성을 더해 다실과 연못, 정원 등의 요소를 유기적으로 연결한 츠키잔 린센 회유식 정원이다. 정원은 인공 언덕이 있는 넓은 연못을 중심으로, 3개의 폭포와 가레이산스이 정원(물 없이 모래와 돌로 연못을 표현), 스키야 스타일(작고 소박한 스타일)의 다실 등이 배치돼 정원을 거닐면서 둘러볼 수 있는 구조다. 여유가 있다면 다실·차 회관에 앉아서 말차와 디저트를 맛보자. 화요일에는 입장료만 내면 다실 입장이 가능하다(둘째 주 화요일은 제외).

Ⓘ P.242 Ⓜ P.240

가레이산스이 정원

후쿠오카

유후인 | 나가사키 | 벳푸 | 기타큐슈

| 가이드북 |

꼭 가야할 지역별
대표 명소 완벽 가이드

전상현 · 두경아 지음

길벗

D-60 여행 준비 무작정 따라하기

D-60 여권 발급

해외로 나갈 때 반드시 필요하므로 미리 발급받자. 발급받은 여권이 있더라도 여권 유효기간을 반드시 체크하자. 유효기간이 6개월 미만일 경우 일본 입국이 가능하기는 하지만 경우에 따라 항공편 탑승 또는 입국이 거부될 수 있으니 여행 전에 갱신해두자. 여권 발급에 대한 자세한 정보는 외교부 여권 안내 홈페이지 참고.

D-50 항공권 또는 배편 예매

항공편 예매하기

항공편은 출발 2~3개월 전부터 가격과 스케줄을 틈틈이 확인하는 것이 좋다. 항공사별로 진행하는 특가 이벤트를 놓치지 말자. 특가 항공권 중에는 위탁 수하물 요금이 포함되지 않은 경우가 많으니 반드시 체크해보자. 자칫 배보다 배꼽이 클 수 있다.

한국 ↔ 후쿠오카 공항

인천, 김해, 대구, 청주 등 국내 대부분의 국제공항에서 후쿠오카 직항편을 운항하고 있다. 항공사 및 노선에 따라 운항 스케줄과 운임 차이가 많이 나므로 거주 지역으로만 한정해서 검색하지 말고 범위를 넓혀서 찾아보는 것이 좋다. 인천~후쿠오카 구간이 선택의 폭이 넓고 특가 항공편이 가장 많다.

한국 ↔ 규슈 내 기타 공항

부정기편으로 기타큐슈, 나가사키, 오이타, 사가 등 북규슈 곳곳에 취항하고 있다. IN/OUT을 다르게 예매하면 교통비와 시간이 그만큼 절약되니 고려해보자. 예를 들어 유후인은 오이타가 후쿠오카보다 훨씬 가깝기 때문에, 오이타로 들어가 벳푸, 유후인을 즐기고 후쿠오카로 가도 좋다.

배편 예매하기

항공편에 비해 할인 이벤트가 별로 없어서 예매를 서두를 필요는 없다. 기상 상황이나 갑작스러운 선체 점검 등으로 운항할 수 없는 경우가 있으니 조심하자. 특히 태풍이 자주 발생하는 시기에는 조심해야 한다.

부산항 ↔ 후쿠오카 하카타항

일반 여객선인 뉴카멜리아호가 단독 운항한다. 소요 시간이 길지만 가격이 저렴하고 수하물 규정이 항공편에 비해 여유로워 꽤 승객이 있는 편이다.

D-55 해외 결제 카드 발급받기

여행자들에게 인기 있는 카드는 세 가지. 각각 장단점이 명확한데, 일본을 여행하기 가장 적합한 카드는 트래블로그와 토스. 인출 서비스를 자주 이용하지 않는다면 트래블월렛 카드도 좋은 선택이다. 카드마다 장단점이 뚜렷하고 은행별 서비스 점검이나 전산망 폭주 등 혹시 모를 상황을 대비해 종류별로 발급받아 가는 것을 추천한다. 환율을 계속 체크하면서 충전해두자.

나에게 맞는 해외 결제 카드는?

	트래블월렛 카드	트래블로그 카드	토스 체크카드
구분	충전식 체크카드 (간단하게 외화를 미리 충전하고 충전된 외화로 수수료 없이 해외 결제 및 현금 인출을 할 수 있는 서비스)		일반 체크카드
발급 대상	만 17세 이상 대한민국 거주 내/외국인	만 14세 이상 내국인	만 18세 이상 내국인
카드사 브랜드	Visa	Master Card / Union Pay / Visa	Master Card
요금 충전 방식	국내 계좌 연동		충전식 X 일반 체크카드 O
국내 사용	O(원화 충전 후 사용)		O
교통카드로 이용	후쿠오카 지하철 및 후쿠오카시 JR열차, 니시테츠 전철	비자 및 마스터카드에 한해 후쿠오카 지하철 이용 가능	후쿠오카 지하철 이용 가능
환전 가능한 통화	달러, 엔화, 유로 등 전 세계 46개	달러, 엔화, 유로 등 전 세계 58개	달러, 엔화, 유로 등 전 세계 17개
원화 환전 수수료	1%	1%	없음
수수료 없이 엔화를 인출할 수 있는 장소	이온 ATM 기기 미니스톱 편의점 중 해외 카드 사용이 활성화되어 있는 기기	세븐일레븐 편의점 ATM 기기	
장점	· 'N빵 결제' 등 여행에 특화된 서비스 제공, 일부 대중교통편에 한해 교통카드로도 이용 가능	· 일본 여행에 조금 더 특화되어 있으며 골목마다 있는 세븐일레븐 ATM 기기로 수수료 없이 현금 인출 가능 · 목표 환율 달성 시 자동 충전 기능이 있음	· 해외 결제 잔액 부족 시 자동 충전 기능이 있음. · 환전과 재환전 ATM 수수료가 완전 무료. · 기존 토스 체크카드 그대로 이용 가능(토스뱅크 외화 통장에 연결만 하면 끝)
단점	수수료 없이 엔화 현금 인출 가능한 이온 ATM 기기를 찾기 힘듦 월 500$ 이상 출금 시 2%의 수수료가 붙음	하나금융그룹 계좌가 아닌 경우 일부 기능(목표 환율 자동 충전 등)은 이용 제한	외화 통장을 개설해야 하며 타행 계좌 연결은 불가능. 지원하는 통화가 많지 않음

D-50 여행 일정 & 경비 계획하기

1. 여행 정보 수집 및 계획 세우기

'어디서', '무엇을 할 것인가'를 가장 먼저 생각해야 한다. 책, SNS, 인터넷 등에서 여행 정보를 모은 다음 가고 싶은 장소를 구글맵에 저장해두자. 관심 있는 장소를 모두 저장했다면 일자별로 어떻게 둘러볼 것인지 정한다. 여행 전까지 틈 날때마다 구글맵을 보면서 이미지 트레이닝 겸 대략적인 지리 감각을 익혀놓으면 실제 여행할 때 큰 도움이 된다.

2. 예산 항목 및 지출 예상 경비 계산

여행 경비는 체류 기간이나 여행 스타일, 여행 지역, 소비 습관에 따라 천차만별이다. 초저가 배낭여행을 한다면 1일 6000¥ 선에서 충분히 해결되겠지만 남들만큼 먹고 즐기려면 넉넉잡아 1일 8000¥ 정도, 쇼핑까지 하려면 최소 1만¥은 잡는 게 현명하다. 여행 비용은 개인 취향 및 계획에 따라 달라지므로 참고만 하자.

항공권

성수기(방학, 휴가철, 연휴 등)와 비수기 요금 차이가 큰 편인데, 비수기에 저가 항공편을 이용하면 항공권에 드는 비용을 줄일 수 있다.

식비

고급 레스토랑에 가지 않는 이상 큰 차이는 없다. 한 끼당 1100~2000¥으로 잡으면 되고, 저녁 식사 때 맥주 한잔 마시는 경우 2200~3000¥이면 충분하다.

간식비

군것질거리, 커피, 음료 등 자잘한 비용이 꽤 든다. 특히 어린이가 있을수록, 여행 일정이 빡빡할수록 여기에 드는 돈이 만만치 않다. 하루 최소 2500¥은 비상금 겸 별도로 갖고 다니자.

현지 교통비

여행자에게 가장 부담되는 항목이면서 사람마다 차이가 큰 부분이다. 후쿠오카 시내에서만 효율적으로 움직이면 하루 600~800¥ 정도지만 조금이라도 멀리 나가는 순간 곱절 이상 들 수 있다. 그러므로 일정이 길거나 짧은 기간 동안 많이 이동하는 경우 패스권을 발급받는 것이 현명하다.

기타 & 여행 준비 비용

유심칩(SIM 카드), 포켓 와이파이 대여료 또는 데이터 로밍 요금, 쇼핑 등 기타 비용과 여행자 보험 가입, 공항과 집 간 왕복 교통비, 여행 물품 구입비 등 여행 준비 비용도 잘 따져봐야 한다.

- ☐ 사전 준비비(여권 발급비, 여행 물품 구입비, 여행자 보험, 유심 구입비 등)
- ☐ 항공 요금 20만~40만 원
- ☐ 숙박비 캡슐 호텔 1일 1인 3만 원~, 비즈니스호텔 1일 8만 원~, 료칸 1일 15만 원~, 고급 호텔 및 료칸 1일 20만 원~ / 성수기 및 주말은 1.5배~ 2배 더 비싸짐)
- ☐ 교통비 1일 약 1000~2500¥
- ☐ 식비 끼니당 1100~5000¥
- ☐ 쇼핑 및 기타 용돈

D-30 교통편 및 호텔 예약 & 교통 패스권 구입하기

고속버스 예매하기

일정 기간 동안 고속버스 및 시내버스를 무제한으로 탈 수 있는 '산큐 패스'를 이용할 예정이라면 장거리 구간은 예매해둬야 한다. 특히 후쿠오카-유후인 등 인기 노선은 금방 매진되니 예약해두자. 고속버스 예매 방법은 P.282를 참고하자.

호텔 예약하기

후쿠오카의 인기가 치솟으며 호텔 숙박료도 엄청 올랐다. 여행객 대비 숙박 시설이 부족해서 인기 호텔은 일치감치 매진되는 일도 많다. 성수기나 주말에 여행할 경우 더욱 호텔 예약을 서두르자. 호텔 예약은 가격 비교 사이트와 호텔 공식 홈페이지, 여행사 등 선택지가 매우 넓은데 손품을 파는 만큼 저렴하게 예약할 수 있다.

교통 패스권 구입하기

산큐 패스, JR 규슈 레일 패스 등의 인기 패스권은 국내에서도 구입할 수 있다. 여행사마다 가격이 조금씩 다르고, 예약자 특전이나 선물이 있는 곳도 있으니 꼼꼼히 체크하자. 패스권 사용 기간, 사용 범위, 사용 대상 등에 따라 가격과 옵션이 크게 차이 나므로 구입 전에 여러 번 확인하는 것이 안전하다. 산큐 패스와 JR 규슈 레일 패스는 여행 전에 미리 구입한 뒤 일정을 짜는 것이 좋고, 나머지 패스권은 언제든 사도 된다. 단, 구입 과정이 번거롭고 외국인임을 증명해야 하므로 국내에서 구입하는 것을 추천한다.

+ PLUS

교통 패스권, 어디에서 구입할까?

1. My Route 애플리케이션

산큐 패스와 JR 규슈 레일 패스를 제외한 모든 패스권을 판매한다. 디지털 승차권으로 발급되어 매우 편리하다. 메시지로 외국인 증명을 해야 구입할 수 있기 때문에 일본 유심 이용자는 국내에서 미리 구입해야 한다.

2. 국내 여행사

산큐 패스, JR 규슈 레일 패스는 국내 여행사 또는 공식 홈페이지 가격 비교를 한 뒤 구입하는 것이 저렴하고 편하다. 지류 패스의 경우 택배 발송 시간이 있어 최소 여행 5일 전 구입 추천.

3. 현지 구입

후쿠오카 공항, 터미널, 역 등 주요 인포메이션 센터에서 구입 가능. 가격 할인 혜택이 없으며 지류 티켓으로만 발권할 수 있다.

짧은 기간에 규슈 곳곳을 돌아다니려면?

	산큐 패스 SUNQ パス		JR 규슈 레일 패스 JR Kyushu Rail Pass	
패스	저자 추천		저자 추천	
이용 가능 구역	북규슈 : 후쿠오카현, 사가현, 나가사키현, 오이타현과 구마모토현 일부, 시모노세키 전 규슈 : 규슈 전체, 시모노세키			
제공 교통편	구역 내 산큐 버스 스티커가 붙어 있는 시내·외 고속버스와 일부 선박 (*장거리 고속버스는 사전에 예약해야 좌석 배치가 가능함)		북규슈 : 구역 내 JR 열차 + 신칸센 전 규슈 : 구역 내 JR 열차 + 신칸센 (하카타-고쿠라 신칸센 이용 불가)	
가격	전 규슈	4일 1만5000¥ 3일 1만2000¥	전 규슈	성인 3일 1만7000¥, 5일 1만8000¥, 7일 2만¥ 아동 3일 8500¥, 5일 9250¥
	북규슈	2일 8000¥ 3일 1만¥	북규슈	성인 3일 1만¥, 5일 1만4000¥ 아동 3일 5000¥, 5일 7000¥
패스 특징	다양한 연계 할인권이 있음. 비연속식으로 날짜 선택해 사용 가능. 자정 기준으로 사용 일자 계산이 되는 것이 아니라 사용 개시 시간에 따라 시간 차감됨		연속식으로만 사용 가능. 매일 자정을 기준으로 사용일 계산. 일본 도착 후 실물 패스권으로 교환해야 함(후쿠오카 공항 1층 또는 하카타역 등)	

후쿠오카 도심만 둘러볼 예정이라면?

	후쿠오카 투어리스트 시티 패스 Fukuoka Tourist City Pass	후쿠오카시 1일 자유 승차권 福岡市內1日フリー乗車券	
패스	 디지털 승차권	 지류 승차권	 디지털 승차권
이용 가능 구역	후쿠오카시 전체		
이용 일수	1일(최초 사용한 당일에만 이용 가능)		
제공 교통편	구역 내 니시테츠 시내버스 + 지하철 + JR(보통/쾌속열차), 쇼와 버스 + 배	구역 내 니시테츠 시내버스	
가격	성인 2500¥ 아동 1250¥	1일 성인 1100¥ 아동 550¥	6시간 성인 700¥ 아동 350¥
패스 특징	폭넓은 추가 혜택과 거의 모든 교통수단 이용 가능	후쿠오카 시내 패스권 중 가장 넓은 구역 이용 가능	

후쿠오카 도심 + 다자이후만 둘러보고 싶다면?

	후쿠오카 투어리스트 시티 패스 다자이후 Tourist Citypass Dazaifu	후쿠오카 + 다자이후 1일 자유 승차권 福岡市內+太宰府ライナーバス1日フリー乗車券	
패스 	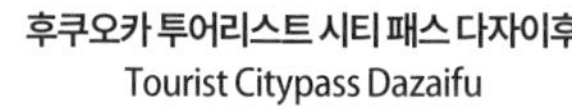 디지털 승차권	 지류 승차권	 디지털 승차권
이용 가능 구역	후쿠오카시 전체 + 다자이후		
이용 일수	1일(최초 사용한 당일에만 이용 가능)		
제공 교통편	후쿠오카 투어리스트 시티 패스 교통편 + 니시테츠 전철(텐진~다자이후)	후쿠오카 구역 내 니시테츠 시내버스 + 후쿠오카 BRT + 다자이후 라이너 '다비토' 버스 (하카타 버스 터미널~다자이후텐만구)	
가격	성인 2800¥ 아동 1400¥	성인 2000¥ 아동 1000¥	
패스 특징	텐진을 중심으로 여행하기 좋음, 다양한 추가 혜택 다자이후라이너 다비토 버스 이용 불가	하카다~다자이후 다비토 버스 포함이라 가성비 좋음	

후쿠오카 근교 여행을 계획하고 있다면?

패스	JR 규슈 모바일 패스 JR Kyushu Mobile Pass
이용 가능 구역	후쿠오카~가라츠 / ~고쿠라(기타큐슈), 모지코 / ~도스, 구루메, 오무타
이용 일수	2일(연속일 사용)
제공 교통편	JR 일반 및 특급열차(자유석 한정) *특실 및 신칸센, 유후인노모리 등 전석 지정석 열차 탑승 불가능
가격	성인 3500¥ 아동(만 6~11세) 1750¥
패스 특징	기타큐슈가 포함된 열차 패스, 지정석 구입이 불가능하지만 후쿠오카 근교를 돌아보기에는 적당함. 최근 발매한 모바일 전용 패스권이라 이용이 간단함

모든 교통수단으로 규슈 완전 정복에 도전한다면?

패스	올 규슈 패스 All Kyushu Pass
이용 가능 구역	전 규슈 + 시모노세키
이용 일수	최대 6일
제공 교통편	규슈 내 고속버스 및 일반 버스, JR 열차 및 신칸센(하카타~가고시마추오), 선박
가격	성인 3만7000¥ 아동(만 6~11세) 2만4500¥
패스 특징	규슈의 선박 및 버스를 무제한 이용할 수 있는 티켓 3장과 열차를 무제한 이용할 수 있는 티켓 3장으로 구성되어 최대 6일간 혜택을 볼 수 있으며 두 가지 티켓 동시 이용도 가능

D-25 렌터카 예약하기

1. 렌트 회사 선택하기

사실 어느 곳을 선택해도 비용이나 서비스는 엇비슷하다. 다만 영업점이 많은 회사를 선택해야 차량 대여와 반납이 자유로운데 대표적으로 닛산, 토요타, 타임스 카 렌털 등이 있다.

후쿠오카 근교만 갈 예정이라면

타임스 카 렌털(Times Car Rental)

영업점이 많고 한국어 홈페이지가 잘 구축돼 있다. 차량 내 내비게이션 안내 음성은 한국어, 표기는 영어로 설정되어 있다. 단, 한국어 구사 가능한 직원이 흔치 않아 렌터카 여행이 처음이라면 불편할 수 있다.

이동 거리가 길고 렌터카 여행이 처음이라면

토요타(TOYOTA)

후쿠오카 공항 1층에 부스가 있고 영업점까지 무료 셔틀 서비스를 제공해 공항에서 렌터카를 대여한다면 가장 편하다. 또 한국인 직원이 있고, ETC, KEP 등도 빌릴 수 있어 한국인 여행자들에게 반응이 좋다. 토요타 렌터카 공식 인증 대리점인 '일본 드라이빙'(http://toyotarent.co.kr)에서 한국어로 예약 및 문의가 가능하다는 것도 장점. 후쿠오카 공항 지점은 오전 8시부터 영업하기 때문에 오전 일찍 귀국해야 하는 경우 비추천.

2. 예약하기(타임스 카 렌털 기준)

인터넷 예약을 권장한다. 한국어 번역이 잘되어 있고 예약 과정이 어렵지 않아 누구나 쉽게 예약할 수 있다.

1 한국어 홈페이지에 접속한다. www.timescar-rental.kr

2 픽업·반납 날짜와 시간, 위치 등을 기입하고 차량을 픽업한 영업점에 반납할지, 다른 영업점에 반납할지 체크한다. 픽업·반납 지점이 다르면 거리에 따른 요금이 추가로 붙는다.

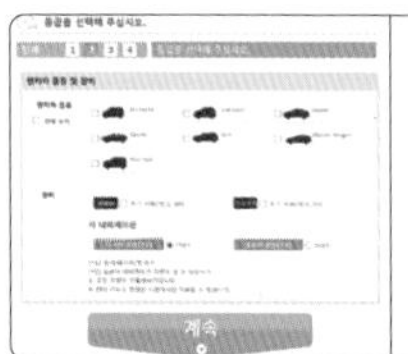

3 차량 상세 조건을 선택한 후 검색 버튼을 누른다.

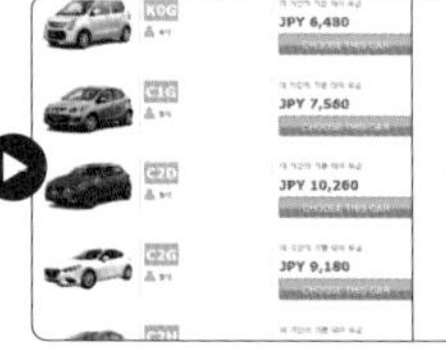

4 대여할 차량을 선택한다. 기어가 자동변속기인지, 휘발유·가스 차량인지, 다국어 내비게이션은 무료로 제공하는지 꼼꼼히 따져보자.

5 차량의 상세 옵션과 보험을 선택한다. 보험은 중간 단계 이상을 추천. NOC의 경우 현지에서 가입이 불가능하니 유의하자.

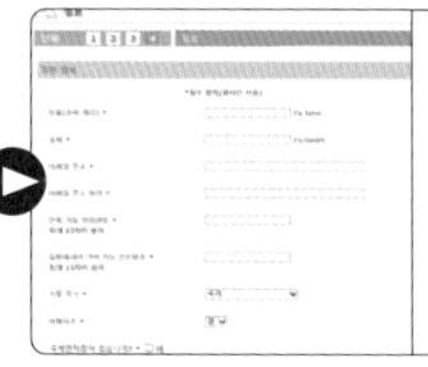

6 개인 정보를 기입한 후 예약을 완료한다. 이메일로 예약 확인 메일이 오면 내용을 출력하거나 캡처해두자.

+ TIP

렌터카 대여 TIP

1. 일본 법에 따라 6세 미만 아동·유아가 동승하는 경우 카시트는 필수로 대여해야 한다. 요금은 렌트 기간 상관없이 1회 대여 기준 1100¥

2. ETC는 반드시 대여하자. 우리나라의 '하이패스'와 동일한 ETC를 대여하면 고속도로 요금소를 통과할 때마다 번거롭게 현금을 챙길 일이 없다. 요금은 차량 반납 시 영업점에서 후불로 한꺼번에 정산한다.

3. 통행료가 만만찮은 일본에서는 이동 거리가 길수록 통행료 부담도 커지는데 이럴 경우 KEP를 추천한다. KEP란 일종의 정액 자유 통행권으로 일정 요금을 내면 기간 내 규슈 지역 고속도로를 무제한으로 이용할 수 있는 시스템이다. 단, 사전에 예약해야 하며 ETC를 함께 대여해야 한다.

¥ **요금** 2일 6200¥, 1일 추가 시 2200¥ 추가(최대 10일 2만3800¥)

차량 내 ETC 투입구

D-20 국제 운전면허증 발급받기

렌터카를 이용할 예정이라면 국제 운전면허증을 미리 발급받자. 운전면허 시험장이나 경찰서에서 즉시 발급받을 수 있으며 여권과 운전면허증, 6개월 이내에 촬영한 여권 사진, 수수료 8500원만 있으면 된다.

D-20 1일 버스 투어 예약하기

패키지 여행과 자유 여행의 장점을 결합한 여행 상품으로 정해진 코스와 시간에 맞춰 전세 버스로 이동만 할 뿐 관광지에서는 자유롭게 시간을 보낼 수 있어 인기가 있다. 업체가 매우 다양하고, 투어 종류와 코스가 많아서 초보 여행자 입장에서는 업체와 코스를 선택하기가 쉽지 않다는 것이 단점. 버스 투어 잘 고르는 방법을 소개한다.

1. 여행 일정 체크하기

버스 투어로 가장 인기 있는 여행지인 유후인이나 다자이후의 경우 오전 일찍 가야 여유 있게 둘러볼 수 있다. 특히 유후인은 오래 기다려야 하는 맛집이 많은데, 오픈런을 하려면 일찍 도착하는 것이 가장 중요하다. 맛집 탐방을 하려면 유후인 도착 시간이 가장 빠른 상품으로 고르자.

2. 유후인 중간 하차 시간대 체크하기

유후인에서 숙박할 예정이라면 중간 하차 시간대를 체크해보자. 하차 시간이 너무 늦으면 호텔 체크인이 늦어져 그만큼 시간 손해를 볼 수 있다.

3. 모객 인원에 따른 출발 여부 체크하기

인기 없는 노선은 일정 인원 이상 모이지 않으면 투어가 취소되기도 한다.

4. 기타 서비스 체크하기

버스 시설 등 기본적인 것은 물론이고 스냅사진 촬영 서비스, 맛집 지도 제공 등 세부 서비스도 꼼꼼히 체크하자.

5. 자유 시간 체크하기

여행사마다 은근히 차이 나는 부분이다. 자유 시간이 짧더라도 여러 곳을 둘러보는 것이 좋은지, 자유 시간이 긴 것이 나을지는 본인의 선택.

D-15 열차(JR 및 신칸센) 예약하기

JR 규슈 레일 패스 사용자 또는 일반 여행자 중·장거리 구간을 이용할 예정이라면 열차를 예약하자. 예약은 홈페이지에서 쉽게 할 수 있으며 한글 및 영어가 지원된다. 유후인노모리 등 특별 열차는 예약할 수 없으며 신용카드 결제만 가능하니 주의. 예약한 티켓 수령은 JR 규슈 각 역의 매표소나 자동 발매기를 이용하면 된다. 큐슈넷티켓 할인으로 구입하면 훨씬 저렴하다.(P.318 참고)

예약 가능 시간 05:30~23:00
홈페이지 https://train.yoyaku.jrkyushu.co.jp/inbound/pc/Top

D-14 면세점 쇼핑하기

인터넷 면세점이나 시내 면세점에서 쇼핑 후 출국 당일 공항 면세점 인도장에서 구입한 물품을 수령한다. 물품에 따라 출국 당일에도 쇼핑 가능하지만 웬만하면 미리 쇼핑하는 것이 좋다.

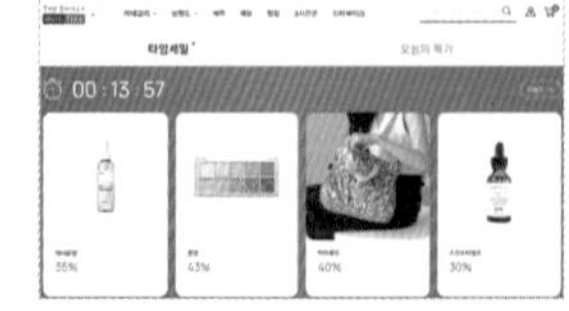

D-10 무선 인터넷 서비스 신청하기

여행 중간중간 구글맵 검색도 해야 하고, SNS도 해야 한다면! 인터넷 없는 여행길을 상상할 수 없다면 주목하자.

나에게 맞는 무선 인터넷 타입은?

구분		내용	가격	장단점
포켓 와이파이 (와이파이 도시락) 10% 할인 쿠폰		4G/LTE 무제한 이용 (하루 3Gb 사용 후 속도 저하)	1일당 4900원~ (보조 배터리 대여비 별도, 장기 대여 시 할인됨)	**장점** 현지 통신망을 이용해 속도가 가장 빠르고 안정적. 6일 이상 장기 대여 시 요금 할인 혜택 최대 5명까지 동시에 이용할 수 있으며 한국 전화와 문자도 그대로 이용 가능 **단점** 단말기와 보조 배터리를 늘 갖고 다녀야 하고, 분실 시 배상 책임이 있음. 예약해야 이용 가능하며, 업체마다 이용 가능한 공항이 정해져 있음. 매일 충전해야 하는 번거로움도 있음
한국 통신사 데이터 로밍 (SKT 기준)	T로밍 baro 3GB	7일간 LTE 3G 데이터 3GB	2만9000원	**장점** 한국 통신사 유심을 그대로 이용해 한국에서 오는 전화, 문자 수신 가능. 상품 가입만 하면 되니 이용 과정이 간단 **단점** 요금이 가장 비싸고, 일본 통신사의 통신망을 빌려 쓰는 방식이라 지역별 편차가 심함
	T로밍 baro 원패스 500	1일 LTE 3G 500Mb	1일 9900원	
일본 데이터 유심 저자 추천	NTT 도코모 7일	7일간 LTE 10GB	1만6900원~	**장점** 가격이 가장 저렴 **단점** 한국 유심칩을 제거해야 하고, 일본 현지 번호가 개통되지 않기 때문에 SNS, 인터넷만 사용 가능. 전화와 문자 이용 불가. 유심칩 분실 위험이 있음 핫스팟(테더링)으로 여러 명 사용 시 배터리 소모가 많고 속도 저하 건물 안이나 지하에서 속도 저하 컨트리 록이 설정된 기기는 이용 제한
	소프트뱅크 5일	5일간 매일 3GB 데이터	1만800원~	
일본 eSIM 저자 추천	소프트뱅크 3일	3일간 매일 2GB 데이터 (이후 저속 무제한)	1만1000원~	**장점** 기존 유심을 제거할 필요 없이, 하나의 휴대폰에 투 넘버처럼 사용함. 기존 유심과 이심(eSIM) 중 필요할 때마다 그때그때 선택해서 사용할 수 있음. 분실 위험 없고 저렴함 **단점** 최신 기종만 가능함. 아이폰 XS 이후 출시된 모델, 갤럭시 S23, 갤럭시 Z 플립4 이후 출시된 모델, 구글 픽셀 2~4 시리즈 등. 개통은 무척 쉬운 편이나, 사용 등록 과정이 처음 사용하는 사람에게는 다소 어려울 수 있음
	KDDI 7일	완전 무제한	2만4800원~	

+ TIP

e심 지원 스마트폰을 사용한다면 e심, 1~2일의 초단기 여행이라면 데이터 로밍이나 포켓 와이파이, 일행이 있거나 인터넷 사용량이 많으면 포켓 와이파이, 여행 일정이 일주일 이상으로 길면 일본 심카드를 구입하는 것이 유리하다.

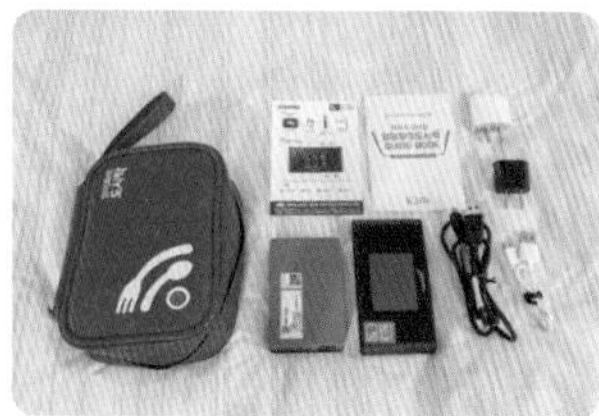

포켓 와이파이(와이파이 도시락) 기기

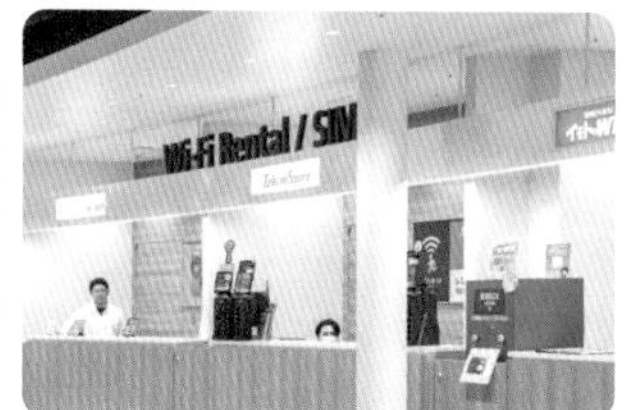

일본 데이터 유심 카운터(후쿠오카 공항 1층)

포켓 와이파이(와이파이 도시락) 대여·반납소

D-3 환전하기

요즘은 예전과 달리 환전을 많이 하지 않아도 된다. 일본도 카드 및 간편 결제가 많이 대중화되어 현금 쓸 일이 많지 않기 때문. 게다가 트래블 카드를 사용하면 일본 ATM 기기에서 곧바로 엔화로 현금을 인출할 수 있어 편리하다. 물론 아직도 현금만 받는 곳이 있으니 준비해야 한다. 혹시 카드 사용이 불편하다면 여행 경비 계산 후 넉넉하게 환전하고 출발하자.

일본 현지에서 이온 ATM 출금 방법

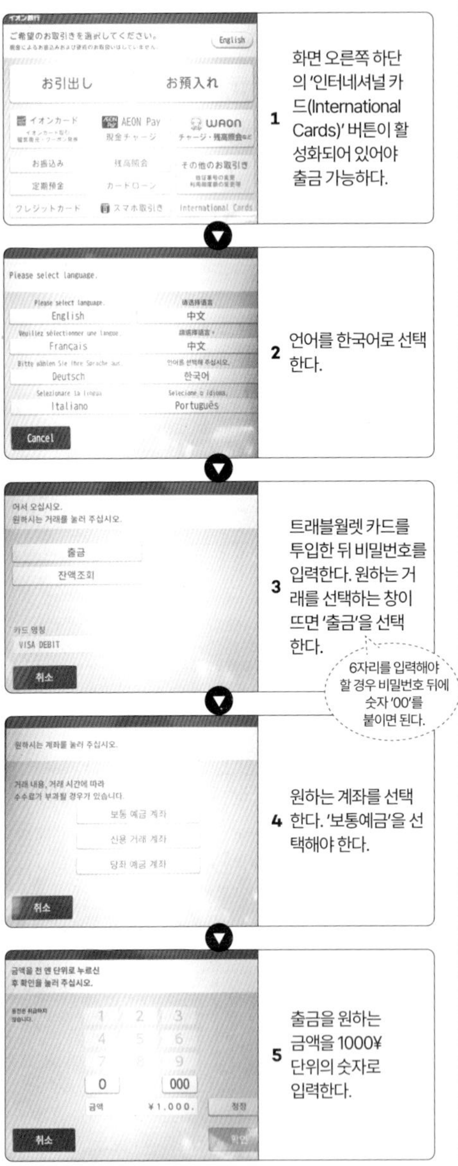

1 화면 오른쪽 하단의 '인터네셔널 카드(International Cards)' 버튼이 활성화되어 있어야 출금 가능하다.

2 언어를 한국어로 선택한다.

3 트래블월렛 카드를 투입한 뒤 비밀번호를 입력한다. 원하는 거래를 선택하는 창이 뜨면 '출금'을 선택한다.

6자리를 입력해야 할 경우 비밀번호 뒤에 숫자 '00'를 붙이면 된다.

4 원하는 계좌를 선택한다. '보통예금'을 선택해야 한다.

5 출금을 원하는 금액을 1000¥ 단위의 숫자로 입력한다.

일본 현지에서 세븐일레븐 ATM 출금 방법

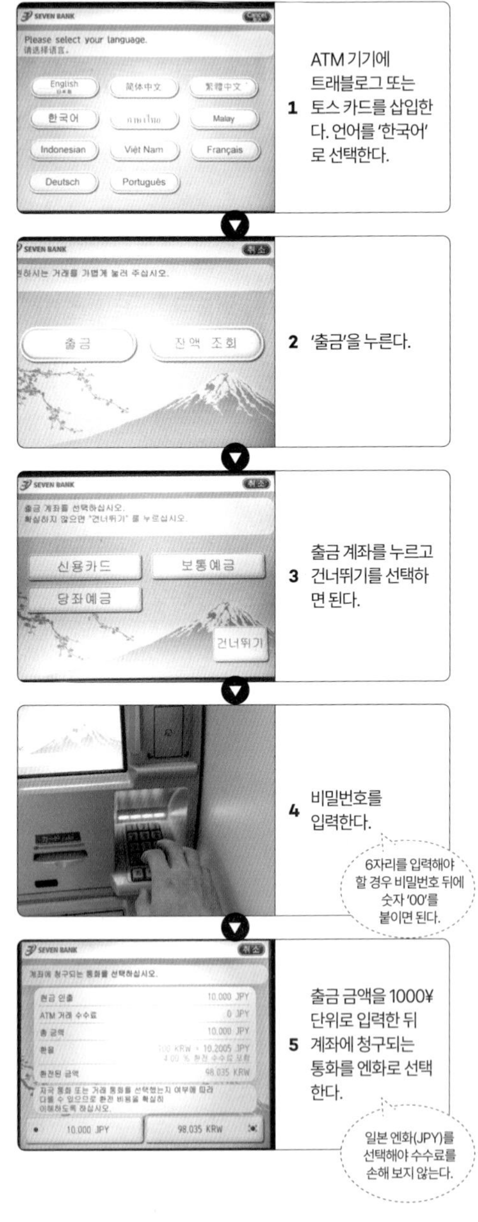

1 ATM 기기에 트래블로그 또는 토스 카드를 삽입한다. 언어를 '한국어'로 선택한다.

2 '출금'을 누른다.

3 출금 계좌를 누르고 건너뛰기를 선택하면 된다.

4 비밀번호를 입력한다.

6자리를 입력해야 할 경우 비밀번호 뒤에 숫자 '00'를 붙이면 된다.

5 출금 금액을 1000¥ 단위로 입력한 뒤 계좌에 청구되는 통화를 엔화로 선택한다.

일본 엔화(JPY)를 선택해야 수수료를 손해 보지 않는다.

D-3 비지트 재팬 웹 등록하기

종이에 작성하던 입국 카드를 대체하는 서비스로 빠른 입국 심사 처리를 위해 미리 등록해두면 좋다. 늦어도 일본 입국 6시간 전까지는 등록이 완료되어야 한다. 등록 후 일정이나 호텔의 변경 사항이 생겨도 수정 가능하다. 비지트 재팬 웹에 등록하지 않는 경우 기존처럼 비행기나 일본 공항에서 입국 카드를 작성하면 된다. 비지트 재팬 웹은 한국어 번역이 잘되어 있어 누구나 쉽게 이용할 수 있다.

D-2 짐 꾸리기

짐은 최대한 간소하게 꾸리자. 후쿠오카에서는 쇼핑도 해야 하니 캐리어 공간을 여유롭게 확보하는 것이 좋다. 추가로 필요한 물건은 일본 현지에서 사서 쓰는 것을 추천한다.

짐 꾸리기 체크리스트

- ☐ 여권과 여권 사본, 여행자 보험
- ☐ 국제 운전면허증(렌터카 계획이 있을 시)
- ☐ 교통 패스권 또는 패스권 바우처
- ☐ 트래블로그 등 해외 결제 카드 및 신용카드 / 현금
- ☐ 스마트폰 등 개인 전자 기기와 충전기
- ☐ 여행용 변압기(USB 포트, C타입 포트가 모두 있는 것으로)
- ☐ 상비약, 옷과 세면도구, 선글라스, 모자, 자외선 차단제
- ☐ 화장품(기초 화장품, 자외선 차단제 등)

D-DAY 출국하기

1. 탑승 수속과 수하물 부치기

늦어도 출발 2시간, 성수기엔 3시간 전에는 공항에 도착하는 것이 안전하다. e 티켓에 적힌 항공편명을 공항 내 안내 모니터와 대조해 항공사 카운터를 찾아가자. 창가, 복도 등 원하는 좌석이 있을 때는 미리 얘기하자.

+ TIP

수하물 규정

100ml 미만의 용기에 담긴 액체(화장품, 약 등)와 젤류는 투명한 지퍼 백에 넣어야 반입이 허용된다. 용량은 남은 양에 상관없이 용기에 표시된 양을 기준으로 하기 때문에 쓰다 만 치약이나 화장품은 주의해야 한다. 용량 이상의 물품을 소지했을 경우 부치는 짐에 넣는 것이 좋다. 부칠 수 있는 수하물 크기와 개수는 항공사와 노선마다 다르므로 반드시 확인하자.

2. 출국 심사

세관 신고와 보안 검색을 마친 후, 출국 심사대로 가서 여권과 탑승권을 보여주면 된다. 자동 출입국 심사 서비스나 도심 공항 터미널을 이용하면 대기 시간을 줄일 수 있다. 인천공항을 이용할 예정이라면 출발 전날 미리 '인천공항 스마트패스' 애플리케이션을 다운로드해두자. 여권과 여권 전자 칩, 얼굴 등록, 탑승권 등록 순으로 이뤄지며 전용 라인에서 출국 수속을 간단하고 빠르게 받을 수 있어 추천한다.

+ TIP

세관 신고

귀금속, 고가의 물건 등 미화 1만 달러 이상의 물품 또는 현금을 반출하는 경우 세관에 미리 신고해야 귀국 시 불이익을 당하지 않는다. 입국 시 1인당 면세 금액은 미화 600달러 이하이며, 가족과 함께 입국하는 경우 가족 중 한 명이 대표로 세관 신고서를 한 장만 작성하면 된다.

3. 면세점 쇼핑

시내 면세점이나 인터넷 면세점에서 구입한 제품이 있을 경우 면세품 인도장에 가서 받으면 된다.

4. 탑승

탑승 시작 시간에 맞춰 탑승구(Gate)를 찾아가면 되는데, 인천공항에서 출국할 경우 저가 항공사는 셔틀 트레인과 연결된 별도의 탑승동에서 출발하므로 시간을 넉넉하게 잡는 것이 좋다.

후쿠오카 교통 한눈에 보기

STEP 1. 후쿠오카로 입국하기

관광 목적으로 일본에 입국하는 한국인 관광객은 90일 동안 무비자로 입국 가능하다. 입국 절차는 공항 도착 → 검역 및 입국 심사(여권과 입국 신고서 또는 비짓 재팬 웹 QR코드 필요) → 수하물 수취 → 세관 검사(세관 신고서 또는 비짓 재팬 웹 QR코드 필요) 순으로 이뤄지며 전 과정이 한국어로 자세히 안내되어 있어 전혀 어렵지 않다.

STEP 2. 후쿠오카 공항에서 시내 가기

공항버스

하카타역(하카타 버스 터미널)까지 운행해 가장 빠르고 편리하다.

운행 시간 08:55~20:45, 15~45분 간격으로 운행, 하카타 15~25분 소요 **요금** 하카타 성인 310¥, 아동 160¥

1 도착 로비로 나와 정면에 보이는 액세스 홀 안으로 들어가면 버스표 매표기가 있다.

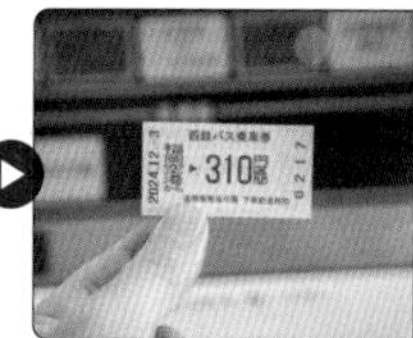

2 발권기에서 티켓을 산다. 아동과 성인 티켓이 나눠져 있으니 조심하자. 신용카드는 노란색 발권기를 이용해야 한다.

3 매표기 바로 옆 6·7번 승강장의 A 대기 줄에서 버스가 올 때까지 기다린다. 버스가 도착하면 뒷문으로 탑승한다.

4 티켓을 요금 통에 넣은 후 앞문으로 하차한다.

택시

공항에서 시내까지 가깝기 때문에 택시도 괜찮은 이동 수단이다. 일행이 3명 이상이거나 짐이 많은 경우 추천. 목적지가 유명 관광지나 호텔이 아니면 택시 기사에게 정확한 일본어 주소를 보여 주는 것이 좋다. 바가지요금은 없지만 신용카드 사용이 제한되므로 현금을 준비하자.

탑승 장소 공항 건물 밖 1~4번 승차장, 우버, 디디 등은 예약 택시 표지판을 따라 횡단보도를 건너 주차장 건물 안으로 들어가야 한다.
소요 시간 하카타역 12분, 캐널 시티 18분, 텐진역 17분 소요
요금 하카타역 1600~2000¥, 캐널 시티 2200~2600¥, 텐진역 3000~3500¥

지하철

지하철을 타려면 국제선 터미널에서 셔틀버스를 타고 국내선 터미널까지 가야 한다. 하카타역 이외의 지역으로 바로 갈 때는 지하철이 유용하다.

지하철
탑승 방법 국제선 터미널 건물 밖의 5번 버스 승차장에서 국제선-국내선 터미널 무료 셔틀버스를 타고 국내선 터미널에 도착하면 지하철역이 있다.
운행 시간 05:45~24:00, 5~10분 간격으로 운행, 하카타 6분, 텐진 12분 소요
요금 성인 260¥, 아동 130¥

무료 셔틀버스
운행 시간 06:17~23:21, 6~7분 간격으로 운행, 약 5~10분 소요
요금 무료

STEP 3. 후쿠오카 시내 교통 한눈에 보기

시내버스

후쿠오카는 일본의 대도시 중 유일하게 열차보다 도로 교통편이 잘 발달한 도시라 버스 이용률이 높다. 전광판에 한국어가 표기되고 안내 방송도 해주므로 처음 방문한 사람도 쉽게 버스를 탈 수 있다. 하카타역~캐널 시티~나카스~텐진 등 시내 중심부에서는 150¥에 이동 가능하며 그 외에는 거리에 비례해 요금이 산정된다. 최소 150¥부터 시작하지만 교외로 나갈 경우 600¥이 넘기도 한다. 다행히 후쿠오카 안에서는 400¥ 이상 드는 관광지가 많지 않아 경제적 부담은 덜하다. 현금, 각종 교통카드, 패스권을 폭넓게 이용할 수 있다는 점도 여행자로선 반갑다.

운행 시간 (노선·지역별로 조금씩 차이 있음) 05:30~23:00 **요금** 150¥~

+ TIP
텐진역, 하카타역 등 번화가 버스 정류장에는 각각 번호가 있으며 정류장마다 목적지 방향과 정차하는 버스가 다르니 유의해야 한다.

탑승 방법(현금)

1 버스 뒷문으로 탑승한다.

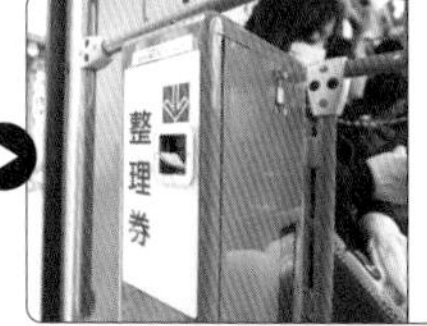

2 뒷문에 설치된 오렌지색 발권기에서 정리권을 뽑는다.

3 버스 운전석 위의 모니터에는 다음 정류장 안내와 함께 정리권 번호와 그에 해당하는 요금이 표시된다. 내 정리권 번호를 확인한 후 전광판에서 그 번호 바로 아래 표시되는 요금을 준비하자.

4 버스가 정차하면 정리권과 요금을 요금 통에 넣고 앞문으로 하차한다. 거스름돈을 주지 않으니 주의!

탑승 방법(교통카드)

뒷문으로 승차해 앞문으로 내리는 점만 다를 뿐 우리나라와 동일하다. 승하차 시 IC 카드 리더기에 교통카드를 갖다 대면 된다.

탑승 방법(각종 교통 패스)

뒷문으로 승차 후 뒷문 옆에 설치된 발권기에서 정리권을 뽑는다. 하차 시 정리권과 패스권을 기사에게 보여주고 정리권만 요금 통에 넣고 앞문으로 내린다.

+ TIP

요금 내는 법

반드시 요금을 내기 전, 잔돈을 만든 후 정확한 요금을 요금 통에 넣어야 한다. 잔돈이 필요하다면 미리 동전 투입구와 지폐 투입구에 돈을 넣어 잔돈을 만들자.

+ TIP
신권 지폐는 사용할 수 없는 버스가 많으니 주의하자. 컨택트리스 카드 사용 불가.

택시

주요 볼거리가 근거리에 몰려 있고 교통 체증이 심하지 않아 다른 대도시에 비하면 택시도 탈 만하다. 하지만 2명까지는 요금이 살짝 부담스럽고, 3명 이상이 지하철 서너 정거장 거리를 갈 경우 추천한다. 이용 가능한 신용카드와 기본요금이 택시 뒷문 유리창에 붙어 있으니 타기 전에 확인하자. 바가지요금은 거의 없다고 생각하면 된다. 한국어는 물론 영어도 거의 통하지 않으므로 목적지의 일본어 주소를 보여주는 것이 좋다.

¥ **요금** 스탠더드 기준 기본요금 670¥~(차종에 따라 기본요금 다름)

+ TIP

우버, 카카오택시 이용하기

후쿠오카에서는 택시 호출 애플리케이션인 우버와 카카오택시를 이용할 수 있다. 가격적인 측면에서는 할인 프로모션 이벤트를 꾸준히 하는 우버가 나은 편. 일행이 여러 명이라면 택시를 탈 때마다 다른 우버 계정으로 프로모션 할인을 받은 뒤 탑승하면 비용을 아낄 수 있다.

지하철

지리에 익숙하지 않은 여행자에겐 이용하기 가장 편하다. 공항선(空港線)과 하코자키선(箱崎線), 나나쿠마선(七隈線) 등 3개 노선이 있으며 여행자가 주로 이용하는 노선은 공항선이다. 기본요금은 210¥에서 최대 380¥까지로 거리에 비례해 산정된다. 도심에서 움직이는 경우 대부분 210¥이나 260¥이라고 보면 된다. 11세 이하 아동은 성인 요금의 50%다. 탑승 방법은 우리나라와 동일하다. 한국어 표기와 안내 방송을 지원하므로 누구나 쉽게 이용할 수 있다.

운행 시간 05:30~00:25 ¥ **요금** 210~380¥

+ TIP

비자(Visa), 마스터카드(MasterCard) 컨택트리스 카드로 지하철 탑승하기

와이파이 모양이 그려진 '컨택트리스 카드(Contactless Card)'만 있으면 후쿠오카 지하철을 편하게 이용할 수 있다. 트래블월렛 등의 충전식 트래블 카드는 물론이고 국내에서 발급받은 컨택트리스 카드 기능이 있는 신용카드도 사용할 수 있다. 역에 따라 전용 단말기가 설치되지 않은 곳도 있는데 개찰구가 아닌 역무실 바로 옆 통로에 있는 전용 단말기를 이용하면 된다. 하루에 몇 번을 탑승해도 640¥만 결제되어 경제적이다. 아이폰 이용자라면 '애플지갑(애플월렛)'에 일본 교통카드인 스이카(Suica)를 추가하면 교통카드처럼 사용할 수 있어 추천한다.

지하철 승차권의 종류

	1회용 승차권	1일 자유 승차권	교통카드
승차권			
요금	탑승 구간에 따라 다름	성인 640¥, 아동 320¥	보증금 500¥ (최소 충전 금액 1000¥)
구입처	지하철역 매표기	지하철역 창구, 매표기	한국에서 여행사 홈페이지 등에서 미리 구입할 수도 있다. 매표기(발급 방법 : 한국어-IC카드-IC카드 구입)
특징	한 번 이용할 수 있는 종이 승차권	하루 동안 지하철 모든 구간을 무제한 이용할 수 있는 승차권	규슈의 버스, 지하철, 일부 택시, 페리 등을 이용할 수 있는 선불식 IC카드
추천 대상	지하철을 많이 타지 않는 여행자	하루 4회 이상 지하철을 탈 예정이고 다른 교통 패스권, 컨택리스트 카드가 없는 여행자	교통 패스권을 구입하기에는 애매하고 대중교통을 다양하게 이용하는 경우

후쿠오카 지하철 노선도

+ TIP

일본의 환승 시스템

시내버스, 마을버스, 지하철, 전철 환승이 자유로운 우리나라와 달리 일본은 환승 시스템이 잘 갖춰져 있지 않다. 서로 다른 지하철 노선의 환승은 지원하지만 버스-지하철, JR 열차-지하철 등은 요금을 한 번 더 내야 한다. 그래서 가능하면 한 가지 교통수단만 이용해 이동하는 것이 경제적이다.

아동 무료 탑승

만 6~11세 아동의 경우 시내버스, 지하철 등 대중교통을 반값에 이용할 수 있으며 만 6세 미만 미취학 아동은 무료로 탑승할 수 있다. 아이들은 교통카드보다 1회용 승차권을 구입해 탑승하는 것이 저렴하니 참고하자.

STEP 4. 렌트 서비스 이용하기

공유 자전거(차리차리)

대중 교통으로 가기 힘들거나 대중교통이 다니지 않는 시간대에 이용하기 좋은 교통수단으로 가격이 저렴하고 여행의 낭만을 느낄 수 있어 인기 높다. 사용자 인증 및 결제 정보를 등록해야 이용할 수 있으므로 국내에서 미리 준비하자.

요금 일반 자전거 1분당 7¥, 전기 자전거 1분당 17¥
대여 및 탑승 가능 구역 후쿠오카시, 사가시, 구루메시, 구마모토시 등

이용 방법

1 앱스토어 또는 구글플레이에서 Chari Chari 애플리케이션을 다운받는다.

2 애플리케이션을 열고 회원 가입한다.

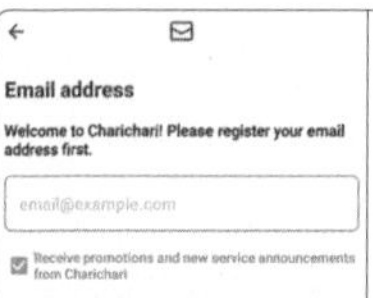

3 사용자 인증을 한 뒤 개인 정보를 입력하면 기본 준비 끝.

4 기본적인 이용 방법은 우리나라의 카카오 바이크와 거의 비슷하다. 현재 위치에서 가까운 곳에 대여할 수 있는 자전거의 수가 실시간으로 나온다.

5 대여할 자전거에 부착되어 있는 QR코드를 인식해 대여를 시작한다.

6 반납할 때는 자전거 뒷바퀴의 잠금장치를 잠그기만 하면 끝.

+ TIP

유의할 점

1. 교통법규를 잘 지키자. 음주 운전, 신호 위반은 물론이고 야간에 라이트를 켜지 않는 행위, 자전거 통행 금지 구역에서 주행하는 경우, 여러 명이 동승하는 행위 등은 모두 위법이다.
2. 지정된 구역안에서만 주차 및 반납할 수 있다.
3. 자전거 반납 시 이용 대금이 결제되지 않고 다음 달 2일에 1개월 치를 합산해 청구 결제되는 방식이다. 연결 계좌에 잔액이 없을 경우 연체되고 계정 이용도 제한되므로 조심하자.
4. 만 13세 미만 또는 신장 140cm 이하는 이용이 불가능하다.

렌터카

국내에서 렌터카 예약을 미처 못했더라도 홈페이지로 쉽게 예약할 수 있다. 준비된 차량이 한정적인 경우가 있어 예약하는 것보다는 가격이 비쌀 확률은 크다. 웬만하면 국내에서 예약하자.

STEP 1. 예약하기(타임스 카 렌털 기준)

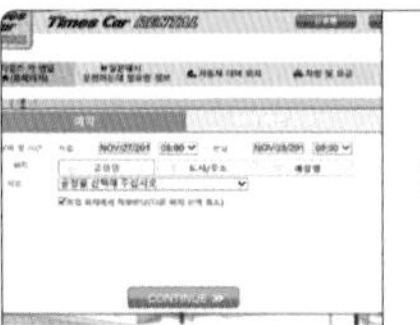

1 한국어 홈페이지에 접속한다. www.timescar-rental.kr

2 픽업·반납 날짜와 시간, 위치 등을 기입하고 차량을 픽업한 영업점에 반납할지, 다른 영업점에 반납할지 체크한다. 픽업·반납 지점이 다르면 거리에 따른 요금이 추가로 붙는다.

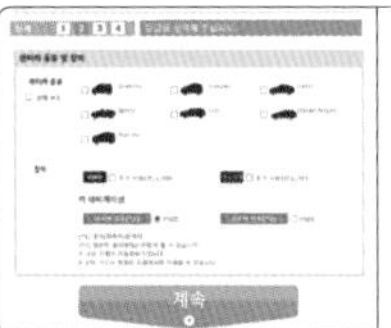

3 차량 상세 조건을 선택한 후 검색 버튼을 누른다.

4 대여할 차량을 선택한다. 기어가 자동변속기인지, 휘발유·가스 차량인지, 다국어 내비게이션은 무료로 제공하는지 꼼꼼히 따져보자.

5 차량의 상세 옵션과 보험을 선택한다. 보험은 중간 단계 이상을 추천. NOC의 경우 현지에서 가입이 불가능하니 유의하자.

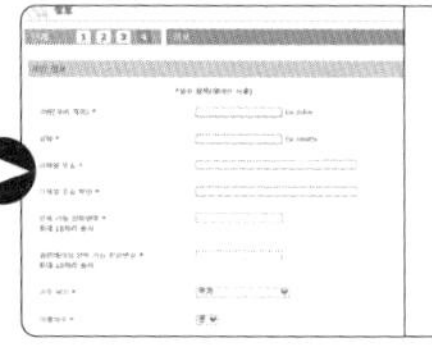

6 개인 정보를 기입한 후 예약을 완료한다. 이메일로 예약 확인 메일이 오면 내용을 출력하거나 캡처해두자.

+ TIP

렌터카 대여 TIP

1. 일본 법에 따라 6세 미만 아동·유아가 동승하는 경우 카시트는 필수로 대여해야 한다. 요금은 렌트 기간 상관없이 1회 대여 기준 1080¥.

2. ETC는 반드시 대여하자. 우리나라의 '하이패스'와 동일한 ETC를 대여하면 고속도로 요금소를 통과할 때마다 번거롭게 현금을 챙길 일이 없다. 요금은 차량 반납 시 영업점에서 후불로 한꺼번에 정산한다.

3. 통행료가 만만찮은 일본에서는 이동 거리가 길수록 통행료 부담도 커지는데 이럴 경우 KEP를 추천한다. KEP란 일종의 정액 자유 통행권으로 일정 요금을 내면 기간 내 규슈 지역 고속도로를 무제한으로 이용할 수 있는 시스템이다. 단, 사전에 예약해야 하며 ETC를 함께 대여해야 한다.

요금 2일 6200¥, 1일 추가 시 2200¥ 추가(최대 10일 2만3800¥)

ETC 전용 요금소

차량 내 ETC 투입구

3일 대여 요금은 얼마 정도 나올까?

1. 2~5인승 경차 3일 대여 2만4750~4만¥

2. KEP(고속도로 무제한 통행 요금제) 3일권 8400¥

3. 3일간 주차 요금 1500~3000¥

4. 카시트 대여(6세 미만 어린이·유아가 있는 경우) 1100¥

5. 주유비 1500~4000¥

6. 보험료(NOC 완전 면책 기준) 3일 1650¥

예상 요금 3만8900~5만8150¥

STEP 2. 차량 인수하기

1 대여 영업소로 가서 본인 명의의 국제 운전면허증과 예약 확인 메일을 보여주고, 차량 인수증과 약관 등에 서명한 후 대금을 결제한다.

2 직원과 함께 차량 미터기와 차가 긁히거나, 찌그러진 곳이 있는지 꼼꼼히 확인하자. 이상이 있는 부분은 촬영해두자.

3 차량을 인수한 후 직원에게 내비게이션 언어 및 음성을 한국어로 변경해날라고 하자. 또 보조 브레이크 위치와 주유구 여는 법을 확인하고 휘발유(レギュラー) 차량인지 가스(ガス) 차량인지 한 번 더 물어보자.

STEP 3. 내비게이션 이용하기(타임스 카 렌털 기준)

1 내비게이션 화면 언어가 영어로, 음성 안내는 한국어로 설정된 상태에서 화면 아래의 '내비(Navi)' 버튼을 누른다.

2 '폰 넘버 서치(Phone Number Search)'를 터치한다.

3 전화번호 10자리를 입력하면 목적지의 위치가 화면에 뜬다. 화면의 '셋(Set)' 버튼을 누른다.

4 화면의 '셋 애즈 데스티네이션(Set as Dest)'을 터치하면 전체 경로가 탐색된다.

5 화면의 '스타트(Start)' 버튼을 누르면 음성 안내가 시작된다. 목적지에 도착하면 안내는 자동 종료된다. 내비게이션 조작이 힘들거나 목적지를 찾을 수 없을 때는 구글맵 애플리케이션의 내비게이션 기능을 활용하자.

STEP 4. 운전 시 주의 사항

❶ 차량 진행 방향이 우리나라와 반대다. 차량 통행이 많은 시내야 흐름에 맡기면 사고 날 일이 적지만 통행량이 적은 외곽 도로에서는 사고가 나기 쉽다. 우회전할 때도 마찬가지.

❷ 건널목 앞에서는 무조건 3초가량 완전히 멈추었다가 지나가야 한다.

❸ 차량 렌트 회사에서 나눠주는 리플릿을 참고하자. 기본적인 차량 운전 방법, 표지판, 법규 등 웬만한 주행 팁은 여기에 다 나와 있다.

❹ 클랙슨은 될 수 있으면 누르지 말자. 위급 상황일 때만 쓰는 것이 보통이다. 차로 변경 시 방향 지시등을 켜는 것 역시 기본적인 매너다.

❺ 시동이 꺼져도 놀라지 말자. 주행 중 신호 대기 등의 이유로 정차하면 차량의 시동이 임시적으로 꺼지게 되어 있다. 다시 출발할 때는 가속페달을 약하게 밟아야 급발진을 하지 않는다.

❻ '좌적우크'를 기억하자! 새로운 차선에 진입할 때 본의 아니게 역주행을 하는 경우가 굉장히 많다. 좌회전할 때는 핸들을 작게 꺾고, 우회전할 때는 핸들을 크게 꺾어야 한다는 것만 기억하자.

❼ 우리나라와 다르게 우회전 신호가 별도로 있다. 빨간불과 화살표 신호가 함께 점등되어야 우회전할 수 있다. 단 화살표 신호등이 없는 곳에서는 직진 신호에 비보호 우회전이 가능하다.

❽ 정지선을 철저히 지키자. '정지'를 뜻하는 도마레(止まれ) 표시가 길목마다 있고, 정지선이 우리나라에 비해 훨씬 앞쪽에 있어 자칫 정지선 위반으로 단속에 걸릴 수 있다.

❾ 도로 공사 중인 경우 일방통행로가 매우 많다. 공사 구간 초입에 설치된 간이 신호등을 반드시 지켜야 하며 어기면 벌금을 물어야 하거나 최악의 경우 사고가 날 수 있다.

STEP 5. 주유하기

❶ 주유소를 찾는다. 운전자가 직접 주유를 하는 셀프 주유소와 주유 직원이 있는 풀 서비스 주유소로 나뉜다. 가장 대중적인 주유소는 쉘(Shell)과 에네오스(ENEOS). 건물 모양새가 우리나라 주유소와 비슷하기 때문에 쉽게 눈에 띈다.

❷ 주유기 앞에 주차 후 시동을 끄고 주유구를 개방한다.

❸ 연료는 휘발유(레규라 レギュラー), 고급 휘발유(하이오크 ハイオク), 경유(가스 軽油) 등 세 가지다.

❹ 계산은 현금과 신용카드로 가능하다.

+ TIP

주유소 일본어 회화

휘발유 가득 넣어주세요.
(레규라 만땅데 오네가이시마스)
レギュラ満タンでお願いします

현금(카드)으로 계산하겠습니다.
(겡킨(크레지또카도)니 케이산시마스요)
現金(クレジットカード)に計算しますよ

STEP 6. 주차하기

반드시 지정된 주차장에 해야 한다. 주차 시설이 없는 곳이라도 유료 주차장이 곳곳에 있어 편리하다. 유료 주차장은 직원이 있는 유인 주차장과 주차 기기를 이용해야 하는 무인 주차장으로 나뉜다. 유명 관광지가 아니면 대부분 무인 주차장으로 운영된다.

주차 과정

❶ 주차장을 찾는다. 전광판에 '満'이라고 표시되어 있으면 주차 공간이 없다는 뜻이고, '空'이라 표시되어 있으면 빈 공간이 있다는 뜻이다.

❷ 요금을 확인한다. 주차 시간에 따라 요금이 책정되는 곳과 주차 횟수에 따라 요금이 부과되는 곳이 있다. 주차를 오래 해야 하는 경우 횟수 요금이 붙는 주차장을 선택하는 것이 유리하다.

❸ 주차선에 맞게 주차한다. 주차 후 3~5분이 지나면 고정 장치가 자동으로 작동한다.

출차 과정

❶ 바닥의 주차 구역 숫자를 확인 후, 주차장 입구의 정산 기계로 간다.

❷ 정산 기계에 숫자를 입력한 후 정산(精算) 또는 확인(確認) 버튼을 누른다.

❸ 화면에 표시된 금액을 투입하면 정산 완료. 주차 고정 장치가 내려가면 출차한다.

STEP 7. 사고 처리하기

주차 시 긁힘, 찌그러짐 등 경미한 사고가 난 경우 경찰을 부르지 않아도 되며 렌터카 반납 시 직원의 안내를 받는다. 접촉 사고가 발생하면 110번(경찰)으로 연락한 다음, 보험사에 연락한다. 렌터카 회사마다 한국어 통역 직원이 있으므로 소통의 불편은 걱정하지 않아도 된다. 렌터카 차량 인수 시 차량 렌트 회사에서 받은 팸플릿에 자세한 사고 처리 방법이 쓰여 있으므로 참고하자.

STEP 8. 반납하기

차량을 반납할 때 연료는 가득 채우지 않으면 시세보다 비싼 연료비를 물어야 한다. 반납 시간을 넘기는 경우 시간당 추가 요금이 붙고 보통 6시간을 경과하면 하루치 요금이 자동 청구되니 주의하자.

후쿠오카(2박 3일)

+ **추천 교통 패스** 후쿠오카 지하철 1일 자유 승차권(여행 2일 차)
+ **POINT** 후쿠오카만 제대로 둘러보는 코스
+ **WHO** 단기 여행자, 쇼핑과 관광, 미식을 모두 즐기고 싶은 여행자 / 후쿠오카가 처음인 여행자

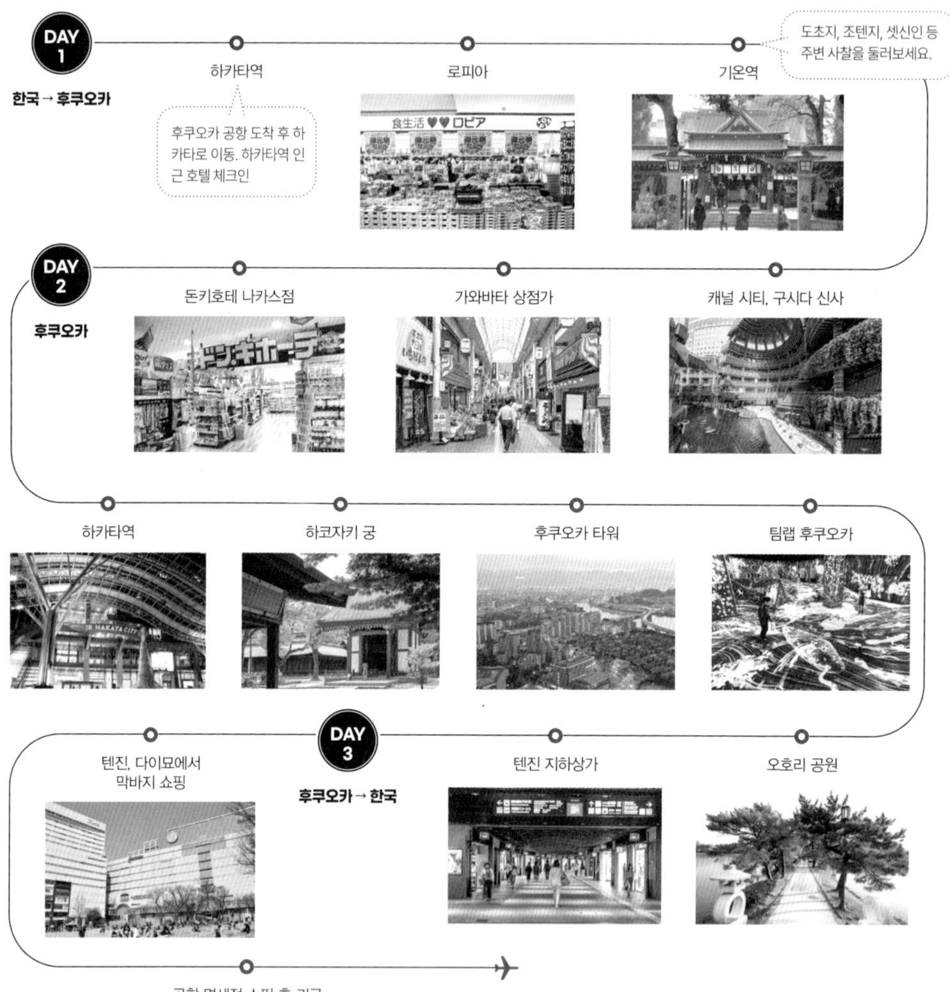

후쿠오카+다자이후+유후인+벳푸 (3박 4일)

+ **추천 여행 상품** 1일 버스 투어(다자이후, 벳푸, 유후인 코스)
+ **POINT** 짧은 일정에 북규슈 핵심 스폿을 모두 둘러보는 코스
+ **WHO** 후쿠오카가 처음인 여행자

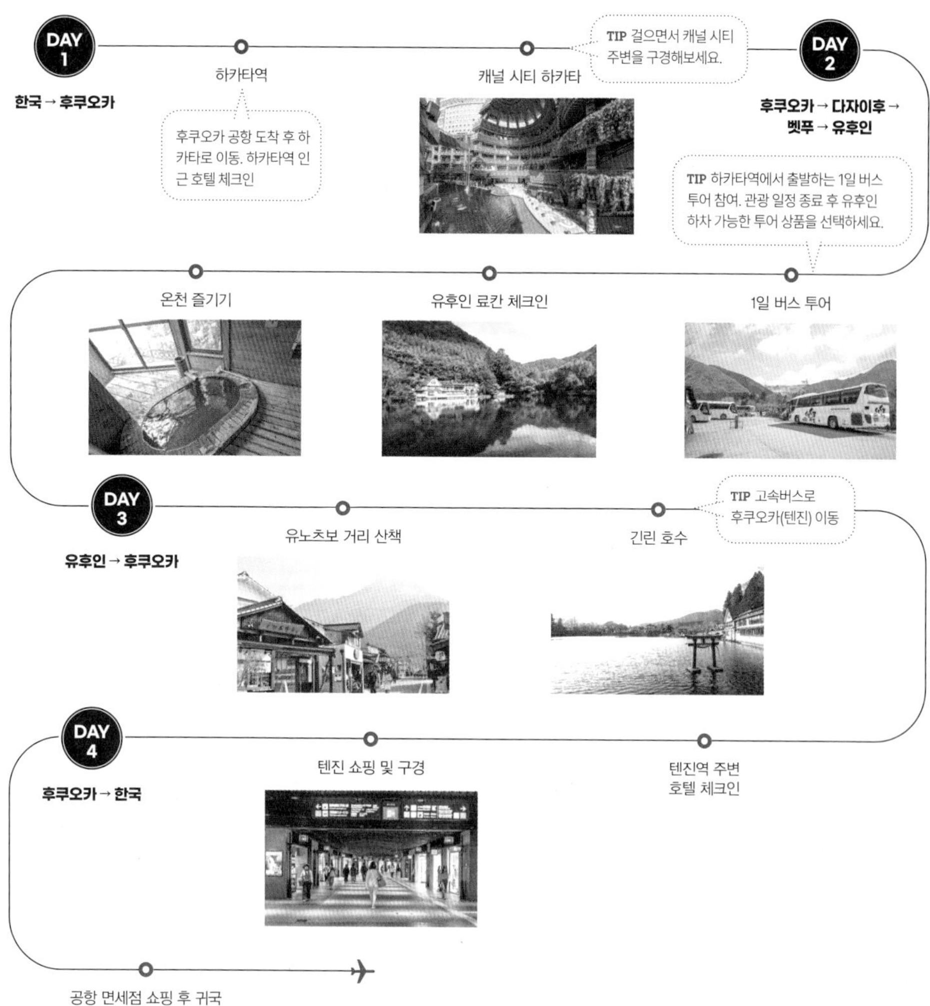

후쿠오카 추천 여행 코스

후쿠오카+후쿠오카 근교(3박 4일)

+ **추천 교통 패스** 후쿠오카시 1일 자유 승차권(여행 3일 차)
+ **POINT** 후쿠오카의 매력적인 근교 여행지를 모두 둘러보는 코스
+ **WHO** 후쿠오카 2회 이상 방문자

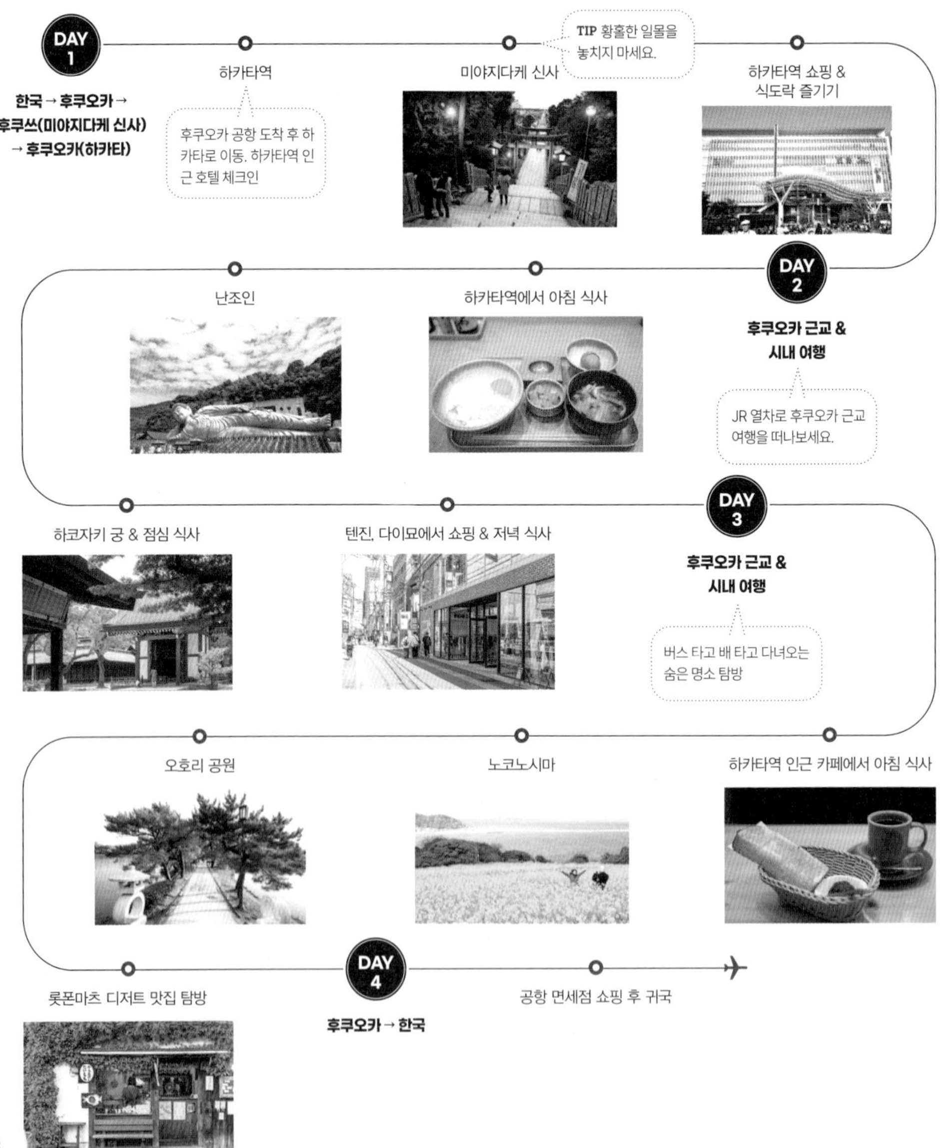

후쿠오카 추천 여행 코스

후쿠오카+고쿠라+모지코+시모노세키 (3박 4일)

+ **추천 교통 패스** 패스권 구입하지 않고 신칸센 및 JR 열차 이용
+ **POINT** 감성 먹방 여행 코스
+ **WHO** 사람들에게 부대끼는 것은 싫지만 유명 음식은 꼭 먹어보고 싶은 사람

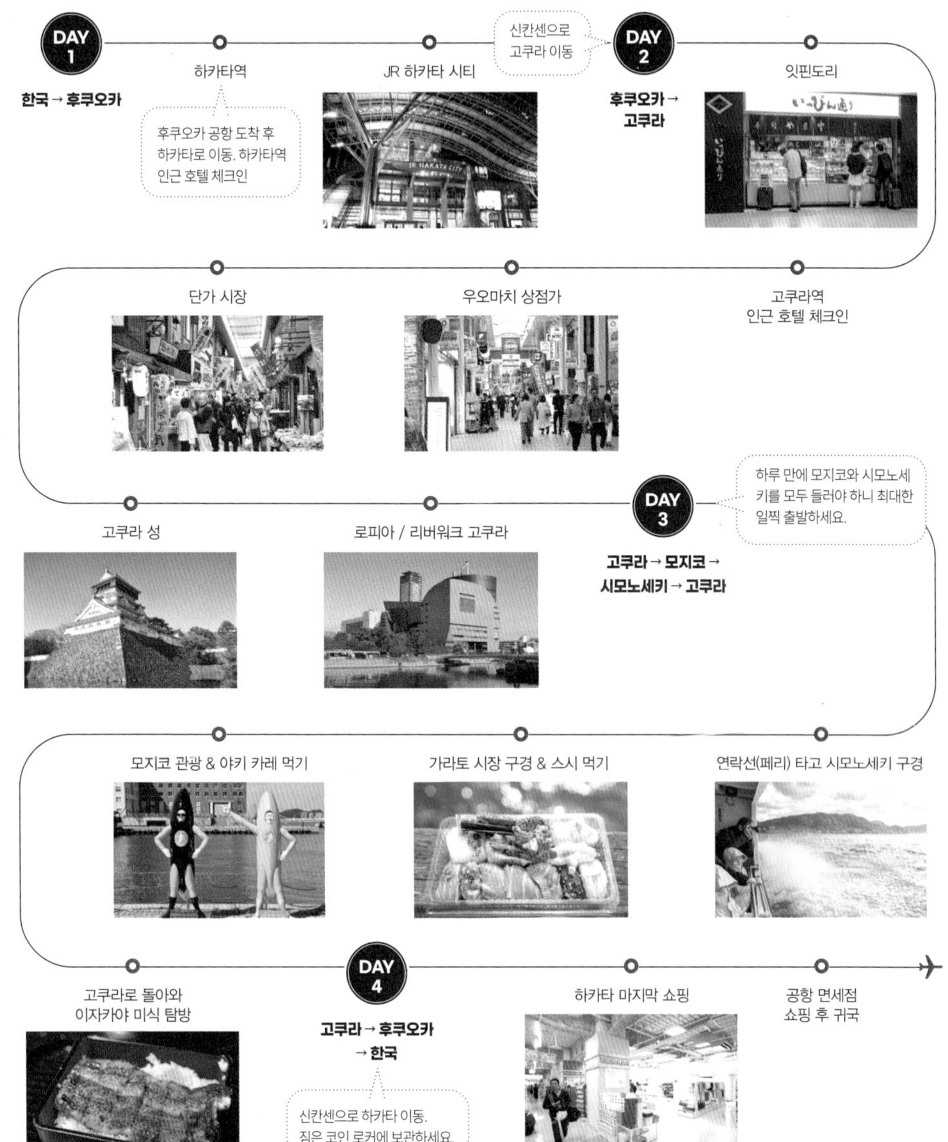

후쿠오카 추천 여행 코스

후쿠오카+나가사키+유후인+벳푸+다자이후+고쿠라(6박 7일)

+추천 교통 패스 JR 규슈 레일 패스 북규슈 5일권(2일 차~6일 차) **+추천 여행 상품** 유후인 출발 버스 투어(여행 5일 차)
+POINT JR 규슈 레일 패스로 본전 뽑는 기차 여행
+WHO JR 규슈 레일 패스로 북규슈의 대표적인 볼거리를 효율적으로 보고 싶은 여행자

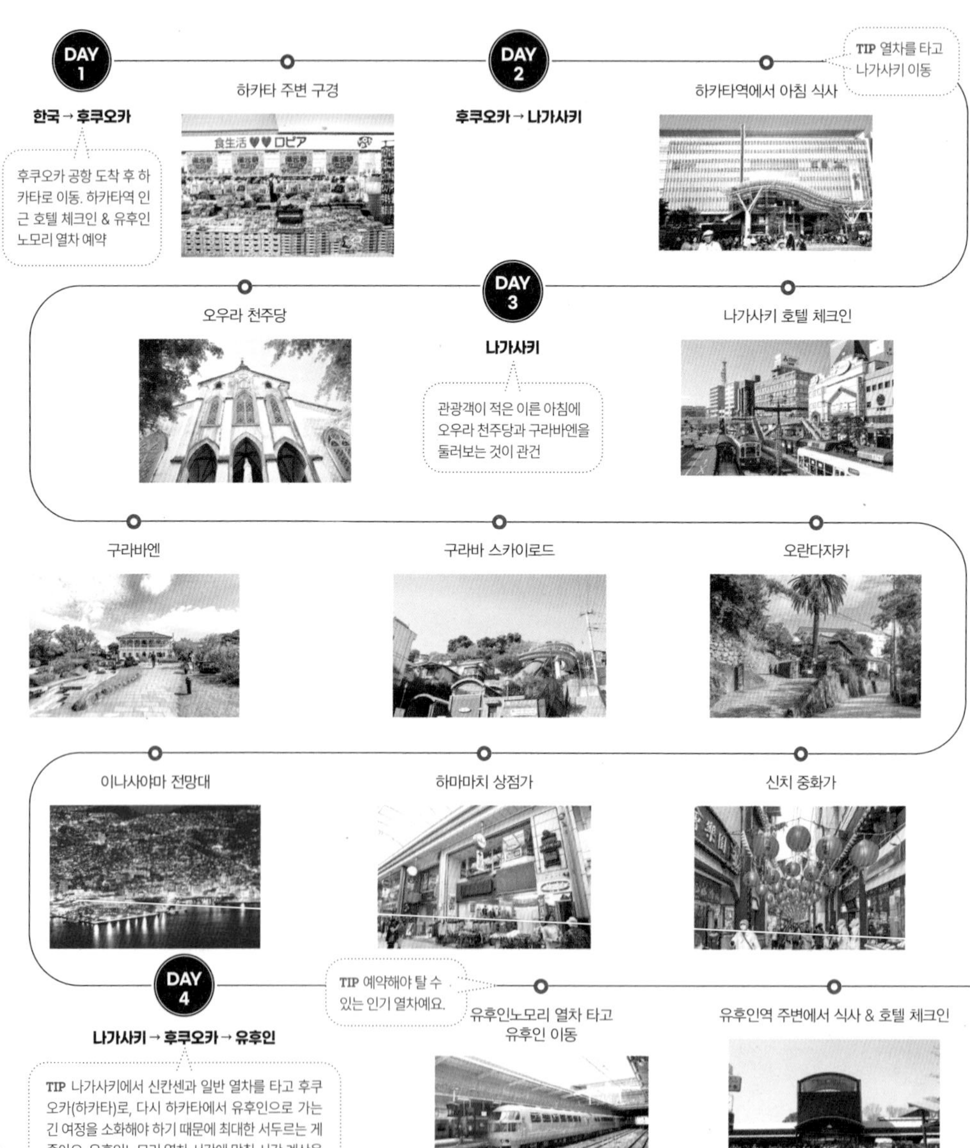

유노츠보 거리 산책
긴린 호수
온천 즐기기 & 휴식
DAY 5
유후인 → 벳푸 → 다자이후 → 후쿠오카
TIP 유후인 출발 버스 투어로 벳푸 지옥 온천, 다자이후, 라라포트 등을 당일치기로 여행할 수 있어요.
1일 버스 투어
벳푸 지옥 온천 1일 버스 투어
다자이후 1일 버스 투어
라라포트 1일 버스 투어
하카타역 주변 호텔 체크인 & 저녁 식사
DAY 6
후쿠오카 → 고쿠라
TIP 고쿠라 방향 소닉 특급열차 탑승. 신칸센보다 오래 걸리므로 여유롭게 고쿠라를 여행하고 싶다면 서두르세요.
고쿠라 호텔 체크인 & 우오마치 상점가
단가 시장
고쿠라 성
TIP 아이들이 있다면 사라쿠라야마 전망대 대신 생명의 여행 박물관(이노치노타비)을 추천합니다. 가족 모두가 함께 즐길 것이 많고 아이들이 특히 좋아해요.
사라쿠라야마 전망대
TIP 아름다운 야경을 감상하길 추천.
DAY 7
고쿠라 → 후쿠오카 → 한국
공항 면세점 쇼핑 후 귀국

HAKATA & CANAL CITY & NAKAS

하카타 & 캐널 시티 & 나카스

하카타는 규슈 교통의 중심지로 JR 열차, 신칸센, 지하철, 고속버스, 대부분의 시내버스가 지난다. 또 가까운 거리에 후쿠오카 공항과 하카타항이 있고 후쿠오카 근교 버스 투어도 하카타역에서 출발해 누구나 거쳐 갈 수밖에 없어 호텔을 잡기에도 좋다. 하카타역 주변에 쇼핑몰과 백화점, 유명 맛집이 모여 있어 짧은 시간을 활용해 먹고 즐기고 쇼핑하다 보면 하루가 금방 간다. 시간적인 여유가 있다면 캐널 시티와 나카스, 기온 지역도 함께 둘러보자.

COURSE

하카타 1DAY 쇼핑 코스

하카타에서만 쇼핑을 모두 끝내는 코스로 생각보다 많이 걷고 움직여야 한다. 쇼핑을 많이 할 경우에는 하카타역에서 가까운 곳에 호텔을 잡는 편이 유리하다. 숙소가 멀다면 짐을 코인 로커에 보관해가며 쇼핑하거나 빈 캐리어를 끌고 다니는 것을 추천한다.

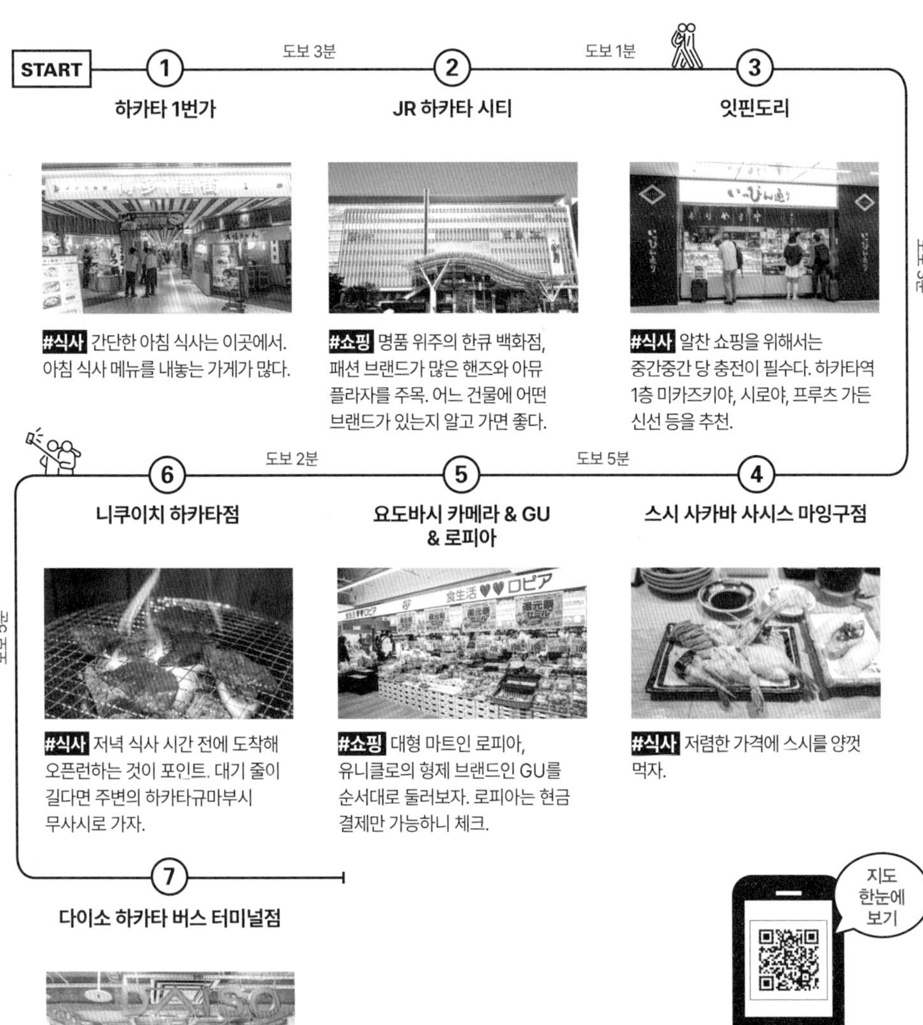

1 하카타 1번가

#식사 간단한 아침 식사는 이곳에서. 아침 식사 메뉴를 내놓는 가게가 많다.

2 JR 하카타 시티

#쇼핑 명품 위주의 한큐 백화점, 패션 브랜드가 많은 핸즈와 아뮤 플라자를 주목. 어느 건물에 어떤 브랜드가 있는지 알고 가면 좋다.

3 잇핀도리

#식사 알찬 쇼핑을 위해서는 중간중간 당 충전이 필수다. 하카타역 1층 미카즈키야, 시로야, 프루츠 가든 신선 등을 추천.

4 스시 사카바 사시스 마잉구점

#식사 저렴한 가격에 스시를 양껏 먹자.

5 요도바시 카메라 & GU & 로피아

#쇼핑 대형 마트인 로피아, 유니클로의 형제 브랜드인 GU를 순서대로 둘러보자. 로피아는 현금 결제만 가능하니 체크.

6 니쿠이치 하카타점

#식사 저녁 식사 시간 전에 도착해 오픈런하는 것이 포인트. 대기 줄이 길다면 주변의 하카타규마부시 무사시로 가자.

7 다이소 하카타 버스 터미널점

#쇼핑 스탠더드 프로덕트와 스리피 등 다이소의 다른 브랜드도 함께 쇼핑할 수 있다.

지도 한눈에 보기

하카타 & 캐널 시티 & 나카스
셋신인 입구
쇼후쿠지 聖福寺 P.189
셋신인 節信院 P.189
다이하쿠 거리 大博通り
미야케 우동 みやけうどん P.202
야요이켄 やよい軒 P.202
서니 마트(B1) サニー P.203
고후쿠마치역 呉服町
도초지 東長寺 P.189
브라질레이로 ブラジレイロ P.201
다이하쿠 거리 大博通り
기온역
초콜릿 숍 チョコレートショップ P.201
류구지 龍宮寺
레이센 거리 冷泉通り
카레 스파이스 カレースパイス P.201
하카타마치야 후루사토칸 博多町家ふるさと館 P.190
신슈 소바 무라타 信州そば むらた P.190
나카스가와바타역 中洲川端
리버레인 몰 リバレイン P.203
하카타 라멘 하카타야 博多ラーメン はかたや P.197
가와바타 상점가 川端商店 P.196
다이토엔 본점 大東園本店 P.193
구시다 신사 櫛田神社 P.192
입구
이소마루 수산 磯丸水産 P.197
아지도코로 이도바타 味処 井戸端 P.197
카로노우 かろのう P.194
바쿠레 バークレー P.197
커리혼포 伽哩本舗 本店 P.197
입구
맥스밸류 익스프레스(B1) マックスバリュエクスプレス P.194
라멘 우나리 ラーメン海鳴 P.201
돈키호테(2F) ドン・キホーテ P.203
구시다진자마 櫛田神社前
가와바타 단팥죽 광장 川端ぜんざい広場 P.196
구라스시(3F) くら寿司 P.200
하카탄 사카나야고로 博多ん肴屋 五六桜 P.196
도산코 라멘 본점 どさんこ P.196
구름다리
요시즈카 우나기야 본점 吉塚うなぎ屋本店 P.200
이치란 라멘 본점 一蘭 本社総本店 P.200
하이볼 바 나카스 1923 ハイボールバー中洲1923 P.202
나카스 오뎅 中洲おでん P.202
카즈토미 一富 P.202
구름다
후쿠하쿠데아이바시 福博であい橋 P.198
캐널 시티 하카 キャナルシティ博 P.1
수상 공원 水上公園 P.198
토피 파크 TOFFEE park P.199
가와타로 河太郎 P.193
나카스 야타이 거리 中洲屋台 P.031
팽 스톡 パンストック P.199
텐진 중앙 공원 니시나카스 天神中央公園 西中洲エリア P.198
멘타이쥬 めんたい重 P.199
텐진역 天神
텐진미나미역 天神南

스케상 우동
資さんうどん P.190
조텐지
承天寺 P.189
하카타 천년문
博多千年門 P.189
꼼데가르송
Comme des Garçons P.190
0
100m
마잉구
マイング P.179
하카타 버스 터미널
博多バスターミナル P.179
데이토스
DEITOS P.179
하카타규 마부시 무사시
博多牛まぶし 武蔵 P.186
핸즈
HANDS P.181
아뮤 플라자
AMU PLAZA P.178
동2
동4
동6
동5
불랑제
UL' ANGE P.187
죠스이안
如水庵 P.187
잇핀도리
いっぴん通り P.179
하카타역 博多
카타 기온 테츠나베
多 祇園 鉄なべ P.190
아뮤 이스트
AMU EST P.178
다이치노 우동(B1)
大地のうどん P.186
야키도리 라쿠가키
やきとり処 楽がき
P.190
사케도코로 아카리
酒処あかり P.187
서12a
하카타 1번가(B1)
博多1番街 P.179
한큐 백화점
阪急 P.178
서18
샴 드 뱅
シャルムデュヴァン P.195
키테 하카타
KITTE博多 P.179
요도바시 카메라
Yodobashi Camera P.188
기온오도리 祇園大通り
후쿠 커피
Fuk Coffee P.193
JR 하카타 에키마에 광장
JR博多駅前広場 P.180
로피아
ロピア P.188
우오덴
うお田 P.192
GU
GU P.188
잇소우 라멘 본점
一双 本店 P.186
아뮤 플라자
AMU PLAZA P.178
마에다야 총본점
前田屋総本店 P.186
이쿠라
いくら P.192
하카타 잇코샤 총본점
博多一幸舎 総本店
P.187
다코멧카
ダコメッカ P.187
니쿠야 니쿠이치
にく屋肉いち P.186
야키니쿠 타규
焼肉多牛
P.188
루후루 하카타
HE FULL FULL HAKATA P.194
화이트 글라스 커피
ホワイトグラスコーヒー P.194
하가쿠레 우동
葉隠うどん P.187
에비스야 우동
えびすやうどん P.193
라라포트 후쿠오카
ららぽーと福岡
P.188
야키니쿠 바쿠로(2F)
やきにくのバクロ P.193
라쿠스이엔
楽水園 P.191
스미요시 거리 住吉通り
스미요시 신사
住吉神社 P.191
스미요시 공원
住吉公園
마카로니 키친
マカロニキッチン P.191
카레 켄즈
カレーケンズ
스미요시 슈한
住吉酒販 博多本店 P.191
우동 다이라
うどん平 P.191

ZOOM —————— IN

JR 하카타 시티 JR HAKATA CITY

일본 최대 규모의 기차역 건물인 하카타역은 아뮤 플라자, 한큐 백화점, 마잉구, 데이토스 등 다양한 쇼핑몰로 이루어져 있어 쇼핑과 맛집 탐방까지 원스톱으로 가능하다. JR 하카타 시티만 야무지게 돌아봐도 후쿠오카 여행의 절반은 성공이다.

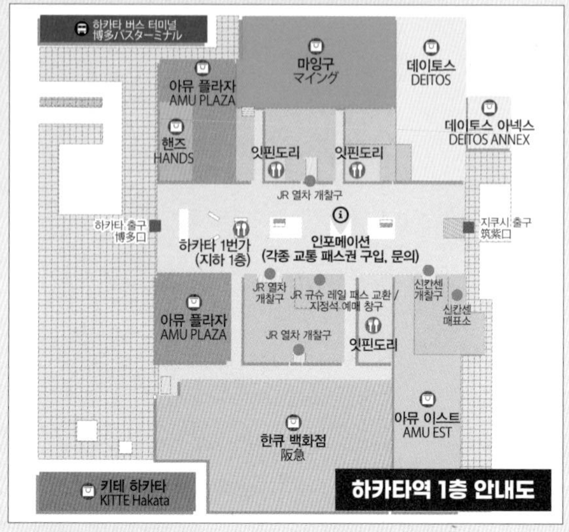

아뮤 플라자

アミュプラザ Amu Plaza

JR 하카타 시티에 자리 잡은 종합 쇼핑몰로 패션, 생활 잡화, 인테리어용품 전문점에 맛집까지 다양하게 들어서 있다. 생활 잡화 전문 백화점 핸즈와 무인양품도 있어 쇼핑을 위해 굳이 텐진까지 가지 않아도 될 정도. 특히 일본에 단 세 곳만 있는 여성 토털 브랜드 메종 드리퍼가 입점돼 있으니 눈여겨보자. Ⓜ P.177

한큐 백화점

博多阪急

해외 명품부터 잘나가는 일본 명품과 트렌디한 브랜드까지 골고루 잘 갖춰놓았다. 2~3층을 20~30대 여성을 위한 공간인 '하카타 시스터스'로 꾸민 점이 특징. 지하 식품 매장에서는 규슈에서 인기 있는 디저트를 모두 만날 수 있다. 1층 인포메이션 데스크에서 여권을 제시하면 5% 할인 쿠폰을 제공한다. Ⓜ P.177

아뮤 이스트

アミュエスト Amu Est

하카타역 동쪽에 위치한 쇼핑몰. 1층에는 꼭 필요한 생활 잡화를 저렴하게 판매하는 스리코인즈, 국내 가격의 반값에 살 수 있는 러쉬, 예쁜 양말로 유명한 구츠시타야 등이 있다. 잠시 앉아 쉬거나 간식을 먹기 좋은 체인 카페도 있다.

Ⓜ P.177

데이토스
デイトス DEITOS

후쿠오카의 대표적인 맛집이 입점 된 쇼핑몰. 발품을 팔지 않고도 유명 맛집 탐방이 가능한 1층은 놓치지 말자. 신신 라멘, 멘야카네토라, 오야마 등이 가장 인기 있다.

Ⓜ P.177

마잉구
マイング

후쿠오카와 규슈를 대표하는 유명 오미야게(선물) 전문점이 입점된 쇼핑몰. 하카타역 유일의 대형 마트와 칼디 커피 팜 등도 있어 장을 보기 편하다. Ⓜ P.177

하카타 1번가
博多1番街

하카타역 지하 1층에 자리한 식당가. 이른 아침부터 늦은 시간까지 장사하는 곳이 많아 항상 사람들로 붐빈다. 요즘 뜨는 신생 맛집보다 전통적인 맛집이 많은 편이다.

Ⓜ P.177

잇핀도리
いっぴん通り

기차에서 먹을 간식이나 도시락을 살 예정이라면 이곳으로! 맛집이 아닌 곳이 없을 정도로 유명한 곳만 모여 있다. 테이크아웃만 가능하다.

Ⓜ P.177

키테 하카타
KITTE Hakata

일본 우편 주식회사가 운영하는 복합 상업 시설. 1~7층에는 트렌디한 브랜드 숍과 편집숍이 입점한 하카타 마루이 백화점이 자리 잡고 있으며, 8층에는 유니클로 매장이 있고, 지하 1층과 9, 10층 식당가에는 유명 맛집이 즐비하다. Ⓜ P.177

하카타 버스 터미널
博多バスターミナル

하카타역과 더불어 후쿠오카 여행의 처음과 끝이 되는 곳이다. 그러나 단순히 버스 터미널이라고 생각하면 오산. 다이소를 비롯한 쇼핑센터와 맛집 등이 층마다 자리 잡고 있다. 하카타역 2층에서 연결된 통로로 가면 훨씬 편하다. Ⓜ P.177

JR 하카타 에키마에 광장

JR博多駅前広場

JR 하카타역 앞에 자리한 널찍한 광장. 후쿠오카에서 유동 인구가 가장 많은 곳 중 하나이며 1년 내내 크고 작은 행사가 많이 열려 일부러 찾아가볼 만하다. 특히 11~12월의 크리스마스 마켓이 유명하다.

구글 지도 JR 하카타에키마에 광장

MAP P.177
ⓢ 하카타역 1층 하카타 출구로 나가면 바로

츠바메노모리 옥상 정원

つばめの杜

아뮤 플라자 옥상에 꾸며놓은 정원. 전기로 움직이는 어린이용 츠바메 전차, 안전한 여행을 기원하는 철도 신사, 하카타 인근을 조망할 수 있는 전망 테라스 등이 조성돼 있어 잠시 쉬기 좋다.

구글 지도 하카타역 옥상 전망대

MAP P.177(아뮤 플라자)
ⓢ 아뮤 플라자 10층에서 전용 에스컬레이터를 타고 이동 ⓒ 10:00~20:00(츠바메 전차는 시기별로 영업시간이 다름) ⊖ 부정기

EATING →

캠벨 얼리

キャンベル・アーリー Campbell Early

창업한 지 80년이 넘은 과일 가게에서 운영하는 카페로, 신선한 제철 과일을 사용한 다양한 디저트를 맛볼 수 있다. 과일을 잘 아는 전문 스태프가 과일의 상태와 당도를 확인하면서 최상의 과일만 골라 만들어 최상의 맛을 경험할 수 있다. 인기 메뉴는 팬케이크와 파르페.

구글 지도 캠벨 얼리

MAP P.177(아뮤 플라자) VOL.1 P.081
ⓢ 아뮤 플라자 9층 ⓒ 11:00~22:00 ⊖ 부정기
¥ 믹스 과일 팬케이크 2200¥, 믹스 과일 파르페 1980¥

아 라 캄파뉴

ア・ラ・カンパーニュ A la Campagne

고베에서 처음 문을 연 타르트와 케이크 전문점으로 인기가 높다. 쇼케이스에 진열된 제철 과일을 듬뿍 올린 다양한 타르트가 눈길을 사로잡는다. 베스트셀러 메뉴인 과일 타르트는 싱싱한 과일을 아낌없이 넣어 만든다.

구글 지도 아라 캄파뉴

MAP P.177(아뮤 플라자)
ⓢ 아뮤 플라자 1층 ⓒ 11:00~20:00 ⊖ 부정기
¥ 타르트 멜베유 1350¥

무츠카도 카페

むつか堂カフェ

말랑말랑한 식빵 하나로 후쿠오카 명소로 자리 잡은 곳. 야쿠인 본점과 달리 아뮤 플라자점은 카페로 운영해 편안하게 앉아서 맛있는 빵을 맛볼 수 있다. 폭신하고 쫄깃한 식빵으로 만든 디저트 메뉴가 일품이다. 인기 메뉴는 프루츠 샌드위치와 크로크무슈.

구글 지도 무츠카도 카페

MAP P.177(아뮤 플라자) VOL.1 P.073
ⓢ 아뮤 플라자 5층 ⓒ 11:00~20:00 ⊖ 부정기
¥ 프루츠 믹스 샌드위치 880¥, 베이컨 어니언 크로크무슈 990¥

우에시마 카페텐
上島珈琲店

'흑당 커피'로 유명한 체인 카페. 브라운 슈거 밀크 커피를 주문하면 달달한 커피를 구리잔에 담아줘 끝까지 시원하게 마실 수 있다. 체인점이지만 제대로 내려주는 융 드립 커피도 있다. 오전 11시까지 토스트나 샌드위치 가격에 커피까지 먹을 수 있는 아침 메뉴가 가성비 좋다.

구글 지도 우에시마 커피 아뮤 에스토점

MAP P.177(아뮤 이스트)
아뮤 이스트 1층 07:00~23:00 부정기
아이스 밀크 커피(흑당) 680¥, 융 드립 커피 590¥

미스터 도넛
ミスタードーナツ

일본인에게 인기 있는 도넛 체인점. 기간 한정 도넛과 컬래버레이션 도넛을 꾸준히 출시해 좋은 반응을 얻고 있다. 폰데링(ポン・デ・リング) 도넛은 쫄깃쫄깃해서 웬만하면 다 맛있다. 아침 일찍부터 영업하며 차와 커피도 마실 수 있어 간단한 아침 식사도 가능하다.

구글 지도
Mister Donut - Hakata Station Shop

MAP P.177(아뮤 이스트)
아뮤 이스트 1층 05:00~24:00 부정기
도넛 165¥~

핸즈
ハンズ HANDS

아뮤 플라자 1~5층에 입점한 생활용품 전문 백화점. 주방용품, 잡화, 여행용품, 문구, 미용용품 등을 판매하며, DIY용 도구나 아이디어 상품 등에 특화돼 있다. 외국인 쿠폰과 택스 리펀드를 활용하면 저렴하게 구입할 수 있다. 아뮤 플라자 옆 공간을 사용하는 구조라 전용 출입구가 별도로 있으니 주의하자.

구글 지도 HANDS 하카타점

MAP P.177(아뮤 플라자) VOL.1 P.119
아뮤 플라자 1~5층 10:00~20:00
부정기

드러그 일레븐
Drug Eleven ドラッグイレブン

규슈를 기반으로 하는 드러그스토어 체인으로, 일본 최고 드러그스토어 체인 마츠모토 키요시가 맥을 못 출 정도다. 가격도 합리적인 편. 하카타역 지하에 위치한 아뮤 플라자 하카타점은 붐비지 않아 쇼핑하기 좋다. 5000¥(세금 불포함) 이상 구입하면 면세도 가능하다.

구글 지도 드러그일레븐 JR하카타역점

MAP P.177(아뮤 플라자)
아뮤 플라자 지하 1층 07:00~22:00
부정기

포켓몬 센터
ポケモンセンター

포켓몬의 모든 것을 만날 수 있는 공간. 캐릭터 관련 상품은 물론 식기, 생활용품, 잡화 등 다양한 상품을 판매하며 포켓몬 게임을 할 수 있는 공간을 마련해 아이들에게 인기 있다. 포켓몬 인형이나 생활용품 코너를 주목하자. 주말이나 연휴에는 손님이 매우 많아 쇼핑하기 힘드니 오전을 공략하자.

구글 지도 포켓몬 센터 후쿠오카

MAP P.177(아뮤 플라자) VOL.1 P.122
아뮤 플라자 8층 10:00~20:00 부정기

애프터눈 티 리빙
Afternoon Tea Living

유럽풍 리빙 숍으로 귀여우면서도 고급스럽고, 우아한 디자인의 상품을 선보인다. 리빙·주방용품뿐만 아니라, 미용용품과 패션 잡화도 선보이는 것이 특징. 계절별로 테마를 달리해 방문할 때마다 다른 분위기의 인테리어 소품을 만나볼 수 있다. 하카타점은 티 룸을 겸한다.

구글 지도 Afternoon Tea Living

MAP P.177(아뮤 플라자) VOL.1 P.119
아뮤 플라자 6층 10:00~20:00 부정기

오야마
おおやま

맛과 가격, 메뉴 구성까지 삼박자를 두루 갖춘 모츠나베 집. 말고기 육회와 모츠나베, 명란젓이 포함돼 규슈의 명물 음식을 한꺼번에 맛볼 수 있는 세트 메뉴가 인기다. 예약은 불가능하지만 웨이팅이 길지 않아 오래 기다리지 않아도 된다.

구글 지도
모츠나베 오오야마 하카타 데이토스점

MAP P.177(데이토스) VOL.1 P.061
데이토스 1층 11:00~23:00 부정기
1인분 세트 2728¥

우치노 타마고 초쿠바이쇼
うちのたまご直売所

후쿠오카현에서 난 신선한 달걀로 만든 요리를 선보이는 집. 오전 한정으로 판매하는 날달걀밥이 인기 있다. 토핑을 입맛대로 추가할 수 있으며 달걀 푸딩, 오야코동 등도 인기 메뉴. 자극적인 맛을 좋아하는 사람에게는 비추천. 속 편한 일본 가정식을 먹고 싶은 사람에게 추천한다.

구글 지도 우치노타마고 초쿠바이쇼

MAP P.177(마잉구)
마잉구 1층 08:00~21:00 부정기
날달걀밥 정식 580¥

유메유메도리
努努鶏

차가운 치킨으로 유명한 곳. 적당히 간이 밴 튀김옷은 눅눅하지 않고, 부드러운 속살은 술을 자꾸 부른다. 테이크아웃만 가능. 육류라 국내 반입이 금지되어 있으므로 호텔에서 야식 삼아 먹는 것으로 만족하자. 마잉구가 너무 넓어 길을 헤멜 수 있는데, 인포메이션 표지판을 따라가면 쉽다.

구글 지도 유메유메도리

MAP P.177(마잉구)
마잉구 1층 09:00~21:00 부정기
유메유메도리 230g 1080¥

탄야
たんや

우설과 푸짐한 밥, 국, 커피까지 포함된 규탄 아사테이쇼쿠를 790¥에 제공하는 집. 오전 10시까지만 한정 판매하므로 일찍 서두르자. 규탄 정식 외에도 멘타이코 정식, 돼지갈비 정식 등도 인기 있다. 지하 텐진 파르코 지하 1층에도 지점이 있다.

구글 지도 탄야 하카타

MAP P.177(하카타 1번가)
하카타1번가 지하 1층 07:00~22:00
1월 1일 규탄 아사테이쇼쿠 790¥

다이후쿠 우동
大福うどん

하카타역에만 매장이 2개나 있는 소규모 우동 체인점이다. 이곳의 별미는 비벼 먹는 붓카케 우동. 우동 위에 참깨, 가다랑어포, 김, 파, 달걀 반숙 등을 올리고 함께 나오는 쯔유 소스를 뿌려 비벼 먹는다. 세트 메뉴의 양은 2인분 수준.

구글 지도 다이후쿠우동 1번가점

MAP P.177(하카타 1번가)
하카타 1번가 지하 1층 07:00~21:00
부정기 오야코돈 붓가케 우동 세트 1080¥

텐진 호르몬
天神ホルモン

철판볶음 요리 전문점으로 주문 즉시 넓은 철판에 요리를 볶는 모습을 볼 수 있다. 세트 메뉴가 가격 대비 훌륭한데 한 사람당 메뉴 하나씩 주문하면 양이 적은 듯 알맞다. 밥과 국은 무한 리필. 실내가 좁고 음식 냄새가 밸 수 있으니 조심하자.

구글 지도 텐진 호르몬 하카타역점

MAP P.177(하카타 1번가)
하카타 1번가 지하 1층 10:00~22:00
부정기 텐호루 정식 1980¥

프루츠 가든 신선
Fruits Garden 新Sun

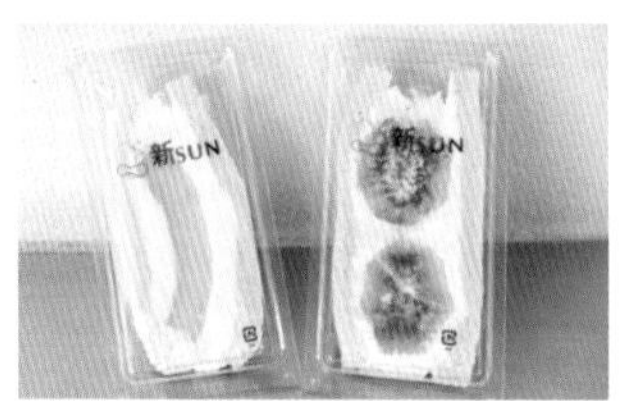

사가(佐賀)에 본점이 있는 고급 과일 디저트 전문점. 프리미엄 제철 과일과 수준급 크림으로 만든 프루츠 산도가 유명하며 계절에 따라 메뉴가 달라진다. 복숭아는 후쿠시마산을 주로 사용하니 조심하자. 테이크아웃만 가능. 품절이 빠른 편이니 저녁 시간 전에 찾아가자.

구글 지도 프루츠가든 신선

MAP P.177(잇핀도리)
잇핀도리 1층 08:00~21:00 부정기
머스크멜론 산도 702¥, 무화과 산도 594¥

트레인도르
TRAINDOR

하카타역 1층 한가운데 자리한 빵집. 대부분의 빵이 100~300¥대라 부담 없이 여러 개를 고를 수 있다. 어떤 빵을 골라도 평균 이상의 맛을 보장하지만 연유빵, 소금빵, 카레빵 등 기본 빵이 유독 인기. 테이크아웃만 가능하다.

구글 지도 TRAINDOR Hakata Station

MAP P.177(하카타역)
하카타역 1층 인포메이션 건너편
06:30~22:30
빵 108~400¥

미카즈키야
三日月屋

기타큐슈에 본점이 있는 베이커리로 천연 효모 크루아상과 러스크, 샌드위치가 맛있기로 유명하다. 하카타역 안에 2개의 지점이 있는데, 샌드위치만 판매하는 곳, 다양한 맛의 크루아상과 빵만 판매하는 곳으로 나뉘어 있다. 테이크아웃만 가능.

구글 지도 미카즈키야 하카타역점

MAP P.177(잇핀도리)
잇핀도리 1층, 하카타역 JR 북쪽 개찰구 옆
08:00~21:00 부정기 가츠산도 카라시 마요네즈 맛 940¥, 크루아상(플레인 284¥, 초코 324¥)

하지메야 하카타로
初屋はかたろう

프리미엄 도시락 브랜드 숍으로 누구나 맛있게 먹을 수 있는 메뉴를 선보인다. 깔끔하고 군더더기 없는 맛이 이곳의 최대 장점. 아침 식사로 딱이다. 한국 사람 입맛에 딱 맞는 달걀말이(하카타마테마키)가 인기 메뉴로 와사비를 넣은 것과 넣지 않은 것 모두 맛있다.

구글 지도 하지메야 하카타로

MAP P.177(잇핀도리)
잇핀도리 1층 07:00~21:00 부정기
하카타마테마키 4개입 540¥

일 포르노 델 미뇽
Il Forno del Mignon

하카타역 한가운데 자리한 크루아상 전문점. 특별한 맛은 아니지만 즉석에서 바로 구워내는 크루아상 맛을 보려는 사람들로 항상 붐빈다. 한입에 쏙 들어가는 크기라 세 가지 맛의 크루아상을 부담 없이 먹을 수 있다.

구글 지도 일 포르노 델 미뇽

MAP P.177(하카타역) VOL.1 P.074
하카타역 1층 인포메이션 센터 바로 옆
07:00~23:00 부정기
플레인 100g 210¥, 초코 100g 232¥

시로야
シロヤ

1950년 기타큐슈에서 창업한 시로야 베이커리의 후쿠오카 1호점이다. 3억 개 이상 판매한 서니 빵과 기타큐슈의 소울 푸드라는 별칭이 있는 오믈렛 등 시로야의 유명한 빵을 모두 만나볼 수 있다. 테이크아웃만 가능. 인기 있는 빵부터 매진되는데, 오후 3시 이전에 가면 충분하다.

구글 지도 시로야

MAP P.177(잇핀도리)
잇핀도리 1층 08:00~21:00 부정기
오믈렛 5개 310¥, 앙버터 콧페 빵 140¥, 서니 빵 2개 320¥

쿠시야모노가타리
串屋物語

샤부샤부처럼 꼬치를 직접 튀겨 먹는 뷔페. 재료에 따라 가열하는 시간을 한글 메뉴판에 공지해 큰 어려움 없이 튀길 수 있다. 추가 비용을 내면 음료도 90분간 자유롭게 즐길 수 있다.

구글 지도 쿠시야모노가타리

MAP P.177(키테 하카타)
Ⓢ 키테 하카타 10층 Ⓞ 11:00~23:00(점심 L.O 15:30, 저녁 L.O 22:30) ⊖ 부정기(키테 하카타 영업시간에 따라) ¥ 성인 점심 1700¥·저녁 2850¥, 초등학생 점심 950¥·저녁 550¥, 유아 550¥(세금 불포함), 3세 이하 무료 Ⓚ www.kushi-ya.com

렉 커피
Rec coffee

커피를 좋아하는 사람이라면 꼭 가봐야 할 카페. 2016년 월드 바리스타 챔피언십 준우승에 빛나는 이와세 요시카즈(岩瀬由和) 씨가 하카타역에 분점을 냈다. 분위기는 본점만 못하지만 접근성은 월등하다. 다만 산미가 강한 커피가 많아 호불호가 갈린다.

구글 지도 Rec coffee

MAP P.177(키테 하카타)
Ⓢ 키테 하카타 6층 Ⓞ 10:00~21:00 ⊖ 부정기 ¥ 오늘의 드립 커피 490¥ Ⓚ www.rec-coffee.com

스시 사카바 사시스
すし酒場さしす

요즘 가장 인기 있는 스시 체인점. 카테고리별로 인기 스시 세 가지를 묶어놓은 3종 세트 메뉴의 가성비가 좋은 편. 특히 참치와 새우를 넣은 세트 메뉴와 에비세븐은 꼭 한번 먹어보자. 주문하기도 매우 쉽고 회전이 빨라 오래 기다리지 않아도 된다. 하카타역 1층 마잉구, 텐진에도 지점이 있다.

구글 지도 스시사카바 사시스 키테 하카타점

MAP P.177(키테 하카타) VOL.1 P.066
Ⓢ 키테 하카타 지하 1층 Ⓞ 11:00~23:00 ⊖ 부정기 ¥ 에비세븐 1188¥, 3종 세트 440~858¥

기스이마루
喜水丸

해산물 덮밥 전문점. 제철 해산물 여덟 가지를 듬뿍 올린 키와미 카이센동("極"海鮮丼) 한 그릇이면 아침부터 식욕이 솟는다. 신선한 회를 넣은 메뉴는 뭘 골라도 평균 이상이며 성게 알을 넣은 우니동이나 연어와 참치 살의 환상적인 조화를 이루는 새먼토로동도 괜찮다. 해산물 덮밥을 주문하면 명란은 무제한으로 먹을 수 있다.

구글 지도 키스이마루 KITTE 하카타점 9F

MAP P.177(키테 하카타)
Ⓢ 키테 하카타 9층 Ⓞ 11:00~23:00 ⊖ 부정기 ¥ 키와미 카이센동 2390¥, 우니동 2500¥

갸토 페스타 하라다
ガトーフェスタハラダ

모양은 평범하지만 일단 맛보면 멈출 수 없는 러스크를 판매하는 곳. 프랑스식 빵에 고품질 버터를 발라 바삭하게 구운 것으로 많이 달지 않고 개별 포장되어 다과용으로 먹기에 좋다. 재료에 따라 종류가 다양한데 오리지널인 구테데로아(グーテ・デ・ロワ)가 가장 인기.

구글 지도 가토페스타하라다 하카타한큐점

MAP P.177(한큐 백화점) VOL.1 P.075
Ⓢ 한큐 백화점 지하 1층 Ⓞ 10:00~20:00 ⊖ 부정기 ¥ 16개입 756¥

몽셰르
モンシェール Moncher

일본의 대표 롤케이크 도지마롤을 파는 곳. 한국에는 몽슈슈라는 이름으로 알려져 있다. 홋카이도산 우유를 엄선해 생크림으로 만들어 갓 짠 우유의 신선함이 살아 있으며, 빵도 촉촉하고 맛있다. 달지 않고 뒷맛이 깔끔해 많이 먹어도 느끼하지 않아 인기.

구글 지도 파티스리 몽쉐르

MAP P.177(한큐 백화점) VOL.1 P.075
Ⓢ 한큐 백화점 지하
Ⓞ 10:00~20:00 ⊖ 부정기
¥ 1550¥(1롤), 도지마롤 과일맛 1188¥(하프 롤)

마키노 우동
牧のうどん

가성비 좋은 우동 체인점. 저렴한 가격에 엄청난 양의 우동을 맛볼 수 있어 현지인에게도 인기 있다. 밑간이 세지 않아 우리 입에도 잘 맞는다. 우동 면의 익힘 정도를 지정해서 주문할 수 있는데 면이 다른 우동 집보다 두껍고 떡을 씹는 것 같은 식감이 있으므로 딱딱한 면(硬めん)으로 주문하자. 현금 결제만 가능.

구글 지도 마키노우동 하카타버스터미널점

MAP P.177(하카타 버스 터미널)
하카타 버스 터미널 지하 1층 10:00~23:00
부정기 니쿠고보 우동 720¥

고고 카레
ゴーゴーカレー Go Go Curry

검고 진득한 가나자와 카레를 선보이는 곳이다. 어떤 메뉴든 네 단계로 나뉘어 양 조절하기 쉽다. 로스카츠 카레가 대표 메뉴이며 돈가츠, 새우튀김, 소시지, 달걀 등 대부분의 토핑을 몽땅 올리는 '메이저 카레'를 추천한다. 하루 5개만 판매하는 2.5kg의 '메이저 카레 월드 챔피언 클래스'도 도전해보자.

구글 지도 고고 카레 하카타버스터미널점

MAP P.177(하카타 버스 터미널)
하카타 버스 터미널 8층 10:55~21:55 부정기 시로스카츠 카레 730¥~, 메이저 카레 1000¥~

파오 크레페 밀크
パオクレープミルク

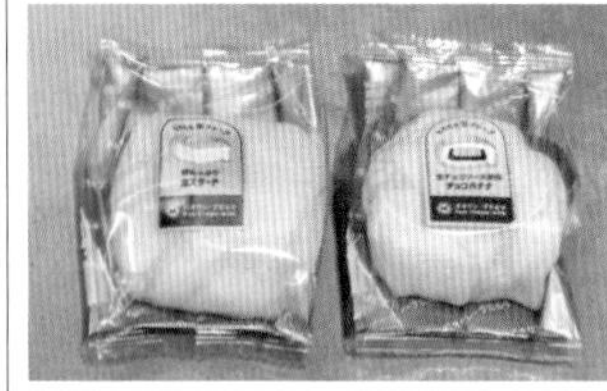

나가사키의 작은 매장에서 출발한 크레페 전문점으로, 우유와 달걀을 듬뿍 넣어 촉촉하고 보들보들한 빵이 압권이다. 초콜릿, 바나나, 딸기, 커스터드, 녹차 등 다양한 맛이 있으며, 저렴한 가격에 맞게 앙증맞은 크기라 부담 없이 맛보기 좋다.

구글 지도
파오 크레페 밀크 하카타 버스터미널

MAP P.177(하카타 버스 터미널)
하카타 버스 터미널 1층 10:00~22:00
부정기 크레페 162¥~

SHOPPING

다이소
DAISO ダイソー

한국에서도 유명한 대표적인 100¥(세금 불포함) 숍이다. 하카타 버스 터미널점은 규모가 꽤 커서 충분한 시간을 가지고 둘러봐야 한다. 식품, 화장품, 주방용품, 문구, 장난감, 잡화 등 없는 것이 없다. 택스 리펀은 안 된다.

구글 지도 다이소 하카타버스터미널점

MAP P.177(하카타 버스 터미널) VOL.1 P.120
하카타 버스 터미널 5층 09:00~21:00
부정기

스탠더드 프로덕트
Standard Products

다이소에서 만든 세미 프리미엄 브랜드로 다이소보다 질 좋은 제품을 판매한다. 다이소 한편에 들어서 있는 구조라 함께 둘러보기 편하며 가방과 생활용품, 주방용품 등이 인기 있는 편. 제품의 컬러가 눈에 튀지 않는 계열의 색상이고 가격도 비싸지 않아 여러 개 사서 선물로 돌리기 좋다.

구글 지도 StandardProducts

MAP P.177(하카타 버스 터미널) VOL.1 P.121
하카타 버스 터미널 5층 09:00~21:00
부정기

레가넷 큐트
Reganet Cute

바쁜 도시인이 빠르게 조리해 먹을 수 있는 식재료를 파는 도시형 슈퍼마켓. 반찬, 도시락, 신선 식품의 비율이 높고 채소와 과일, 고기, 회 등을 소량으로 팔아 부담 없이 구매할 수 있다. 면세가 되지 않아 가격이 비싸지만 현지인의 장바구니를 가까이서 보는 재미가 있다.

구글 지도 Reganet Cute

MAP P.177(하카타 버스 터미널)
하카타 버스 터미널 지하 1층 07:00~22:00
부정기

니쿠야 니쿠이치
にく屋 肉いち

후쿠오카에서 가장 인기 있는 고깃집이라 예약하지 않고 갔다가는 돌아서야 할 확률이 높지만 밤 10시 이후에는 빈자리가 많다. 입맛 따라 일곱 가지 부위를 골라서 맛볼 수 있는 '특선 7종 모리아와세' 메뉴가 인기 있다. 다른 야키니쿠 집과 달리 숯불을 사용한다. 조갈비, 네기탄시오, 가이노미가 가장 잘나가는 메뉴.

구글 지도 니쿠야 니쿠이치

MAP P.177 VOL.1 P.059
Ⓢ 하카타역 지쿠시 출구에서 도보 7분 Ⓣ 17:00~다음 날 01:00(L.O 24:30) ⊖ 1월 1일 ¥ 특선 7종 모리아와세 2~3인 기준 4378¥ Ⓗ www.yakiniku-nikuichi.com

잇소우 라멘 본점
一双 本店

후쿠오카 돈코츠 라멘을 말할 때 빼놓을 수 없는 집. 2020년부터 4년 연속으로 타베로그 백명점(百名店)에도 선정된 덕분에 밤 11시가 넘은 시간에도 30분씩 줄을 서야 겨우 들어갈 수 있을 정도로 인기 있다. 거품이 가득한 국물이 가장 큰 특징인데 보기와 달리 돈코츠 특유의 누린내가 심하지 않고 목 넘김도 부드럽다.

구글 지도 하카타 잇소우 본점

MAP P.177
Ⓢ 하카타역 지쿠시 출구에서 도보 12분
Ⓣ 11:00~24:00 ⊖ 부정기 ¥ 특제 라멘 1350¥

마에다야 총본점
前田屋総本店

요즘 뜨는 모츠나베 전문점. 건물 1층은 시끌벅적, 2층은 조용해서 같은 식당임에도 전혀 다른 분위기를 느낄 수 있다. 다른 집에 비해 국물이 많이 짜지 않고 감칠맛이 있어 일본식 전골을 잘 먹지 못하는 사람도 쉽게 한 그릇을 비운다. 미소맛 모츠나베를 추천. 고마사바도 놓치지 말것. 오토시(자릿세)가 있다.

구글 지도 하카타 모츠나베 마에다야 총본점

MAP P.177 VOL.1 P.061
Ⓢ 하카타역 지쿠시 출구에서 도보 6분 Ⓣ 11:00~14:30, 17:00~24:00(월~목요일은 저녁 영업만 함) ⊖ 부정기 ¥ 미소 모츠나베 1793¥, 고마사바 1078¥

다이치노 우동
大地のうどん

후쿠오카 사람들이 가장 즐겨 먹는 고보텐 우동(우엉 튀김 우동)으로 유명한 집이다. 고보텐을 얇게 썰어 납작한 도넛 모양으로 튀긴 뒤 우동에 올리는 것이 특징. 또 다양한 튀김을 올려 눈과 입을 즐겁게 하는 붓카케 우동도 인기 메뉴다.

구글 지도 Daichi no udon

MAP P.177 VOL.1 P.053
Ⓢ 하카타역 맞은편, 후쿠오카아사히 빌딩 지하 1층 Ⓣ 11:20~15:30, 17:00~다음 날 09:00 ⊖ 부정기
¥ 고보텐 우동 550¥, 붓카케 우동 750¥

하카타규 마부시 무사시
博多牛まぶし 武蔵

A4등급 이상의 최고급 와규만 사용해 마부시(덮밥)를 만드는 집. 고기의 양을 1.5배, 2배로 고를 수 있으며 토핑도 다양하게 추가할 수 있다. 곁들여 먹는 소스도 여덟 가지나 되는데, 와사비와 간장 소스 조합이 정말 좋다. 고기는 기본적으로 레어로 나오지만 개인 불판에 원하는 굽기로 구워 먹으면 된다.

구글 지도 하카타규 마부시 무사시

MAP P.177
Ⓢ 하카타역 지쿠시 출구 건너편 Ⓣ 11:30~15:00, 17:30~21:00 ⊖ 부정기 ¥ 죠와규니쿠 무사시 2000¥

하카타 잇코샤 총본점
博多一幸舎 総本店

진한 돈코츠 라멘이 먹고 싶은 라멘 마니아라면 꼭 가볼 만한 곳. 특수 제작한 3개의 대형 솥에서 한번 끓인 육수를 여러 차례 끓여가며 숙성해 사골 육수처럼 농축된 국물 맛을 자랑한다. 가장 인기 있는 메뉴는 특상 돼지 뼈 라멘. 칼칼하고 깊은 맛이 특징이다. 현금 결제만 가능.

구글 지도 하카타 잇코샤 총본점

MAP P.177 VOL.1 P.056
Ⓢ 하카타역에서 도보 6분 Ⓞ 11:00~20:30 ⊖ 부정기 ¥ 특상 돼지 뼈 라멘 1550¥

불랑제
BOUL'ANGE

크루아상, 퀸 아망, 팽 오 쇼콜라 등 비에누아즈리 빵이 맛있는 체인 빵집. 매우 다양한 빵을 판매하며 점내 취식도 가능해 쉬었다 가기도 좋다. 미니 오븐이 있어 쉽게 빵을 데워 먹을 수 있으니 참고. 이곳에서만 판매하는 크루아상 소프트 아이스크림은 꼭 한번 먹어보자.

구글 지도 BOUL'ANGE

MAP P.177
Ⓢ 기온역 5번 출구에서 도보 3분 Ⓞ 07:30~21:00 ⊖ 부정기 ¥ 크루아상 소프트아이스크림 500¥, 크루아상 216¥

죠스이안
如水庵

일본 전통 디저트 전문점. 최고급 재료만 사용해 수제로 만들고 포장재도 고급스러워 가격대가 높지만 그만큼 맛있다. 그중 가장 인기 있는 메뉴는 후쿠오카의 명품 딸기인 '아마오우'를 통째로 넣은 '이치고 다이후쿠'. 유통기한이 하루, 상미 기한은 3시간이라서 선물용으로는 적당하지 않으니 조심하자. 점내 취식 불가능. 마잉구에도 지점이 있다.

구글 지도 죠스이안 하카타 에키마에 본점

MAP P.177
Ⓢ 하카타역에서 도보 4분 Ⓞ 09:00~19:00(토·일요일은 18:00까지) ⊖ 부정기 ¥ 이치고 다이후쿠 681¥

사케도코로 아카리
酒処あかり

JTBC <퇴근 후 한 끼>에서 마츠다 부장이 찾아간 동네 선술집. 떠들썩한 현지 분위기를 느낄 수 있다. 곱창을 장조림같은 푹 삶아낸 '모츠니'와 튀김옷이 얇고 바삭한 닭 날개 튀김이 인기 메뉴다. 모츠니와 닭날개 튀김, 맥주 한 잔을 묶은 세트를 1000¥에 판매한다. 한국어 메뉴판이 있다.

구글 지도 사케도코로 아카리

MAP P.177 VOL.1 P.071
Ⓢ 하카타역 지쿠시 출구에서 도보 3분 Ⓞ 04:00~23:00 ⊖ 부정기 ¥ 모츠니 490¥, 닭 날개 튀김 1개 180¥

하가쿠레 우동
葉隠うどん

후쿠오카의 우동집으로는 유일하게 미슐랭 빕 구르망에 이름을 올린 집. 토핑은 두 가지를 고를 수 있는데, 에비카키아게(새우튀김), 고보(우엉) 등이 인기. 튀김이 맛있기로 유명한 곳이니 튀김 토핑은 반드시 맛보자. 현금 결제만 가능. 한국어 메뉴가 있다. 우동 양이 조금 적은 편인데, 이나리(유부초밥) 등 사이드 메뉴를 함께 주문하면 배부르다.

구글 지도 하가쿠레 우동

MAP P.177 VOL.1 P.053
Ⓢ 하카타역 지쿠시 출구에서 도보 13분 Ⓞ 11:00~15:00, 17:00~21:00 ⊖ 일요일, 공휴일 ¥ 우동 380~700¥

다코멧카
ダコメッカ

유명 베이커리를 차례로 히트 친 히라코 료타 씨가 만든 빵집. 커다란 화덕에서 바로 구워내는 소시지 빵이 인기 있는데 아침 일찍 가지 않으면 금방 매진된다. 소시지 빵을 비롯한 오소자이 빵(부재료를 많이 넣은 빵)은 좋은 평을 얻고 있다. 점내 취식 공간은 있지만 1인 1음료 필수.

구글 지도 다코멧카

MAP P.177
Ⓢ 하카타역에서 도보 5분 Ⓞ 08:00~20:00 ⊖ 부정기 ¥ 소시지 빵 529¥

야키니쿠 타규
焼肉多牛

인기 절정의 야키니쿠 집. 추천 부위는 안창살, 우설(소의 혀), 상갈비. 단가가 높은 소고기 위주로 주문하는 것이 유리하다. 무엇보다 1인당 2500~4000¥이면 배 부르게 먹을 수 있어 대만족. 오후 3시부터 방문 예약만 받으니 반드시 예약하는 것이 좋다. 현금 결제만 가능.

구글 지도
야키니쿠 타규 하카타에키미나미점

MAP P.177
하카타역 지쿠시 출구에서 도보 10분
17:30~23:00(L.O 22:30) 월요일
¥야키니쿠타규 상갈비 790¥, 우설 980¥

라라포트 후쿠오카
ららぽーと福岡

역대 최고 크기를 자랑하는 건담인 '실물 크기 건담'이 있는 후쿠오카의 새로운 쇼핑몰. 5층 건물의 상가에 221개의 점포가 있으며, 규슈의 다양한 먹거리의 매력을 즐길 수 있는 약 20개 점포인 'Food Marche(푸드 마르셰)'도 있어서 원스톱 쇼핑이 가능하다.

구글 지도 라라포트 후쿠오카

MAP P.177 VOL.1 P.031
하카타역 지쿠시 출구 길 건너편 정류장에서 40L·44·45·L 버스를 타고 라라포트 후쿠오카 혹은 나카5초메 정류장에서 하차, 약 20분 소요 쇼핑·서비스 10:00~21:00, 음식점 11:00~22:00

요도바시 카메라
ヨドバシカメラ Yodobashi

카메라, 대형 가전, 생활 가전 등 각종 전자 제품은 물론 장난감, 생활용품, 패션 등 다양한 상품을 접할 수 있다. 카메라, 장난감, 프라모델을 특히 주목할 것. 건물 안에 하카타 최대 규모의 대형 마트인 '로피아', 유니클로의 자매 브랜드인 'GU', 생활용품 전문점 '다이소'도 입점되어 함께 쇼핑하기 편리하다.

구글 지도
요도바시카메라 멀티미디어 하카타점

MAP P.177
하카타역 지쿠시 출구에서 도보 4분
09:30~22:00

로피아
ロピア

식품, 도시락이 매우 저렴한 대형 마트. 면세가 되지 않는 곳임에도 웬만한 물건은 여기서 구입하는 것이 가장 저렴하다. 엄청난 인파가 몰리는 오후부터는 품절 제품도 많아지니 오후 3시 이전에 방문하는 것을 추천. 즉석식품이 가격 대비 맛이 괜찮아서 평이 좋다. 드러그나 생활용품 등은 물품이 다양하지 않으니 다른 대형 마트와 드러그스토어를 이용하자. 현금 결제만 가능.

구글 지도 로피아 하카타 요도바시점

MAP P.177 VOL.1 P.106
하카타역 지쿠시 출구에서 도보 4분, 요도바시 카메라 4층 10:00~20:00 부정기

GU
GU

유니클로의 세컨드 브랜드로 저렴한 가격으로 승부한다. 유니클로에 비해 품질은 조금 떨어지지만 다양한 스타일을 넉넉한 마음으로 쇼핑할 수 있다. 여행 중 양말이나 속옷 등이 필요할 때 달려가기 좋다. 우리나라에 정식 론칭하지 않은 브랜드이고 누구에게나 잘 어울릴 법한 스타일이 주를 이룬다.

구글 지도 GU 요도바시 하카타

MAP P.177
요도바시 카메라 건물 3층 10:00~21:00
부정기

도초지
東長寺

일본의 국보로 지정된 후쿠오카 대불(福岡大仏)을 모신 사찰. 대불은 높이 10.8m의 목조 좌상으로 일본 최대 규모이며 가까이에서 보면 위압감이 느껴질 정도로 크다. 1년 중 가장 아름다운 계절은 벚꽃철로 경내가 온통 봄빛으로 물든다.

구글 지도 도초지

MAP P.176
Ⓢ 기온역 1번 출구 바로 옆 Ⓛ 09:00~17:00(대불은 16:45까지) ⊖ 부정기
¥ 무료입장(후쿠오카 대불 50¥)

쇼후쿠지
聖福寺

역사에 큰 흥미가 없어도 가볼 만한 사찰. 빽빽이 심어놓은 수목 덕분에 사찰이라기보다는 아담한 수목원을 걷는 기분이다. 곳곳에 놓인 벤치에 앉아 혼자만의 시간을 보내기에도, 잠시 쉬면서 여행의 고단함을 털어내기에도 딱 좋다.

구글 지도 쇼호쿠지

MAP P.176
Ⓢ 기온역 1번 출구로 나와 뒤돌아 좌회전해 첫 번째 갈림길에서 좌회전, 도보 7분 Ⓛ 06:00~17:00 ⊖ 부정기 ¥ 무료입장

조텐지
承天寺

우동과 소바의 발상지로 이를 증명하는 비석이 서 있는 사찰. 하지만 큰 볼거리가 없다는 평이 많다. 기대감은 버리고 산책 삼아 가보자. 입구 기둥의 QR코드를 인식하면 오디오 가이드를 다운로드할 수 있으니 참고하자.

구글 지도 죠텐지

MAP P.177
Ⓢ 기온역 4번 출구에서 도보 3분 Ⓛ 정해진 입장 시간이 없음 ⊖ 부정기 ¥ 무료입장

하카타 천년문
博多千年門

구시가지의 출발을 알리는 문이다. 2014년에 세웠으며 역사 유적은 아니나, 이 문을 들어서면 공원처럼 정성스레 조성된 조텐지 길이 이어진다. 복잡한 하카타역과는 다르게 조용해 산책하기 좋다.

구글 지도 하카타 천년문

MAP P.177
Ⓢ 기온역 4번 출구에서 도보 3분 ⊖ 부정기 ¥ 무료입장

셋신인
節信院

명성황후 관음상이 있는 사찰. 암살에 직접 개입한 '토우 가츠아키'가 을미사변 13년후인 1908년에 청동 관음상을 세웠지만 태평양전쟁 때 군수물자로 징발되었다. 관음상 재건에 얽힌 이야기도 흥미롭다. 이곳에서 발견한 고아를 친자식처럼 키운 노부부가 있었는데 열아홉 살이 되던 해에 요절하자 명성황후가 아이를 보듬어 안고 있는 모양으로 제작했다고 한다.

구글 지도 절신원

MAP P.176
Ⓢ 지하철 기온역 1번 출구에서 도보 8분 ⊖ 부정기 ¥ 무료입장

EATING →

스케상 우동
資さんうどん

기타큐슈에서 시작해 전 규슈에 지점을 둔 우동 & 덮밥 체인점. 후쿠오카에도 몇 개 지점이 있지만 이곳의 접근성이 가장 좋다. 24시간 운영하고 매장과 주차장이 매우 넓어 렌터카 여행이나 대가족 여행자에게 추천한다. 최고의 인기 메뉴는 역시 길쭉한 모양의 우엉튀김과 고기 고명을 듬뿍 넣은 '니쿠고보텐 우동'. 입맛에 따라 토핑을 추가하자.

구글 지도 스케상 우동 하카타치요점

MAP P.176
Ⓢ 기온역 1번 출구에서 도보 15분 Ⓣ 24시간
⊖ 부정기 ¥ 니쿠고보텐 우동 760¥

신슈 소바 무라타
信州そば むらた

일단 평범한 외관에 실망할 확률이 높다. 하지만 자리에 앉으면 보이는 낮은 담벼락 풍경과 먹고 또 먹어도 흠잡을 데 없는 소바 맛이 부족한 부분을 채우고도 남는다. 면의 질감을 천천히 느끼며 먹으면 더 맛있다. 한국어 메뉴판이 있어 주문하기도 쉽다. 현금 결제만 가능.

구글 지도 신슈소바무라타

MAP P.176
Ⓢ 기온역 2번 출구에서 도보 4분 Ⓣ 11:30~21:00
⊖ 월요일 ¥ 소바 980~2700¥

야키도리 라쿠가키
やきとり処 楽がき 祇園店

숯불에 꼬치를 구워주는 야키토리 집. 닭꼬치 이외에도 달걀말이 등 메뉴가 다양해 저녁 겸 먹어도 부담이 없다. 츠쿠네(닭고기 완자)가 가장 인기가 많은데, 날달걀노른자와 간장소스가 함께 나온다. 한국어 메뉴판이 있고 한국어를 할 줄 아는 직원도 있다.

구글 지도 야키도리 라쿠가키 기온점

MAP P.177 VOL.1 P.070
Ⓢ 기온역 5번 출구에서 도보 4분 Ⓣ 17:00~23:00
⊖ 일요일 ¥ 모둠 꼬치 1000¥(6개), 츠쿠네 250¥
Ⓗ http://yakitori-rakugaki.com/gion

하카타 기온 테츠나베
博多 祇園 鉄なべ

무쇠 냄비에 구운 교자를 전문으로 하는 이자카야. 그날 만든 수제 만두를 뜨거운 무쇠 냄비 그대로 제공한다. 냄비 형태에 따라 교자가 둥글게 올라가는 것이 특징. 1인 1 메뉴도 아닌, 1인 1 교자라는 불편함에도 교자를 한입 먹으면 마음이 스르르 녹는다. 늘 긴 줄이 서 있어서 대기는 각오해야 한다.

구글 지도 하카타 기온 테츠나베

MAP P.177
Ⓢ 기온역 5번 출구에서 도보 4분 Ⓣ 17:00~22:30
⊖ 일요일 ¥ 철판 교자 500¥(8개) Ⓗ www.tetsunabe.co.jp

SHOPPING →

꼼데가르송
コム・デ・ギャルソン Comme des Garçons

일본의 패션을 이끄는 세계적인 디자이너 브랜드 꼼데가르송의 로드 숍. 13개 라인 가운데 눈이 달린 하트 마크가 포인트인 캐주얼한 '플레이' 라인이 인기. 특히 셔츠와 카디건은 인기가 많아 입고 당일 매진된다.

구글 지도 꼼데가르송 매장

MAP P.177
Ⓢ 기온역 4번 출구에서 도보 4분 Ⓣ 11:00~20:00
⊖ 부정기

EXPERIENCE →

하카타마치야 후루사토칸
博多町家ふるさと館

메이지·다이쇼 시대(1826~1926) 후쿠오카의 모습을 재현해놓은 작은 민속촌 같은 곳. 박물관인 전시동, 상업 지구를 재현한 마치야 홀, 전통 공예품과 기념품을 판매하는 기념품동이 있으며, 전시동에서는 하카타 인형 칠하기, 팽이 만들기 등의 체험이 가능하다.

구글 지도 하카타마치야 후루사토칸

MAP P.176
Ⓢ 기온역에서 도보 4분 Ⓣ 10:00~18:00(전시동 입장은 17:30까지) ⊖ 부정기 ¥ 전시동 입장료 200¥, 초등·중학생 무료, 20인 이상 단체 150¥, 산큐 패스·시티 투어 티켓 소지자 50¥ 할인 Ⓗ www.hakatamachiya.com

스미요시 신사
住吉神社

일본의 스미요시 신사 중 가장 오랜 1800여 년의 역사를 간직하고 있다. 일본 3대 스미요시 신사로 알려져 전국 각지에서 참배객이 몰려들지만 다른 신사에 비해 유독 조용한 분위기다. 근처의 라쿠스이엔과 함께 둘러보면 근사한 여행 코스가 완성된다. 손을 갖다 대면 힘을 얻을 수 있다는 스모 선수 동상도 반드시 찾아보자.

구글 지도 스미요시 신사

MAP P.177
ⓢ 하카타역 하카타 출구 앞 B·C·D 버스 정류장에서 300·301번 등의 버스를 타고 에키마에욘초메 정류장에서 하차 ⓘ 06:00~20:00 ⊖ 부정기 ¥ 무료입장

라쿠스이엔
楽水園

다다미방에 앉아 말차를 음미할 수 있는 일본식 정원. 잉어가 노니는 연못과 초록의 정원을 바라보고 있노라면 그 옛날 떵떵거리며 살았을 이 집 주인이 된 것만 같다. 풍경이 아름다운 시기는 봄가을로, 겨울에는 볼거리가 딱히 없다.

구글 지도 라쿠스이엔

MAP P.177 VOL.1 P.145
ⓢ 스미요시 신사 뒤편 ⓘ 09:00~17:00 ⊖ 화요일, 12월 29일~다음 해 1월 1일 ¥ 고등학생 이상 100¥, 중학생 이하 50¥, 미취학 어린이 무료, 말차와 화과자 세트 500¥

EATING →

우동 다이라
うどん平

늘 인산인해를 이루는 우동 집. 그 덕에 식재료는 언제나 신선하고 면발도 쫄깃쫄깃한 것이 모든 맛이 한 그릇 안에서 살아 숨 쉰다. 니쿠(고기) 우동과 고보(우엉) 우동이 가장 유명하다. 최근 발권기로 주문 및 결제하는 방식으로 바뀌었다. 현금 결제만 가능.

구글 지도 우동 다이라

MAP P.177 VOL.1 P.053
ⓢ 하카타역 하카타 출구로 나와 A 버스 정류장에서 47·48·48-1번 버스를 타고 스미요시욘초메 정류장에서 하차 후 도보 2분 ⓘ 11:00~15:00 ⊖ 일요일, 공휴일 ¥ 고보텐 우동 500¥, 니쿠 우동 600¥, 니쿠 고보텐 우동 700¥

마카로니 키친
マカロニキッチン

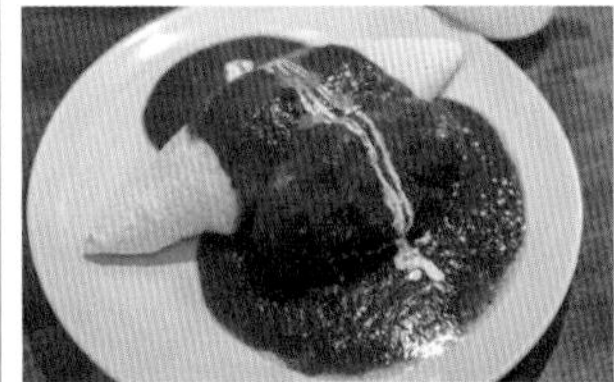

현지 젊은 층에 인기 있는 경양식 집으로 오므라이스와 햄버그가 대표 메뉴. 둘 다 맛있어서 모두 맛볼 수 있는 '오므라이스 & 햄버그' 메뉴를 추천한다. 이 외에도 카레, 스테이크, 파스타 등도 평균 이상은 한다는 평. 대표 메뉴 두 가지를 조합한 메뉴가 다양해 입맛에 따라 선택의 폭이 넓다는 것이 가장 큰 장점.

구글 지도 마카로니키친

MAP P.177
ⓢ 우동 다이라 옆 건물 ⓘ 11:30~16:00, 18:00~24:00 ⊖ 부정기 ¥ 오므라이스 & 햄버그 1950¥

SHOPPING →

스미요시 슈한
住吉酒販 博多本店

일본주 전문 주판점. 나베시마, 우부스나 같은 규슈 각지의 사케 양조장에서 나는 유니크한 지자케 라인업이 좋으며 설명이 친절하게 되어 있어 마치 박물관에 온 것 같은 기분도 든다. 인기 제품은 1인 1병 구매 제한이 있으며 품절도 빠르니 미리 체크하자. 면세 불가능.

구글 지도 스미요시 슈한

MAP P.177
ⓢ 하카타역에서 44·300번 등의 버스를 타고 스미요시에서 하차, 도보 3분 ⓘ 09:30~18:30 ⊖ 일요일

SIGHTSEEING →

캐널 시티 하카타

キャナルシティ博多

도쿄 롯폰기힐스를 설계한 존 저드(Jon Jerde)의 작품으로 건물 전체가 거대한 운하의 모습을 이루는 것이 특징. 후쿠오카의 다른 쇼핑몰에 비해 입점 브랜드나 음식점이 빈약하지만, 캐릭터 숍과 아웃도어용품 전문점인 '알펜' 등은 가볼 만하다. 저녁 6시부터 10시까지 30분 간격으로 펼쳐지는 분수 쇼도 볼만하니 챙겨 보는 것을 추천.

구글 지도 캐널 시티 하카타

MAP P.176 VOL.1 P.031, 091
Ⓢ 구시다진자마에역 바로 앞 Ⓣ 숍 10:00~21:00, 레스토랑 11:00~23:00 ⊖ 연중무휴

구시다 신사

櫛田神社

후쿠오카 시민들이 가장 사랑하는 신사. 기온 야마카사, 돈타쿠 미나토 마츠리 등 이 지역의 대표적인 축제가 이곳에서 시작하고, 시민들의 결혼식이나 성인식 등의 행사도 수시로 열린다. 하지만 한국인에게는 명성황후를 시해한 칼인 '히젠토'가 보관된, 아픈 역사가 있는 곳이다.

구글 지도 구시다 신사

MAP P.176 VOL.1 P.030
Ⓢ 캐널 시티 하카타와 연결된 구름다리를 건너면 바로 Ⓣ 04:00~22:00 ⊖ 부정기 Ⓨ 무료입장

EATING →

우오덴

うお田

해산물 덮밥으로 유명한 가게. 그중 가장 인기 있는 메뉴가 부드러운 달걀 위로 명란젓 하나를 통째로 올린 멘타이 이쿠라 타마고야키돈(明太いくら玉子焼丼)이다. 명란의 짭짤한 맛이 부드러운 달걀말이, 연어 알과 잘 어울린다. 명란젓 대신 장어를 올린 우나타마주도 인기다. 명란, 연어 등의 토핑은 추가 요금을 내고 추가할 수 있다. 가게 입구의 대기순번표를 뽑아야 대기자 명단에 이름이 올라가니 조심하자.

구글 지도 우오덴

MAP P.177 VOL.1 P.063
Ⓢ 구시다진자마에역에서 도보 1분 Ⓣ 06:30~09:30, 11:30~21:00 ⊖ 부정기 Ⓨ 멘타이 이쿠라 타마고야키돈 2530¥, 우나타마주 3960¥

이쿠라

いくら博多店

부드럽고 폭신폭신한 오믈렛으로 유명한 식당이다. 햄버그 위에 올린 오믈렛과 밥이 따로 나오는 오무버그, 세 가지를 한 번에 담아낸 햄버그 오므라이스 등이 주요 메뉴다. 소스는 데미글라스, 카레, 칠리, 명란 크림 중에 선택할 수 있는데, 데미글라스가 가장 무난하다. 현금만 가능. 이마이즈미에도 지점이 있다.

구글 지도 이쿠라 하카타점

MAP P.177
Ⓢ 구시다진자마에역에서 도보 1분 Ⓣ 11:30~15:00, 17:00~21:00 ⊖ 부정기 Ⓨ 오무버그 1500¥, 햄버그 오므라이스 1600¥

에비스야 우동
えびすやうどん

갈비 우동으로 후쿠오카를 평정한 우동 집. 한국인 입맛에 딱 맞는 갈비 토핑 맛 덕분에 손님 대부분이 한국인이다. 후쿠오카에서 난 밀을 사용해 자가 제면 방식으로 면을 뽑고 홋카이도의 라우스 다시마와 여러 가지 가다랑어포를 섞어 국물을 만드는 등 우동 한 그릇 안에 적지 않은 정성이 들어간다. 냉우동과 온우동 중 선택해 주문할 수 있으며 토핑 추가가 가능해 입맛에 맞춘 커스텀 메뉴도 주문 가능하다. 오후 3~4시에는 웨이팅이 길지 않은 편이고 다른 시간대에는 평균 30분~1시간 이상 웨이팅이 있다.

구글 지도 에비스야 우동

MAP P.177 VOL.1 P.053
ⓢ 구시다진자마에역 7번 출구에서 도보 5분 ⓣ 11:10~18:00 ⊖ 수요일 ¥ 갈비 붓카게 우동 890¥

야키니쿠 바쿠로
やきにくのバクロ

가성비 좋은 야키니쿠 맛집. 특히 점심시간에만 주문할 수 있는 런치 세트가 인기 있는데 여섯 가지 부위의 와규를 조금씩 맛보는 '바쿠로 와규 진미 세트'를 추천. 밥과 국은 무한 리필이 되며 300¥만 추가하면 디저트도 주문할 수 있다. 양이 많은 사람은 1.5배 메뉴를 주문하자. 1인용 좌석이 넓어 혼자 식사하기도 좋다.

구글 지도 야키니쿠 바쿠로 하카타점

MAP P.177 VOL.1 P.059
ⓢ 구시다진자마에역 7번 출구에서 도보 3분
ⓣ 11:30~14:30, 17:00~22:00 ⊖ 부정기
¥ 바쿠로 와규 진미 세트 2300¥

다이토엔 본점
大東園本店

고급스러운 분위기로 후쿠오카에서는 독보적인 야키니쿠 전문점. 4층짜리 건물 전체를 식당으로 이용하는데 1인 좌석부터 다인 좌석, 개별 룸까지 있어 여행자와 현지인 모두에게 사랑받는다. 가격이 상당히 비싸지만 고기의 질과 맛은 그 이상의 값어치를 한다. 1인당 적어도 4만~5만 원 정도는 잡아야 한다.

구글 지도 다이토엔 본점

MAP P.176
ⓢ 구시다진자마에역 3번 출구에서 길을 건너면 바로 ⓣ 11:30~14:00, 16:00~22:30 ⊖ 부정기
¥ 아카미모리 3960¥

가와타로
河太郎

요부코항 직송 활오징어만 취급하는 오징어 요리 전문점. 점심시간에만 주문할 수 있는 오징어 활어회 정식이 유명한데 오징어튀김, 덤플링, 활어회 등이 함께 나온다. 일주일 전 전화 예약이 필수이며 점심은 현금 결제만 가능.

구글 지도 가와타로

MAP P.176
ⓢ 캐널 시티 나카스 강변 쪽 출입구로 나와 다리를 건넌다. ⓣ 월~금요일 12:00~14:30, 토·일요일·공휴일 11:45~14:30, 17:00~22:00(일요일은 저녁에만 운영) ⊖ 8월 15일, 연말연시 ¥ 오징어 활어회 정식 L 사이즈 3850¥

후쿠 커피
Fuk Coffee

여행을 콘셉트로 만든 커피숍. 카페 곳곳은 개성 있는 소품으로 채워져 있으며 에코 백, 텀블러, 유리컵, 배지 등 자체 굿즈도 다양하다. 커피는 항공권 모양의 스티커가 붙은 일회용 컵에 나와 분위기를 더한다.

구글 지도 후쿠 커피

MAP P.177 VOL.1 P.078
ⓢ 구시다진자마에역에서 도보 2분
ⓣ 08:00~22:00 ⊖ 부정기 ¥ 카페라테 550¥, 라테 아트 20¥ 추가 ⓗ https://fuk-coffee.com/shop/fuk-coffee

후루후루 하카타
THE FULL FULL HAKATA

명란과 버터를 넣어 구운 멘타이코 바게트가 최고 인기 메뉴. 이곳의 인기 이유는 명란과 버터의 비율이 적당해 비리지 않고, 100% 일본산 밀가루를 쓰기 때문이라고. 흑설탕 사과 도넛과 멜론 빵도 맛있다.

구글 지도 후루후루 하카타

MAP P.177 VOL.1 P.073
캐널 시티 하카타 이스트 빌딩 앞
10:00~19:00 화요일
명란 바게트 417¥
www.full-full.jp

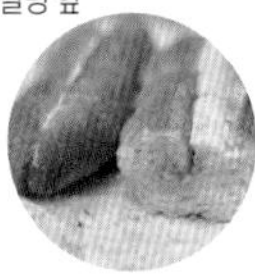

카로노우롱
かろのうろん

1882년에 개업한 우동 집. 단골과 여행자에게 모두 인기 있는 메뉴는 고보텐 우동으로 한번 맛보면 그 맛을 쉽게 잊을 수 없다. 특별한 맛이 있는 것은 아니지만 누구나 한 그릇을 가볍게 비울 수 있다. 현금 결제만 가능. 실내 사진 촬영 금지.

구글 지도 카로노우롱

MAP P.176
구시다진자마에역 바로 앞 11:00~19:00(재료 소진 시 영업 종료) 화요일(공휴일인 경우 다음 날) 고보텐 우동 650¥

화이트 글라스 커피
ホワイトグラスコーヒー

샐러드와 샌드위치가 맛있는 브런치 카페. 특히 카페라테가 맛있기로 유명하다. 오전 8시부터 10시까지 아침 메뉴를 판매하는데, 웬만한 호텔 조식보다 낫다는 평이다. 수프 플레이트, 아보카도 토스트, 과일 요구르트 그래놀라 등에 커피나 음료를 포함해 800~1100¥에 먹을 수 있다.

구글 지도 화이트글래스커피 후쿠오카점

MAP P.177
캐널 시티 건너편 코쿠테츠 거리 08:00~20:00 부정기 카페라테 550¥, 치킨 타르타르 샌드위치 1450¥

SHOPPING →

라멘 스타디움
ラーメンスタジアム

하카타뿐 아니라 교토, 쿠루메, 삿포로 등 지역을 대표하는 라멘 집을 한자리에 모아놓았다. 상대적으로 매출이 저조한 라멘 집을 퇴출하는 식으로 경쟁을 유도해 퀄리티를 지킨다. 라멘만이 아닌, 중국 탄탄면 매장도 만나볼 수 있다.

구글 지도 라멘 스타디움

MAP P.176
캐널 시티 하카타 센터 워크 빌딩 4층에서 5층으로 올라가는 에스컬레이터 이용
11:00~23:00(L.O 22:30) 부정기
http://canalcity.co.jp/ra_sta

커비 카페
KIRBY CAFÉ HAKATA

인기 캐릭터 '커비'의 캐릭터 숍 겸 카페. 일본에서도 도쿄와 후쿠오카에서만 만나볼 수 있어 커비 팬이라면 들를 만하다. 카페는 인터넷으로 예약한 경우에만 이용할 수 있으니 조심하자. 계절마다 한정 메뉴가 계속해서 출시되며 일부 메뉴는 커비 카페 한정 굿즈를 증정하기도 해 더 인기다. 디저트보다는 식사 메뉴의 만족도가 더 높다.

구글 지도 커비카페 하카타

MAP P.176
캐널 시티 하카타 1층 11:00~22:00 식사 메뉴 1848¥~ https://kirbycafe.jp/hakata

맥스밸류
マックスバリュ

24시간 영업하는 대형 마트. 한국인이 많이 구입하는 공산품은 물론, 도시락을 비롯한 식품류도 다양해서 언제든 장을 보러 가기 좋다. 가격은 그리 싸지 않지만 저녁 7시쯤부터 식품·도시락 코너를 중심으로 할인 행사를 하므로 이때를 잘 공략하자.

구글 지도 맥스밸류 하카타 기온점

MAP P.176 VOL.1 P.106
구시다진자마에 역 바로 앞 24시간
부정기

무지 북스
MUJI BOOKS

캐널 시티에서는 색다른 무지를 만날 수 있다. 기존의 무인양품이 대대적인 리뉴얼을 거쳐 3만 권이 넘는 서적을 기존 상품과 함께 판매하는 복합 매장 '무지 북스'로 재탄생했다. 책, 음식, 생활, 꾸미기 등 주제에 따라 책과 그에 어울리는 상품을 진열해 판매한다.

구글 지도 무인양품 캐널시티 하카타점

MAP P.176
캐널 시티 하카타 노스 빌딩 3층 10:00~ 21:00
부정기 www.muji.com/jp/mujibooks

샴 드 뱅
シャルムデュヴァン

후쿠오카에서 가장 유명한 주류 판매점. 위스키와 리큐어, 와인을 주력으로 판매하는데 우리나라 사람들에게 인기 있는 중·고가 위스키가 많고 가격이 저렴해 인기를 끈다. 인기가 많은 주류는 일찌감치 매진되기도 하니 오전 중에 들르는 것이 안전하다. 일부는 잔술로 유료 시음이 가능하다는 점도 애주가들이 칭찬하는 부분. 면세 가능.

구글 지도 샴 드 뱅

MAP P.177
구시다진자마에역 6번 출구에서 도보 3분
10:00~20:00 일요일, 부정기

돈구리 리퍼블릭
どんぐり共和国

<이웃집 토토로>, <센과 치히로의 행방불명> 등 스튜디오 지브리의 작품에 등장하는 캐릭터를 활용한 상품을 판매하는 곳. 인형을 비롯해 홈웨어, 시계, 가전제품, 인테리어 소품까지 다양하게 갖추었다.

구글 지도 돈구리공화국

MAP P.176
캐널 시티 하카타 사우스 빌딩 지하 1층
10:00~21:00 부정기
http://benelic.com/service/donguri.php

점프 숍
Jump Shop

<원피스>, <나루토>, <드래곤볼> 등을 배출한 만화 출판사 점프의 캐릭터 숍. 아기자기한 소품과 생활용품, 기념품 등이 주를 이루며 소유욕을 자극하는 상품이 많은 것으로 유명하다. 특히 1000¥ 미만의 기념품을 유의해서 보자. 1만¥ 이상 구입 시 면세 가능.

구글 지도 점프 샵 후쿠오카점

MAP P.176
캐널 시티 하카타 지하 1층
10:00~21:00
부정기

산리오 갤러리
サンリオギャラリー

산리오 캐릭터 상품을 판매하는 캐릭터 숍. 다른 대도시에 있는 산리오 갤러리에 비하면 규모가 작고 상품도 다양하지는 않지만 후쿠오카에서 산리오 제품이 가장 다양한 편이다. 비슷한 제품이라도 좀 비싼 경향이 있긴 하다. 5500¥ 이상 구입 시 면세 가능.

구글 지도 산리오 갤러리 하카타점

MAP P.176
캐널 시티 하카타 지하 1층 10:00~21:00
부정기

건담베이스 후쿠오카
ガンダムベース福岡

건담 팬이라면 들를 만한 건프라 전문숍. 도쿄나 오사카 매장에 비하면 규모는 작지만 이곳에서만 판매하는 한정 아이템이 다양하고 재고가 넉넉하다. 다만 가격적인 면은 메리트가 크지는 않은데, 국내 판매 가격과 잘 비교해가며 구입하는 것을 추천한다.

구글 지도 건담베이스 후쿠오카

MAP P.176
캐널 시티 하카타 사우스 빌딩 1층
10:00~21:00
부정기

ZOOM ———————— IN

가와바타 상점가

진짜 후쿠오카의 삶이 모여 있는 상점가. 의류, 식료품, 음식점, 공예품 등 다양한 상점이 들어서 있다. 이 거리의 식당은 대부분 허름해 보이지만 맛은 기본 이상이다. Ⓜ P.176

가와바타 단팥죽 광장

川端ぜんざい広場

시장 중앙에 있는 관광 안내소 겸 단팥죽 전문점. 평일에는 안내소로 운영하고, 일주일에 금·토·일요일 단 3일만 단팥죽을 판다. 1910년대에 문을 열어 하카타 3대 명물 중 하나로 자리 잡은 유서 깊은 곳이다. 맛은 달짝지근한 단팥죽 본연의 맛에 충실하다. 데우기만 하면 먹을 수 있게 포장해 팔기도 한다.

하카탄 사카나야고로

博多ん肴屋 五六桜

백종원의 <스트리트 푸드 파이터> 후쿠오카 편에 나온 맛집이다. 후쿠오카 지역 음식인 모츠나베와 미즈타키, 고마사바(참깨 고등어회), 교자 등을 판매한다. 가장 인기 있는 메뉴는 미즈타키로, 맑은 국물에 닭고기와 채소가 잘 어우러진다. 면 사리 추가를 추천한다.

도산코 라멘 본점

どさんこ

하카타에서 몇 안 되는 홋카이도 라멘 집이다. 미소 라멘은 특유의 돼지 냄새가 없고 짜지 않아 라멘을 좋아하지 않는 사람도 반할 정도. 고슬고슬한 볶음밥도 인기 있다.

이소마루 수산

磯丸水産

가성비 좋은 해물 포장마차로, 오사카와 도쿄 등에서도 맛집으로 유명한 체인점이다. 메뉴당 399~988¥ 정도의 저렴한 가격으로 싱싱한 해산물을 맛볼 수 있다. 나카스강 바로 옆에 위치해 분위기가 좋다.

커리혼포 본점

伽哩本舗 本店

뚝배기에 담아 내오는 구운 카레가 별미. 토핑을 추가해 먹으면 더 맛있다. 점심 메뉴로 '오늘의 런치' 메뉴가 있는데 원하는 메뉴를 900¥에 판매하며, 추가 선택으로 토핑과 후식, 커피 등을 고르면 저렴한 가격에 먹을 수 있다.

하카타 라멘 하카타야

博多ラーメン はかたや

부정기로 하루 24시간 영업하는 저렴한 라멘 집. 300~500¥에 국물이 진한 라멘과 교자(만두)를 맛볼 수 있다.

아지도코로 이도바타

味処 井戸端

저녁에는 이자카야로 운영하지만 점심시간에는 하카타 전통 음식을 선보인다. 오후 12시부터 2시까지 런치타임에 닭 육수 라멘을 파는데, 육수가 짠 편이지만 중독되는 맛이다.

바쿠레

バークレー

레트로풍 분위기가 향수를 불러일으키는 카레 집. 수제 햄버그를 사용한 햄버그 카레가 대표 메뉴다. 규슈산 시금치가 가득 든 건강한 맛의 시금치 카레도 맛있다. 카레 메뉴 외에도 햄버그스테이크도 인기다. 420¥을 추가하면 샐러드, 커피가 함께 나온다. 햄버그, 새우튀김, 돈가스 등 토핑을 추가할 수도 있다.

ZOOM ———————— IN

니시나카스

후쿠오카만의 분위기를 만끽하려면 니시나카스가 정답이다. 나카스강, 후쿠오카 포토 존, 공회당 건물, 수상 공원 등 사진 명소가 촘촘히 모여 있어 산책하듯 가볍게 둘러보기도 좋고 가까운 거리의 아크로스 후쿠오카, 텐진 중앙 공원과 연계하면 꽤 괜찮은 도보 여행 코스가 된다. 강변을 따라 근사한 분위기의 브런치 카페, 바, 카페가 있으며 맛집도 다양하다. Ⓜ P.176

《 니시나카스 포토 존 BEST 4 》

수상 공원 水上公園

니시나카스 북단, 삼각형 지형에 들어선 레스토랑 위와 주변에 조성된 수상 공원이다. 배의 정원(Ship's Garden)으로도 불린다. 계단식으로 된 공간에는 그늘막과 앉을 자리가 있어 쉴 수 있고, 배 앞부분과 같은 공간에 서면 배를 타고 항해하는 것 같은 기분이 든다.

구 후쿠오카현 공회당 귀빈관 旧福岡県公会堂貴賓館

© 후쿠오카현 관광연맹

후쿠오카에서 가장 이국적인 분위기의 건축물로 일본 국가 지정 중요 문화재로 등록되어 있다. 밖에서 봐도 멋지지만 입장료 200￥을 내고 실내로 들어가면 고풍스러운 옛 정취를 느낄 수 있다.

FUKUOKA 글자 조형물 FUKUOKA文字モニュメント

후쿠오카에 여행 온 느낌을 팍팍 내려면 여기서 사진을 찍어야 제맛. 저녁이 되면 경관 조명이 들어와 더욱 분위기 있다.

후쿠하쿠데아이바시 福博であい橋

이름 그대로 '만남의 다리'다. 나카스와 텐진을 잇는 보행교로 공원처럼 꾸며놓아 잠시 쉬어 갈 수 있다. 다리 난간 뒤로 나카스의 시원한 풍경이 펼쳐져 낮이든 밤이든 멋진 사진을 찍을 수 있다.

크리스마스 기간 후쿠하쿠데아이바시의 모습

《 니시나카스 대표 맛집 BEST 3 》

팽 스톡 パンストック

발효 빵과 명란 바게트, 프렌치토스트 등로 유명한 곳이다. 특히 하드 계열 빵이 유명한데, 겉은 딱딱하지만 안은 엄청나게 부드럽다. 식사 대용으로 즐길 수 있는 샌드위치 등 빵 종류가 다양하고 가격도 저렴한 편이다. 브런치 메뉴도 있으며, 커피와 빵을 모두 주문하면 테이블에 앉아서 먹고 갈 수 있다.

🕔 08:00~19:00
⊖ 월요일, 첫째·셋째 주 화요일
¥ 모닝 플레이트 2080¥, 멘타이 프랑스 540¥

멘타이쥬 めんたい重

후쿠오카 최초의 명란 요리 전문점이다. 대표 메뉴인 멘타이쥬는 따뜻한 밥 위에 김 외에는 별다른 재료 없이 명란 하나만 통째로 올린 놀라운 모습으로 제공된다. 다시마에 말아 숙성시킨 명란과 직접 개발한 특제 소스가 맛의 비결!

🕔 07:00~22:30
⊖ 연중 무휴
¥ 멘타이쥬 1980¥

토피 파크 TOFFEE park

나카스 강변에 자리 잡은 카페로, 야외 테라스 좌석이 인기다. 진하고 고소한 두유 라테가 유명하다. 인기 메뉴인 소이 바닐라 라테는 모양도 예쁘고 맛도 좋으나 차갑게 마시는 편이 훨씬 맛있다.

🕔 화~토요일 10:00~22:00, 일요일 10:00~18:00
⊖ 월요일
¥ 두유 바닐라 라테 650¥

이치란 라멘 본점

一蘭 本社総本店

일본 전역에 지점을 둔 이치란 라멘의 본점. 돈코츠 라멘 특유의 향이 강하지 않아 누구나 맛있게 먹을 수 있다. 면의 굵기와 국물의 농도, 매운 단계까지 커스텀해 주문할 수 있으며 메뉴는 물론 라면을 주문하고 먹는 법까지 한국어로 잘 설명되어 있어 초보 여행자들이 식사하기 좋다. 1층 숍에서는 본점 한정 제품을 구입할 수 있다. 24시간 영업하므로 대기 시간이 긴 낮보다 밤 늦은 시간에 찾아가자.

구글 지도 이치란 본사총본점

MAP P.176 VOL.1 P.055

Ⓢ 나카스가와바타역 1·2번 출구에서 도보 1분 Ⓛ 24시간 ⊖ 부정기 ¥ 이치란 5선 라멘 1620¥

쿠라스시

くら寿司

일본 전국에 체인점을 둔 회전 초밥 집. 돈키호테 나카스점 바로 옆에 있어 함께 들르기 좋다. 스시의 질은 가격 대비 괜찮은 수준이고 맛도 그럭저럭 괜찮다. 한국어 번역이 잘되어 있어 일본 회전 초밥 집이 처음인 사람도 큰 어려움 없이 주문과 식사가 가능하다. 가성비로 찾을 만한 곳이지 '맛있는 스시'를 기대한다면 실망할 수 있다.

구글 지도 쿠라스시 하카타 나카스점

MAP P.176 VOL.1 P.067

Ⓢ 나카스 가와바타역 4번 출구와 연결된 돈키호테 건물 3층 Ⓛ 11:00~24:00 ⊖ 부정기 ⊖ 스시 135¥~

토카도 커피

豆香洞コーヒー

2012년 재팬 커피 로스팅 챌린지 우승, 2013년 월드 커피 로스팅 챔피언십 우승 등 세계적으로 실력을 인정받은 커피 장인 고토 나오키 씨가 운영하는 커피숍. 바의 네 좌석이 전부지만 바리스타가 핸드드립 하는 모습을 지켜보며 조용히 커피를 음미하기에 좋다.

구글 지도 토카도 커피

MAP P.176 VOL.1 P.078

Ⓢ 나카스가와바타역 6번 출구, 리버레인 몰 지하 2층 Ⓛ 10:30~19:30 ⊖ 1월 1일 ¥ 토카도 블렌드 484¥(핫), 594¥(아이스) ⓦ www.tokado-coffee.com

요시즈카 우나기야 본점

吉塚うなぎ屋本店

1873년 개업해 150년이 넘는 역사를 간직한 장어 요리 전문점. 입안에서 살살 녹는 장어 맛으로 유명하다. 이곳이 처음이라면 우나기동이나 우나주를 주문하자. 직원들이 기모노 차림으로 손님을 접대해 어른을 모시고 가기에도 적당하다. 한국어 메뉴판이 있다. 가게 입구에서 순번표를 뽑아야 웨이팅 리스트에 이름이 올라가니 주의하자. 보통 30분 정도는 기다려야 한다.

구글 지도 요시즈카 우나기야

MAP P.176

Ⓢ 캐널 시티 하카타에서 도보 5분 Ⓛ 10:30~20:15 ⊖ 수요일, 둘째·넷째 주 화요일 ¥ 우나기동 2150~3570¥, 우나주 3570~4990¥ ⓦ www.yoshizukaunagi.com

산스이 워터 드립 커피
山水水出珈琲

천연 지하수를 이용해 더치 커피(콜드 브루)를 선보이는 카페. 가게 통유리창을 통해 더치 커피 기구로 커피를 추출하는 과정을 볼 수 있다. 더치 커피는 아리타 지역의 도자기에 맥주처럼 고운 거품을 올린 커피가 나온다. 깔끔하고 부드러운 맛이 특징. 오전에 판매하는 토스트 세트가 가성비 좋다.

구글 지도 Sansui Mizude Coffee

MAP P.176
나카스가와바타역 리버레인 몰 1층 09:00~19:00 부정기 더치 커피 550¥, 더치 라테 600¥, 모닝 세트 100¥ 추가 http://ameblo.jp/sunsuicoffee

피카 커피
FIKA COFFEE

다양한 아침 식사 메뉴, 귀여운 음료와 디저트가 눈길을 끄는 카페다. 가장 인기 높은 메뉴는 스팀 밀크와 초콜릿을 따로 내오는 핫 초콜릿 음료로, 곰돌이 모양의 초콜릿을 따뜻한 우유에 넣어 녹여 마시는 방식이 재밌다. 또 다른 인기 메뉴인 커피 젤리는 커피로 만든 젤리 위에 아이스크림과 쿠키를 얹어 재미있는 식감으로 커피를 즐길 수 있다.

구글 지도 FIKA COFFEE

MAP P.176
리버레인 몰 1층 09:00~20:00 부정기 핫 초콜릿 650¥

초콜릿 숍
チョコレートショップ

후쿠오카 전통 디저트 가게인 초콜릿 숍의 본점으로 일명 '큐브 케이크'로 알려진 하카타노이시다타미가 인기다. 초콜릿 스펀지케이크, 초콜릿 무스, 생크림 등 5겹으로 만든 생초콜릿 케이크로 부드럽고 진한 초콜릿 맛이 일품.

구글 지도 Chocolate Shop Main Store

MAP P.176 VOL.1 P.075
고후쿠마치역 6번 출구로 나와 첫 번째 골목으로 들어가서 직진, 도보 2분 10:00~19:00 부정기 하카타노이시다타미 518¥(소) www.chocolateshop.jp

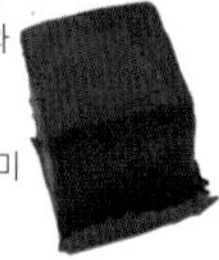

브라질레이로
ブラジレイロ Brasileiro

후쿠오카에서 가장 오래된 카페로 80년 동안 후쿠오카 카페 문화를 선도한 곳이다. 커피에 생크림을 얹어서 마시는 비엔나커피로 유명하다. 오전 10시부터 11시까지는 모닝 세트, 점심시간에는 런치 메뉴도 판매한다. 카드 사용 불가.

구글 지도 브라질레이로

MAP P.176 VOL.1 P.077
고후쿠마치역 1번 출구로 나와 직진하다 첫 번째 골목으로 50m 들어가서 왼쪽
평일 10:00~20:00, 토요일 10:00~19:00
일요일 블렌드 커피 600¥(생크림 포함)

카레 스파이스
カレースパイス

현지인 카레 맛집. 대표 메뉴는 하루 13그릇만 판매하는 햄버그 카레. 이미 알고 있는 맛임에도 계속해서 먹게 되는 매력이 있다. 기본에 충실하지만 어느 하나 모나지 않은 맛. 식후에는 카레 빵을 추가 주문해 먹으면 완벽한 마무리가 된다. 점심 장사만 짧게 하니 유의하자.

구글 지도 스파이스 카레

MAP P.176
나카스가와바타역 5번 출구에서 도보 5분
월~금요일 11:00~15:00, 토요일 11:00~14:00
일요일, 공휴일 햄버그 카레 1330¥

라멘 우나리
ラーメン海鳴

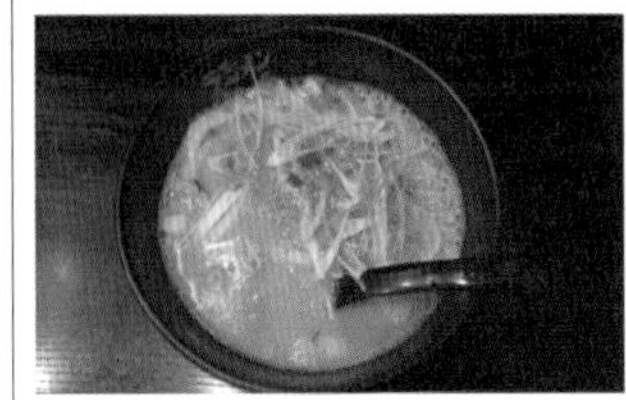

현지인들이 즐겨 찾는 라멘 집. 대표 메뉴인 교카이 돈코츠 라멘은 2015년 라멘 워커 그랑프리에서 종합 1위를 차지했다. 육수는 돼지 사골과 해산물을 우려내고 양파 기름으로 맛을 더해 깊고 구수한 맛이 특징. 저녁에만 영업한다.

구글 지도 우나리 라멘

MAP P.176 VOL.1 P.056
나카스가와바타역 4번 출구에서 도보 3분
월~토요일 18:00~06:00 일요일
돈코츠 라멘 800¥, 교카이 돈코츠 라멘 870¥

나카스 오뎅
中洲おでん

인기 있는 오뎅 바. 주문과 동시에 어묵을 건져내는 것이 소소한 볼거리가 된다. 오뎅 메뉴만 30개에 달하는데 다이콘, 네기타코텐, 마루텐, 킨차쿠 등의 오뎅을 추천. 1인당 10개 이상은 먹어야 배부르다. 가게 크기에 비해 손님이 많다 보니 90분 안에 식사를 마쳐야 한다는 규칙이 있다.

구글 지도 나카스 오뎅

MAP P.176 VOL.1 P.071
Ⓢ 나카스 가와바타역에서 도보 5분 Ⓘ 월~금요일 18:00~다음 날 02:00(토요일은 01:00까지)
⊖ 일요일 ¥ 오뎅 250¥~

야요이켄
やよい軒

'일본인의 밥집'이라는 수식이 붙은 체인 음식점. 메뉴 가짓수가 엄청난데 웬만한 음식이 한국인 입맛에 잘 맞는 편이고 양도 많다. 입구 옆 자판기에서 주문한 다음 자리를 잡아야 하며 메뉴별 사진이 나와 있어 쉽게 이용할 수 있다. 이른 아침부터 밤늦은 시간까지 영업해 언제든 식사할 수 있다.

구글 지도 야요이켄

MAP P.176
Ⓢ 고후쿠마치역 4번 출구에서 도보 2분
Ⓘ 07:00~23:00 ¥ 불고기 정식 960¥, 치킨 난반 & 새우튀김 정식 1170¥

미야케 우동
みやけうどん

동네 맛집이던 곳이 드라마 <고독한 미식가>에 소개되면서 유명세를 타고 있다. 군더더기 없이 깔끔한 국물 맛과 약간 흐물거리는 우동 면의 식감이 다른 우동 집과의 차별점. 두툼한 어묵을 넣은 마루텐 우동과 유부초밥이 인기 메뉴다. 현금 결제만 가능.

구글 지도 미야케 우동

MAP P.176
Ⓢ 고후쿠마치역 5번 출구에서 도보 2분 Ⓘ 월~토요일 11:00~18:30(금요일은 17:30까지) ⊖ 일요일
¥ 우동 350~500¥

카즈토미
一富

드라마 <고독한 미식가>에 소개된 주점. 메뉴에 가격이 표기되어 있지 않은 것이 유일한 단점으로 1인당 3000~4000¥, 술까지 마신다면 5000¥ 정도는 각오해야 한다. 고마사바와 와카도리수프타키를 추천. 현금 결제만 가능. 대화하며 먹는 분위기이고 음식이 나오기까지 30분 정도 걸린다.

구글 지도 카즈토미

MAP P.176
Ⓢ 나카스가와바타역 1번 출구에서 도보 4분
Ⓘ 18:00~다음 날 01:00 ⊖ 일요일, 공휴일
¥ 메뉴별로 다름, 대개 2000¥대

하이볼 바 나카스 1923
ハイボールバー中洲1923

하이볼을 전문으로 하는 바. 천연수와 강한 탄산, 적정 온도의 얼음으로 만들어 톡 쏘는 듯한 청량감이 매력적인 나카스 하이볼이 이 집 간판 메뉴.

구글 지도 하이볼 바 나카스 1923

MAP P.176
Ⓢ 나카스가와바타역 1번 출구에서 좌회전 후 첫 번째 교차로
Ⓘ 18:30~다음 날 02:00
⊖ 부정기
¥ 나카스 하이볼 780¥~

SHOPPING →

골드 짐
Gold's Gym

전 세계에 체인점이 있는 유명 헬스장. 골드 짐 한정 굿즈와 헬스 웨어, 용품 판매점을 겸하고 있어 헬스인이라면 한 번쯤 들러볼 만하다. 웨이트 벨트, 베르사 그립은 물론이고 골드 짐 로고가 그려진 운동복 등이 인기다. 일부 제품은 헬스장 1일권 할인 쿠폰이 들어 있으니 체크하자. 24시간 영업해 언제든 운동 및 용품을 구입할 수 있다.

구글 지도 Gold's Gym

MAP P.176
Ⓢ 리버레인 몰 지하 1층 Ⓘ 24시간 ⊖ 일요일 20:00~월요일 07:00, 둘째 주 월요일, 연말연시

돈키호테
ドン・キホーテ

웬만한 물건은 다 파는 면세 잡화점. 위치가 매우 좋고 24시간 영업한다는 점을 빼면 사실 큰 메리트는 없다. 가격이 생각보다 비싼 데다 어마어마한 인파에서 오는 스트레스를 감수하고 택스 리펀을 받을 때 오래 기다려야 하지만 한번에 쇼핑을 다 하려면 괜찮은 선택지다. 1층과 2층 매장이 구분되어 있는데, 1층 쇼핑 후 장바구니를 맡겨야 2층으로 갈 수 있다.

구글 지도 돈키호테 나카스점

MAP P.176 VOL.1 P.096
Ⓢ 나카스가와바타역 4번 출구 바로 앞 Ⓒ 24시간 ⊖ 부정기

서니 마트
サニー

24시간 영업하는 대형 마트. 취급 품목은 일반 마트와 큰 차이가 없지만 손님이 적고 지하철역과 가까워 쇼핑하기 편리하다. 밤 10시 이후에는 도시락을 할인한다. 후쿠오카 국제 터미널에 가기 전, 마지막으로 쇼핑하기에도 좋은 위치다. 마트 바로 옆에 체인 드러그스토어(드러그 세가미)가 함께 입점되어 드러그 쇼핑도 원스톱으로 끝낼 수 있다.

구글 지도 써니 고후쿠마치점

MAP P.176
Ⓢ 고후쿠마치역 5번 출구 바로 옆 Ⓒ 24시간
⊖ 부정기

리버레인 몰
リバレインモール

쇼핑몰, 호텔, 후쿠오카 아시안 아트 뮤지엄, 하카타자 등이 들어선 복합 문화 공간. 쇼핑몰에는 수준 높은 브랜드를 엄선해 들였다. 고급 레스토랑이 즐비하고 값비싼 식료품과 생활용품, 가구, 패션 상품 등을 취급하지만 관광객에게는 큰 메리트가 없다.

구글 지도 리버레인 몰

MAP P.176
Ⓢ 나카스가와바타역 6번 출구 바로 앞
Ⓒ 10:00~19:00 ⊖ 설날

EXPERIENCE →

후쿠오카 아시안 아트 뮤지엄
福岡アジア美術館

일본을 비롯해 아시아의 근현대미술 작품을 주로 전시하는 미술관. 갤러리는 대부분 무료로 관람할 수 있으며 특별 전시 갤러리에 한해 유료로 운영한다. 무료 물품 보관함을 이용할 수 있어 돈키호테에서 쇼핑한 다음 들르기 좋다.

구글 지도 후쿠오카 아시안 아트 뮤지엄

MAP P.176
Ⓢ 나카스가와바타역 6번 출구, 하카타 리버레인 몰 7·8층 Ⓒ 09:30~19:30 ⊖ 수요일, 12/26~다음 해 1/1 ¥ 컬렉션 전시 200¥, 일반 갤러리 무료

호빵맨 어린이 뮤지엄
アンパンマンこどもミュージアム

호빵맨을 테마로 꾸민 어린이 박물관. 인형극, 포토 스폿, 실제 호빵맨과의 만남, 놀이 시설 등 즐길 거리가 다양하다. 호빵맨 빵집과 아이들이 그냥 지나칠 수 없는 굿즈 숍 등이 들어서 있다.

구글 지도
후쿠오카 호빵맨 어린이 박물관 in 쇼핑몰

MAP P.176
Ⓢ 리버레인 몰 5~6층
Ⓒ 10:00~17:00
(입장 마감 16:00)
⊖ 1월 1일
¥ 입장료 2000¥,
주말 2200¥(1세 미만 무료)

ZOOM ——— IN

당일치기 근교 여행

먼 곳까지 가기에는 부담이 되지만 새로운 풍경을 만나고 싶다면 후쿠오카 근교 여행을 떠나보자. 3~4시간이면 충분히 다녀올 수 있는 여행지가 많다.

난조인 南蔵院

길이 41m, 높이 11m, 무게가 300톤에 달하는 거대한 와불상이 있는 사찰. 청동으로 만든 와불상 중 전 세계에서 가장 커서 압도당한다(자유의 여신상 크기(46m)와 거의 비슷하다고 한다). 사찰 주변이 숲과 산책로로 이뤄져 가벼운 산책을 하듯 둘러보기에도 좋다. 반바지, 짧은 치마, 슬리퍼, 민소매 차림 등은 출입 불가. 볼거리가 은근히 많아 다 둘러보는 데는 2시간 정도는 잡아야 한다.

Ⓢ 하카타역에서 신이즈카역 방향 JR 열차를 타고 기도난조인마에역에서 하차, 표지판을 따라 도보 3분(하카타역에서 30분 소요, 편도 요금 380¥) Ⓞ 09:00~16:30 Ⓨ 무료(8인 이상의 단체는 1인당 200¥)

+ 난조인 여행 POINT

금전운 부적과 부적 봉투 구입하기

주지 스님이 복권 1등 2번, 통합 30번씩이나 당첨된 기운을 담아 판매하는 부적이 인기 있다. 노란색은 금전운을 불러들이는 색깔이며 복권이나 부적을 넣은 뒤 방 서쪽에 두면 효과 2배!

미야지다케 신사 宮地嶽神社

일본의 국민 아이돌이던 '아라시(嵐)'의 광고 촬영 장소로 알려지며 유명해진 곳. 석양이 질 때면 신사에서 바다까지 일직선으로 연결된 참배 길이 빛에 반사되어 거짓말처럼 '빛의 길'이 된다. 해와 참배 길이 정확히 일직선이 되는 것은 1년에 단 이틀뿐이지만(2월 20일, 10월 18일) 평소에도 충분히 아름다운 광경을 연출해 일찍이 인기 포토 스폿이 됐다. JR 후쿠마역(福間駅)에서 신사 앞까지 시내버스를 타야 하는데, 평일에는 버스 배차 간격이 1시간에 1대꼴이다. 버스 시간을 잘 알아보고 가자.

Ⓢ 하카타역에서 JR 가고시마 본선 모지코 방향 열차를 타고 후쿠마역에서 하차, 역 앞 버스 정류장에서 1-1번 등 미야지다케 방향 시내 버스를 타고 미야지다케미야마에 정류장에서 하차(하카타역에서 약 45분 소요, 편도 480¥) Ⓞ 24시간 Ⓨ 무료

+ 미야지다케 신사 여행 POINT

일본에서 가장 큰 금줄 구경하기

신사 본당 입구에 걸려 있는 일본에서 가장 큰 오시메나와(大注連縄) 금줄은 꼭 보자. 직경 2.6m, 길이 11m, 무게는 3톤에 달한다. 매년 새로 만드는 데 1500명이나 되는 사람의 손을 거친다고.

하코자키 궁
筥崎宮

후쿠오카 시내에서 조금 떨어져 있어 조용히 산책하기 좋은 신사로 일본 3대 하치만 궁 중 하나다. 일본의 유명 스포츠 클럽에서 시즌을 앞두고 참배를 하는 것으로도 유명하지만 한국인이라면 참배를 하지 않는 것을 권한다. 태평양전쟁 중 국민의 사기를 진작하기 위해 일본 천황이 쓴 '적국 항복'이라는 현판이 여전히 남아 있는 곳이기 때문이다. 6월에는 신사 안에 있는 수국원에 수국이 만발해 꽃놀이하기 좋고 9월 중순에 열리는 후쿠오카 최대 규모의 축제인 '방생회(호조야)' 시기에 가면 신사 주변에 야타이(포장마차)가 들어서 축제 분위기를 제대로 느낄 수 있다. 지하철로 20~25분이면 갈 수 있어 접근성도 좋다.

ⓢ 하코자키미야마에역에서 도보 5분 ⓒ 08:30~18:30 ¥ 무료

+ 하코자키 궁 여행 POINT

1. 시즌 전, 좋은 성적을 빌기 위해 프로 스포츠 구단도 앞다퉈 방문한다.

2. 만지기만 해도 운이 들어오는 돌. 파워 스폿으로 인기가 높다.

3. 평소에는 나무그늘이 이어진 거리로, 방생회 기간은 온갖 먹거리가 가득해 볼거리가 많다.

4. 하코자키가 자랑하는 노포 빵집, '나가타 빵'

신사 정문 바로 앞에 있는 나가타 빵집에 들러 빵을 먹어보자. 레트로한 분위기도 매력적이지만 가격이 저렴해 접시 가득 빵을 담아도 부담되지 않는다. 연유빵과 크림빵을 추천.

TENJIN & YAKUIN

텐진 & 야쿠인

차로 10분 정도 거리의 '하카타'와 '텐진'은 각각 버스 터미널이 있을 정도로 후쿠오카의 핵심이다. 텐진은 하카타 못지않은 탄탄한 교통 인프라를 바탕으로 백화점과 쇼핑몰, 맛집이 모여 있으며 대부분의 시설이 지하상가로 연결돼 있어 이동하기 편하다.

COURSE

텐진 쇼핑 & 미식 코스

쇼핑과 미식의 중심가 텐진과 현지인의 낭만이 있는 하루요시, 야쿠인 등을 돌아보며 후쿠오카의 진정한 재미를 느껴보자.

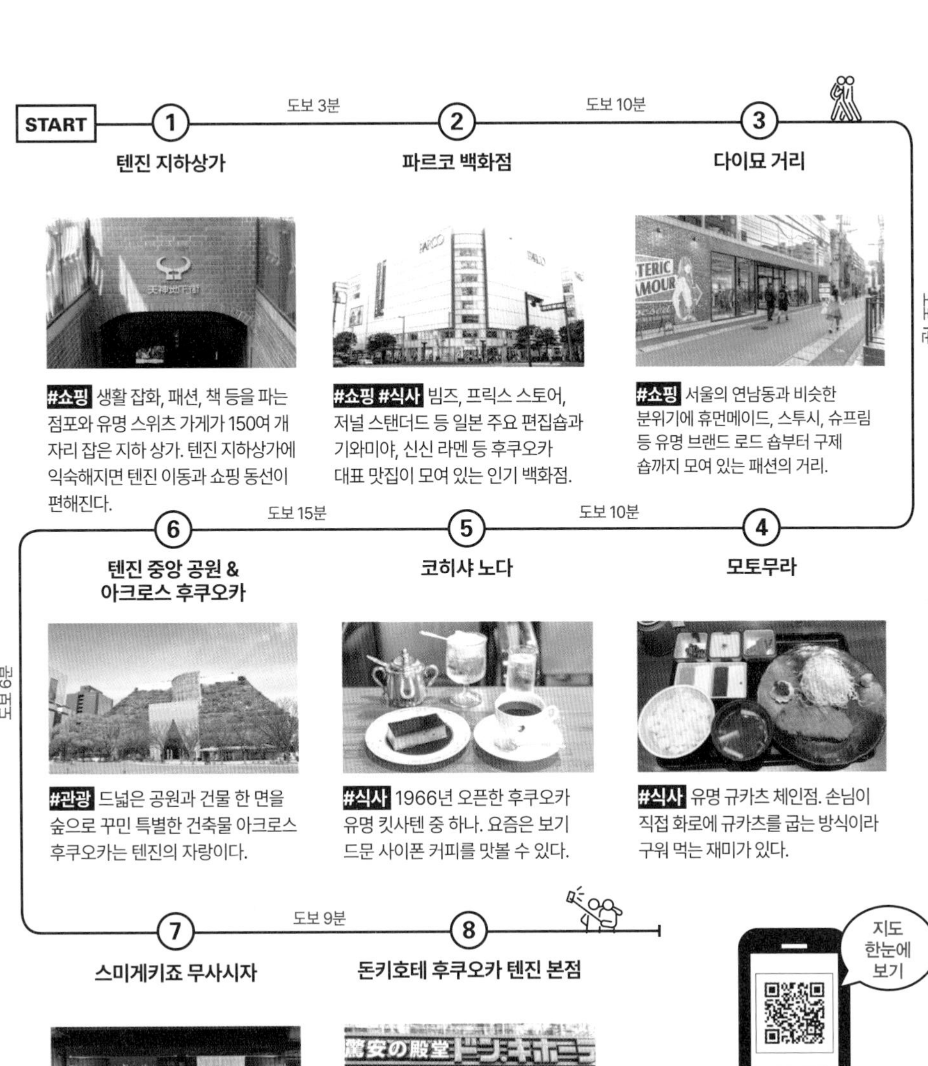

텐진 & 다이묘

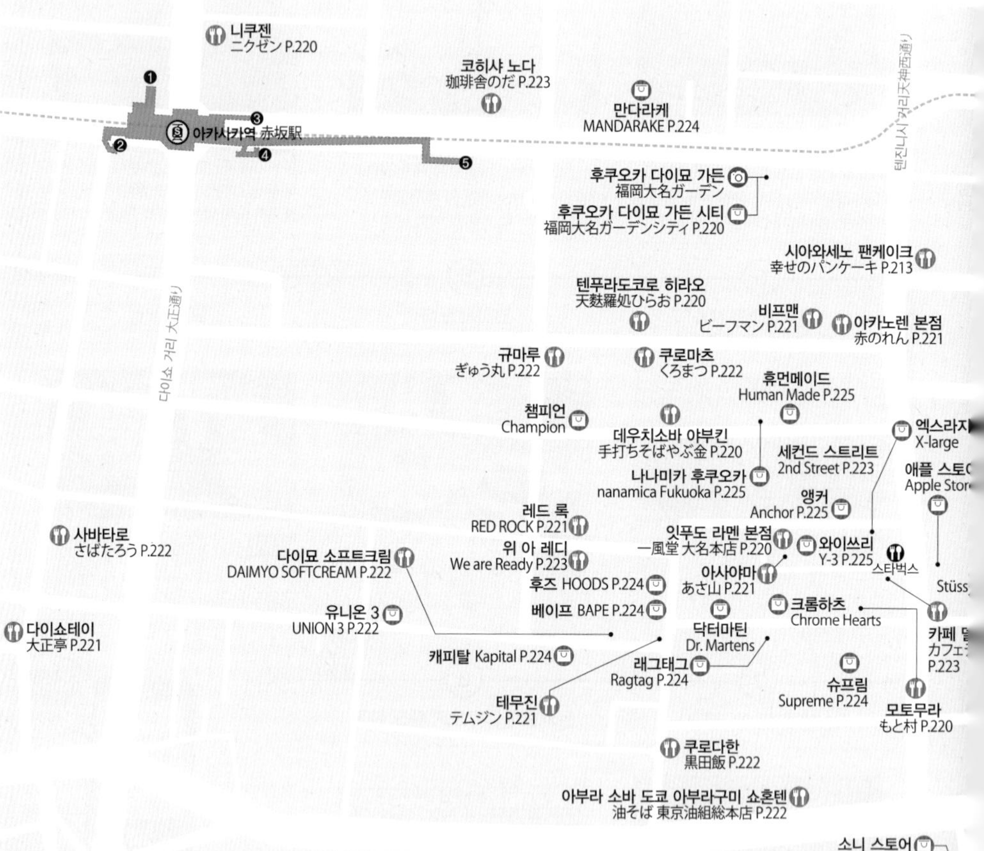

스시로
スシロ P.227
니쿠젠
ニクゼン P.220
코히샤 노다
珈琲舎のだ P.223
만다라케
MANDARAKE P.224
아카사카역 赤坂駅
텐진니시 거리 天神西通り
후쿠오카 다이묘 가든
福岡大名ガーデン
후쿠오카 다이묘 가든 시티
福岡大名ガーデンシティ P.220
시아와세노 팬케이크
幸せのパンケーキ P.213
텐푸라도코로 히라오
天麩羅処ひらお P.220
비프맨
ビーフマン P.221
아카노렌 본점
赤のれん P.221
다이쇼 거리 大正通り
규마루
ぎゅう丸 P.222
쿠로마츠
くろまつ P.222
휴먼메이드
Human Made P.225
챔피언
Champion
데우치소바 야부킨
手打ちそばやぶ金 P.220
엑스라지
X-large
세컨드 스트리트
2nd Street P.223
나나미카 후쿠오카
nanamica Fukuoka P.225
애플 스토어
Apple Store
앵커
Anchor P.225
레드 록
RED ROCK P.221
사바타로
さばたろう P.222
잇푸도 라멘 본점
一風堂 大名本店 P.220
와이쓰리
Y-3 P.225
다이묘 소프트크림
DAIMYO SOFTCREAM P.222
위 아 레디
We are Ready P.223
스타벅스
아사야마
あさ山 P.221
Stüss
후즈 HOODS P.224
크롬하츠
Chrome Hearts
유니온 3
UNION 3 P.222
베이프 BAPE P.224
다이쇼테이
大正亭 P.221
닥터마틴
Dr. Martens
카페 델
カフェ
P.223
캐피탈 Kapital P.224
래그태그
Ragtag P.224
슈프림
Supreme P.224
테무진
テムジン P.221
모토무라
もと村 P.220
쿠로다한
黒田飯 P.222
아부라 소바 도쿄 아부라구미 쇼혼텐
油そば 東京油組総本店 P.222
소니 스토어
SONY Store P.215
돈키
ドン·キホーテ P
플라잉 타이거
Flying Tiger Copenhagen P.234

커넥트 커피
コネクトコーヒー P.228
이온 쇼퍼즈
イオンショッパーズ P.228
하트 브레드 안티크
ートブレッドアンティーク P.228
노스 텐진
ノース天神
신 라멘 본점
Shin Shin
天神本店
P.227
웨스트
ウエスト P.227
미나 텐진 ミーナ天神 P.228
세리아 Seria P.118
스리코인즈 3 coins P.118
로프트 ロフト P.228
사이노 카페 & 바
Saino Cafe & Bar P.226
내추럴 키친(B1)
ナチュラルキッチン P.219
아카렌가 문화관
赤煉瓦文化館 P.226
살루트!
Salut! P.219
워터 사이트 오토
Water site OTTO P.227
텐진역 天神駅
원 후쿠오카
ONE FUKUOKA
P.213
파르코 신관
PARCO 新館 P.214
이나바초 잇케이(B2)
因幡町 一慶 P.212
비우메
うめ P.213
파르코 본관
PARCO 本館
P.214
링고
Ringo
P.218
베이크 치즈 타르트
Bake Cheese Tart P.218
아크로스 후쿠오카
アクロス福岡 P.225
아크로스 후쿠오카 스텝 가든
アクロス福岡 Step Garden P.225
맥도날드
미스즈안 우동 소바
そば処 みすゞ庵 P.227
솔라리아 스테이지
SOLARIA STAGE
P.214
효탄스시 본점(2F)
P.212
텐진 중앙 공원
天神中央公園 P.226
후쿠오카 시청
후쿠오카 오픈톱 버스 매표소
Fukuoka Open Top Bus P227
이와타야 백화점
岩田屋本店 P.214
인포메이션
텐진 고속버스 터미널(3F)
天神 高速バスターミナル
프레스 버터 샌드
Press butter sand P.218
솔라리아 플라자
SOLARIA PLAZA P.215
텐진 지하상가
天神地下街 P.215
니시테츠 후쿠오카(텐진)역(2F)
西鉄 福岡(天神)駅
쿠라 치카 바이 포터 Kura Chika by Porter P.219
비즈니스 레더 팩토리 ビジネスレザーファクトリー P.219
토리사카바 하카타 하나젠
とり酒場 博多華善 P.235
미세스 엘리자베스 머핀 Mrs. Elizabeth Muffin P.218
미츠코시 백화점
三越 P.215
다이마루 백화점 大丸 P.214
코메다 커피
コメダ珈琲店 P.226
케고 공원
警固公園
고쿠타이 도로 国体道路
카메라 2호점
Camera P.213
이모야 킨지로 芋屋金次郎 P.218
후쿠타로 福太郎 P.089
카쿠우치 후쿠타로
カクウチFUKUTARO
P.235
야마쵸
やまちょう
P.237
루훼봉
ルフェ ボン
12
케고 신사
警固神社 P.212
칼디 커피 팜
Kaldi Coffee Farm
P.219
텐진미나미역
天神南駅
로바타 카미나리바시
炉ばた 雷橋 P.226
로바타 산코바시
炉ばた 三光橋 P.071
블루보틀
ブルーボトル
P.212
히메짱
姫ちゃん
P.213
아임 도넛?
I'm donut?
P.236
무사시
やきとり 六三四
P.226
다이코쿠 드러그
ダイコクドラッグ
P.233
빅 카메라 1호점
BIC Camera P.213
야키소바 쇼후렌
焼そばの 想夫恋 P.235
잔마이
ざんまい
살바토레 쿠오모 & 바
Salvatore Cuomo & Bar P.232
코스모스
コスモス P.237
스미게키죠 무사시자
すみ劇場 むさし坐 P.236
멘야 카네토라 본점
麺や兼虎 天神本店
P.236
니쿠토사케 주베
肉と酒 十べぇ P.235

야쿠인 & 이마이즈미
N
0
50m
왓파테이쇼쿠도
天神 わっぱ定食堂 P.232
헝그리 헤븐
ハングリーヘブン
P.231
멘야가가
麺屋我ガ P.232
후쿠신로
福新楼 P.231
우오추
魚忠 P.232
누이스
Nooice P.233
피시맨
Fish Man P.231
미츠이모 타임
ミツイモタイム P.233
피체리아 다 가에타노
ピッツェリアダガエターノ
P.229
다이쇼 거리 大正通り
무츠카도
むつか堂 P.229
봄바 키친
ボンバーキッチン
P.233
스리 비 포터즈
B·B·B POTTERS
토리덴
とり田 P.229
토리카와 스이코
とりかわ 粋恭 P.230
다이쇼 거리 大正通り
야쿠인역
薬院駅
모스 버거
멘도 하나모코시
麺道 はなもこし P.230
니쿠이치 야쿠인
肉いち 薬院店 P.229
교자 리
餃子 李 P.232
야쿠인오도리역
薬院大通駅
이마트 야쿠인 밸류
イーマート 薬院バリュー
다카미야 거리 高宮通り
프린스 오브 더 프루트
PRINCE of the FRUIT P.233
16구
16ku P.232
쇼후엔
松風園 P.229
후쿠오카시 동식물원
福岡市動植物園 P.234
다카미야 거리 高宮通り
노 커피
No Coffee P.230

텐진 방향 (650m)
마누 커피 マヌコ-ヒ- P.236
코메다 커피 コメダ珈琲店
스테레오 커피 Stereo Coffee P.236
우메야마 텟페이 쇼쿠도 梅山鉄平食堂
하루요시 코엔 거리 春吉公園通り
하루요시 거리 春吉通り
와타나베 거리 渡辺通り
지하철 나나쿠마선 地下鐵七隈線
와타나베도리역 渡辺通駅
고가 센교텐 古賀鮮魚店 P.237
야마나카 본점 やま中本店 P.229
호텔 뉴 오타니 하카타 ホテルニューオータニ博多
타카마츠노 가마보코 高松の蒲鉾 P.237
야나기바시 연합 시장 柳橋連合市場 P.237
이나다야 선(B1) 稲田屋サン P.235
하카타역 방향 (1.9km)
스미요시 거리 住吉通り
야요이 켄 やよい軒
서니 마트
킷사 베니스 喫茶ベニス P.237
맥도날드
렉 커피 야쿠인역점 レックコーヒー P.230
니시키 거리 日赤通り
후쿠스시 福寿司 P.231
카도야 식당 かどや食堂 P.231
미노시마 시장 美野島商店街 P.234
타츠쇼 たつ庄 P.230
가와야 かわ屋
시로가네사보 白金茶房 P.230
굿 업 커피 Good Up Coffee P.231

케고 신사
警固神社

1608년에 지어 400년이 넘는 시간 동안 텐진을 지켜온 작은 신사다. 큰 볼거리는 없지만 무료 족욕장 등 휴식 공간이 마련돼 있어 지나가는 길에 잠시 들를 만하다. 바로 옆에 자리한 케고 공원과 함께 둘러보면 동선이 깔끔하다.

구글 지도 케고 신사

MAP P.209
Ⓢ 텐진 지하상가 서9 출구에서 바로
Ⓞ 06:30~18:00 ¥ 무료입장

이나바초 잇케이
因幡町 一慶

요즘 뜨는 도미(타이)차즈케(鯛茶漬) 맛집. 한국인 입맛에 딱 맞아 한 그릇을 싹싹 비울 수 있다. 도미의 양을 고를 수 있는데 1.5배나 2배를 추천. 찰기 있는 흰쌀밥도 수준급이다. 한국어 메뉴는 요청하면 받을 수 있다. 양이 적은 게 유일한 단점.

구글 지도 이나바쵸 잇케이

MAP P.209
Ⓢ 텐진역 13번 출구와 연결된 텐진 비즈니스 센터 지하 2층, 이나치카 안 Ⓞ 11:00~23:00 ⊖ 부정기
¥ 도미차즈케 2배 2860¥

키루훼봉
キルフェボン

과일 타르트 전문점. 제철 과일을 넣은 계절 한정 메뉴와 지점 한정 메뉴가 다양하고 두세 달을 주기로 메뉴가 바뀐다. 값이 비싼 편이므로 한 조각을 먹어보고 더 주문하는 것이 좋다. 메뉴판에 사진이 첨부되어 있어 주문하기가 비교적 쉽다. 현금 결제만 가능.

구글 지도 키르훼봉

MAP P.209
Ⓢ 텐진 지하상가 서11 출구에서 도보 3분 Ⓞ 11:00~19:00
⊖ 부정기 ¥ 과일 타르트 1조각 880¥~

블루보틀
ブル"ボトル

세계적으로 유명한 카페 체인. 케고 공원과 케고 신사 바로 옆에 자리해 텐진의 번화함과 여유로움을 모두 즐길 수 있는데 개방감을 극대화하는 통창 덕분에 고즈넉한 분위기가 카페 안까지 스며드는 기분이 든다. 일본에서 규모가 가장 큰 지점이지만 그만큼 손님도 많아서 줄 서는 것은 필수. 이른 아침에 가면 훨씬 여유롭다.

구글 지도 블루보틀 후쿠오카 텐진점

MAP P.209
Ⓢ 텐진미나미역 2번 출구에서 도보 3분
Ⓞ 08:00~20:00 ⊖ 부정기 ¥ 커피 577¥

효탄스시 본점
ひょうたん寿司 本店

세트 메뉴는 오늘의 특선 스시와 꽃 스시가, 단품은 아나고와 전복이 인기다. 1인당 예산을 3500~4000¥으로 잡으면 된다. 텐진에서 가장 인기 있는 스시 집답게 오픈 전부터 문 앞에 줄이 길게 늘어선다. 예약 불가능. 솔라리아 스테이지 지하 2층에 회전 초밥식으로 운영하는 분점도 있다.

구글 지도 효탄스시

MAP P.209 VOL.1 P.066
Ⓢ 텐진역에서 도보 2분 ☎ 092-722-0010
Ⓞ 11:30~14:30, 17:00~20:30 ⊖ 부정기
¥ 오늘의 특선 스시 3960¥~, 꽃 스시 2170¥

토비우메
飛うめ

덮밥과 우동이 맛있는 집. 덮밥과 우동 모두 맛이 뛰어나지만 추천 메뉴를 하나만 고르라면 단연 '덴토지 덮밥(16번 메뉴)'. 바삭한 새우튀김 위에 부드러운 맛의 타마고토지(달걀을 풀어 얹어 엉기게 한 것)를 넉넉히 둘러 맛이 없을 수 없는 조합이다. 민가를 최소한으로 리모델링해 수십 년 전으로 타임 슬립한 것 같은 분위기도 이 집만의 매력이다. 현금 결제만 가능.

구글 지도 토비우메

MAP P.209
Ⓢ 텐진 지하상가 서5번 출구에서 도보 3분
Ⓞ 11:00~20:00 ⊖ 부정기 ¥ 덴토지 덮밥 1280¥

스시 잔마이
すしざんまい

가성비 좋은 스시 체인점. 웨이팅하지 않고 보통 이상의 스시를 먹고 싶을 때 추천하는 곳이다. 참시(마구로)가 포함된 메뉴는 어지간해선 실패하지 않는다. 단품 스시는 2피스씩 서빙되므로 너무 많은 양을 주문하지 않도록 조심하자.

구글 지도 스시잔마이 텐진점

MAP P.209 VOL.1 P.067
11:00~다음 날 05:00 부정기
¥ 스시 140~880¥

시아와세노 팬케이크
幸せのパンケーキ

일본 전역에서 인기 있는 팬케이크 전문 체인점. 폭신함과 부드러움의 끝판왕이다. 평일이든 주말이든 늘 대기 줄이 1층부터 2층까지 늘어서 있다. 하지만 가격은 저렴한 편이고 맛은 감동적이니 기다리는 보람이 있다. 생크림과 메이플 시럽만 곁들여도 맛있지만 아이스크림을 추가해 먹으면 더 맛있다.

구글 지도 시아와세노 팬케이크

MAP P.208
텐진역 2번 출구에서 도보 2분 월~금요일 10:30~19:30, 토·일요일 10:00~20:30 부정기
¥ 시아와세노 팬케이크 1380¥, 바나나 초콜릿 팬케이크 1420¥

히메짱
姫ちゃん

낯선 일본인들과 어울리며 야타이 본연의 분위기를 느끼기 좋은 곳. 인기 메뉴는 돈코츠 라멘과 교자. 라멘은 돼지 특유의 냄새 없이 깔끔하고 담백하며 바삭하게 구운 교자는 한입 베어 물면 육즙이 입안 가득 배어난다.

구글 지도 히메짱

MAP P.209
텐진미나미역 1번 출구 앞
19:00~다음 날 03:00
일요일, 우천 시
¥ 라멘 800¥, 오뎅 130~400¥

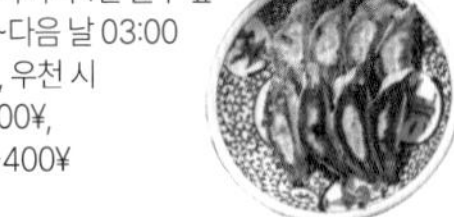

SHOPPING →

원 후쿠오카(2025년 4월 24일 오픈)
ONE FUKUOKA

텐진의 쇼핑지형까지 바꾼 복합상업 건물로 '서일본 최대 규모', '규슈 최초'라는 이름표가 붙은 숍들이 대거 입점했다. 특히 주목할 숍은 1904년 도쿄 긴자에서 창업한 고급 문구 전문점인 '이토야(4층)'와 유명 건축가 피터마리노의 손을 거쳐 일본 최대 규모의 면적으로 들어서는 '샤넬(1~3층)', 규슈 최초로 직영점을 여는 '메종키츠네(2층)'. 2025년 4월 24일 오픈 예정.

MAP P.209
텐진역과 텐진 지하상가에서 바로 연결 숍 11:00~20:00(주말 및 공휴일은 10:00~20:00), 레스토랑 11:00~23:00

빅 카메라
BIC Camera

요도바시 카메라와 쌍벽을 이루는 전자제품 체인점. 텐진에 1, 2호점이 있으며 전자 제품뿐 아니라 장난감, 취미용품도 폭넓게 다루어 구경 삼아 들르기 좋다. 애주가라면 주류 코너를 놓치지 말자. 위스키가 국내보다 60%이상 저렴한 데다 각종 할인 혜택을 받으면 가격이 더 저렴해진다. 면세 가능.

구글 지도 빅 카메라 텐진2호점

MAP P.209
텐진 지하상가 서12 출구에서 도보 3분
10:00~21:00 부정기

솔라리아 스테이지
ソラリアステージ

니시테츠 열차 후쿠오카(텐진)역, 텐진 버스 터미널과 연결된 쇼핑몰. 지하 2층에서 지상 2층까지는 패션용품 매장과 레스토랑이, 3층에서 5층까지는 대형 잡화점 인큐브가 들어서 있다. 지하 1층에 슈퍼마켓 레가넷 텐진이 있어 간단한 식료품도 구입할 수 있다.

구글 지도 솔라리아 스테이지

MAP P.209
텐진 고속 버스 터미널과 연결
10:00~20:30(패션 플로어), 10:00~21:00(지하 1층), 11:00~22:00(지하 2층 식당가) 1월 1일

이와타야 백화점
岩田屋 本店

규슈 최초의 터미널 백화점으로, 70여 년의 역사를 이어 온 후쿠오카 대표 백화점. 일본의 유명 디자이너 브랜드와 라이선스 브랜드, 인터내셔널 명품 브랜드와 인기 로컬 브랜드의 매장을 두루 갖추었다. 6개의 꼼데가르송 라인과 4개의 이세이 미야케 라인을 주목할 것.

구글 지도 이와타야 백화점 본점

MAP P.209 VOL.1 P.095
텐진역 6번 출구로 나와 두 번째 삼거리에서 좌회전 10:00~20:00(신관 7층은 11:00~22:00)
1월 1일

닷사이 숍
Dassai Shop

닷사이 사케 직영 공식 스토어. 우리나라 사람들에게 인기 높은 닷사이 23, 닷사이 39는 물론이고 닷사이 비욘드, 소주 등 다양한 패키지와 용량의 닷사이 제품을 모두 만나볼 수 있다. 포장 옵션에 따라 가격이 모두 다른데, 병만 따로 구입할 경우 공항 면세점보다 더 저렴하게 득템도 가능.

구글 지도 이와타야 백화점 본점

MAP P.209
이와타야 백화점 지하 10:00~20:00 부정기 닷사이 23 720ml(박스 없이 5720¥)

다이마루 백화점
Daimaru

샤넬을 비롯해 루이비통, 까르띠에 등 고급 명품 브랜드가 대거 입점돼 있다. 지하에는 한큐 백화점 못지않은 유명 식품 매장이 있으며 생활 잡화 전문 숍인 애프터눈 티도 만날 수 있다. 시즌별로 진행하는 팝업 스토어도 눈여겨보자.

구글 지도 Daimaru

MAP P.209 VOL.1 P.094
텐진미나미역 4번 출구에서 바로
백화점 10:00~20:00, 레스토랑 11:00~22:00
부정기

파르코 백화점
PARCO

색깔이 분명한 젊은 백화점이다. 빔즈, 프릭스 스토어, 저널 스탠더드 등 일본의 대표적인 편집숍을 중심으로 인기 캐릭터 숍 텐진 캐릭터 파크, 리빙 & 인테리어 숍 프랑프랑과 핸즈 등이 들어서 있다. 지하 1층의 오이치카에서는 기와미야, 신신 라멘, 탄야, 멘야카네토라 등 후쿠오카 유명 맛집이 입점돼 있다.

구글 지도 후쿠오카 PARCO

MAP P.209 VOL.1 P.095
텐진역 7번 출구에서 바로
10:00~20:30(지하 식당가는 가게마다 다름)
부정기

텐진 지하상가
天神地下街

지하를 남북으로 관통하는 전체 길이 600m의 지하상가로 패션용품, 먹을거리, 서적 등을 판매하는 150여 개 점포가 줄지어 있다. 출입구를 통해 백화점과 쇼핑몰로 진입할 수 있으며 지하철역 2개와 연결되어 있어서 접근성이 좋다.

구글 지도 텐진 지하가

MAP P.209 VOL.1 P.091
Ⓢ 텐진역, 텐진미나미역과 연결
🕐 10:00~20:00(음식점은 21:00까지) ⊖ 부정기

미츠코시 백화점
三越

일본의 유서 깊은 백화점 브랜드지만, 후쿠오카점은 2~3층에 버스 터미널이 들어서 있어서 쇼핑하기에 다소 불편하다. 3층의 GAP, 라코스테 매장은 널찍해서 쇼핑하기 편리하다. 9층에 시내 면세점이 있지만 규모가 크지는 않다.

구글 지도 미츠코시 백화점 후쿠오카점

MAP P.209
Ⓢ 텐진 지하상가 서5 출구 🕐 10:00~20:00
⊖ 부정기

소니 스토어
SONY Store

소니 제품을 직접 체험해볼 수 있는 공식 스토어. 카메라와 광학 기기, 오디오, 이어폰 등의 주력 상품이 전시돼 있다. 한국어를 할 줄 아는 직원이 있으며 소니 제품에 대한 설명을 자세히 들을 수 있는 것이 최대 장점. 빅 카메라나 요도바시 카메라에 비해 가격대가 높다.

구글 지도 소니 스토어 후쿠오카 텐진

MAP P.208
Ⓢ 텐진미나미역 1번 출구에서 케고 공원 방면으로 직진 🕐 11:00~19:00 ⊖ 1월 1일, 12월 31일, 공휴일

솔라리아 플라자
ソラリアプラザ

트렌디한 패션 매장과 세련된 맛집이 들어서 있어 젊은 여성들이 선호하는 쇼핑몰. 티파니 & Co, 반클리프 & 아펠을 비롯해 인기 편집숍인 B숍 등이 입점되어 있다. 1층 이벤트 광장에서는 각종 전시회와 이벤트가 열린다.

구글 지도 솔라리아 플라자

MAP P.209
Ⓢ 텐진역이나 텐진미나미역에서 도보 5분
🕐 솔라리아 플라자 10:00~20:30, 레스토랑 11:00~22:30 ⊖ 부정기

애플 스토어
Apple Store

스마트폰, 태블릿 PC, 맥북 등 애플사의 각종 전자 제품을 접할 수 있는 쇼룸 겸 판매처. 한국보다 제품이 먼저 공개되는 경우가 많아 트렌드를 파악하기 좋고, 직원과 대화하며 궁금증을 해소할 수도 있다.

구글 지도 Apple 후쿠오카 텐진

MAP P.208
Ⓢ 텐진역 6번 출구에서 도보 6분
🕐 10:00~21:00 ⊖ 부정기

스투시
Stüssy Fukuoka Chapter

패션 피플들이 사랑하는 미국 스트리트 패션 브랜드. 우리나라에서 쉽게 구할 수 없는 한정판 제품이 있지만, 인기 상품은 금세 품절된다. 간혹 국내 발매 가격보다 높을 수 있으니, 반드시 가격을 확인하고 가자. 매장에 없는 제품이라도 직원에게 문의하면 찾아주기도 하며, 현장에서 택스 리펀이 가능해 쇼핑하기는 편하다.

구글 지도 스투시

MAP P.208 VOL.1 P.089
Ⓢ 텐진역 6번 출구에서 도보 6분
🕐 11:00~19:00 ⊖ 부정기

ZOOM ——————— IN

파르코

파르코는 유명 브랜드나 고가의 명품보다 일본 주요 편집매장이나 인테리어 리빙 숍, 로컬 브랜드가 모여 있는 백화점이다. 최고 인기 편집숍 빔즈, 프릭스 스토어, 인기 캐릭터 숍 '텐진 캐릭터 파크', 리빙 & 인테리어 숍 '프랑프랑' 등이 있어서 쇼핑을 좋아한다면 꼭 들르게 된다. 푸드 코트 '오이치카'에는 후쿠오카를 비롯한 규슈 맛집이 모두 모여 있다. Ⓜ P.209

기와미야
極味や

직접 구워 먹는 햄버그스테이크가 대표 메뉴. 세트를 주문하면 밥과 샐러드, 미소국, 소프트아이스크림이 함께 나오는데 모두 무한 리필이 된다. 한국인에게 워낙 유명해 기본 30분 이상 기다려야 하고, 분위기 역시 어수선한 것이 큰 단점.

신관 지하 2층

이치고야 카페 탄날
Ichigoya cafe TANNAL

후쿠오카 유명 특산품 아마오우 딸기로 만든 디저트를 선보이는 카페다. 이토시마에 위치한 딸기 농장에서 직접 운영하다 보니 딸기의 품질이 보장된다. 딸기 케이크, 딸기 팬케이크, 딸기 셰이크 등 다양한 딸기로 만든 메뉴를 판매하며, 가장 인기 있는 것은 딸기 파르페다. 파르페는 커스터드 크림 위에 설탕을 녹여 만든 크렘 브륄레로 시작해 딸기, 크런치, 카스텔라로 이어지다가 딸기 젤리로 마무리된다.

본관 1·2·5층

저널 스탠더드
Journal Standard

일본의 고급 편집매장. 프랑스, 이탈리아, 영국 등 유럽 캐주얼 의류가 많으며 자체 생산 제품도 눈에 띈다. 1층에 남성복, 2층에 여성복이 있으며, 5층에는 가구도 있다.

신관 1·2층

빔즈
BEAMS

일본 대표 편집숍. 높은 명성답게 물건이 만족스럽고, 희귀템이 많아서 남녀노소 만족한다. 자체 브랜드도 좋으며, 멘베이 등 뜬금없는 컬레버레이션도 재밌다. 아뮤 플라자 하카타 3층에도 매장이 있다.

본관 5층

프랑프랑
Franc Franc

여성들에게 사랑받는 라이프스타일 리빙 숍. 테이블웨어, 홈웨어, 패브릭, 가구 등을 판매하는데, 테이블웨어가 제일 인기다. 고풍스러운 유럽풍 디자인과 파스텔컬러가 특징이며, 디즈니사와 컬래버레이션해 미키마우스 모양 식판과 컵, 와플 팬 등 귀여운 캐릭터 상품을 선보인다.

원피스 무기와라 스토어
One Piece 麦わらストア

일본 내에 딱 네 군데뿐인 <원피스> 관련 상품 스토어. 굿즈나 생활용품, 문구가 많은 반면 피겨가 다양하지 않아 키덜트족이 살 만한 물건이 한정적이다. 같은 제품도 다른 곳에 비해 가격대가 비교적 높아 신중하게 구입할 필요가 있다. 면세 불가.

디즈니 스토어
Disney Store

디즈니 캐릭터 숍. 아기자기한 굿즈와 생활용품이 인기 있으며 아이들을 위한 문구나 상품 등도 다양하게 갖추었다. 인형이 싼 편이고 옷이나 가방 등은 비싸다.

크레용 신짱 오피셜 숍
クレヨンしんちゃんオフィシャルショップ

짱구 굿즈와 생활용품, 의류를 만날 수 있다. 선물용 아이템도 많으며 인증사진을 남길 수 있는 포토 존도 마련되어 있어 겸사겸사 들르기도 좋다. 토트백이나 에코 백, 파우치 등의 제품과 오피셜 숍 한정, 후쿠오카 한정 제품 라인을 주목할 것. 면세 불가.

텐진 캐릭터 파크
天神キャラパーク

리락쿠마를 필두로 스누피, 미피, 스타워즈, 키티, 도라에몽, 디즈니, 토미카, 카피바라상 등 여러 인기 캐릭터 관련 상품을 취급하는 숍이다. 신제품이 주기적으로 나오는 편이며 실용적이고 저렴한 제품이 많아 10대 여학생들에게 인기. 면세 불가.

ZOOM ——— IN

텐진 지하상가

텐진의 지하를 남북으로 관통하는 전체 길이 600m의 지하 상점가. 생활 잡화, 패션, 책 등을 파는 점포와 유명 스위츠 가게가 150여 개 자리 잡고 있다. 텐진 지하상가에 익숙해지면 텐진 내 이동과 쇼핑 동선이 편해진다. ⓘ P.209

이모야 킨지로
芋屋金次郎

일본 전통 고구마 유탕 과자를 판매하는 곳이다. 얇은 고구마 스틱에 달콤한 유탕 코팅을 해서 딱딱하지만 아삭한 식감이 좋다. 초콜릿 코팅, 말차 코팅, 딸기 파우더 코팅 등 다양한 맛이 있으며, 고구마로 만든 쿠키도 판매한다. 매장에서 갓 튀긴 고구마 과자를 맛보자.

동 11번가 012호

프레스 버터 샌드
Press Butter Sand

도쿄에서 시작해 일본 전역에서 판매하는 버터 샌드 전문점이다. 매장에서 오리지널 프레스 기계로 갓 구운 버터 샌드를 만들어 판다. 만듦새가 고급스러워서 선물용으로 좋지만, 그만큼 비싼 편. 텐진점 한정 치즈 맛이 인기다.

동 7번가 102호

링고
Ringo

구운 커스터드 애플 파이 전문점. 매장에서 구운 즉시 판매한다. 홋카이도산 버터와 글루텐을 20% 낮춘 밀가루로 144겹을 만들어 바삭한 식감이 일품. 여기에 새콤한 사과와 달콤한 커스터드 크림이 조화를 이루니 자꾸 손이 갈 수밖에! 서 4번가 229호

미세스 엘리자베스 머핀
Mrs. Elizabeth Muffin

제철 식재료로 미국 스타일의 머핀과 스콘, 쿠키 등을 구워내는 베이커리다. 버터 향 나는 폭신폭신한 빵에 다양한 토핑과 맛을 갖추어 골라 먹는 재미가 있다. 요코하마 본점 이외에 단 두 곳이 있는데, 이곳과 하카타역 마잉구점이다.

동 11번가 018호

말차 하우스
Maccha House

1836년 창립한 교토의 전통 차 브랜드 모리한(森半)이 선보이는 말차 전문 카페다. 모리한의 풍부한 향을 자랑하는 우지 말차를 듬뿍 넣어 만든 말차 음료와 디저트를 선보인다. 시그너처 메뉴는 히노키 그릇에 담아 제공하는 우지 말차 티라미수. 텐진 지하상가점에서만 판매하는 한정 기념품과 과자, 라테 등을 구입할 수 있다. 서 11번가 028호

베이크 치즈 타르트
Bake Cheese Tart

갓 구운 따끈따끈한 치즈 타르트를 맛볼 수 있는 곳. 규슈에는 텐진에만 매장이 있다. 두 번 구워 바삭한 타르트와 세 가지 크림치즈 무스의 조화가 가히 환상적이다.

동 4번가 225호

내추럴 키친
ナチュラルキッチン

오사카에 본점을 둔 텐진 지하상가의 대표 리빙 숍이다. 테이블웨어, 인테리어 소품 등을 100~200¥에 판매한다. 계절별로 주제에 맞게 상품을 진열한 모습을 구경하는 것만으로 인테리어 감각을 높일 수 있다.

동 1번가 342호

칼디 커피 팜
Kaldi Coffee Farm

커피 회사 캐멀에서 로스팅한 30여 가지 커피 원두와 세계의 식료품을 모아 놓은 숍이다. 인스턴트커피를 비롯해 초콜릿, 스낵, 와인, 치즈, 커피 도구 등 다양한 상품을 만날 수 있다. 시음 행사도 자주 연다.

동 11번가 011호

쿠라 치카 바이 포터
Kura Chika by Porter

일본의 가방 장인 요시다 기치조가 1962년 론칭한 가방 브랜드. 장인 정신을 바탕으로 내구성과 실용성을 만족시킨다. 국내에도 공식 론칭됐지만, 일본 현지가 훨씬 저렴해 직구 필수 아이템으로 꼽힌다.

동 8번가 081호

비즈니스 레더 팩토리
ビジネスレザーファクトリー

가죽 제품은 클래식하다는 편견을 깨는 곳이다. 경쾌한 컬러의 서류 가방, 다이어리, 지갑, 파우치 등의 가죽 잡화를 갖추었으며 이곳이 본점이다. **동 10번가 045호**

살루트!
Salut!

'매일 인테리어'를 지향하는 리빙 숍이다. 캐주얼하게 하나만 들여놔도 생활공간에 변화를 줄 수 있는 상품이 많다. 내추럴 키친보다 가격도 높고 물건이 더 고급스럽다. **동 2번가 320호**

후쿠오카 다이묘 가든 시티

福岡大名ガーデンシティ

리츠칼튼 호텔, 사무실, 쇼핑몰(바이오 스퀘어), 공원 등이 들어선 대규모 상업 건물. 2개로 나뉜 다이묘 가든 시티 타워 사이 길로 들어서면 넓은 공간에 다이묘 가든 시티 파크와 가든 스테이지 등 휴식 공간이 있다. 때때로 장터나 이벤트 등이 열리기도 한다. 쇼핑하다가 쉬었다가 가기 좋다.

구글 지도 Fukuoka Daimyo Garden City

MAP P.208
Ⓢ 텐진역 2번 출구에서 도보 2분

니쿠젠

ニクゼン

무제한 야키니쿠로 유명한 집. 고기뿐 아니라 사이드 디시, 반찬도 무료로 제공해 배 터지게 먹을 수 있다. 술을 무제한 마실 수 있는 타베호다이 메뉴도 주당들에게 인기 있다. 부정기적으로 런치 특선 스테이크 덮밥을 판매하는데 고기의 양이 엄청 많고 질이 좋아 현지인들도 줄서서 먹는다. 인스타그램으로 예약 가능.

구글 지도 니쿠젠

MAP P.208
Ⓢ 아카사카역 3번 출구에서 도보 1분
Ⓣ 11:30~14:00, 17:00~23:00 ⊖ 화요일
¥ 타베호다이 스탠더드 코스 5370¥

텐푸라도코로 히라오

天麩羅処ひらお

현지인과 여행객 모두에게 사랑받는 튀김 가게. 큼지막한 새우와 채소가 포함된 정식 메뉴인 에비테이쇼쿠(えび定食)를 추천. 자판기로 주문 및 결제하는 시스템이며 밥 양에 따라 메뉴가 세분화되어 있다. 평소에는 대기 줄이 길지만 저녁 늦게 가면 오래 기다리지 않아도 된다.

구글 지도 텐푸라 히라오 다이묘점

MAP P.208
Ⓢ 아카사카역 5번 출구에서 도보 3분
Ⓣ 10:30~21:00 ⊖ 12월 31일~1월 2일
¥ 에비테이쇼쿠 1140¥

모토무라

もと村

유명 규카츠 체인점. 손님이 직접 화로에 규카츠를 구워 먹는 방식이라 재미가 있다. 무난한 가격대에 한국어 메뉴판이 있어 주문하기 편한 것이 장점. 하지만 그만큼 여행자들이 몰려 대기 줄이 무척 길다는 것이 단점이다. 파르코에도 지점이 있다.

구글 지도 모토무라 규카츠

MAP P.208
Ⓢ 텐진미나미역에서 도보 7분
Ⓣ 11:00~23:00 ⊖ 부정기
¥ 규카츠 테이쇼쿠 1930¥(현금 결제만 가능)

데우치소바 야부킨

手打ちそば やぶ金

국가 유형문화재로 등록된 고가(古家)에서 먹는 소바 한 그릇. 음식 맛이며 분위기가 정갈하고 깔끔해 여심을 홀린다. 소바와 다양한 튀김이 함께 나오는 덴세이로가 일품이다.

구글 지도 테우치소바 야부킨

MAP P.208
Ⓢ 아카사카역 5번 출구에서 도보 10분
Ⓣ 11:30~15:00, 17:00~21:00(화요일은 점심만 영업) ⊖ 수요일 ¥ 덴세이로 소바 2600¥

잇푸도 라멘 본점

一風堂 大名本店

일본 전역은 물론 세계 각지에 분점이 있는 잇푸도의 본점. 1985년 창립 당시부터 지금까지 한결같은 맛을 이어오고 있는 시로마루 모토아지 라멘을 추천. 세트 메뉴 구성이 다양해 입맛에 따라 배불리 먹을 수 있다. 본점 한정으로 판매하는 하카타 쇼유 라멘도 괜찮다.

구글 지도 잇푸도 라멘 다이묘 본점

MAP P.208 VOL.1 P.055
Ⓢ 텐진역 2번 출구에서 도보 6분 Ⓣ 월~목요일 11:00~23:00, 금요일·공휴일 전날 11:00~24:00, 토요일 10:30~24:00, 일요일·공휴일 10:30~23:00 ⊖ 연말연시 ¥ 시로마루 모토아지 라멘 790¥

비프맨
ビーフマン

현지인이 즐겨 찾는 고깃집. 비프맨 & 붉은 살 스테이크와 우설 꼬치, 육회초밥이 특히 인기다. 배부르게 먹으려면 1인당 4000¥ 정도는 생각해야 한다. 예약해야 하지만 개점 시간보다 10~15분 일찍 도착하면 예약하지 않아도 식사할 수 있다.

구글 지도 비프맨

MAP P.208
Ⓢ 텐진역 2번 출구에서 도보 3분 Ⓣ 18:00~다음 날 03:00 ⊖ 부정기 ¥ 비프맨 & 붉은 살 스테이크(H) 2300¥, 육회초밥(2점) 520¥

아카노렌 본점
赤のれん 天神本店

이상할 만큼 관광객에게는 낮게 평가받는 라멘 집. 라멘 마니아라면 엄지를 치켜들 만한 돈코츠 라멘과 차슈멘이 간판 메뉴다. 하지만 딱 한 가지만 고르라면 역시 라멘과 볶음밥, 교자가 함께 나오는 라멘 정식이다.

구글 지도 원조 아카노렌 세츠짱 라멘 본점

MAP P.208 VOL.1 P.056
Ⓢ 텐진역 2번 출구에서 도보 3분 Ⓣ 11:00~21:00 ⊖ 화요일 ¥ 라멘 580¥(곱빼기 680¥), 라멘 정식 780¥

테무진
テムジン

일명 '한입 교자'로 유명한 선술집. 소문의 주인공인 야키교자가 부동의 인기 메뉴로 이른 시간에 가면 손으로 만두를 빚는 과정을 볼 수 있다. 한국어 메뉴가 있다.

구글 지도 테무진 교자 다이묘점

MAP P.208
Ⓢ 텐진 지하상가 서12a 출구에서 도보 8분
Ⓣ 12:00~24:00 ⊖ 부정기 ¥ 야키교자 580¥

레드 록
RED ROCK

약 200g의 로스트비프를 밥 위에 가득 올려줘 고기 마니아들의 사랑을 받고 있다. 독자적인 방법으로 익힌 호주산 소고기에 간장과 마늘을 넣어 조린 뒤 특제 양파+요구르트소스를 뿌리는데 자꾸 입맛이 당기는 맛이다. 호불호가 확실히 갈리므로 달고 느끼한 음식이 싫다면 비추천.

구글 지도 레드락 다이묘점

MAP P.208
Ⓢ 아카사카역 5번 출구에서 도보 5분 Ⓣ 11:30~21:30 ⊖ 부정기 ¥ 로스트비프동 보통 1500¥

다이쇼테이
大正亭

돈가츠를 전문으로 하는 경양식집. 맛있기로 유명한 가고시마 흑돼지로 돈가츠를 만들고 부재료도 가고시마에서 공수해올 만큼 재료에 대한 자부심이 남다르다. 쿠로부타 로스카츠 정식이 인기 메뉴로 가격이 조금 비싼 것이 흠이라면 흠. 한국어 메뉴판이 있다.

구글 지도 쿠로부타카츠레츠 타이쇼테이

MAP P.208
Ⓢ 아카사카역 2번 출구에서 도보 5분 Ⓣ 11:00~15:00, 17:00~20:30 ⊖ 일요일, 공휴일 ¥ 쿠로부타 로스카츠 정식 2200¥

아사야마
あさ山

호불호 갈리지 않는 야키소바, 오코노미야키 전문점. 맛이 특별하지는 않지만 대중적인 입맛에 잘 맞아서 한국 여행객들이 많이 찾는다. 야키소바와 오코노미키에 들어가는 기본 소스가 똑같다 보니 두 메뉴의 맛이 비슷한 것이 흠. 현금 결제만 가능.

구글 지도 아사야마

MAP P.208
Ⓢ 애플 스토어 맞은편 골목 안에 위치
Ⓣ 18:00~22:00 ⊖ 수요일, 공휴일
¥ 오코노미야키 700~1100¥

사바타로
さばたろう

아침과 점심에만 문을 여는 예약제 식당. 고등어(さば)를 재료로 한 일본 가정식 메뉴로 구성되어 부모님을 모시고 가기에 적당하다. 소수 인원만 받아 접객 수준이나 조용한 분위기도 손님들이 입을 모아 칭찬하는 부분. 음식의 차림새와 메뉴의 구성이 다채로워 시각적인 즐거움도 남다르다. 3주 전 예약 추천.

구글 지도 사바타로

MAP P.208
아카사카역 2번 출구에서 도보 4분 07:30·08:30·09:30·10:30·11:30·12:30·13:30
부정기 아침 식사 2915¥

쿠로마츠
くろまつ

최근 인기 있는 돈가츠 전문점. 빵처럼 바삭한 튀김옷에 입에서 살살 녹는 고기가 이집 돈가츠의 매력이다. 어떤 메뉴를 주문해도 다 맛있지만 수량 한정으로 판매하는 로스카츠 정식은 반드시 먹어보자. 된장국에 고기 덩어리가 듬뿍 들어가 있어 푸짐하다. 현금 결제만 가능.

구글 지도 쿠로마츠 다이묘점

MAP P.208
아카사카역 5번 출구에서 도보 5분 11:00~14:30, 17:00~19:30 부정기 로스카츠 정식 2400¥

아부라 소바 도쿄 아부라구미 쇼혼텐 油そば 東京油組総本店

아부라 소바 체인점. 특제 양념과 아부라 기름, 식초, 라유를 넣어 슥슥 비벼 먹는 비빔 라멘의 일종인데 감칠맛이 감도는 첫 맛과 매콤한 끝 맛이 우리 입맛에도 잘 맞는다. 멘마, 시로네기, 차슈, 반숙 달걀을 추가하는 것을 추천.

구글 지도
아부라소바 도쿄아부라소혼텐 텐진구미

MAP P.208 VOL.1 P.057
텐진미나미역 2번 출구에서 도보 8분
11:00~23:00(재료 소진 시 영업 종료)
부정기 아부라 소바 880¥

규마루
ぎゅう丸

가성비 좋은 체인 햄버그스테이크 전문점. 규마루 세트의 가성비가 특히 좋은데 세트에는 페이스트리 빵을 찍어 먹을 수 있는 파이 츠츠미 수프와 밥, 샐러드, 육즙이 많고 식감이 부드러운 햄버그스테이크를 모두 맛볼 수 있다. 식사 시간만 살짝 피하면 웨이팅도 거의 없다. 현금 결제만 가능.

구글 지도 규마루

MAP P.208
아카사카역 5번 출구에서 도보 3분
11:00~22:00 부정기
규마루 세트 1480¥

쿠로다한
黒田飯

최근 인기를 얻고 있는 참치 덮밥 전문점. 참치 도매업을 하는 회사에서 차린 곳이라 신선하고 질 좋은 참치를 사용한다. 특히 2000~3000¥대 메뉴의 가성비가 좋다. 회전이 느리고 가게가 크지 않아 식사 시간에는 30분 이상 기다려야 할 수 있다. 예약 추천.

구글 지도 마구로 토 고한 쿠로다한

MAP P.208
텐진미나미역 2번 출구에서 도보 8분
11:00~20:30 화·수요일
네기토로 덮밥 1490¥, 오토로아부리 덮밥 4300¥ www.hotpepper.jp/strJ003716044

다이묘 소프트크림
DAIMYO SOFTCREAM

진한 우유 맛 소프트아이스크림을 판매하는 집. 기본 메뉴이자 가장 인기 있는 메뉴인 생크림 우유 소프트아이스크림을 추천. 아이스크림의 질감이 단단하고 묵직한데 얼음 알갱이가 하나도 없어 매우 부드럽다. 맥도날드 초코콘처럼 초콜릿을 묻혀주는 초코콘도 인기 메뉴.

구글 지도 지도 다이묘 소프트 아이스크림

MAP P.208
텐진 지하상가 서10 출구에서 도보 8분
12:00~21:00(금·토요일 21:00까지) 부정기
생크림 우유 소프트아이스크림 550¥

코히샤 노다
珈琲舎のだ

코히샤 노다는 1966년에 오픈한 후쿠오카 유명 킷사텐 중 하나. 요즘 만나기 힘든 사이폰 커피를 맛볼 수 있다. 뜨거운 커피를 시키면 생크림이 함께 나와 비엔나커피처럼 즐길 수 있다. 커피뿐 아니라 쫀쫀한 푸딩, 커피 롤 등 디저트로도 유명하며, 샌드위치, 파스타 등 식사 메뉴도 판매한다.

구글 지도 코히샤 노다

MAP P.208 VOL.1 P.077
Ⓢ 아카사카역 3번 출구에서 도보 1분 Ⓞ 10:00~19:00 ⊖ 수요일 ¥ 노다 브랜드 커피 800¥, 케이크 세트 1500¥~

카페 델 솔
カフェデルソル Cafe del SOL

팬케이크 맛집. 예쁜 플레이팅이며 폭신한 식감까지 데이트 코스로 환영받을 만한 요소를 모두 갖췄다. 사진을 첨부한 메뉴판이 있어 메뉴를 고르기도 수월한데, 팬케이크는 종류에 상관없이 맛이 기본 이상이다.

구글 지도 카페 델 솔

MAP P.208
Ⓢ 텐진 지하상가 서10 출구에서 도보 5분, 스타벅스 건물 맞은편 2층 Ⓞ 10:00~18:00 ⊖ 부정기 ¥ 팬케이크 1320¥, 음료 세트 330¥

SHOPPING →

위 아 레디
We are Ready

다이묘 거리에 자리한 귀여운 디저트 가게. 쇼핑하다가 들러서 잠시 당을 충전하기 좋다. 제철 과일을 사용하는 케이크와 타르트가 주메뉴. 다만 매장 좌석이 넉넉하지 않아서 늘 대기 줄이 길다. 현지인이 많이 찾는 맛집.

구글 지도 We are Ready

MAP P.208
Ⓢ 다이묘 패션 거리 내 Ⓞ 11:00~19:00 ⊖ 부정기 ¥ 아메리카노 500¥, 케이크 세트 1200¥

세컨드 스트리트
2nd Street セカンドストリート

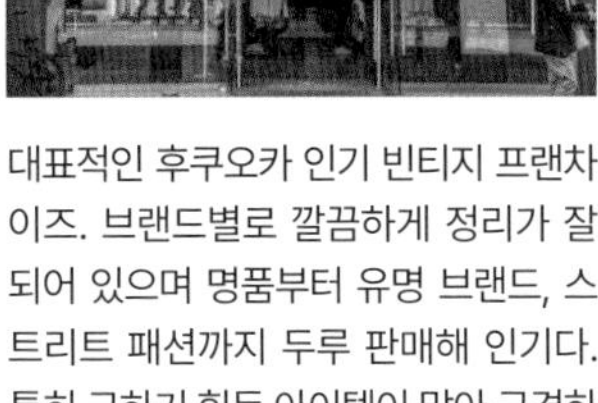

대표적인 후쿠오카 인기 빈티지 프랜차이즈. 브랜드별로 깔끔하게 정리가 잘 되어 있으며 명품부터 유명 브랜드, 스트리트 패션까지 두루 판매해 인기다. 특히 구하기 힘든 아이템이 많아 구경하는 재미가 있다. 그러나 가격은 생각보다 저렴하지 않다. 매입도 한다.

구글 지도 세컨 스트리트후쿠오카텐진점

MAP P.208 VOL.1 P.090
Ⓢ 텐진역 2번 출구에서 도보 5분
Ⓞ 11:00~21:00 ⊖ 부정기

유니온 3
UNION 3

패션 피플 사이에서 유명한 중고 명품 숍. 상품을 부위별·색깔별로 진열해놓았는데, 종류가 아주 다양하고 가격도 합리적이다. 마음 편히 입어볼 수 있는 점 또한 만족스럽다. 특별히 원하는 것이 있으면 홈페이지에서 원하는 상품을 검색해보고 방문하는 것이 좋다. 참고로 남성용이 압도적으로 많다.

구글 지도 유니온3

MAP P.208 VOL.1 P.090
Ⓢ 아카사카역 5번 출구에서 도보 10분
Ⓞ 10:00~22:00 ⊖ 부정기
http://union3.info

베이프
BAPE

유명 스트리트 패션 숍으로 한국 대비 가격이 저렴하다. 하지만 인기 제품은 출시되는 즉시 품절이라 득템하기가 쉽지 않다. 신제품은 주로 토요일에 출시하는데, 문을 열기 전부터 줄을 서 있지 않으면 구입하기 어렵다(입장한 순서대로 선택 우선권을 준다). 출시 정보는 인스타그램 등 SNS에서 공지한다.

구글 지도 베이프

MAP P.208 VOL.1 P.089
아카사카역 5번 출구에서 도보 10분
11:00~19:00 부정기

슈프림
Supreme

국내에서도 많은 사랑을 받고 있는 스트리트 패션 대표 주자 슈프림. 후쿠오카점은 국내보다 가격이 저렴하고 한정판 등 종류도 다양해 필수 쇼핑 코스로 꼽힌다. 신상품 입고일에는 대기표를 받고 입장하는데, 대기표 배포는 입장 시간보다 먼저 이루어지니 유의할 것. 면세 불가.

구글 지도 슈프림 후쿠오카

MAP P.208 VOL.1 P.088
텐진 지하상가 서10 출구에서 도보 6분
11:00~20:00 부정기

후즈
HOODS

스트리트 패션 브랜드. 2층 규모로 1층은 더블탭스(WTAPS), 2층은 네이버후드 위주로 판매한다. 밖에서 보기에도 좁게 느껴지는데 실내에 들어가면 더 좁은 느낌. 그 때문인지 상품의 종류가 다양하지 않다.

구글 지도 HOODS 福岡

MAP P.208
아카사카역 5번 출구에서 도보 10분
11:00~19:00
부정기

캐피탈
Kapital

디자인과 컬러가 유니크한 패션으로 유명한 일본 브랜드. 마니아들은 꼭 들른다. 하나하나 수작업으로 작업해 더욱 특별한 느낌이 난다.

구글 지도 KAPITAL

MAP P.208 VOL.1 P.089
아카사카역 5번 출구에서 도보 10분
11:00~20:00
부정기

래그태그
Ragtag

파르코 백화점까지 입점된 일본 대표 빈티지 프랜차이즈. 디자이너 브랜드 중심으로 셀렉트해 희귀 아이템이 많아 연예인 등 패션 피플들도 즐겨 찾는 곳으로 유명하다. 도쿄, 오사카 지점에 비해서는 규모가 작으나, 여느 편집숍 못지않게 디스플레이해놓았다는 점이 장점이다.

구글 지도 RAGTAG

MAP P.208 VOL.1 P.090
텐진역 2번 출구에서 도보 6분
11:00~20:00 부정기

만다라케
MANDARAKE

장난감 박물관이 아닐까 싶을 정도로 입점 제품의 양과 종류 등 모든 면에서 방대하다. 1층에는 피겨와 프라모델이, 2층에는 아이돌 굿즈와 우치와, CD, 구체 관절 인형, 코스튬 상품 등 본격적인 '덕질'을 위한 상품이 가득 진열돼 있다. 면세 가능.

구글 지도 만다라케 후쿠오카점

MAP P.208
텐진역 1번 출구에서 도보 5분
12:00~20:00 부정기

와이쓰리
Y-3

요지 야마모토가 스포츠 브랜드 아디다스와 손을 잡고 론칭한 브랜드 숍. 디자이너 특유의 독창적이고 아방가르드한 요소와 미니멀한 개성이 아디다스를 만나 창의적인 디자인과 특유한 섬세함이 깃든 스타일을 완성한 것으로 유명하다.

구글 지도 Y-3 Fukuoka

MAP P.208 VOL.1 P.089
이와타야 백화점 뒤 스타벅스와 카페 델 솔 사이 골목 11:00~20:00 부정기

앵커
Anchor

규모가 큰 빈티지 숍. 일본 제품보다 미국 빈티지 제품 위주로 큐레이션해 다른 구제 숍과는 다른 제품을 만날 수 있다. 저렴한 제품부터 브랜드 제품까지 다양하게 진열돼 있어서 보물찾기 하는 재미가 쏠쏠하다.

구글 지도 Nishikaigan ANCHOR Daimyo

MAP P.208 VOL.1 P.090
다이묘 패션 거리 11:00~20:00
부정기

휴먼메이드
HUMAN MADE

최근 일본과 우리나라에서 떠오르는 핫한 일본 패션 브랜드. 독특한 프린팅과 자수로 인기 있는데, 하트 로고 제품이 가장 인기. 입고 즉시 판매되기 때문에 보이는 대로 구입해야 한다. 가격이 부담스럽다면 키 링 같은 액세서리에 주목하자.

구글 지도 휴먼 메이드 후쿠오카

MAP P.208 VOL.1 P.088
다이묘 패션 거리
11:00~19:00
부정기

나나미카 후쿠오카
nanamica Fukuoka

미니멀한 디자인과 세련된 분위기로 인기를 끌고 있는 일본 브랜드. 일본 내에도 매장이 많지 않은 터라 후쿠오카 패션 쇼핑 필수 코스로 꼽힌다. 일본 한정 라인인 노스페이스 퍼플 라벨도 만날 수 있다.

구글 지도 nanamica FUKUOKA

MAP P.208 VOL.1 P.089
다이묘 패션 거리 11:00~19:00
부정기

후쿠오카 시청 주변 SIGHTSEEING

아크로스 후쿠오카
アクロス福岡

건축물에 관심이 있다면 반드시 들러야 할 곳이다. 파사드가 계단식으로 구성돼 있어 보는 각도에 따라 다르게 보인다. 자연 채광을 활용해 건물 내부의 인공조명을 최대한 줄인 점도 인상적이다. 후쿠오카 문화와 예술의 심장부로 다양한 공연이 상시 열린다.

구글 지도 아크로스 후쿠오카

MAP P.209
텐진역 16번 출구와 바로 연결 10:00~20:00(시설마다 다름) 부정기

아크로스 후쿠오카 스텝 가든
アクロス福岡 Step Garden

아크로스 후쿠오카 옥상에 4만 그루의 나무를 심어 근사한 산책로로 만들었다. 한 계단 한 계단 밟아 올라가야 하므로 마음을 단단히 먹어야 하지만 정상에 오르면 텐진과 나카스의 시원한 풍경을 볼 수 있다. 마실 물을 꼭 챙겨 가자.

구글 지도 Acros Fukuoka Step Garden

MAP P.209
아크로스 텐진 중앙 공원 방향 출입구 좌우에 올라가는 계단과 연결 3~10월 09:00~18:00, 11~2월 09:00~17:00 / 옥상 전망대는 주말과 공휴일 10:00~16:00 개방

텐진 중앙 공원
天神中央公園

텐진에도 이런 곳이 있었나 싶을 정도로 넓고 녹음이 짙은 공원이다. 쇼핑하다 앉아서 쉬기도 좋고 볕 좋은 날 자연을 즐기기도 좋다. 겨울에는 크리스마스 마켓과 일루미네이션이 열리니 꼭 찾아가 보자.

구글 지도 텐진 중앙 공원

MAP P.209 VOL.1 P.031
Ⓢ 텐진미나미역 5번 출구에서 직진

아카렌가 문화관
赤煉瓦文化館

도쿄역을 설계한 다츠노 긴고가 1909년에 지은 영국풍 건물로 중요 문화재로 지정되었다. 실내에 후쿠오카 근대문학에 관한 자료를 전시하고 있으나 일본 문학에 관심이 없으면 큰 감흥이 없는 것이 사실. 외관만 봐도 충분하다.

구글 지도 후쿠오카시 아카렌카 문화관

MAP P.209
Ⓢ 텐진역 16번 출구로 나와 아크로스 앞에서 길을 건너 직진 Ⓣ 09:00~22:00 ⊖ 월요일

로바타 카미나리바시
炉ばた 雷橋

후쿠오카 최고의 야키도리 가게. 한 사람당 3000~3500¥이면 적당히 먹고 마시기 알맞다. 현금 결제만 가능. 주문이 어렵다면 모리아와세(모둠) 메뉴를 주문하자. 자리가 꽉 찼다면 걸어서 3분 거리의 로바타 산코바시로 가자.

구글 지도 로바타 카미나리바시

MAP P.209 VOL.1 P.071
Ⓢ 텐진미나미역 6번 출구에서 도보 1분 Ⓣ 월~토요일 17:00~24:00 ⊖ 일요일 ¥ 도리 모리아와세 700¥, 야사이 모리아와세 650¥, 단품 200¥~

무사시
やきとり六三四

저렴한 가격에 보통 이상의 맛과 분위기까지 두루 갖춘 야키도리 집. 먹고 마시며 끝장을 봐야겠다 싶은 밤이라면 이곳만 한 곳이 없다. 현금 결제만 가능.

구글 지도 야키토리 무사시

MAP P.209 VOL.1 P.070
Ⓢ 텐진미나미역 6번 출구에서 도보 3분
Ⓣ 17:30~24:00(일요일은 23:00까지) ⊖ 부정기
¥ 야키도리 176~528¥, 단품 메뉴 680¥~, 주류 450~600¥

사이노 카페 & 바
Saino Cafe & Bar

아카렌가 문화관 안에 들어선 고풍스러운 카페다. 아카렌가 문화관은 코워킹 스페이스를 겸해 회원이 아니면 이용할 수 없지만, 이곳은 누구나 들를 수 있다. 100년이 넘은 오래된 근대 건물을 누릴 수 있다는 점이 가장 큰 매력이며 대부분 일하는 사람들이라 조용한 점도 장점.

구글 지도 Saino Cafe & Bar

MAP P.209
Ⓢ 텐진역 12번 출구에서 도보 6분 Ⓣ 12:00~17:00, 18:00~20:30 ⊖ 부정기 ¥ 커피 450¥~, 음식 400¥~

코메다 커피
コメダ珈琲店

가성비 좋은 아침 메뉴로 유명한 프랜차이즈 카페다. 오전 11시까지 음료를 주문하면 토스트가 무료다. 두툼한 토스트와 더불어 잼이나 팥, 달걀 스프레드 등을 고를 수 있는데, 버터와 팥의 조합이 가장 인기. 젤리로 만든 커피 위에 크림을 올려 나오는 젤리코도 인기 메뉴다.

구글 지도
코메다커피 후쿠오카텐진미나미점

MAP P.209
Ⓢ 텐진미나미역 5번 출구에서 도보 1분
Ⓣ 07:00~23:00 ⊖ 부정기
¥ 커피 580¥, 젤리코 710¥

미스즈안 우동 소바
そば処みすゞ庵

1952년 창업한 이곳은 후쿠오카에서 가장 오래된 소바 가게이자 현지인 맛집이다. 우동과 소바, 덮밥 등의 메뉴를 판매하고 있는데, 대표 메뉴는 가츠카레 소바다. 카레는 육수에 녹말을 풀어 만들어 탕수육 소스 같은 질감을 낸다. 소바는 부드럽게 넘어가고 바삭하게 튀겨 낸 돈가츠와 좋은 궁합을 이룬다.

구글 지도 미스즈안 우동 소바

MAP P.209
Ⓢ 후쿠오카 시청 북쪽 Ⓣ 11:00~19:30 ⊖ 일요일 ¥ 가츠카레 소바 1050¥, 텐동 1000¥

워터 사이트 오토
Water site OTTO

나카스 강변에 자리 잡은 카페로, 넓은 야외 좌석이 매력적이다. 특히 오후 4시까지 주문 가능한 가성비 좋은 점심 메뉴가 인기다. 여기에 530¥만 추가하면 수프, 커피, 주스, 차 등을 마실 수 있는 드링크 바를 이용할 수 있다. 음식 맛은 비교적 평범한 편.

구글 지도 워터 사이트 오토

MAP P.209 VOL.1 P.079
Ⓢ 텐진역 12번 출구에서 도보 4분 Ⓣ 11:00~21:30 ⊖ 부정기 ¥ 팬케이크 1250¥, 드링크 바 530¥

후쿠오카 오픈톱 버스
Fukuoka Opentop Bus

후쿠오카의 대표적인 관광 명소를 2층 버스를 타고 둘러보는 프로그램. 콘셉트별로 여러 개의 코스가 있으며 '시사이드 모모치 코스'와 '하카타 도심 코스'가 인기 있다. 후쿠오카 시청 1층에 매표소가 있다.

구글 지도 Fukuoka Open Top Bus

MAP P.209 VOL.1 P.045
Ⓢ 텐진미나미역 5번 출구에서 도보 5분 Ⓣ 매표소 09:00~19:00 ⊖ 악천후 시 운휴 ¥ 성인 2000¥, 아동 1000¥ Ⓗ https://fukuokaopentopbus.jp

텐진 북부

EATING →

신신 라멘 본점
Shin Shin 天神本店

연예인들도 후쿠오카를 방문할 때마다 일부러 찾는 인기 라멘 집. 속이 편안해지는 돈코츠 라멘의 국물 맛은 라멘 초보자도 꿀떡꿀떡 삼킬 수 있을 정도. 평일 11시부터 오후 2시까지만 판매하는 점심 메뉴도 인기다.

구글 지도 신신 라멘 텐진본점

MAP P.209 VOL.1 P.055
Ⓢ 텐진 지하상가 서1 출구에서 도보 2분 Ⓣ 11:00~다음 날 03:00 ⊖ 수요일(공휴일인 경우 다음 날) ¥ 하카타 신신 라멘 820¥

웨스트
ウエスト

체인 음식점이라는 것이 믿기지 않을 만큼 맛이 뛰어나다. 우동과 튀김 덮밥이 포함된 세트 메뉴를 주문하면 한 끼 식사로 손색없다. 그중 채소튀김과 우동을 함께 먹을 수 있는 가키아게동 세트(かき揚げ丼セット)가 특히 맛있다.

구글 지도 웨스트 텐진키타점

MAP P.209
Ⓢ 텐진 지하상가 서1 출구에서 도보 1분 Ⓣ 10:00~22:20 ⊖ 부정기 ¥ 가키아게동 세트 820¥, 우동 정식 920¥

스시로
スシロ

체인 스시 전문점. 키오스크로 대기를 걸면 QR코드가 출력된다. 퇴장할 때도 QR코드가 있어야 하기 때문에 잘 보관하자. 주문도 개인 태블릿으로 할 수 있는데, 자신이 주문한 음식만 먹도록 유의해야 한다. 오후 4~5시 정도의 애매한 시간에는 바로 입장 가능하며 라인으로 예약하면 대기 시간이 짧아진다. 1인당 2만 원 정도면 양껏 먹을 수 있다.

구글 지도 스시로 오야후코도리점

MAP P.208 VOL.1 P.067
Ⓢ 텐진역 1번 출구에서 도보 3분 Ⓣ 11:00~23:00 ⊖ 부정기 ¥ 스시 150¥~

커넥트 커피
コネクトコーヒー

커피 애호가 사이에서 소문난 로스터리 카페. 바리스타가 라테 아트 챔피언인 만큼 카페라테를 주문하면 멋진 라테 아트를 볼 수 있다. 게다가 후쿠오카에서 손꼽을 만큼 맛있다. 이곳의 원두를 즐기려면 드립 커피를 선택하자. 산미와 강도가 그림으로 그려져 있어서 내가 원하는 커피를 고를 수 있다. 현금만 가능.

구글 지도 커넥트 커피

MAP P.209
Ⓢ 텐진 지하상가 동1a 출구에서 도보 5분 Ⓣ 월~토요일 12:00~20:00, 일요일 11:00~18:00 ⊖ 화요일 ¥ 드립 커피 500¥, 카페라테 580¥

하트 브레드 안티크
ハートブレッドアンティーク

아침 식사하기 좋은 베이커리 카페. 빵과 음료를 무제한으로 마실 수 있는 모닝 뷔페로 유명하다. 빵 종류가 다양해서 결정 장애가 올 정도이며, 귀여운 모양의 빵이 많은 것이 특징이다. 시식도 많고 가격도 저렴하니 대식가가 아니라면 굳이 뷔페를 선택하지 않아도 된다.

구글 지도
하트 브레드 안티크 후쿠오카텐진점

MAP P.209
Ⓢ 텐진 지하상가 서1번 출구에서 도보 2분 Ⓣ 08:00~21:00 ⊖ 부정기 ¥ 모닝 뷔페 980¥(입장 10:30까지)

로프트
ロフト

텐진 중심가에 건물 하나를 차지하던 로프트가 미나 텐진 6층으로 이사 왔다. 규슈 최대의 플래그십 매장이다. 편집매장 '로프트 굿 스토어'에는 계절마다 규슈 각 현에 연관된 상품을 모아 소개하며 규슈 한정 상품도 선보인다. 후쿠오카현의 전통 공예품 중 하나인 '하카타 하리코'를 모티브 삼아 만든 호랑이 캐릭터 '로프트라'도 귀엽다.

구글 지도 텐진 로프트

MAP P.209 VOL.1 P.119
Ⓢ 텐진 지하상가 동1a 출구에서 연결된 미나 텐진 6층 Ⓣ 10:00~20:00 ⊖ 부정기

미나 텐진
ミーナ天神

일본의 인기 있는 브랜드는 다 모인 쇼핑몰이다. 2023년 4월 리뉴얼 오픈 후 쇼핑하기가 더 좋아졌다. 유니클로, GU, ABC 마트를 비롯해 로프트, 100¥ 숍 세리아, 북오프 등을 만날 수 있다. 텐진역에서 바로 이어져 접근성이 좋다.

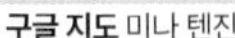

구글 지도 미나 텐진

MAP P.209 VOL.1 P.091
Ⓢ 텐진 지하상가 동1a 출구에서 바로 Ⓣ 10:00~20:00(일부 가게 제외) ⊖ 부정기

이온 쇼퍼즈
イオンショッパーズ

없는 게 없는 대형 마트. 위치로 보나 규모로 보나 텐진에서 장을 보기에 가장 좋다. 특히 폐장 시간이 가까울수록 도시락과 신선 식품을 대폭 할인해 판매한다. 밤늦은 시간까지 영업해 시간을 아껴야 하는 여행자들이 들르기 좋지만 면세 코너는 오후 8시에 마감하니 주의하자. 홈페이지에서 할인 쿠폰을 다운받아 가면 할인 혜택도 있다.

구글 지도 이온 쇼퍼즈 후쿠오카점

MAP P.209 VOL.1 P.106
Ⓢ 텐진 지하상가 동1a 출구에서 도보 2분 Ⓣ 09:00~22:00 ⊖ 부정기

쇼후엔
松風園

한적한 고급 주택가에 자리 잡은 다실 겸 일본식 정원이다. 1945년 타마야 백화점 창업자 다나카마루 젠파치 씨의 자택으로 지은 곳인 만큼, 고급 주택의 호화스러움을 경험할 수 있다. 다다미방에 앉아 말차 세트를 마시며 정원을 감상할 수 있다.

구글 지도 쇼후엔

MAP P.210 VOL.1 P.146
Ⓢ 야쿠인오도리역 2번 출구에서 죠스이 거리 방면으로 도보 10분 Ⓒ 09:00~17:00, 12월 29일~1월 1일 ⊖ 화요일 ¥ 입장료 고등학생 이상 100¥, 중학생 이하 50¥ / 말차 세트 500¥

피체리아 다 가에타노
ピッツェリアダガエターノ

정통 나폴리 피자의 감동을 그대로 옮겨 온 피체리아. 나폴리 본점보다 먼저 미슐랭 가이드의 빕구르망에 선정됐는데 피자를 한입 베어 물면 단번에 수긍하게 된다. 1인 1피자를 주문하면 알맞다.

구글 지도 피체리아 다 가에타노

MAP P.210
Ⓢ 야쿠인역 북쪽 출구에서 도보 1분 Ⓒ 12:00~13:30, 18:00~23:00(화요일은 저녁에만 영업)
⊖ 월요일, 첫째 주 화요일
¥ 피자 1700~2500¥

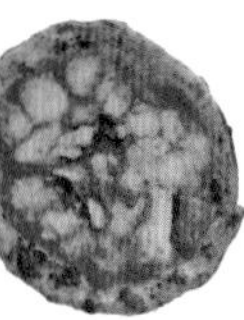

니쿠이치 야쿠인
肉いち 薬院店

TV 방송에 소개되며 인기를 얻은 야키니쿠 집. 예약 없이는 자리에 앉기도 힘들어 핫페퍼(www.hotpepper.jp)에서 예약하는 것을 추천. 조갈비, 네기탄시오 등이 가장 인기 있으며 다양한 부위를 맛볼 수 있는 코스 메뉴도 가격 대비 만족도가 높다. 1인당 2200¥만 추가해 2시간 동안 음료를 마음껏 마실 수 있는 '노미호다이'도 즐겨보자.

구글 지도 니쿠이치 야쿠인

MAP P.210 VOL.1 P.059
Ⓢ 야쿠인역 2번 출구에서 도보 3분 Ⓒ 16:00~24:00
⊖ 1월 1일, 12월 31일 ¥ 명품 특선 7종 모둠 4378¥

토리덴
とり田

미슐랭 가이드 빕 구르망에 선정된 미즈타키 전문점. 닭고기의 무한한 변신을 경험하고 싶다면 이곳이 제격이다. 미즈타키가 포함된 텐진 코스를 추천. 먹는 방법을 영어로 적은 안내문으로 알려주기 때문에 어렵지 않게 식사할 수 있다. 예산은 1인당 5~6만 원 정도.

구글 지도 토리덴

MAP P.210 VOL.1 P.061
Ⓢ 야쿠인오도리역 1번 출구에서 도보 3분
Ⓒ 11:30~23:00(L.O 21:30) ⊖ 부정기
¥ 텐진 코스 6600¥

야마나카 본점
やま中 本店

미슐랭 가이드에 소개된 스시 집으로 일왕이 직접 방문할 만큼 창작 스시 분야에서는 독보적이다. 런치 타임에 제공하는 '런치 니기리'를 주문하면 한 끼 식사로 알맞다. 이곳 특유의 분위기 덕에 데이트 장소로도 인기. 최소 5일 전에 전화 및 인터넷 예약해야 한다.

구글 지도 야마나카스시

MAP P.211
Ⓢ 와타나베도리역 1번 출구에서 도보 5분
Ⓒ 11:30~21:30 ⊖ 일요일
¥ 런치 니기리 4950¥

무츠카도
むつか堂

말랑말랑한 식빵 하나로 후쿠오카 명소로 자리 잡은 곳. 야쿠인 본점은 좌석이 없이 판매만 한다. 잼도 함께 판매하나, 이곳 식빵은 아무것도 바르지 않고 그냥 찢어 먹는 게 가장 맛있다. 그야말로 닭 가슴살같이 결이 살아 있는 촉촉 부드러운 빵의 신세계를 만날 수 있을 것이다.

구글 지도 무츠카도

MAP P.210 VOL.1 P.073
Ⓢ 야쿠인오도리역 1번 출구에서 도보 3분
Ⓒ 10:00~20:00 ⊖ 일요일 ¥ 식빵(소) 432¥, 과일 샌드위치 702¥ ↖ http://mutsukado.jp

타츠쇼
たつ庄

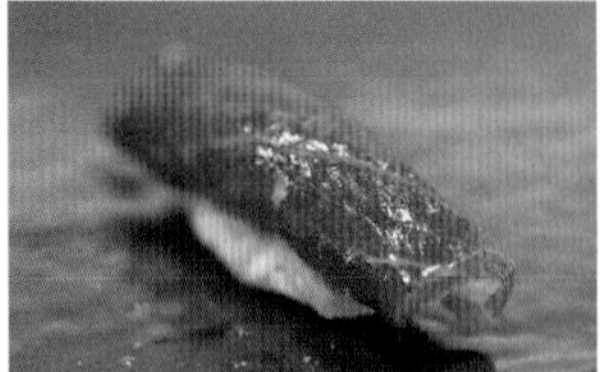

미슐랭 가이드 1스타 스시야. 점심 스시 코스를 주문하면 비교적 저렴한 가격으로 질 좋은 스시를 맛볼 수 있다. 제철 재료를 쓰는 것은 기본, 와사비, 간장 등 모든 재료를 손수 만들어 최상의 맛을 낸다.

구글 지도 스시타츠쇼

MAP P.211
와타나베도리역 2번 출구에서 도보 5분
11:30~14:00, 18:00~22:00
일요일 런치 스시 코스 1만1000¥

토리카와 스이쿄
とりかわ 粋恭

닭껍질 꼬치구이(토리카와)를 전문으로 하는 야키토리 집. 블로그를 통해 한국인 여행자에게 알려졌지만 명성에 비해 맛은 평범하다. 손님이 많아서인지 이것저것 주문하다 보면 계산서 실수가 잦은 편. 먹은 꼬치의 개수를 세어 계산하면 바가지 쓰는 일이 좀 적긴 하다.

구글 지도 토리카와 스이쿄우

MAP P.210
야쿠인역 2번 출구에서 도보 5분 17:00~23:30 부정기 야키토리 180~290¥, 생맥주 중 사이즈 660¥

시로가네사보
白金茶房

일명 '백금 다방'이라는 이름으로 더 유명한 브런치 카페. 작은 정원 안 도서관에 들어온 듯 조용한 분위기에서 브런치를 즐길 수 있다. 팬케이크가 꽤 유명하지만 명성에 비하면 별맛 없다. 대신 대회 수상 경력이 있는 바리스타가 내린 커피 맛이 환상적이다.

구글 지도 시로가네사보

MAP P.211
야쿠인역에서 도보 6분, 또는 와타나베도리역에서 도보 10분 평일 10:00~17:00, 토·일요일, 공휴일 08:00~18:00 브런치 1300~2000¥, 팬케이크 1200~1800¥

렉 커피 야쿠인역점
レックコーヒー

2014년 일본 바리스타 챔피언십 우승, 2016년 월드 바리스타 챔피언십 준우승에 빛나는 이와세 요시카즈 씨가 운영하는 카페다. 키테 하카타 등 후쿠오카에서만 여섯 곳의 지점과 로스터리를 운영 중이다. 커피는 오리지널 블렌드부터 고급 원두까지 폭넓게 취급한다.

구글 지도 Rec Coffee Yakuin Station

MAP P.211 VOL.1 P.078
야쿠인역 2번 출구에서 도보 1분 평일 08:00~24:00(금요일은 다음 날 01:00까지), 토요일 10:00~다음 날 01:00, 일요일 10:00~24:00 부정기 오늘의 커피 520¥, 카페라테 580¥~, 토스트 420¥~

멘도 하나모코시
麺道 はなもこし

미슐랭 가이드에 소개된 라멘 전문점. 오로지 닭고기를 육수 재료와 고명으로 써서 훨씬 풍부하고 깔끔한 맛을 내는데, 여성이나 라멘을 처음 접하는 사람들에게 인기가 많다. '특상 중화소바' 추천. 재료가 떨어지면 문을 닫는다.

구글 지도 멘도 하나모코시

MAP P.210 VOL.1 P.057
야쿠인오도리역 1번 출구에서 1분
11:45~13:30, 19:00~20:30
수·목·일요일, 부정기 특상 중화소바 1000¥

노 커피
No Coffee

테이블 없이 계단식 좌석이 전부인데도 늘 사람들로 북적인다. 말차 라테, 블랙 라테 등 달달한 음료가 인기다. 커피뿐만 아니라 다양한 브랜드, 아티스트와 협업하며 후쿠오카의 트렌디한 문화를 선도하는 로컬 브랜드로 자리 잡았다. 오리지널 굿즈도 인기다.

구글 지도 No Coffee

MAP P.210
야쿠인오도리역 2번 출구에서 도보 9분
10:00~18:00 부정기 블랙 라테 650¥

굿 업 커피
Good Up Coffee

주택가 한가운데 자리한 작은 카페. 외진 위치, 앉아 있기 불편한 자리지만 언제나 만석. 오래 기다리지 않으려면 문을 열기 15분 전부터 줄을 서는 것이 속편하다. 손수 내린 커피와 집에서 만든 팥앙금을 듬뿍 올린 토스트가 맛있다. 화장실이 없으니 볼일은 미리 보도록.

구글 지도 굿 업 커피

MAP P.211 VOL.1 P.079
Ⓢ 와타나베도리역 1번 출구에서 도보 10분 Ⓣ 월·화·금·토요일 12:00~20:00, 수·일요일 12:00~18:30 ⊖ 목요일 ¥ 커피 470~650¥, 팥 토스트 690¥

카도야 식당
かどや食堂

시장 거리 한가운데에 위치한 카도야 식당은 무려 90년의 역사를 자랑한다. 우동과 돈가츠 정식, 유부초밥 등을 판매하는데, 맛은 가게 분위기처럼 수수하다.

구글 지도 1-chome-12-9 Minoshima

MAP P.211
Ⓢ 하카타역 하카타 출구 A 정류장에서 47·48번 버스를 타고 미노시마 잇초메 정류장에서 내린 뒤 길 건너 오른쪽 골목으로 직진
Ⓣ 11:00~15:00 ⊖ 일요일 ¥ 돈가츠 정식 500¥, 여름 한정 아이스크림 50¥

후쿠스시
福寿司

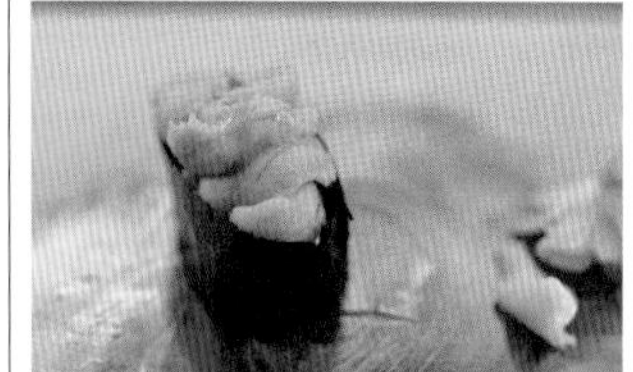

동네 사람들만 알고 있는 '동네 스시 집'. 네타(ねた, 스시 재료)가 크고 두꺼워 밥보다는 그 위 사시미를 씹는 재미가 있다. 코스 메뉴 구성이 스시 위주인 만큼 싱싱한 스시를 양껏 먹고 싶은 사람에게 추천. 투박하고 무던한 맛이라 미식가라면 실망할 수 있다.

구글 지도 후쿠스시

MAP P.211
Ⓢ 와타나베도리역 2번 출구에서 도보 6분
Ⓣ 14:00~다음 날 02:00 ⊖ 월요일
¥ 조니기리 4000¥, 특 니기리 4500¥

피시맨
Fish Man

한국인 여행자가 가장 사랑하는 집이자 로컬 맛집. 퓨전 생선 요리를 선보이는데, 모든 메뉴가 베스트다. 특히 여러 가지 회를 계단 모양 플레이트에 층층이 쌓아 올린 오사시미 모리아와세(お刺身階段盛合せ)와 싱싱한 해산물을 올린 어부동이 가장 인기 있는 메뉴.

구글 지도 하카타로바타 피쉬맨

MAP P.210
Ⓢ 텐진 지하상가 서12c 출구에서 도보 6분
Ⓣ 11:30~15:00, 17:30~다음 날 01:00 ⊖ 부정기
¥ 오사시미 모리아와세 2178¥, 어부동 2838¥

후쿠신로
福新楼

1904년에 개업한 중국 음식점. 후쿠오카 최초로 만들었다는 하카타 사라 우동이 유명하다. 양이 많아서 1인 1메뉴만 주문해도 충분하며 고급스러운 실내 분위기 덕에 어르신이나 손님을 모시고 가기에도 좋다.

구글 지도 후쿠신로

MAP P.210
Ⓢ 텐진 지하상가 서12a 출구에서 도보 4분
Ⓣ 11:30~22:00 ⊖ 화요일, 연말연시 ¥ 하카타 사라 우동 1320¥

헝그리 헤븐
ハングリーヘブン

요즘 젊은이들 사이에서 인기 있는 수제 햄버거 전문점. 먹기 부담스러울 정도로 두꺼운 버거를 선보이는데 비싸기는 하지만 양이 많은 점을 고려하면 가성비는 괜찮은 편. 메뉴가 매우 다양해서 선택의 폭이 넓다.

구글 지도 헝그리 헤븐 후쿠오카 이마이즈미점

MAP P.210
Ⓢ 텐진 지하상가 서12b 출구에서 도보 4분
Ⓣ 11:30~17:00, 17:00~다음 날 01:00
⊖ 연말연시 ¥ 에그치즈 버거 1300¥

왓파테이쇼쿠도
天神 わっぱ定食堂

일본 가정식을 전문으로 하는 음식점으로 맛이 정갈하며 대체로 양도 많은 편. 톤지루 정식이 부동의 인기 메뉴이며 새우튀김 & 치킨 난반 정식도 맛있다. 구조와 분위기가 혼자서도 식사하기 편안해 혼밥족이 많이 찾는다. 한국어 메뉴를 갖추었다.

구글 지도 왓파테이쇼쿠도(가정식)

MAP P.210
Ⓢ 텐진 지하상가 서12b 출구로 나와 스타벅스 옆 골목으로 진입, 철길 굴다리를 지나 좌회전 후 우회전 ⓘ 11:30~22:00 ⊖ 연말연시 ¥ 톤지루 정식 1180¥, 새우튀김 & 치킨 난반 정식 1980¥

살바토레 쿠오모 & 바
Salvatore Cuomo & Bar

정통 나폴리 요리를 선보이는 일본 대표 이탤리언 레스토랑 체인점으로, 점심에만 운영하는 피자 뷔페가 가격 대비 훌륭하다. 피자 네댓 가지가 끊임없이 화덕에서 구워져 나와 뜨끈뜨끈한 피자를 종류별로 맛볼 수 있다.

구글 지도 살바토레쿠오모

MAP P.209
Ⓢ 텐진미나미역 12b 출구에서 직진, 도보 3분 ⓘ 런치 뷔페 11:30~15:00(L.O 14:30)
⊖ 부정기 ¥ 1인 평일 런치 1800¥, 주말 런치 2500¥

멘야가가
麺屋我ガ

이치란 라멘 창업주의 손자가 운영하는 라멘 집. 이치란의 비밀 소스에 버금가는 매운 양념 맛도 기가 막히는데, 손님상에 내기 직전에 향이 좋은 고춧가루와 아오모리산 마늘을 황금 비율로 섞어 만든다고. 차슈와 반숙 달걀을 넣은 '삶은 달걀 라멘'을 추천. 생긴 지 오래되지 않아 시설이 깨끗하고 한국어 번역도 훌륭하다. 하루 종일 웨이팅이 있다.

구글 지도 멘야가가 텐진점

MAP P.210 VOL.1 P.055
Ⓢ 텐진미나미역에서 도보 8분 ⓘ 11:00~23:00
⊖ 부정기 ¥ 삶은 달걀 라멘 980¥

교자 리
餃子 李

현지인과 여행객 모두에게 인기 있는 중화요리 집. 직원 대부분이 중국 사람이라 후쿠오카 속 작은 중국 분위기다. 인기 메뉴는 한입에 쏙 들어가는 한입 교자와 새콤달콤한 맛이 일품인 에비 칠리. 음식 양이 많아 2명 기준 메뉴 3개면 적당하다. 밤늦은 시간 방문하면 기다리지 않아도 된다.

구글 지도 교자 리

MAP P.210
Ⓢ 야쿠인역 2번 출구에서 도보 2분 ⓘ 11:30~14:30, 17:00~21:50 ⊖ 화요일 ¥ 에비 칠리 1480¥, 한입 교자 680¥

우오츄
魚忠

일본식 덮밥 맛집으로 신선한 해산물을 가득 올린 '우오츄동'이 이 집의 시그너처 메뉴. 양에 따라 가격이 다른데 보통 사이즈를 선택하면 배부르다. 덮밥 위에 올리는 생선은 종류별로 추가 주문이 가능해 입맛에 따라 커스텀해서 먹을 수 있다는 것이 큰 장점. 웨이팅이 길지 않아서 더 좋다.

구글 지도 우오츄

MAP P.210
Ⓢ 텐진미나미역에서 도보 10분
ⓘ 11:30~21:30(L.O 21:00) ⊖ 수요일
¥ 우오츄동 보통 2980¥

16구
16ku

제과 명장 미시마 타카오가 이끄는 프랑스식 제과점. 반드시 맛봐야 할 메뉴는 다쿠아즈. 아몬드 반죽을 과자 안쪽에 발라 겉은 바삭바삭하고 안은 폭신한 질감이 살아 있다. 부드러운 맛과 향의 몽블랑과 제철 과일로 만든 '이달의 디저트' 메뉴도 눈여겨보자. 1층에서 주문한 뒤 직원의 안내를 받아 2층에서 먹고 결제를 한다.

구글 지도 프랑스과자 16구

MAP P.210 VOL.1 P.074
Ⓢ 야쿠인오도리역 2번 출구에서 도보 6분 ⓘ 10:00~18:00 ⊖ 월요일 ¥ 다쿠아즈 2개 486¥, 몽블랑 561.6¥, 이달의 디저트 1375¥

봄바 키친
ボンバーキッチン

다양한 메뉴를 선보이지만 우리나라 사람에게 유명한 메뉴는 닭 다리 살을 튀긴 뒤 타르타르소스를 곁들여 먹는 치킨 난반. 밥과 치킨 난반의 양을 지정해서 주문할 수 있으며 사이드 메뉴도 종류별로 조금씩 주문하면 여러 메뉴를 조금씩 맛볼 수 있어 반응이 좋다. 항상 회전이 느리고 대기 시간도 길다는 것이 단점. 보통 40분은 기다려야 한다.

구글 지도 봄바 키친

MAP P.210
Ⓢ 야쿠인오도리역 1번 출구에서 도보 3분
Ⓒ 11:30~15:30, 17:30~21:00 ⊖ 부정기
¥ 치킨 난반 4조각 1050¥

미츠이모 타임
ミツイモタイム 薬院店

고구마 디저트 전문점. 고구마튀김, 고구마 칩, 고구마 타르트, 고구마 아이스 등 모든 메뉴가 베스트셀러일 정도로 인기 있다. 고구마튀김, 아이스크림, 맛탕, 구운 고구마를 넣어 풍부한 맛을 느낄 수 있는 고구마 파르페가 이곳 최고의 인기 메뉴. 테이블이 없어 작은 의자에 앉아서 먹어야 하는데 그마저 새로운 경험이다.

구글 지도 Mitsuimo Time Yakuin Store

MAP P.210 VOL.1 P.080
Ⓢ 야쿠인역 1번 출구에서 도보 5분
Ⓒ 11:00~19:00 ⊖ 부정기
¥ 고구마 파르페 850¥

누이스
Nooice

브륄레 팬케이크가 유명한 호주 스타일의 카페. 손님 대부분이 젊은 층이고 메뉴 구성 역시 그 입맛에 맞추었다. 대표 메뉴는 브륄레 팬케이크인데, 보들보들하고 달콤한 맛이 압권. 브런치 메뉴는 무난하다는 평가를 받지만 음료는 혹평을 받고 있으니 참고하자.

구글 지도 NOOICE tenjin breakfast lunch Fukuoka

MAP P.210
Ⓢ 야쿠인역 1번 출구에서 도보 7분 Ⓒ 월·수~일요일 09:00~21:00, 화요일 09:00~17:00 ⊖ 부정기
¥ 시오 캐러멜 넛츠노 브륄레 팬케이크 1480¥

SHOPPING →

프린스 오브 더 프루트
PRINCE of the FRUIT

일본 전국 각지에서 나는 제철 과일로 만든 파르페가 유명한 집. 고급 품종 위주로 사용하기 때문에 가격도 그만큼 비싸지만 한입만 먹어보면 비싼 가격쯤은 잊게 된다. 다양한 토핑을 사용하지 않고 아이스크림과 휘핑크림, 과일로만 파르페를 만들어 과일 본연의 맛에 집중할 수 있도록 한 것이 차별점.

구글 지도 PRINCE of the FRUIT

MAP P.210 VOL.1 P.080
Ⓢ 야쿠인오도리역 2번 출구에서 도보 4분 Ⓒ 월~금요일 11:00~16:30, 토~일요일 11:00~17:30 ⊖ 부정기 ¥ 홋카이도산 라이덴 멜론 파르페 2310¥

다이코쿠 드러그
ダイコクドラッグ

돈키호테 텐진점 옆에 새로 생긴 드러그스토어로 규모가 크고 가격이 저렴해 돈키호테 대신 이곳을 찾는 여행자들이 많다. 1층의 기념품 코너는 살 만한 것이 별로 없으니 2층만 빠르게 둘러보자. 한국어 소통이 가능한 직원은 배지를 달고 있어 도움을 받기도 좋으며 직원이 밝고 친절한 편이다. 화장품과 드러그(의약품), 생활용품이 주력 상품이며 식품은 대형 마트에 가는 것을 추천. 손님이 많지 않아 결제도 빠르다. 구매 금액에 비례해 할인 혜택이 다르니 반드시 체크하자. 1만¥ 이상 구입 시 3% 추가 할인, 3만¥ 이상 구입 시 5% 추가 할인, 5만¥ 이상 구입 시 7% 추가 할인된다. 면세 가능.

구글 지도 다이코쿠드래그 텐진미나미점

MAP P.208 VOL.1 P.097
Ⓢ 텐진미나미역 1번 출구에서 도보 1분 Ⓒ 10:15~23:30 ⊖ 부정기

돈키호테

ドン・キホーテ

케고 신사 맞은편, 5층짜리 건물에 자리 잡은 돈키호테. 층별로 물품 종류가 나뉘어 있어서 원하는 제품을 찾기 편하지만, 카트를 끌 경우 층별 이동이 불편하다는 단점이 있다. 나카스점과 마찬가지로 24시간 운영하고, 면세뿐 아니라 금액에 따른 할인 쿠폰도 이용할 수 있어서(홈페이지 즉석 다운로드) 만족스러운 쇼핑이 가능하다.

구글 지도 돈키호테 후쿠오카 텐진 본점

MAP P.208 VOL.1 P.096

Ⓢ 텐진 지하상가 서12b 출구에서 도보 6분 Ⓞ 24시간 ⊖ 부정기 Ⓚ www.donki-global.com/kr

플라잉 타이거

Flying Tiger Copenhagen

덴마크에서 건너온 잡화 체인점이다. 코펜하겐의 감성을 담은 귀엽고 독특하며 기분이 좋아지는 생활용품을 깜짝 놀랄 정도로 싼값에 판다. 국내에도 네 곳의 지점이 생겨서 전에 비해 메리트는 떨어지나 여전히 매력 있는 쇼핑 스폿.

구글 지도 Flying Tiger Copenhagen

MAP P.208

Ⓢ 텐진 지하상가 서12b에서 도보 10분

Ⓞ 11:00~20:00 ⊖ 부정기

Ⓚ http://flyingtiger.com

EXPERIENCE →

미노시마 시장

美野島商店街

원조 '하카타의 부엌'이라 불리는 시장이다. 과일 가게, 슈퍼마켓, 생선 가게, 꽃집, 소박한 식당이나 베이커리 등이 들어서 있다. 활기찬 시장 분위기를 기대한다면 실망할 수 있지만, 길게는 100년 가까이 된 유서 깊은 가게가 대부분이라 쇼와 시대 분위기를 느낄 수 있다.

구글 지도
Minoshimarengoshotengai St

MAP P.211

Ⓢ 하카타역 하카타 출구 A 정류장에서 47·48번 버스를 타고 미노시마 잇초메 정류장에서 내린 뒤 길 건너 오른쪽 골목으로 직진 ⊖ 부정기

후쿠오카시 동식물원

福岡市動植物園

시내 중심에 위치해 접근성이 좋고, 규모도 무척 크며 가격도 저렴한 편이라 꽤 만족스럽다. 호랑이, 코끼리, 기린, 사자, 표범, 오랑우탄 등 인기 동물부터 펭귄, 수달, 일본야생원숭이까지 100여 종의 동물이 살고 있다. 바로 옆에는 대규모 식물원이 있어서 함께 돌아보기 좋다.

구글 지도 후쿠오카시 동식물원

MAP P.210

Ⓢ 하카타역 앞 B 버스 정류장에서 58번 버스를 타고 동물원 정류장 하차 Ⓞ 09:00~17:00(16:30까지 입장) ⊖ 월요일(공휴일인 경우는 다음 날), 12월 29일~1월 1일 Ⓨ 성인 600¥, 고등학생 300¥, 중학생 이하 무료

카쿠우치 후쿠타로
カクウチFUKUTARO

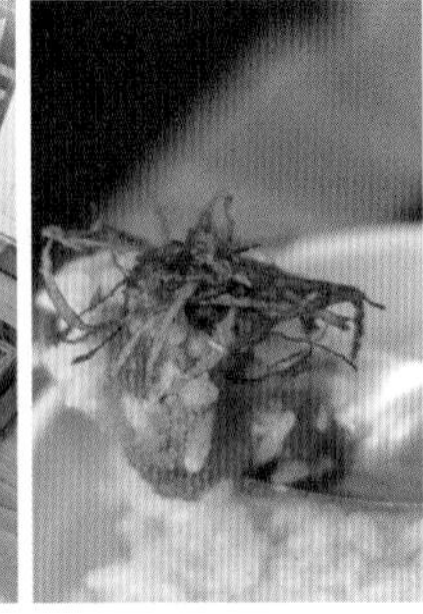

후쿠타로에서 운영하는, 멘타이코를 무제한 리필해서 먹을 수 있는 멘타이코 전문 식당으로 오후 2시까지 세 종류의 점심 메뉴를 판매한다. 멘타이코, 세 종류의 반찬과 장국, 여섯 가지 양념이 나오는 '멘타이 세트' 밥상이 대표 메뉴다. 시치미, 레몬, 와사비, 참기름, 치즈 파우더 등 양념을 각각 멘타이코와 섞어 먹으며 각 양념에 따라 달라지는 맛을 비교하는 재미가 있다. 우롱차, 녹차 등 역시 원하는 대로 마실 수 있는 드링크 바는 무료다.

구글 지도 카쿠우치 후쿠타로

MAP P.209 VOL.1 P.063
Ⓢ 텐진미나미역에서 도보 1분 Ⓒ 11:30~21:30(L.O 21:00) ⊖ 월요일 ¥ 멘타이 세트 1000¥

토리사카바 하카타하나젠
とり酒場 博多華善

닭 껍질로 만든 '토리카바 쿠루쿠루 꼬치'로 유명한 이자카야다. 바삭바삭한 닭껍질 꼬치는 고소한 맛이 일품이지만, 많이 먹으면 느끼하니 몇 개 먹어보고 더 주문하자. 또 야키토리와 모츠나베, 미즈타키 등 하카타 명물 음식을 한자리에서 맛볼 수 있다.

구글 지도 Torisakaba Hakatahanazen

MAP P.209
Ⓢ 텐진미나미역 6번 출구에서 도보 2분 Ⓒ 17:00~24:00 ⊖ 부정기 ¥ 토리카바 쿠루쿠루 꼬치 5개 825¥, 음식 6개+생맥주 무제한 4000¥

니쿠토사케 주베
肉と酒 十べぇ

야키니쿠와 사케를 판매하는 이자카야다. 마블링이 좋은 등심과 우설, 양념된 주베 갈비 등이 인기 메뉴. 버터 감자와 버섯 모둠도 함께 구워 먹으면 더 맛있다. 넉넉히 먹고 싶다면, 고기를 코스로 제공하고 음료와 시간 동안 술을 무제한으로 제공하는 4000~6000¥ 코스를 선택하자. 양이 넉넉한 1리터 레몬 사와도 추천.

구글 지도 니쿠토사케 주베

MAP P.209 VOL.1 P.059
Ⓢ 텐진미나미역 6번 출구에서 도보 3분 Ⓒ 17:00~다음 날 01:00 ⊖ 부정기 ¥ 특대 등심 2750¥, 토로다쿠마키 1078¥

야키소바 쇼후렌
焼そばの 想夫恋

히타에 본점을 둔 야키소바 맛집. 히타식 야키소바를 처음 만든 식당답게 70여 년간 레시피를 유지하고 있다. 센 불에 바삭하게 구운 소바 면에 숙주나물, 돼지고기, 간장소스를 함께 넣어 빠르게 조리하는데, 일반적인 야키소바에 비해 간이 세지 않고 우리 입맛에도 잘 맞는다. 현금 결제만 가능.

구글 지도 야키소바 쇼후렌 와타나베도리점

MAP P.209
Ⓢ 텐진미나미역 6번 출구에서 도보 2분 Ⓒ 11:00~15:30, 17:00~20:30 ⊖ 부정기 ¥ 야키소바 소 700¥, 중 1050¥, 대 1350¥

이나다야 선
稲田屋サン

점심 장사만 짧고 굵게 하는 부타동 맛집. 인근 회사원의 숨은 맛집이 어느덧 여행자들에게도 유명한 맛집이 됐다. 일본 전국 돈부리 그랑프리에서 2회 연속 수상한 '부타 마니아동'이 가장 인기 메뉴. 밥과 고기의 양에 따라 다양한 옵션으로 주문할 수 있는데 고기 양은 많은 볼륨업 메뉴를 추천한다. 현금만 가능.

구글 지도 이나다야 선

MAP P.211
Ⓢ 와타나베도리역 1번 출구에서 도보 2분, 선셀코 지하 1층 Ⓒ 11:00~15:00 ⊖ 토·일요일 ¥ 부타 마니아동 볼륨업 1150¥

스미게키죠 무사시자
すみ劇場 むさし坐

화로구이로 유명한 이자카야다. 가게 한가운데 생선이나 새우를 통째로 꼬치에 끼워 화로에 구워 먹는 재미뿐 아니라 보는 재미가 있다. 화로구이 외에 야키토리, 스시 등 종류도 다양하고 가격도 유명 맛집치고는 비싼 편은 아니다. 인기가 많아서 반드시 예약하고 가야 한다. 한국어 메뉴판이 있어서 주문하기 수월하다.

구글 지도 스미게키죠 무사시자

MAP P.209

Ⓢ 텐진미나미역 6번 출구에서 도보 3분 ⊖ 092-791-4866 Ⓛ 16:00~24:00 ⊖ 부정기 ¥ 특대 새우 1380¥, 은대구 된장구이 1380¥, 생맥주 650¥

멘야 카네토라 본점
麺や兼虎

츠케멘 열풍의 한가운데에 있는 집. 하루 150그릇 한정 판매인 '스페셜 카라카라 츠케멘'에 도전해보자. 면의 양과 매운 정도를 선택해서 주문할 수 있는데 양이 많다면 400g을 추천. 매운맛 단계는 2단계가 신라면, 3단계는 불닭볶음면 정도다. 어분과 고운 고춧가루로 칼칼한 맛을 내는 츠케지루에 가수율이 높은 통밀 면을 담가 먹으면 적정량의 국물을 함께 먹을 수 있어 입안 가득 감칠맛이 싹 돈다. 깊은 맛의 가쓰오(가다랑어) 육수를 국물에 넣어 후루룩 마시는 '수프와리'도 추천. 현금 결제만 가능.

구글 지도 멘야 카네토라 텐진본점

MAP P.209 VOL.1 P.057

Ⓢ 텐진 지하상가 서12c 출구로 나와 뒤쪽 골목 내 Ⓛ 10:00~22:00 ⊖ 부정기 ¥ 스페셜 카라카라 츠케멘 1700¥

아임 도넛?
I'm donut?

항상 긴 대기 줄이 늘어서는 현지인 도넛 맛집. 생각보다 맛은 평범하지만 부드럽고 쫄깃쫄깃한 식감은 매력적인 편. 단맛이 강하지 않아 여러 개 먹어도 물리지 않는다. 취식할 수 있는 공간이 없어서 무조건 테이크아웃을 해야 한다는 점, 쇼케이스 없이 진열해서 먼지와 이물질이 묻을 수 있다는 점은 치명적인 단점이다.

구글 지도 아임 도넛?

MAP P.209

Ⓢ 텐진미나미역 1번 출구 바로 뒤
Ⓛ 11:00~20:00 ⊖ 부정기 ¥ 도넛 237¥~

스테레오 커피
Stereo Coffee

음악, 커피, 갤러리가 있는 스탠딩 카페다. 사실 커피보다 건물 외벽이 더 유명한데, 하얀 벽을 배경으로 파란 의자에 앉아 사진을 찍으면 누구든 화보 속 주인공이 된다. 이름에서 느껴지듯 이 집의 가장 큰 무기는 음악. 제법 좋은 스피커를 구비해 귀를 즐겁게 한다.

구글 지도 스테레오 커피

MAP P.211 VOL.1 P.079

Ⓢ 텐진미나미역 동12C 출구에서 직진, 미니스톱 다음 골목으로 들어가면 왼쪽 Ⓛ 월~금요일 10:00~21:00, 토~일요일 09:00~21:00 ⊖ 부정기 ¥ 아메리카노 550¥, 카페 라테 600¥~

마누 커피
マヌ コーヒー

후쿠오카 소규모 지역 체인 커피숍인 마누 커피 1호점. 한적한 동네 한복판에 위치해 조용히 시간을 보내기 좋다. 무려 새벽 3시까지 운영한다. 프렌치 프레스로 진하게 우려낸 커피가 대표 메뉴. 카페라테나 카푸치노 종류도 무려 16가지나 된다.

구글 지도 마누 커피

MAP P.211 VOL.1 P.078

Ⓢ 텐진미나미역 6번 출구에서 도보 6분 Ⓛ 09:00~다음 날 01:00 ⊖ 부정기
¥ 아메리카노 580¥

킷사 베니스
喫茶ベニス

인테리어부터 음식까지 제대로 클래식한 옛 모습을 간직한 킷사텐이다. 사이폰 커피로 유명하지만 커피를 마시지 않는다면, 멜론 소다를 주문해보자. 팬케이크, 토스트, 나폴리탄 스파게티 등 간단한 식사도 판매한다. 1960~1970년대 분위기를 느낄 수 있어서 방문할 가치가 있다.

구글 지도 킷사 베니스

MAP P.211
Ⓢ 와타나베도리역 2번 출구로 나와 걷다가 사거리에서 좌회전, 도보 5분 ⓒ 11:00~20:00 ⊖ 부정기 ¥ 팬케이크, 커피 세트 900¥

고가 센교텐
古賀鮮魚店

야나기바시 시장 안, 생선 가게를 겸한 해산물 전문점이다. 생선 가게에서 판매하는 신선한 해산물로 만든 카이센동, 스시 정식, 참치 덮밥 등의 메뉴를 선보인다. 대표 메뉴인 카이센동은 7~8가지 두툼한 회가 올라가는데, 가격 대비 퀄리티가 훌륭하다.

구글 지도
The Fish mongers & Restaurant

MAP P.211
Ⓢ 야나기바시 시장 안 ⓒ 10:00~15:00
⊖ 일요일 ¥ 카이센동 1100¥

타카마츠노 가마보코
高松の蒲鉾

JTBC <퇴근 후 한 끼>에서 마츠다 부장이 찾아간 곳. 다양한 재료로 만든 갖가지 어묵을 구경하는 재미가 있다. 양념까지 곁들여 그대로 물에 넣어 끓여서 먹어도 좋은 어묵탕 세트가 인기. 간식으로 하나쯤 사 먹어도 좋다.

구글 지도 다카마츠노 가마보코

MAP P.211
Ⓢ 야나기바시 시장 안 ⓒ 06:30~18:30 ⊖ 일요일, 공휴일 ¥ 어묵 35~150¥

야마쵸
やまちょう

가성비 좋은 스시를 맛보고 싶다면 이곳으로. 비록 규모가 작고 유명하지는 않지만 스시 맛으로는 어디에도 뒤지지 않는다. 점심 특선 메뉴를 강추. 스시에 기본적으로 간장이 묻혀져 나와 그냥 먹는 게 가장 맛있다. 예약은 테이블체크 홈페이지에서 하는게 편하다. 현금 결제만 가능.

구글 지도 야마쵸

MAP P.209
Ⓢ 텐진미나미역 6번 출구에서 도보 3분 ⓒ 11:30~14:00, 18:00~20:00 ⊖ 부정기 ¥ 점심 특선 2750¥

SHOPPING →

야나기바시 연합 시장
柳橋連合市場

규모는 크지 않지만 '하카타의 부엌'이라고 불릴 만큼 현지인들에게 필요한 식재료를 모두 판매하는 시장이다. 신선한 해산물뿐 아니라 식사가 될 만한 초밥이나 손질한 횟감도 판매하는 생선 가게와 종류가 다양해 보는 즐거움이 있는 어묵집 등이 볼거리.

구글 지도 야나기바시 시장

MAP P.211
Ⓢ 와타나베도리역 2번 출구로 나와 걷다가 사거리에서 좌회전, 도보 5분 ⓒ 08:00~18:00
⊖ 일요일, 공휴일

코스모스
コスモス

지하철 텐진미나미역 바로 옆에 자리한 드러그스토어. 1층만 매장으로 운영해 오히려 편리하고 다른 드러그스토어보다 저렴하다. 주목할 상품은 의약품. 대부분의 품목은 돈키호테에 비해 10%가량 저렴하다. 화장품이나 뷰티 제품은 라인업이 상대적으로 빈약한 편이지만 인기 상품은 모두 갖추었다.

구글 지도 Cosmos Tenjin Daimaru Store

MAP P.209 VOL.1 P.097
Ⓢ 텐진미나미역 1번 출구 바로 뒤
ⓒ 10:00~23:00 ⊖ 부정기

OHORI PARK & ROPPONMATSU

오호리 공원 & 롯폰마츠

쇼핑과 맛집 투어에 지쳤다면, 신비로운 호수가 있는 오호리 공원으로 향하자. 시내에서 떨어져 있고, 볼거리도 많지 않지만 만족도가 가장 높은 동네다. 또 롯폰마츠는 서울의 연남동 같은 곳으로, 트렌디한 맛집과 카페가 몰려 있다.

COURSE

트렌디한 오호리 공원 & 롯폰마츠 반나절 코스

후쿠오카에만 머물면서 유유자적하게 보내고 싶은 이들을 위한 코스다. 후쿠오카에서 가장 아름다운 공원과 예쁜 카페, 베이커리 등 트렌디한 공간을 따라가보자.

오호리 공원
후쿠 커피 파크
Fuk Coffee Parks P.243
파티스리 자크
Patisserie Jacques
P.243
오호리코엔역
大濠公園駅
도진마치역
唐人町駅
마이즈루 공원 모란 작약 정원
舞鶴公園 牡丹芍薬園 P.242
스타벅스
スターバックスコーヒー
P.244
아티스트 카페 후쿠오카
アーティストカフェフクオカ
P.246
오호리 공원
大濠公園 P.242
후쿠오카시 미술관
福岡市美術館 P.247
오호리 공원 일본 정원
大濠公園日本庭園 P.242
라 스피가
La spiga P.245
쿠사개 공원
草香江公園
데이즈 컵 카페
デイズカップカフェ
P.244
온 더 토스트
on the Toast P.244
히강 樋井川
롯폰마츠 421 六本松421 P.247
츠타야 TSUTAYA P.247
후쿠오카시 과학관
福岡市科学館 P.247
세컨드 스트리트
2nd Street P.247
N
0
100m
롯폰마츠역
六本松駅
마츠 빵 マツパン P.246
롯폰폰 ろっぽんぽん P.246
커피맨 COFFEEMAN Roasting
& Planning Café P.246

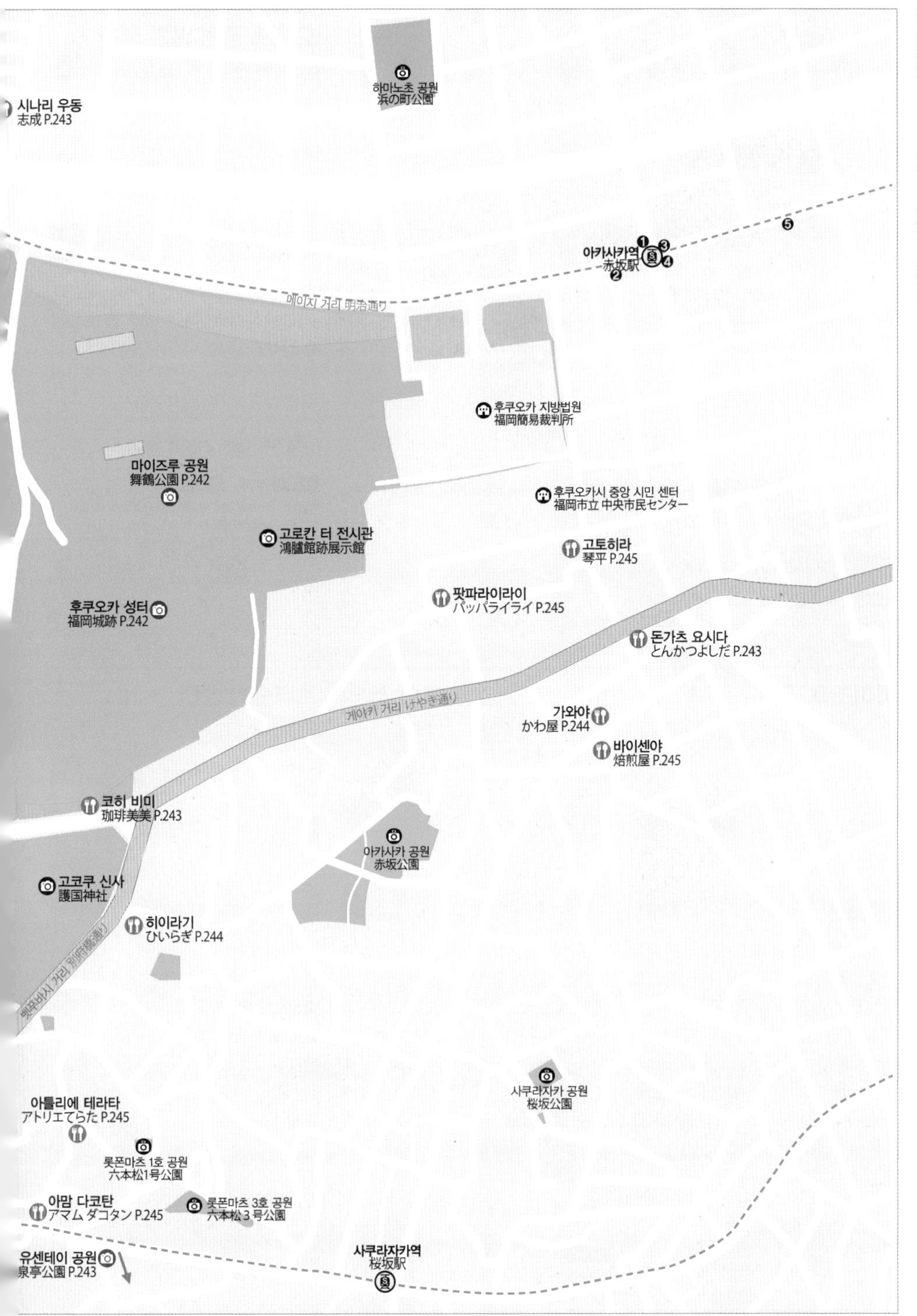

하마노초 공원
浜の町公園
시나리 우동
志成 P.243
아카사카역
赤坂駅
메이지 거리 明治通り
후쿠오카 지방법원
福岡簡易裁判所
마이즈루 공원
舞鶴公園 P.242
후쿠오카시 중앙 시민 센터
福岡市立 中央市民センター
고로칸 터 전시관
鴻臚館跡展示館
고토히라
琴平 P.245
팟파라이라이
パッパライライ P.245
후쿠오카 성터
福岡城跡 P.242
돈가츠 요시다
とんかつよしだ P.243
게야키 거리 けやき通り
가와야
かわ屋 P.244
바이센야
焙煎屋 P.245
코히 비미
珈琲美美 P.243
아카사카 공원
赤坂公園
고코쿠 신사
護国神社
히이라기
ひいらぎ P.244
벳푸바시 거리 別府橋通り
사쿠라자카 공원
桜坂公園
아틀리에 테라타
アトリエてらた P.245
롯폰마츠 1호 공원
六本松1号公園
아맘 다코탄
アマム ダコタン P.245
롯폰마츠 3호 공원
六本松 3 号公園
유센테이 공원
泉亭公園 P.243
사쿠라자카역
桜坂駅

오호리 공원
大濠公園

원래 하카타만으로 이어졌던 습지를 후쿠오카 성 축성 당시 일부 매립해 공원으로 조성했다. 1929년 개장한 이후 일본에서도 손꼽히는 물의 정원으로 사랑받는다. 공원 내 호수를 가로지르는 오솔길이 있는데, 이 길은 3개의 섬을 4개의 다리로 연결해 생긴 것이다. 오솔길을 걷다 보면 마치 섬을 산책하는 듯 특별한 기분을 느낄 수 있다.

구글 지도 오호리 공원

MAP P.240 VOL.1 P.028
오호리코엔역 3번 출구 바로 앞 07:00~23:00 무료입장, 백조 보트 2인 1200¥(30분), 노 젓는 보트 2인 800¥(30분) http://ohorikouen.jp

오호리 공원 일본 정원
大濠公園日本庭園

잘 가꾼 일본식 정원. 큰 연못과 폭포, 다실, 정원 등으로 이어져 있다. 좀 더 여유를 즐기고 싶다면 다실에 앉아서 말차와 디저트를 맛보자. 다실은 매달 1·3·4번째 주 화요일에만 입장 가능하다.

구글 지도 오호리 공원 일본 정원

MAP P.240 VOL.1 P.029
오호리 공원 남서쪽 출구 앞 5~9월 09:00~18:00, 10~4월 09:00~17:00 월요일(월요일이 공휴일인 경우 그다음 날), 12월 29일~1월 3일 15세 이상 250¥, 15세 미만 120¥, 말차 세트 800¥ www.ohoriteien.jp

마이즈루 공원
舞鶴公園

후쿠오카의 센트럴 파크. 오호리 공원과 바로 인접해 있으며, 후쿠오카 성터, 고로칸 터 전시관, 육상 경기장 등이 있어 꽤 넓다. 봄이면 여러 종류의 벚꽃이 흐드러지게 피는 벚꽃 명소로도 유명하다. 가족 나들이 소풍과 야유회를 온 사람들로 늘 붐빈다. 푸드 트럭까지 들어서면 한층 더 축제 분위기가 난다.

구글 지도 마이즈루 공원

MAP P.241 VOL.1 P.029
오호리코엔역 5번 출구에서 도보 3분 무료입장 www.midorimachi.jp

마이즈루 공원 모란 작약 정원 舞鶴公園 牡丹芍薬園

오호리 공원과 마이즈루 공원 사이에 있는 예쁜 정원이다. 빨간색, 분홍색, 노란색, 흰색 등 30여 종의 모란과 24여 종의 작약이 자란다. 3~4월에는 벚꽃, 4월에는 모란, 5월에는 작약, 6월에는 수국이 만개한다. 가을에는 멋진 단풍을 볼 수 있으며 꽃 축제도 열린다. 무료입장이 미안할 정도로 잘 가꾸어놓았으니, 꽃을 좋아한다면 꼭 방문해보자.

구글 지도 Maizuru Park Peony Garden

MAP P.240
마이즈루 공원 내 09:00~17:00 무료입장

후쿠오카 성터
福岡城跡

1607년에 완공된 성. 석벽이 뛰어나기로 유명해 '세키 성(石城, 돌 성)'이라는 별칭으로 불리기도 했다. 1871년 이축되며 현재는 망루, 돌담(이시가키)만 일부 남아 있지만, 오호리 공원과 함께 아름다운 자연을 만끽할 수 있는 공원으로 사랑받는다.

구글 지도 후쿠오카 성터

MAP P.241 VOL.1 P.029
오호리코엔역 5번 출구에서 도보 7분 24시간 무료입장 http://bunkazai.city.fukuoka.lg.jp

유센테이 공원
友泉亭公園

1754년 6대 후쿠오카 영주 구로다 츠구타카가 세운 별장으로, 후쿠오카 최초의 지천회유식(연못 중심으로 산책로 조성) 일본 정원이다. 메인 다실인 오히로마에 들어서면 감탄이 나온다. 두 면의 창이 연못을 향해 열려 있으며, 연못 중앙에는 정자가 그림처럼 들어서 있다.

구글 지도 유센테이

MAP P.241 VOL.1 P.147
하카타 버스 터미널 1층에서 12번 버스를 타고 유센테이 정류장에서 하차 09:00~17:00 월요일, 12월 19일~1월 1일 입장료 고등학생 이상 200¥, 중학생 이하 100¥ / 말차 세트 500¥ www.yusentei.com

돈가츠 요시다
とんかつよしだ

후쿠오카에서 가장 인기 있는 돈가츠 집. 저온 조리한 돈가츠를 선보이는데 육질이 부드럽고 육향이 훌륭하다. 로스와 히레 모두 인기 있지만 로스는 반드시 맛보자. 와사비와 간장을 섞은 뒤 곁들이면 궁합이 가장 좋다. 샐러드와 국은 1회 무료 리필이 된다. 음식이 나오는 데 오래 걸린다는 것이 단점.

구글 지도 돈가츠 요시다

MAP P.241
아카사카역 2번 출구에서 도보 8분
11:30~14:30, 18:00~20:00 연중무휴
화요일 로스 & 히레 정식 2300¥

시나리 우동
志成

언제나 가게 앞에 긴 줄이 서 있는 우동집. 츠유에 비벼 먹는 붓가케 우동과 튀김이 전문이다. 자가 제면한 탱탱한 면과 바삭한 튀김이 일품이며 2019년 미슐랭 빕 구루망에 소개됐다. 면 양을 조절할 수 있고, 한국어 메뉴판이 있어서 편하다.

구글 지도 시나리

MAP P.241
오호리코엔역 4번 출구에서 도보 3분 화~금요일 11:00~15:00, 토·일요일 11:00~16:00 월요일, 부정기 시나리 붓가케 우동 930¥, 오에비텐 붓가케 우동 1320¥ www.instagram.com/shinariudon_

코히 비미
珈琲美美

커피 장인 모리미츠 무네오 씨가 운영하던 카페로, 2016년 세상을 떠난 후 그의 아내가 이어받아 운영 중이다. 커피는 주문 즉시 융 드립으로 내린다. 예멘과 에티오피아 등 각종 스페셜티 커피를 취급하며 세 종류의 술에 담근 일곱 가지 과일이 든 프루츠 케이크도 맛있다.

구글 지도 코히비미

MAP P.241 VOL.1 P.077
하카타에키마에 A 정류장에서 6-1·13·203번 버스를 타고 아카사카산초메역에서 내려 길을 건너면 바로 카페 12:00~17:00, 원두 판매 11:00~18:30 월요일, 첫째 주 화요일 베이식 블렌드 600¥, 클래식 블렌드 700¥

파티스리 자크
Patisserie Jacques

세계적인 파티시에 모임인 를레 디저트의 회원 요시나라 오츠카 씨의 베이커리 겸 카페다. 고급 케이크를 작은 조각으로 판매해 차와 함께 먹기 좋다. 인기 메뉴는 캐러멜 배 케이크. 절인 배 조각이 들어 있어서 부드럽고 달콤하다.

구글 지도 파티시에 자크

MAP P.240 VOL.1 P.074
오호리 공원 입구 반대편으로 길을 건너 올라가면 왼쪽 모퉁이 10:00~12:20, 13:40~18:00 수·목요일 캐러멜 배 케이크 590 ¥ , 마들렌 300¥, 마롱 로얄 700¥ www.jacques-fukuoka.jp

후쿠 커피 파크
Fuk Coffee Parks

후쿠오카의 공항 코드 'FUK'를 붙인 소규모 카페 체인. 기온점보다 여유로운 편이다. 오픈 테라스 쪽 넓은 테이블이 명당 자리. 후쿠 커피 레터링이 아름다운 라테와 쫀득함이 살아 있는 푸딩이 인기 메뉴다.

구글 지도 FUK COFFEE Parks

MAP P.240 VOL.1 P.078
오호리코엔역 2번 출구에서 도보 3분
08:00~22:00 연중무휴 카페라테 630¥, 푸딩 550¥(아이스크림 추가 120¥)

히이라기
ひいらぎ

1973년 문을 연 연륜 넘치는 마스터가 운영하는 킷사텐이다. 분위기가 차분한 바 좌석에 앉아 커피를 주문하면, 벽 한 면을 채운 커피잔 중 원하는 것을 고를 수 있다. 커피잔을 고르고 마스터가 원두를 갈아 커피를 내리는 모습을 보는 것 자체가 특별한 경험이다. 블렌드 커피와 치즈 케이크 세트가 대표 메뉴.

구글 지도 히이라기

MAP P.241 VOL.1 P.077
Ⓢ 오호리 공원 남쪽 문에서 도보 7분 Ⓛ 11:00~21:30 ⊖ 월요일 ¥ 드립 커피 1100¥, 케이크 세트 1800¥

스타벅스
スターバックスコーヒー

친환경 디자인으로 설계한 스타벅스의 '그린 스토어'. 오호리 공원의 풍경과 잘 어울리는 분위기로 사랑받고 있다. 커피 찌꺼기와 낙엽으로 퇴비를 만들어 공원에 뿌리며, 커피 찌꺼기로 만든 테이블 등 친환경 인증을 받은 인테리어는 볼 때마다 감탄이 나온다. 평일 오전에 이곳에서 모닝커피를 마시면 여행 온 기분이 충만할 것이다.

구글 지도 스타벅스 오호리공원점

MAP P.240 VOL.1 P.029
Ⓢ 오호리 공원 내 Ⓛ 08:00~22:00 ⊖ 부정기 ¥ 커피 300~400¥

데이즈 컵 카페
デイズカップカフェ

오호리 공원에서 롯폰마츠로 가는 조용한 골목길에 들어선 카페다. 가정집을 개조한 듯한 실내 분위기와 은은하게 흘러나오는 재즈 음악 덕분에 마음이 편안해진다. 다양한 음료와 디저트를 판매하는데, 크루아상 샌드위치와 치즈 케이크가 특히 맛있다. 현금만 가능.

구글 지도 데이즈 컵 카페

MAP P.240
Ⓢ 오호리 공원 남쪽 문에서 도보 3분 Ⓛ 11:30~18:00 ⊖ 목·일요일 ¥ 커피 420¥, 크루아상 280¥

온 더 토스트
on the Toast

원 플레이트 식사와 토스트, 샌드위치 등을 판매하는 카페다. 두툼한 식빵 위에 토핑이 잔뜩 올라가 있는 토스트가 인기 메뉴다. 세트 메뉴로 주문하면 디저트와 음료, 샐러드까지 먹을 수 있다. 인스타그램 공지를 확인하고 방문하자.

구글 지도 on the Toast

MAP P.240
Ⓢ 오호리 공원 남쪽 문에서 도보 4분 Ⓛ 수요일 08:30~10:30·11:30~16:00, 목요일 11:30~16:00, 금·토요일 11:30~16:00·18:00~21:00, 일요일 11:30~17:00 ⊖ 월·화요일 ¥ 토스트 세트 1400¥ ⓚ 인스타그램 @onthe_toast

가와야
かわ屋

닭 껍질 꼬치(도리카와)로 유명한 야키도리 전문점. 현지인과 여행자 모두에게 인기 있는 집이라 예약하지 않고 갔다가는 못 먹을 수도 있다. 오픈 시간을 노리면 대체로 예약하지 않아도 식사가 가능하다.

구글 지도 카와야 케고점

MAP P.241 VOL.1 P.070
Ⓢ 하카타 버스 터미널 4번 승차장에서 113번 버스를 타고 가다 아카사카닛초메 정류장에서 하차 Ⓛ 17:00~24:00 ⊖ 화요일 ¥ 야키토리 130~380¥, 생맥주 400¥

팟파라이라이
パッパライライ papparayray

잘 꾸민 정원 덕분에 계절을 느낄 수 있는 카페. 아카사카 동네 한복판에 있어서 찾아가기 어렵지만, 발을 디딘 순간 누구나 분위기에 반한다. 여기에 융 드립으로 내린 깔끔한 커피와 진한 치즈 케이크(혹은 오늘의 케이크)가 감동을 더한다. 14:20까지 점심 메뉴를 판매한다.

구글 지도 팟파라이라이

MAP P.241
Ⓢ 하카타에키마에 A 정류장에서 113·114·201·202·203번 버스를 타고 아카사카니초메 정류장에서 하차 Ⓛ 09:30~17:00(L.O 16:00) ⊖ 일·월요일 ¥ 커피 550~600¥, 샐러드 런치 2200¥

라 스피가
La spiga

오호리 공원 인근에 위치한 베이커리 카페로, 인근 주민들의 사랑을 받는 곳이다. 아침부터 다양한 종류의 빵을 구워내는데, 그중 샌드위치와 페이스트리가 인기다. 가격도 100~300¥ 정도로 저렴한 편. 아침 일찍 문을 열어서 아침 식사를 하기도 좋다. 단, 커피는 빵의 명성에 미치진 못한다.

구글 지도 La spiga

MAP P.240
Ⓢ 오호리 공원 건너편 Ⓛ 월요일 09:00~16:00, 수~금요일 08:30~19:00, 토·일요일 08:30~18:00 ⊖ 화요일 ¥ 과일 타르트 290¥, 카페라테 450¥ ↖ http://laspiga.seesaa.net

고토히라
琴平

흔히 말하는 동네 맛집. 하지만 맛은 어느 유명 맛집 못지않다. 쫄깃한 면발은 둘째 치고, 우동 국물 맛이 깊고 진해서 '먹으러'가 아니라 '마시러' 가는 곳. 야들야들한 고기가 들어 있는 니쿠 우동이 괜찮다.

구글 지도 고토히라

MAP P.241
Ⓢ 텐진솔라리아스테이지마에 정류장에서 7·200·203·204번 등의 버스를 타고 4정거장 가서 케고마치에서 하차. 길을 건너 일방통행로로 들어간다.
Ⓛ 화~일요일 11:00~21:00
⊖ 월요일 ¥ 우동 1000¥~

아맘 다코탄
アマム ダコタン

빵지 순례 필수 코스로 소박하고 세련된 분위기에서 전통 케이크, 페이스트리, 샌드위치를 맛볼 수 있는 아늑한 베이커리다. 종류가 다양해서 보는 즐거움, 고르는 즐거움이 있다. 게다가 가격도 합리적이라 한 번 온 사람은 반드시 다시 오게 된다고.

구글 지도 아맘 다코탄

MAP P.241 VOL.1 P.072
Ⓢ 롯폰마츠역 3번 출구에서 도보 5분 Ⓛ 10:00~19:00 ⊖ 부정기 ¥ 계절 과일 꿀 토스트 302¥ ↖ https://amamdacotan.com

바이센야
焙煎屋

후쿠오카에서 유명한 커피 전문점. 레스토랑에 커피 원두를 납품하는 로스터리 숍이다. 가장 인기 있는 제품은 겟키도리(느티나무 거리) 블렌드. 신맛, 단맛, 쓴맛의 균형이 잘 잡혔다.

구글 지도 로스터즈 커피 바이센야 케고점

MAP P.241
Ⓢ 하카타 버스 터미널 1층에서 12·113·114·200·201·203번 버스를 타고 아카사카닛초메 정류장에서 하차, 도보 1분
Ⓛ 화~일요일 10:00~20:00
⊖ 월요일 ¥ 느티나무 거리 블렌드 650¥ ↖ http://member.fukunet.or.jp/baisenya

아틀리에 테라타
アトリエ てらた

규슈를 대표하는 화백인 고(故) 데라다 겐이치로(寺田健一郎) 씨의 아틀리에를 개조한 카페. 그의 가족이 2011년 문을 열었다. 아직 화실로 쓰인다고 해도 믿을 정도로 그 당시 인테리어가 고스란히 간직되어 있다.

구글 지도 Atelier Terata

MAP P.241
Ⓢ 롯폰마츠역 1번 출구에서 직진해 도보 8분
Ⓛ 화~토요일 13:00~다음 날 01:00 ⊖ 일·월요일
¥ 하트랜드 맥주 680¥, 야호 카레 1000¥
↖ http://ameblo.jp/secibon

마츠 빵
マツパン

후쿠오카 유명 빵집인 팽 스톡 출신 주인이 운영하는 베이커리. 하드 계열 빵과 식빵이 메인 메뉴이며, 크루아상, 달콤한 페이스트리, 피자 빵, 크로크무슈, 포테이토 베이컨 등 식사류 빵과 달콤한 페이스트리류도 인기다. 베이커리 안에는 좌석이 없지만, 바로 옆에 있는 제휴 커피숍 커피맨에서 먹고 갈 수 있다.

구글 지도 마츠 빵

MAP P.240 VOL.1 P.072

ⓢ롯폰마츠역 1번 출구에서 도보 7분 ⓣ화~일요일 09:00~17:00 ⊖월요일, 둘째·넷째 주 화요일 ¥앙 버터 320¥, 키비 크림빵 190¥

커피맨
COFFEEMAN Roasting & Planning Café

다양한 원두 비율의 여섯 가지 블렌드 원두커피를 선보이는 카페다. 그래서 커피 이름도 3.8, 6.4, 7.3 등 숫자로 이루어져 있다. 연한 커피를 마시고 싶다면 3.8블렌드를, 쓴맛이 강한 커피를 원한다면 7.3을 고르자. 바로 옆 베이커리인 마츠 빵에서 구입한 빵을 자유롭게 먹을 수 있어서 더 좋다. 현금 결제만 가능.

구글 지도 커피맨

MAP P.240

ⓢ롯폰마츠역 1번 출구에서 도보 7분 ⓣ화~일요일 09:00~19:00 ⊖월요일 ¥블렌드 커피 500¥, 원두 100g 600¥~

아티스트 카페 후쿠오카
アーティストカフェフクオカ

오호리 공원과 마이즈루 공원 사잇길에 있는 카페 겸 예술가들의 작업 공간이다. 폐교를 리모델링해 조성한 덕분에 특유의 옛 학교 분위기와 널찍한 실내와 넉넉한 좌석이 장점이다. 아티스트들이 자유롭게 작업할 수 있는 공간이라 책이 있는 공간도 있고, 노트북을 할 수 있도록 콘센트나 와이파이도 마련돼 있다.

구글 지도 Artist Cafe Fukuoka

MAP P.240

ⓢ오호리 공원에서 마이즈루 공원 가는 길목
ⓣ화~일요일 11:00~17:00 ⊖월요일
¥말차 650¥ 인스타그램 @tea_te_to

롯폰폰
ろっぽんぽん

롯폰마츠에 위치한 작은 붕어빵 가게. 인기 메뉴인 키나코타이모찌는 팥이 든 붕어빵 모양의 떡 위에 설탕과 섞인 콩가루를 듬뿍 올려준다. 너무 달지 않으면서도 고소해서 맛있다. 가라아게도 판매하며, 테이크아웃 전문점이라 테이블은 없으나 인근 공원에서 먹을 수 있다.

구글 지도 Ropponpon

MAP P.240 VOL.1 P.072

ⓢ롯폰마츠역 1번 출구에서 도보 7분 ⓣ월~수요일·금~토요일 10:00~19:00, 일요일 09:30~19:00 ⊖목요일 ¥블렌드 커피 500¥, 원두 100g 600¥~

SHOPPING →

롯폰마츠 421
六本松421

규슈 대학 자리에 생긴 복합 문화 공간이다. '421'은 이곳의 주소이며, 대학 건물을 그대로 사용해 고풍스러운 외관이 특징. 1층은 세계 고급 식재료를 모은 슈퍼마켓과 레스토랑, 제과점, 커피숍 등이 자리하고 2층은 츠타야, 3~6층은 후쿠오카시 과학관으로 구성돼 있다. 옥상에는 정원이 있어서 주변을 조망하기에 좋다.

구글 지도 롯폰마츠 421

MAP P.240
롯폰마츠역 1번 출구 바로 앞 연중무휴
www.jrkbm.co.jp/ropponmatsu421

츠타야
TSUTAYA

최근 고객들의 취향을 판매하는 이른바 '큐레이션 플랫폼' 전략으로 주목받고 있는 대형 서점. 책뿐만 아니라 문구, 오피스용품 등도 함께 판매하는데, 관심사에 따라 진열돼 있는 것이 특징. 전망 좋은 창가 쪽 스타벅스에서 잠깐 쉬었다 가기도 좋다.

구글 지도 츠타야 서점 롯폰마츠

MAP P.240
롯폰마츠역 1번 출구 바로 앞, 롯폰마츠 421 건물 2층 09:00~22:00 부정기 https://store.tsite.jp/ropponmatsu

세컨드 스트리트
2nd Street

후쿠오카 인기 빈티지 프랜차이즈로 득템할 가능성이 높은 곳이다. 다이묘에도 넓은 매장이 있지만, 롯폰마츠에도 2층에 걸쳐 넉넉한 매장이 있으니 득템 확률을 높이려면 이곳도 함께 둘러보자. 넓고 쾌적한 매장에 명품부터 스트리트 패션까지 두루 판매하며 정리가 잘되어 있다.

구글 지도 2nd Street Ropponmatsu Kaitorisenmonten

MAP P.240 VOL.1 P.090
롯폰마츠역 2번 출구 바로 앞 11:00~08:00
연중무휴

EXPERIENCE →

후쿠오카시 과학관
福岡市科学館

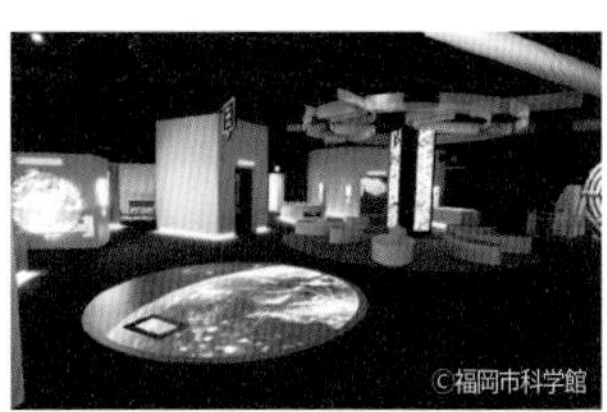
©福岡市科学館

로봇부터 가상현실까지 최신 과학기술을 만나볼 수 있는 흥미진진한 과학 체험관이다. 기본 전시실은 우주, 환경, 생활, 생명 등 네 가지 테마로 나누어져 있다. 규슈 최대 규모의 지름 25m '돔 시어터'는 초고해상도 영상으로 밤하늘을 생생하게 재현해낸다.

구글 지도 후쿠오카시 과학관

MAP P.240
롯폰마츠역 1번 출구 바로 앞 월~수요일 09:30~21:30 화요일, 12월 28일~1월 1일
5층 전시실 성인 510¥, 고등학생 310¥, 초등·중학생 200¥

후쿠오카시 미술관
福岡市美術館

미로, 달리, 샤갈, 앤디 워홀, 구사마 야오이 등의 작품과 규슈 출신 작가들의 작품을 소장하고 있는 미술관. 오호리 공원과 후쿠오카 성터 바로 옆에 위치해 함께 둘러보기도 좋다.

구글 지도 후쿠오카시 미술관

MAP P.240 VOL.1 P.029
오호리코엔역 3번 출구로 나와서 오호리 공원을 가로질러 직진 화~일요일 09:30~17:30(7~10월 금·토요일은 20:00까지) 월요일(공휴일과 겹칠 경우 다음 첫 번째 평일), 12월 28일~1월 4일 전시마다 다름 www.fukuoka-art-museum.jp

SEASIDE

시사이드

JR 하카타역과 텐진 거리에서 차로 10분 내외, 걸어도 30분이 채 걸리지 않는 곳에 바다가 펼쳐져 있다. 둥글게 형성된 해안선을 따라 자리 잡은 여러 시설이 이곳만의 분위기를 형성한다. 여유롭게 산책하며 돌아보자.

COURSE

바닷가의 낭만을 느껴보는 시사이드 1Day 코스

하카타항 인근에서 진정한 바닷가 분위기를 만끽할 수 있는 코스다. 고속선으로 갈 수 있는 넓은 공원에서 자연을 즐기고, 바다 내음이 물씬 나는 온천에서 피로를 말끔히 풀어보자. 가성비 좋은 식사 또한 빼놓을 수 없는 즐거움이다.

START

1 하카타 포트 타워

#관광 후쿠오카 항만에 서 있는 전망 타워. 높이가 높지는 않지만, 항만과 하카타만의 풍경을 볼 수 있고 무료라 한 번쯤 가볼 만하다.

도보 2분

2 하카타 토요이치

#식사 종류에 상관없이 모든 스시가 1피스에 132¥인 초밥 뷔페. 종류가 다양하고 퀄리티가 좋아 인기 있다.

도보 1분

3 베이사이드 플레이스 하카타

#쇼핑 하카타항 인근에 있는 종합 쇼핑센터다. 작은 식료품 시장, 슈퍼마켓과 드러그스토어가 있어서 둘러보기 좋다.

고속선 20분

4 마린 월드 우미노나카미치

#관광 우미노나카미치 해변 공원에 있는 수족관이다. 온대, 한대 지역의 45종, 1만여 마리의 물고기를 볼 수 있다.

도보 7분

5 우미노나카미치 해변 공원

#관광 주변이 바다로 둘러싸여 섬에 들어선 듯한 느낌을 주는 공원이다. 대관람차가 있는 유원지를 비롯해 수영장, 동물원, 식물원 등을 갖추었다.

고속선 20분

6 나미하노유

#온천 하카타항 인근에 있어서 배를 타고 온 사람들이 피로를 풀기 좋은 온천. 노천탕에서는 바다 냄새를 맡으며 온천욕을 즐길 수 있다.

도보 28분

7 간소 나가하마야

#식사 후쿠오카 3대 라멘인 나가하마 라멘을 선보이는 현지인 맛집이다.

지도 한눈에 보기

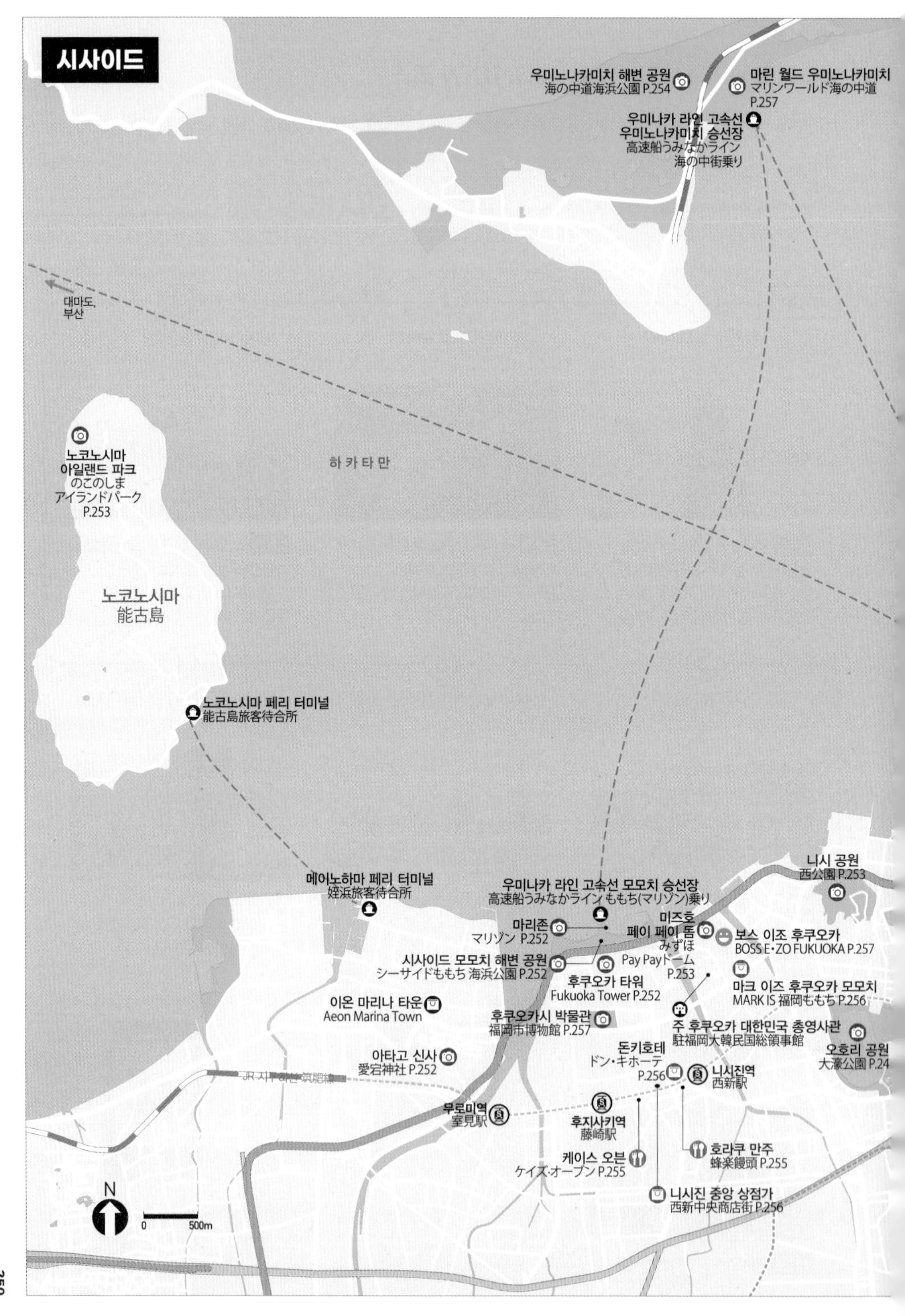

시사이드
우미노나카미치 해변 공원
海の中道海浜公園 P.254
마린 월드 우미노나카미치
マリンワールド海の中道
P.257
우미나카 라인 고속선
우미노나카미치 승선장
高速船うみなかライン
海の中街乗り
대마도,
부산
노코노시마
아일랜드 파크
のこのしま
アイランドパーク
P.253
하 카 타 만
노코노시마
能古島
노코노시마 페리 터미널
能古島旅客待合所
메이노하마 페리 터미널
姪浜旅客待合所
우미나카 라인 고속선 모모치 승선장
高速船うみなかライン ももち(マリゾン)乗り
니시 공원
西公園 P.253
마리존
マリゾン P.252
미즈호
페이 페이 돔
みずほ
Pay Payドーム
P.253
보스 이조 후쿠오카
BOSS E・ZO FUKUOKA P.257
시사이드 모모치 해변 공원
シーサイドももち 海浜公園 P.252
후쿠오카 타워
Fukuoka Tower P.252
마크 이즈 후쿠오카 모모치
MARK IS 福岡ももち P.256
이온 마리나 타운
Aeon Marina Town
후쿠오카시 박물관
福岡市博物館 P.257
주 후쿠오카 대한민국 총영사관
駐福岡大韓民国総領事館
오호리 공원
大濠公園 P.24
아타고 신사
愛宕神社 P.252
돈키호테
ドン・キホーテ
P.256
니시진역
西新駅
무로미역
室見駅
후지사키역
藤崎駅
케이스 오븐
ケイズ·オーブン P.255
호라쿠 만주
蜂楽饅頭 P.255
니시진 중앙 상점가
西新中央商店街 P.256
N
0
500m

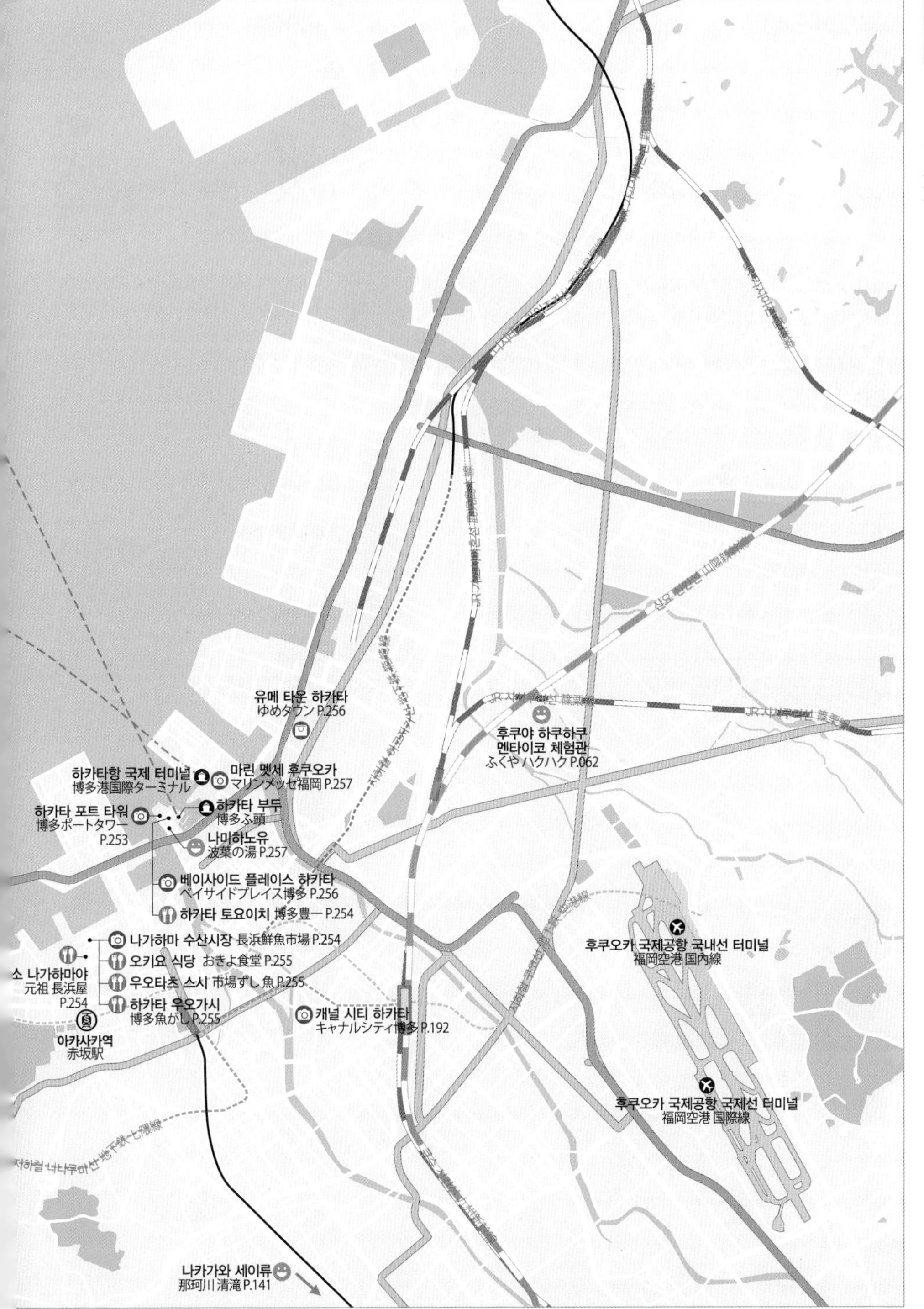

유메 타운 하카타
ゆめタウン P.256
후쿠야 하쿠하쿠
멘타이코 체험관
ふくや ハクハク P.062
하카타항 국제 터미널
博多港国際ターミナル
마린 멧세 후쿠오카
マリンメッセ福岡 P.257
하카타 포트 타워
博多ポートタワー
P.253
하카타 부두
博多ふ頭
나미하노유
波葉の湯 P.257
베이사이드 플레이스 하카타
ベイサイドプレイス博多 P.256
하카타 토요이치 博多豊一 P.254
나가하마 수산시장 長浜鮮魚市場 P.254
오키요 식당 おきよ食堂 P.255
우오타츠 스시 市場ずし 魚 P.255
하카타 우오가시
博多魚がし P.255
소 나가하마야
元祖 長浜屋
P.254
아카사카역
赤坂駅
캐널 시티 하카타
キャナルシティ博多 P.192
후쿠오카 국제공항 국내선 터미널
福岡空港 国内線
후쿠오카 국제공항 국제선 터미널
福岡空港 国際線
나카가와 세이류
那珂川 清滝 P.141

후쿠오카 타워
福岡タワー

후쿠오카 최고 높이의 전망 타워. 지상 123m 높이의 전망층에 서면 페이페이 돔과 마리존, 대표적인 명소를 볼 수 있다. 계절별로 야간 경관 조명이 바뀐다. 전망층에 다양한 포토 존과 오미쿠지(뽑기), 가상현실 체험 등 즐길 거리가 많다.

구글 지도 후쿠오카타워

MAP P.250 VOL.1 P.027
Ⓢ 하카타 버스 터미널 1층에서 306·312번 버스를 타고 후쿠오카 타워 미나미구치에서 하차, 25분 소요 Ⓣ 09:30~22:00(마지막 입장 21:30) ⊖ 6월 마지막 주 월·화요일 ¥ 성인 800¥, 초등·중학생 500¥, 4세 이상 200¥, 65세 이상 720¥

마리존
マリゾン

바다 위에 세운 그림 같은 리조트. 교회처럼 보이는 유럽풍 건물은 결혼식장이다. 여름철에는 해수욕과 수상 스포츠를 즐길 수 있으며, 이곳 선착장에서 우미노나카미치로 가는 배를 탈 수 있다. 이국적인 풍광을 배경으로 사진을 찍기에도 좋다.

구글 지도 마리존

MAP P.250
Ⓢ 하카타 버스 터미널 1층에서 306·312번 버스를 타고 후쿠오카 타워 미나미구치에서 하차해 도보 10분 Ⓣ 11:00~22:00 ⊖ 연중무휴 ¥ 무료 ⓗ http://marizon.co.jp

시사이드 모모치 해변 공원
シーサイドももち海浜公園

하카타만에 면한 인공 해변인 모모치 해변 공원은 약 2.5km에 걸쳐 흰 모래사장이 이어져 있으며, 백사장 중앙 마리존에는 레스토랑과 쇼핑몰 등이 들어서 있어 해안 도시의 낭만을 즐기기 충분하다. 이곳에서 노을이 지는 풍경을 감상한 다음 후쿠오카 타워에 올라가면 노을과 야경을 모두 즐기기에 좋다.

구글 지도 시사이드 모모치 해변 공원

MAP P.250
Ⓢ 하카타 버스 터미널 1층에서 306·312번 버스를 타고 후쿠오카 타워 미나미구치에서 하차, 25분 소요, 또는 지하철 니시진역 1번 출구에서 도보 20분 ¥ 무료 ⓗ http://marizon-kankyo.jp

아타고 신사
愛宕神社

일본 3대 아타고 신사 중 한 곳. 신사에서 후쿠오카 최고라고 해도 될 정도로 주변 관광지가 한눈에 들어온다. 항상 강풍이 부는 곳이니 걸칠 수 있는 긴소매 옷이 필수.

구글 지도 아타고 신사

MAP P.250
Ⓢ 무로미역 1번 출구에서 직진, 다리를 건너면 고가도로가 보이는데, 사거리 신호등 건너 오른쪽 안내 표지판을 따라 도보 20분
Ⓣ 24시간 ⊖ 연중무휴 ¥ 무료

니시 공원
西公園

서울의 남산과 같은 곳이다. 오래전부터 아름다운 경치로 사랑받아왔다. 전망대에서는 동쪽으로 후쿠오카 시가지, 북쪽으로 하카타만과 우미노나카미치, 시카노시마 등을 감상할 수 있다. 특히 공원 내에 약 1300그루의 벚나무가 심어져 있어 봄이면 관광객의 발길이 끊이지 않는다.

구글 지도 니시 공원

MAP P.250
ⓢ 오호리코엔역 1번 출구로 나와 오호리 공원 입구 반대편으로 직진, 도보 13분

미즈호 페이 페이 돔
みずほ Pay Payドーム

로마의 콜로세움을 본떠 만든 일본 최초의 개폐식 돔 구장. 한때 이대호 선수가 몸담기도 했던 소프트뱅크 호크스의 홈구장으로 사용되며 굵직굵직한 콘서트나 각종 이벤트가 많이 개최된다. 미리 응원법을 숙지하고 가면 도움이 된다.

구글 지도 미즈호 PayPay 돔 후쿠오카

MAP P.250
ⓢ 하카타 버스 터미널 1층 6번 승차장에서 306번 버스를 타거나 텐진버스센터마에 1A 정류장에서 W1번 버스를 타고 규슈 의료 센터에서 하차 ⓨ 시즌·요일·좌석별로 가격이 다름 ⓦ www.softbankhawks.co.jp

하카타 포트 타워
博多ポートタワー

후쿠오카 항만에 서 있는 전망 타워. 항만과 하카타만의 풍경을 볼 수는 있지만 유리창에 격자무늬가 있어 제대로 된 사진을 찍는 것은 포기해야 한다. 배편으로 후쿠오카를 드나드는 여행자가 아니라면 굳이 가볼 필요는 없다.

구글 지도 하카타 포트 타워

MAP P.251
ⓢ 하카타역 하카타 출구로 나와 길을 건너 F 버스 정류장에서 46·99번 버스를 타고 하카타후토에서 하차, 15~25분 소요
ⓣ 10:00~17:00(마지막 입장 16:40) ⊖ 연중무휴

노코노시마 아일랜드 파크
のこのしまアイランドパーク

1년 내내 꽃으로 뒤덮이는 아름다운 섬이다. 특히 3~4월의 유채와 벚꽃, 10~11월의 코스모스가 아름답기로 유명하며 푸른 바다를 배경으로 드넓은 꽃밭이 조성되어 있어 후쿠오카 현지인들도 철마다 꽃놀이를 갈 정도다. 공원이 꽤 넓고 볼거리가 많기 때문에 시간을 넉넉히 잡는 것이 좋다. 꽃 개화 상황은 공원 SNS에서 실시간으로 공지한다.

구글 지도 노코노시마 아일랜드 파크

MAP P.250
ⓢ 하카타 버스 터미널 5번 승차장에서 312번 버스를 타고 종점 하차, 메이노하마 페리 터미널에서 노코노시마행 페리 탑승 후 10분, 페리 선착장 앞에서 다시 버스 탑승 후 10분 ⓣ 09:00~17:30 ⊖ 연중무휴
ⓨ 성인 1500¥, 초등·중학생 800¥, 3세 이상 500¥

우미노나카미치 해변 공원

海の中道海浜公園

마린 월드와 함께 하카타만에 자리 잡은 대형 공원이다. 대관람차가 있는 유원지를 비롯해 수영장, 동물원, 식물원 등이 들어서 있다. 동물을 직접 만질 수 있는 개방형 동물원이 인기. 고래구름 트램펄린, 놀이 분수, 수변 놀이터 등 놀이 공간도 있다.

구글 지도 우미노나카미치 해변 공원

MAP P.250

Ⓢ 하카타 부두와 미리존에서 고속선(우미나카 라인)을 타고 우미노나카미치 선착장 하차, 도보 8분 Ⓣ 09:30~17:30(11~2월 17:00까지) ⊖ 화요일(4·5·8·10월 제외), 12월 31일, 1월 1일, 2월 첫째 주 월요일부터 금요일까지 ¥ 만 15세 이상 450¥, 14세 이하 무료, 만 65세 이상 210¥ ⓗ http://uminaka-park.jp

나가하마 수산시장

長浜鮮魚市場

매일 활기찬 수산물 경매가 이뤄지는 도매시장이다. 도매시장은 일반인은 입장할 수 없지만, 견학자 통로가 따로 있어 시장 일부를 견학할 수 있다. 한 달에 한 번, '시민 감사데이'라는 이름으로 월 1회 일반인도 입장할 수 있는 날이 있는데, 마치 축제와도 같다.

구글 지도 나가하마 선어시장

MAP P.251

Ⓢ 아카사카역 3번 출구에서 도보 9분 Ⓣ 화~목요일 09:00~17:00 ⊖ 월·금·토·일요일 ⓗ https://nagahamafish.jp

EATING →

간소 나가하마야

元祖 長浜屋

후쿠오카 3대 라멘인 '나가하마 라멘'을 선보이는 현지인 라멘 맛집이다. 나가하마 라멘은 가는 국수, 다진 고기, 파, 돼지 뼈로 우려낸 육수로 맛을 낸다. 이 부근에 원조라고 주장하는 라멘 집이 많은데, 1952년부터 영업해온 이 집이 가장 인기가 많다. 이른 아침부터 자정 넘어서까지 영업하며, 가격도 싸고 양도 많은 편이다.

구글 지도 Nagahama ramen

MAP P.251

Ⓢ 나가하마 수산시장 건너편 Ⓣ 06:00~25:45 ⊖ 12월 31일~1월 5일 ¥ 나가하마 라멘 550¥

하카타 토요이치

博多豊一

종류에 상관없이 모든 스시가 1피스에 132¥인 뷔페 스타일의 스시 집. 종류가 다양하고 저가 스시에 비해 퀄리티가 좋아서 인기다. 다만 점심시간이나 주말이면 긴 대기 줄을 감당해야 한다. 브레이크 타임이 없으니 붐비는 시간은 피해 가자. 현금만 가능.

구글 지도 하카타 토요이치

MAP P.251 VOL.1 P.067

Ⓢ 하카타역 맞은편 F 정류장에서 99번 버스를 타고 종점 하차 Ⓣ 월·화·목요일 11:00~20:30, 금요일 11:00~21:30, 토요일 10:30~21:30, 일요일 10:30~17:30 ⊖ 수요일 ¥ 1피스 132¥ ⓗ www.baysideplace.jp

하카타 우오가시
博多魚がし

2014년 '제1회 전국 덮밥 그랑프리 대회(全国丼グランプリ)'에서 카이센동(회 덮밥)으로 금상을 수상한 식당이다. 나가하마 수산시장 안에 위치해 신선한 해산물로 구성된 스시와 카이센동, 정식 등을 합리적인 가격대에 선보인다. 내부가 넓어 최대 100명까지 수용 가능하며, 오전 7시부터 영업을 시작해 아침 식사를 하기에도 좋다.

구글 지도 하카타 우오가시 시장회관점

MAP P.251
Ⓢ 나가하마 수산시장 1층 Ⓞ 07:00~14:30 ⊖ 일요일 ¥ 카이센동 850￥~

우오타츠 스시
市場ずし 魚辰

나가하마 수산시장 내에 위치한 회전 초밥 집이다. 형식만 회전 초밥 집이지 대부분 원하는 종류를 주문해서 먹으며 세트 메뉴도 다양하다. 가격은 한 접시에 115~575¥ 정도. 저가 회전 초밥 집은 아니지만 생선 퀄리티 대비 가격이 저렴한 편. 한국어 메뉴판이 준비돼 있다.

구글 지도 우오타츠 스시

MAP P.251 VOL.1 P.066
Ⓢ 아카사카역 3번 출구에서 도보 9분 Ⓞ 월·화·목~토요일 09:30~20:30, 일요일 11:00~08:30
⊖ 수요일 ¥ 1인분 세트 870¥, 1950¥(어종에 따라 가격 다름) ⓚ https://nagahamafish.jp

오키요 식당
おきよ食堂

나가하마 수산시장 안에 위치한 식당 중 가장 인기 있는 식당이다. 질 좋은 생선을 저렴한 가격으로 맛볼 수 있다. 참치 머리 구이가 특히 인기 높으며, 참깨 고등어와 해산물 덮밥도 먹기 좋다. 해산물 덮밥은 그날 들어오는 생선에 따라서 재료가 달라진다. 합리적인 가격의 정식도 판매한다.

구글 지도 오키요 식당

MAP P.251
Ⓢ 아카사카역 3번 출구에서 도보 9분 Ⓞ 월~토요일 08:00~14:30, 18:00~22:00 ⊖ 일요일 ¥ 사시미 정식 1500¥ ⓚ https://nagahamafish.jp

호라쿠 만주
蜂楽饅頭

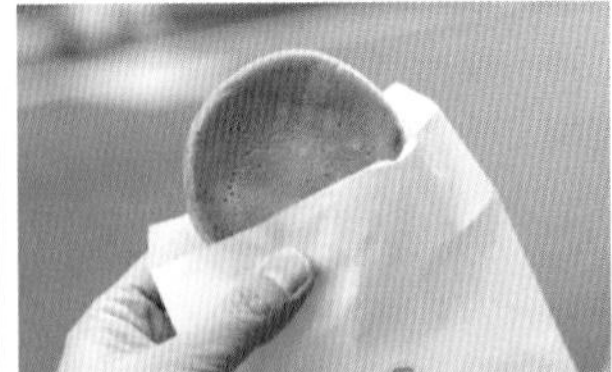

니시진 시장의 명물인 호라쿠 만주 후쿠오카 본점이다. 흰팥 소가 든 만주와 검은 팥 소가 든 만주 두 종류가 있는데, 흰팥 소 만주 인기가 더 좋아 저녁 무렵이면 다 팔리는 날이 많다. 홋카이도산 팥을 사용해 달게 만든 것이 특징. 가격이 110¥으로 저렴해 박스 단위로 사기에도 부담 없다. 이와타야 백화점 지하에도 지점이 있다.

구글 지도 호라쿠 만쥬

MAP P.250 VOL.1 P.075
Ⓢ 니시진 중앙 상점가 입구로 들어서서 도보 3분
Ⓞ 수~월요일 10:00~18:00 ⊖ 화요일
¥ 만주 110¥ ⓚ www.houraku.co.jp

케이스 오븐
K's Oven

1986년부터 한자리를 지켜온 전통 있는 빵집이다. 후쿠오카산 밀가루를 사용해 풍미 좋은 빵을 만든다. 식빵, 카레 빵, 크림치즈 빵, 명란 빵 등이 유명한데 부드러운 식감이 이 집 빵의 인기 비결이다. 카드 사용 불가.

구글 지도 k's oven

MAP P.250
Ⓢ 니시진 중앙 상점가 입구로 들어서서 도보 8분
Ⓞ 화~일요일 08:00~19:30 ⊖ 월요일
¥ 식빵 383¥

마크 이즈 후쿠오카 모모치
MARK IS 福岡ももち

니시진 주민들이 많이 찾는 쇼핑몰. 츠타야 서점, 드러그스토어, 슈퍼마켓, 푸드 코트 등이 입점돼 있으며 규슈 최초로 선보이는 브랜드 숍도 다양하다. 단점이 있다면 면세 혜택이 적용되는 숍이 많지 않다는 것. 지역 주민들의 일상을 보고 싶은 사람에게 추천한다.

구글 지도 마크이즈 후쿠오카 모모치

MAP P.250
하카타 버스 터미널 1층 6번 승차장에서 306번 버스를 타거나 텐진버스센터마에 1A 정류장에서 W1번 버스를 타고 가다 규슈 의료 센터에서 하차 10:00~21:00 연중무휴 https://www.mec-markis.jp/fukuoka-momochi

베이사이드 플레이스 하카타
ベイサイドプレイス博多

하카타항 인근에 있는 종합 쇼핑센터다. 작은 식료품 시장, 슈퍼마켓과 드러그스토어가 있어서 둘러보기 좋다. 우미노나카미치 해변 공원이나 노코시마 등으로 가는 선박이 이곳에서 출발하니, 그곳에 갈 계획이라면 꼭 들러보자.

구글 지도 베이사이드 플레이스 하카타

MAP P.251
하카타역 맞은편 정류장 F에서 46·99번 버스를 타고 종점 하차 10:00~20:00(상점) www.baysideplace.jp

유메 타운 하카타
ゆめタウン博多

시내에서 조금 떨어진 곳에 있는 대형 마트. 우리나라의 이마트 같은 곳이다. 어느 곳보다 다양한 상품을 놀랍도록 싼 값에 살 수 있다. 웬만한 드러그스토어 제품과 수입 명품까지 다양한 상품을 갖추었으며 유니클로, GU 등의 매장과 30개의 식당이 있어 쇼핑하기 편리하다. 면세도 가능하다.

구글 지도 유메 타운 하카타점

MAP P.251
하카타 버스 터미널에서 15번 버스를 타고 유메카운하카타 정류장에서 하차 09:30~21:30 연중무휴 http://izumi.jp

니시진 중앙 상점가
西新中央商店街

시내에서 다소 떨어져 있지만 규모가 크고 물건 종류도 다양해 시장다운 느낌이 제법 난다. 거리 중앙에는 리어카 매대가 들어서 있고 반찬 가게, 과일 가게, 옷 가게 등이 줄지어 있으나 가장 많은 상점은 드러그스토어. 일본 드러그스토어 브랜드가 거의 다 있다.

구글 지도 Nishijin Shopping District

MAP P.250
니시진역 4번 출구에서 바로 http://nishijin.fukuoka.jp

돈키호테
ドン・キホーテ

한국인 여행자들이 손에 꼽는 쇼핑 명소. 드러그, 생활용품, 주류 등 없는 게 없을 정도로 많은 상품을 판매해 여행 막바지에 들르기 좋다. 20시간 영업을 하고 나카스 지점에 비해 손님이 적은 것도 장점. 면세 카운터도 별도로 운영한다. 여권을 꼭 챙겨 가자.

구글 지도 돈키호테 니시진점

MAP P.250 VOL.1 P.096
니시진역 1번 출구 바로 앞 09:00~다음 날 05:00 연중무휴 www.donki.com

마린 멧세 후쿠오카
マリンメッセ福岡

후쿠오카에서 유명 가수의 일본 전국 투어 콘서트가 열린다면 그 장소는 대개 이곳이다. 공연뿐 아니라 대규모 전시회와 스포츠 경기도 열리는데, 공연 관람이 목적이 아니라면 굳이 찾아갈 필요는 없다. 하카타항 바로 옆에 있어 부산에서 배를 타고 가면 찾아가기 편하다.

구글 지도 마린 멧세 후쿠오카

MAP P.251
Ⓢ 하카타역 맞은편 F 정류장에서 88·99번 버스를 타고 마린멧세마에 정류장에서 하차
Ⓚ www.marinemesse.or.jp

마린 월드 우미노나카미치
マリンワールド海の中道

우미노나카미치 해변 공원에 있는 수족관이다. 지형 특성상 육지와 이어져 있어도 주변이 바다와 공원으로 둘러싸여 섬에 들어선 듯한 분위기로 온대, 한대 지역의 450종, 3만여 마리의 물고기를 볼 수 있다. 넓은 수족관을 유영하는 돌고래를 보며 식사할 수 있는 레스토랑은 이곳만의 자랑.

구글 지도 마린월드 우미노나카미치

MAP P.250
Ⓢ 하카타 부두와 마리존에서 고속선(우미나카 라인)을 타고 우미노나카미치 선착장 하차, 도보 1분
Ⓞ 3월 1일~7월 중순·9월 1일~11월 30일 09:30~17:30, 7월 하순~8월 31일 09:00~21:00, 12월 1일~2월 말 10:00~17:00 ⊖ 2월 첫째 주 월·화요일 ¥ 고등학생 이상 2500¥, 초등·중학생 1200¥, 미취학 700¥ Ⓚ marine-world.jp

후쿠오카시 박물관
福岡市博物館

1989년 아시아 태평양 박람회 당시 테마관으로 사용했던 건물을 박물관으로 만들었다. 후쿠오카시의 역사가 담긴 곳으로, 1층에는 정보 서비스 센터와 뮤지엄 숍이, 2층에는 전시실, 전망 로비 등이 있다. 관광객이라면 내부보다는 널찍한 정원에 더 끌릴 것.

구글 지도 후쿠오카시 박물관

MAP P.250
Ⓢ 하카타 버스 터미널 1층에서 306·312번 버스를 타고 하쿠부츠칸기타구치에서 내리면 바로
Ⓞ 09:30~17:30 ⊖ 월요일 ¥ 성인 200¥, 고등학생 150¥, 중학생 이하 무료 Ⓚ http://museum.city.fukuoka.jp

보스 이조 후쿠오카
BOSS E·ZO FUKUOKA

후쿠오카 소프트뱅크 호크스가 운영하는 엔터테인먼트 시설. 팀랩의 디지털 아트 전시 '후쿠오카 팀랩 포레스트', VR 체험 시설 'V-월드 에리어' 등이 들어섰다. 세 종류의 어트랙션 중 높이 40m에서 벽을 타고 내려오는 슬라이더인 스베조는 스릴 만점.

구글 지도 보스 이조 후쿠오카

MAP P.250
Ⓢ 하카타 버스 터미널 1층 6번 승차장에서 306번 버스를 타거나 텐진 버스센터마에 1A 정류장에서 W1번 버스를 타고 규슈 의료 센터에서 하차 Ⓞ 11:00~22:00(시설마다 다름) ⊖ 연중무휴 ¥ 팀랩 포레스트 성인 2400¥, 아동(4~15세) 1000¥

나미하노유
波葉の湯

하카타항 인근에 있어서 배를 타고 온 사람들이 피로를 풀기 좋은 온천. 노천탕의 규모가 크며 가격도 저렴하고 부대시설도 다양해 만족스럽다. 노천탕에서는 바다 냄새를 맡으며 온천욕을 즐길 수 있다.

구글 지도 나미하노유 온천

MAP P.251 VOL.1 P.141
Ⓢ 하카타역 맞은편 정류장 F에서 99번 버스를 타고 가다 종점 하차 Ⓞ 10:00~23:00 ⊖ 연중무휴 ¥ 입욕료 중학생 이상 성인 1000¥(주말·공휴일 1150¥), 3세 이상 아동 500¥

5 DAZAIFU

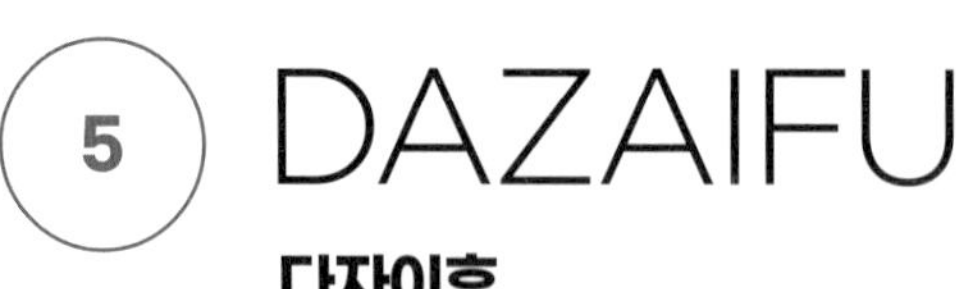

다자이후

짧은 일정으로 후쿠오카에 왔지만, 일본 특유의 전통적인 분위기를 느끼고 싶다면 다자이후로 가자. 다자이후는 학문의 신을 모신 신사 '다자이후 텐만구'가 자리한 도시다. 참배 길을 따라 늘어선 상점을 구경하고, 사계절의 아름다움이 깃든 신사를 산책하며 특별한 시간을 보낼 수 있다.

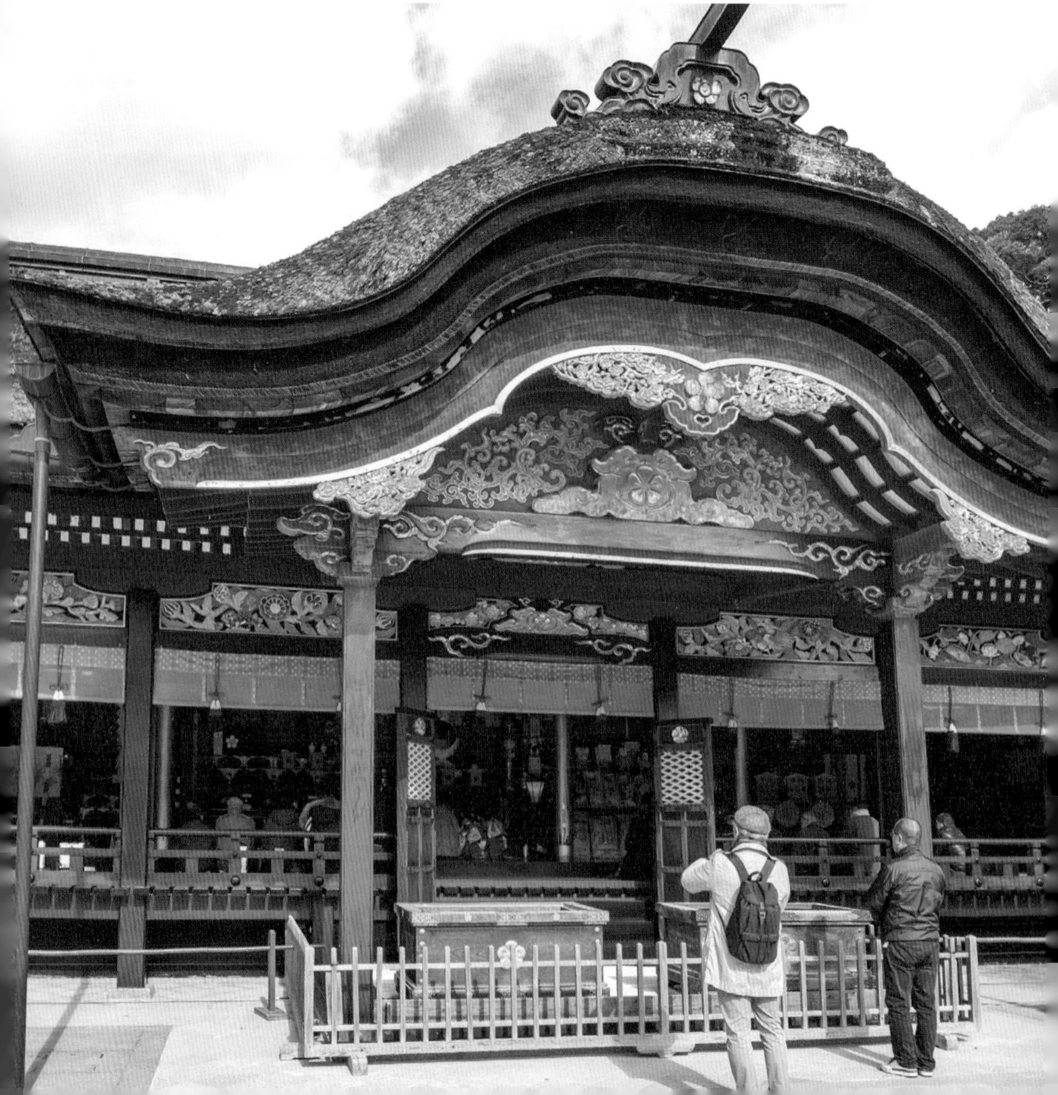

COURSE

다자이후 핵심 반나절 코스

다자이후는 후쿠오카에서 차로 불과 30~40분밖에 걸리지 않아서 반나절 여행지로 가장 적합한 도시다. 다자이후 텐만구와 참배 길에 늘어선 기념품 가게, 맛집만 돌아봐도 충분하지만, 여유가 있다면 일본 국립박물관이나 커피로 유명한 카페도 방문해보자.

#쇼핑 #식사 니시테츠 다자이후 역에서 다자이후 텐만구까지 이어지는 길. 우메가에모찌 등 길거리 먹거리와 기념품 상점들이 들어서 있다.

#식사 참배 길에 많은 우메가에모찌 가게가 있지만 이곳만 늘 손님이 많다. 홋카이도산 팥을 사용해 은은한 단맛을 내는 것이 특징.

#관광 일본 대표 건축가인 구마 겐고가 2000여 개의 나무 막대기로 장식해 건축학적으로 의미 깊은 건물이다.

#관광 다자이후 여행의 메인 코스! 일본의 학자이자 정치가로 유명한 '학문의 신' 스가와라노 미치자네를 모시는 신사다.

#쇼핑 각종 합격 관련 부적을 판매하는 곳. 입시나 취업을 앞둔 친구가 있다면 선물용으로 좋다.

#관광 '일본 문화의 형성을 아시아 역사적 관점에서 파악한다'라는 콘셉트로 조성된 일본 국립박물관.

#식사 다자이후를 대표하는 스시 집으로 런치 스시가 가격 대비 훌륭하다.

#식사 커피 마니아들의 또 하나의 성지. 규슈 최초로 미국 SCAA 인증을 받은 커피 감정사가 운영한다.

지도 한눈에 보기

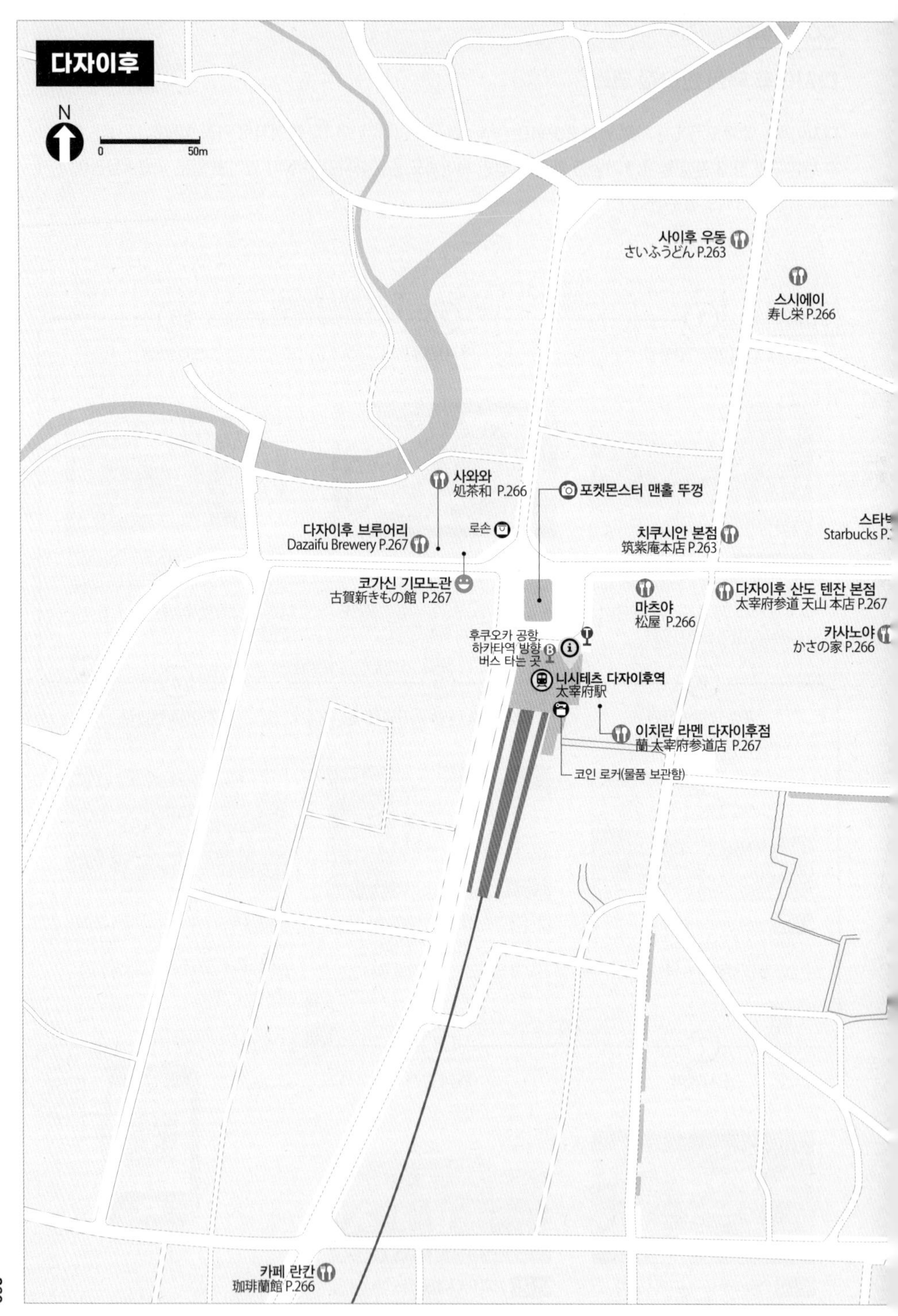

다자이후
N
0
50m
사이후 우동
さいふうどん P.263
스시에이
寿し栄 P.266
사와와
処茶和 P.266
포켓몬스터 맨홀 뚜껑
다자이후 브루어리
Dazaifu Brewery P.267
로손
치쿠시안 본점
筑紫庵本店 P.263
스타벅스
Starbucks P.
코가신 기모노관
古賀新きもの館 P.267
마츠야
松屋 P.266
다자이후 산도 텐잔 본점
太宰府参道 天山 本店 P.267
카사노야
かさの家 P.266
후쿠오카 공항,
하카타역 방향
버스 타는 곳
니시테츠 다자이후역
太宰府駅
이치란 라멘 다자이후점
蘭 太宰府参道店 P.267
코인 로커(물품 보관함)
카페 란칸
珈琲蘭館 P.266

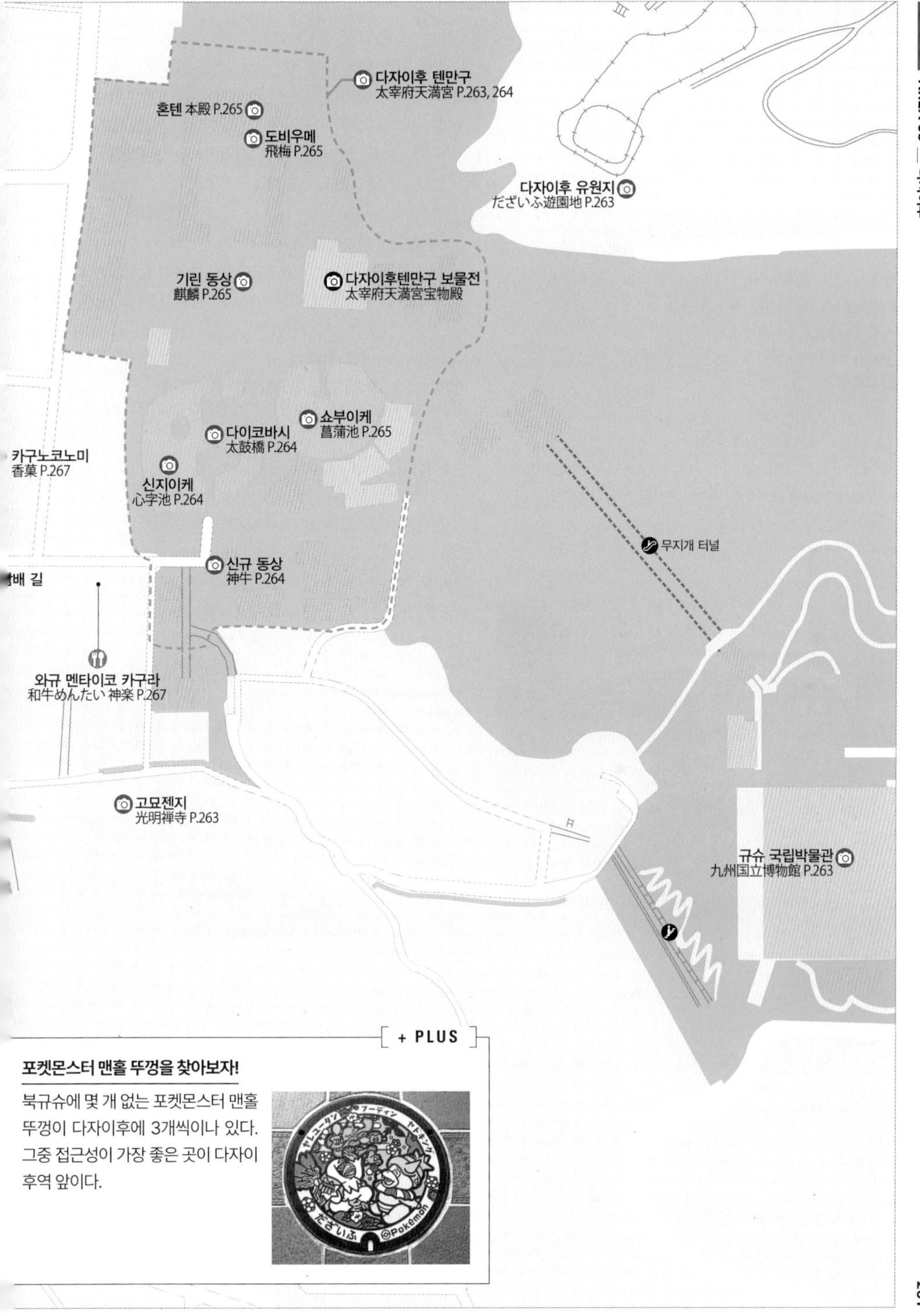

+ PLUS

포켓몬스터 맨홀 뚜껑을 찾아보자!

북규슈에 몇 개 없는 포켓몬스터 맨홀 뚜껑이 다자이후에 3개씩이나 있다. 그중 접근성이 가장 좋은 곳이 다자이후역 앞이다.

다자이후 가는 법

버스

다자이후로 가는 최선의 교통편이다. 버스도 자주 다니고, 직행이라 빠르고 쉽게 도착할 수 있다.

1. 후쿠오카 공항에서 다자이후 가기

다자이후는 하카타, 텐진 등 후쿠오카 시내보다 후쿠오카 공항에서 가는 편이 좀 더 가깝다. 국제선 터미널 6·7번 승차장 A라인에서 다자이후행 버스를 타자.

탑승 장소 국제선 터미널 6·7번 승차장
시간 평일 08:45~16:55, 토·일요일·공휴일 08:10~17:24, 25분 소요
요금 600¥

2. 하카타에서 다자이후 가기

하카타 버스 터미널 1층 11번 승차장에서 다자이후행 버스에 탑승해 종점에서 하차한다. 산큐 패스도 사용 가능하다.

탑승 장소 하카타 버스 터미널 1층 11번 승차장
시간 평일 08:10~16:00, 토·일요일·공휴일 08:10~17:70, 40분 소요
요금 700¥

기차

기차를 타려면 어디서든 무조건 한 번은 환승해야 해서 불편하다. 그나마 하카타보다는 텐진에서 출발하면 더 편리하며, 이때 우메가에모찌 쿠폰이 포함된 '니시테츠 다자이후 산책 티켓'이나 나머지 반나절은 야나가와에서 보낼 수 있는 '다자이후 야나가와 티켓'을 추천한다.

1. 텐진에서 다자이후 가기

니시테츠 후쿠오카(텐진)역 1~3번 플랫폼에서 급행(특급) 열차에 탑승해 니시테츠 후츠카이치역(西鉄二日市駅)에서 하차, 1·4번 플랫폼에서 다자이후행 열차로 환승해 니시테츠 다자이후역에서 하차한다.

탑승 장소 니시테츠 후쿠오카(텐진)역 1~3번 플랫폼
시간 05:13~23:24, 35분 소요(환승 포함) **요금** 420¥

2. 하카타에서 다자이후 가기

JR 하카타역 5번 플랫폼에서 가고시마 본선 쾌속을 타고 JR 후츠카이치역(二日市駅)에서 하차한 뒤, 도보로 11분가량 떨어진 니시테츠 후츠카이치역에서 다자이후행 열차로 환승해서 니시테츠 다자이후역에서 하차한다. JR 하카타역~JR 후츠카이치역은 JR 북규슈 레일 패스가 적용된다.

탑승 장소 JR 하카타역 5번 플랫폼
시간 05:28~23:00, 45분 소요(환승 포함) **요금** 450¥

[+ PLUS]

니시테츠 관광 티켓

다자이후까지 전철을 타고 간다면 반드시 구입하자. 왕복 승차권에 쿠폰과 추가 할인 등의 특전이 주어진다.

1. 다자이후 산책 티켓
니시테츠 전철 왕복 승차권+우메가에모찌(2개) 교환권+관광지 할인 쿠폰이 포함된 티켓이다.
성인 1060¥, 아동 680¥

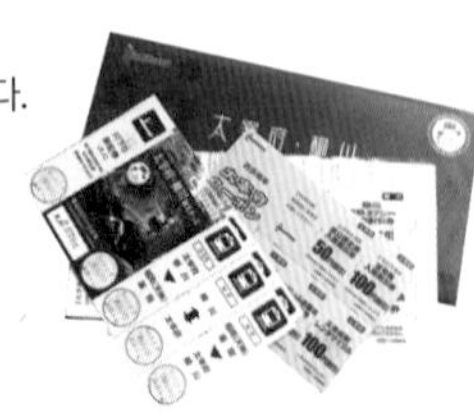

2. 다자이후 & 야나가와 관광 티켓
니시테츠 전철 왕복 승차권+뱃놀이 승선권+관광지 할인 쿠폰이 포함된 티켓이다.
성인 3340¥, 아동 1680¥

다자이후 텐만구(2026년까지 공사 중) 太宰府天満宮

일본의 학자이자 정치가로 유명한 '학문의 신' 스가와라노 미치자네를 모시는 신사. 한 해 700만 명이 이곳을 다녀간다. 내부에서 합격을 비는 소망을 담은 제비나 부적 등을 볼 수 있으며, 입구에 머리를 쓰다듬으면 합격한다는 속설이 있는 소 동상이 위치한다.

구글 지도 다자이후 천만궁

MAP P.261 VOL.1 P.032
Ⓢ 다자이후역에서 나와 오른쪽 참배 길을 따라 도보 5분 Ⓣ 06:00~19:00(계절에 따라 변동) ⊖ 1월 4일(상황에 따라 변동) ¥ 무료입장

규슈 국립박물관 九州国立博物館

도쿄·교토·나라에 이어 일본에서 네 번째로 설립된 국립 박물관으로, 최대 규모다. '일본 문화의 형성을 아시아 역사적 관점에서 파악한다'라는 콘셉트로, 구석기 시대부터 에도 시대 후기까지 일본 문화의 형성에 대해 전시한다. 총 1279점의 문화재를 소장하고 있다.

구글 지도 규슈국립박물관

MAP P.261
Ⓢ 다자이후 텐만구 뒤편에서 레인보 터널로 연결됨 Ⓣ 09:30~17:00 ⊖ 월요일(월요일이 휴일이면 그다음 날) ¥ 성인 700¥, 대학생 350¥, 고등학생 이하 무료

고묘젠지 光明禅寺

다자이후 텐만구 인근에 자리 잡은 절. 가레산스이(枯山水, 물을 사용하지 않고 돌과 모래, 지형을 이용해 산수를 표현하는 방식) 양식의 정원이 아름답다. 앞마당은 돌을 '光' 자 모양으로 배열했으며 안뜰은 푸른 이끼로 육지를, 흰 모래로 넓은 바다를 표현했다(임시 휴업 중이니 확인하고 방문할 것).

구글 지도 고묘젠지

MAP P.261
Ⓢ 다자이후 텐만구 입구에서 오른쪽 길 끝에 위치 Ⓣ 08:00~17:00 ⊖ 부정기 ¥ 입장료 200¥, 정원은 무료입장

다자이후 유원지 だざいふ遊園地

다자이후 텐만구 바로 옆에 있는 가족 유원지. 롤러코스터, 수상 코스터, 유령의 집, 스카이 사이클 등 스펙터클한 놀이 기구부터 어린이 기차, 코끼리 가족, 인디언 카누, 호빵맨 열차, 회전목마 등 온 가족이 즐길 수 있는 가벼운 놀이 시설까지 다양하게 갖추고 있다.

구글 지도 다자이후 유원지

MAP P.261
Ⓢ 다자이후 텐만구 오른쪽 길 Ⓣ 평일 10:30~16:00, 토·일요일·공휴일 10:00~17:00(마지막 입장은 폐장 30분 전) ⊖ 연중무휴 ¥ 중학생 이상 700¥, 65세 이상 600¥, 3세~초등학생 500¥

EATING

치쿠시안 본점 筑紫庵本店

'다자이후 버거'라 불리는 치쿠시안 본점이다. TV나 잡지 등을 통해 특별한 버거로 유명해졌다. 다자이후 버거에는 쇠고기 패티 대신 일본식 닭튀김인 가라아게가 들어가고, 소스에는 새콤한 매실 과육이 들어 있는 것이 특징. 가라아게도 따로 판매한다.

구글 지도 치쿠시안

MAP P.260
Ⓢ 참배 길에서 첫 번째 왼쪽 골목으로 우회전 Ⓣ 10:30~18:00 ⊖ 부정기 ¥ 전 메뉴 810¥

사이후 우동 さいふうどん

기무라 제면소에서 직영으로 운영하는 우동 집. 제면소에서 생산하는 면을 사용해 면발이 부드러운 것이 특징이다(면발에 대해서는 호불호가 갈릴 수 있다). 기본 우동에 불고기나 명란튀김 등 토핑을 선택할 수 있다.

구글 지도 사이후우동

MAP P.260
Ⓢ 니시테츠 다자이후역에서 나와 오른쪽 참배 길로 올라가다가 첫 번째 사거리에서 좌회전해 직진 Ⓣ 11:00~16:00 ⊖ 화요일 ¥ 기본 우동 600¥(면 추가 100¥), 불고기 토핑 300¥, 명란튀김 380¥, 새우튀김 250¥

ZOOM ——————— IN

다자이후 텐만구 완벽 가이드

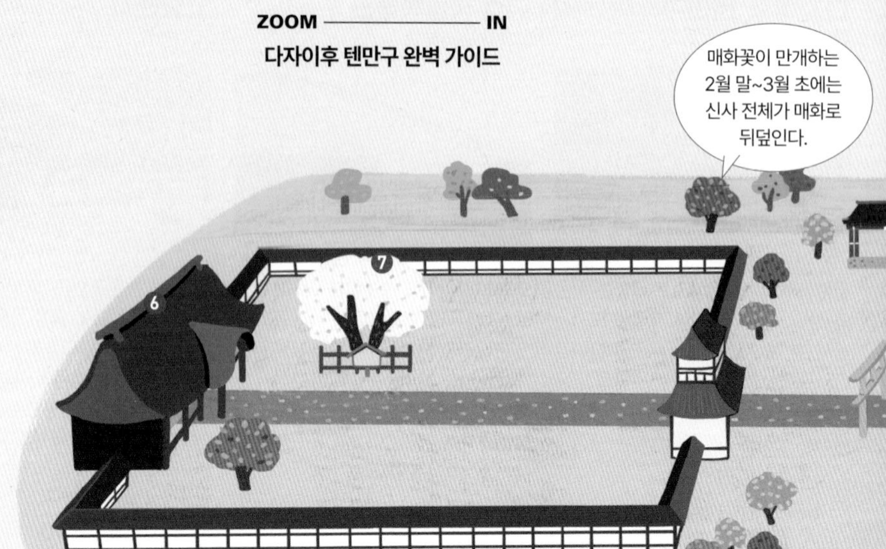

1. 도리이(とりい)

종교를 흔히 성(聖)과 속(俗)의 경계라고 한다. 신사의 대문에 해당하는 도리이를 통과하면 신들의 땅에 발을 딛는 것. 도리이가 속세의 액(厄)을 막는 일종의 방어막이 되어주는 셈이다.

2. 신규(神牛) 동상

소 동상의 머리를 만지면 머리가 맑아지고, 자신의 몸에서 건강이 좋지 않은 부위를 만지면 그 부위의 병이 낫는다는 속설이 있다. 학문의 신을 모신 곳이니만큼 머리와 뿔 부분이 유독 반질반질하다.

3. 다이코바시(太鼓橋)

신지이케 위에 놓인 3개의 보행교로 각각 과거, 현재, 미래를 의미한다. 과거의 다리를 건너는 동안 뒤를 돌아보지 말고, 미래의 다리를 건널 때는 넘어지면 안 된다는 재미있는 속설이 전해져 내려온다.

4. 신지이케(心字池)

도리이를 통과하면 마음 심(心) 자 모양의 연못이 참배객을 반긴다. 곧 용이 되어 승천할 것 같은 거대한 잉어도 볼 수 있다.

5. 쇼부이케(菖蒲池)

매년 6월이면 창포꽃이 피는 연못. 주변에 매화나무가 많아 매화꽃을 구경하기도 좋다.

7. 도비우메(飛梅)

스가와라노 미치자네가 다자이후로 향하는 길에 '동풍이 불거든 향기를 보내다오, 매화꽃이여, 주인이 없다 해도 봄을 잊지 말게나'라는 시를 읊었는데, 이 시에 등장하는 매화나무가 그를 따라 교토에서 이곳까지 하룻밤 사이에 날아와 자랐다고 한다. 신사 경내에서 이 나무가 매년 가장 먼저 꽃망울을 터뜨린다.

6. 혼텐(本殿)

905년 스가와라노 미치자네의 무덤 터에 지은 신사의 본전이다. 국가 중요 문화재로 지정되었을 정도로 화려한 매화 문양이 건축학적 가치가 높다.

+ PLUS

신사 내 소소한 볼거리

각종 이벤트 큰 행사가 있는 날 신사에 가면 흔치 않은 구경거리를 만날 수 있다. 행사 일정은 홈페이지에 공지되니 미리 확인하자.

카페 란칸
珈琲蘭館

1978년부터 2대째 운영하는 로스터리 카페. 주인 테루키요 타하라 씨는 규슈에서 최초로 스페셜티(SCAA) 인증을 받은 커피 감정사이며, 각종 세계 대회를 석권했다. 고풍스러운 인테리어와 다양한 다기가 커피만큼이나 만족스럽다. 모든 커피는 융 드립으로 추출하지만, 컵 오브 엑설런스 커피는 프렌치 프레스로 우려낸다.

구글 지도 카페 란칸

MAP P.260
Ⓢ 니시테츠 다자이후역 출구 반대편 길을 따라 직진 ⓒ 10:00~18:00 ⊖ 수·목요일 ¥ 마일드 블렌드 커피 580¥, 컵 오브 엑설런스 1080¥

스시에이
寿し栄

다자이후를 대표하는 스시 집. 현지 제철 재료를 사용하며 특히 점심 메뉴는 가성비가 좋아서 늘 대기 줄이 있을 정도. 런치 스시 메뉴는 자완무시를 내온 뒤 스시와 미니 김초밥을 미소 된장국과 함께 제공한다. 가이세키 요리도 점심에 방문하면 더욱 합리적인 가격에 먹을 수 있다.

구글 지도 스시에이

MAP P.260
Ⓢ 참배 길 첫 번째 사거리에서 좌회전 ⓒ 11:00~14:00, 17:00~21:30 ⊖ 부정기(홈페이지 참고) ¥ 런치 스시 2420¥, 런치 참치 덮밥 1480¥, 점심 가이세키 4240¥ ⓗ https://sushiei.net

스타벅스 다자이후 오모테산도점 スターバックス

일본 내 스타벅스의 14개 콘셉트 스토어 중 하나. 목조 구조물이 입구부터 내부 벽면과 천장을 장식해 멀리서도 눈에 띈다. 일본의 유명 건축가 구마 겐고(隈研吾)가 '자연 소재를 이용한 전통과 현대의 융합'이라는 콘셉트로 2000여 개의 나무 막대기를 활용해 완성했다. 내부는 좁아서 늘 북적이니, 건물 앞에서 인증 사진만 남기자.

구글 지도 스타벅스 다자이후 오모테산도점

MAP P.260
Ⓢ 다자이후 참배 길로 올라가다가 왼쪽
ⓒ 08:00~20:00 ⊖ 부정기 ¥ 커피 300~400¥

카사노야
かさの家

다자이후 텐만구 참배 길에 많은 우메가에모찌 가게가 있지만 이곳만 늘 인파가 몰린다. 1922년에 문을 연 집으로, 홋카이도산 팥을 사용해 은은한 단맛을 낸다. 말차 세트나 단팥죽 같은 디저트와 식사 메뉴도 판매한다.

구글 지도 카사노야

MAP P.260
Ⓢ 니시테츠 다자이후역에서 나와 오른쪽 참배 길 중간, 스타벅스 맞은편
ⓒ 09:00~18:00 ⊖ 연중무휴 ¥ 우메가에모찌 150¥, 드링크 세트 650¥

마츠야
松屋

사쓰마 번의 단골 숙소로도 사용되었던 건물 안에 근사한 정원이 있어 정원을 보며 티타임을 가지기 좋다. 풍경과 분위기 덕분에 특별한 기분이 드는 곳. 디저트에 올려주는 꽃과 나뭇잎 장식은 계절에 따라 달라지는 등 계절감을 느끼기에 더없이 좋다. 현금 결제만 가능.

구글 지도 Matsuya

MAP P.260
Ⓢ 니시테츠 다자이후역에서 우회전하면 바로 보인다.
ⓒ 09:00~18:00 ⊖ 부정기
¥ 마츠야 오구라 아이스 500¥

사와와
約茶和

말차 디저트 전문점. 말차 소프트아이스크림은 말차의 농도를 고를 수 있다. 평범한 사람은 2단계 정도면 충분하고, 마니아라면 3~4단계인 '프리미엄'과 '슈퍼 프리미엄'을 추천한다. 취식 공간도 마련되어 있다.

구글 지도 말차 스위트 사와와 다자이후점

MAP P.260
Ⓢ 다자이후역에서 좌회전하자마자 보인다. ⓒ 09:30~17:30
¥ 말차 소프트아이스크림 1·2단계 432¥, 프리미엄 540¥, 슈퍼 프리미엄 648¥

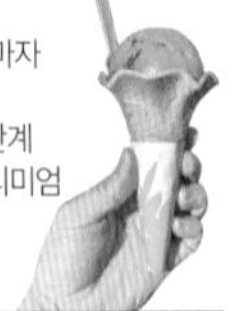

다자이후 산도 텐잔 본점
太宰府参道 天山 本店

각종 SNS에서 '다자이후 딸기모찌'로 입소문을 탄 집. 딸기모찌는 아마오우가 나는 겨울과 봄에만 한정 판매하는데 아무래도 딸기가 제철인 1~3월이 제일 맛있다. 다른 계절에는 말차모찌나 냉동 딸기 아이스바, 모나카, 밤 몽블랑 등 다른 메뉴를 판매한다. 흐물흐물 쫄깃쫄깃한 와라비모찌, 합격떡도 나름 인기 있다.

구글 지도 다자이후 산도 텐잔 본점

MAP P.260
Ⓢ 다자이후역에서 도보 2분
Ⓣ 10:00~17:00 ¥ 딸기모찌 700¥

이치란 라멘 다자이후점
蘭 太宰府参道店

이곳에서만 판매하는 합격 라멘을 반드시 맛보자. 일본어로 합격(合格)과 오각(五角)의 발음이 동일한 '고가쿠'라서 오각형 그릇에 라멘을 내온다. 직원의 이름표도 신사에서 복을 빌 때 사용하는 '에마' 모양이고, 라멘을 서빙할 때 "고-카쿠데스(합격입니다!)"라고 외친다.

구글 지도 이치란 라멘 다자이후점

MAP P.260
Ⓢ 다자이후역 바로 옆 Ⓣ 09:30~18:30
¥ 합격 세트 1410¥

카구노코노미
香菓

가게가 좁고 손님이 많아 서서 먹어야 하지만 인기 높은 몽블랑 전문점이다. 주문과 결제를 한 뒤 식권을 건네주면 즉석에서 몽블랑을 만들어준다. 구마모토현에서 나는 밤으로 만든 밤 맛 몽블랑이 가장 인기 있다. 고양이 발바닥 모양 피낭시에, 후쿠오카 명품 딸기인 아마오우를 넣어 만든 슈 아이스 등도 인기 있다.

구글 지도 Kaguno Konomi

MAP P.261
Ⓢ 다자이후역에서 참배 길을 따라 도보 4분
Ⓣ 09:30~17:30 ¥ 몽블랑 1000¥

와규 멘타이코 카구라
和牛めんたい 神楽

와규와 멘타이코를 한 번에 맛볼 수 있는 레스토랑. 분위기가 깔끔하고 조용하다는 것이 가장 큰 장점이다. 와규와 멘타이코(명란)를 한가득 올린 특상 멘타이코 세트가 가장 인기 있는 메뉴인데 달걀 비린내가 조금 나고 비계가 많은 편이라 음식 맛에 대해서는 호불호가 확실히 갈리는 편이다.

구글 지도 와규 멘타이코 카구라

MAP P.261
Ⓢ 다자이후역 입구 바로 앞 Ⓣ 10:00~17:00
¥ 특상 멘타이코 세트 2800¥

다자이후 브루어리
Dazaifu Brewery

양조장에서 운영하는 스탠딩 수제 맥주 바. 후쿠오카와 다자이후 향토 재료로 만든 맥주가 두루두루 인기 있다. 술을 못 마시는 사람이나 어린이를 위한 소프트 드링크 메뉴, 맥주와 잘 어울리는 안주류도 함께 판매한다. 레귤러(423ml), 하프(275ml) 등 다양한 용량으로 판매해 가볍게 한잔하기도 괜찮다.

구글 지도 Dazaifu Brewery

MAP P.260
Ⓢ 다자이후역에서 좌회전 후 바로 앞
Ⓣ 10:00~17:00
¥ 레귤러 850~900¥, 하프 550~600¥

EXPERIENCE →

코가신 기모노관
古賀新きもの館

신발, 양말, 가방, 액세서리를 대여해주는 기모노 대여점. 100여 벌 이상의 의상을 보유하고 있어 다양한 연출이 가능하다. 헤어 스타일링까지 풀세트로 하는 경우 최소 1시간 정도는 소요되므로 여유롭게 방문하자. 어린이, 남성용 의상도 대여할 수 있어 가족 모두가 이용하기도 좋다.

구글 지도 Koga New Kimono Museum Dazaifu Station Store

MAP P.260
Ⓢ 다자이후역 바로 맞은편 Ⓣ 09:00~17:30
⊖ 부정기 ¥ 여성 기모노 의상 대여 4950¥~, 남성 의상 대여 4950¥~, 아동 4500¥~

6 ITOSHIMA

이토시마

후쿠오카에서 40~50분 거리에 위치한 이토시마는 요즘 인기 있는 후쿠오카 당일치기 여행지다. 일본 특유의 전통적인 분위기는 나지 않지만, 하와이 해변이 연상되는 이색적인 풍경으로 사랑받는다. 새파란 동해 바다가 보이는 이마즈만 해안선을 따라 야자수 그네, 하얀 도리이, 빨간 런던 버스 등이 그림처럼 펼쳐져 있다.

COURSE

이토시마 핵심 당일치기 코스

이토시마 당일치기 여행의 핵심은 시간 관리다. 관광 명소가 크게 세 군데로 나뉘어 있는데 버스 시간에 맞춰 일정을 짜거나 과감히 가고 싶은 곳만 집중해도 좋다. 어느 쪽이든 후쿠오카 시내에서 출발하는 첫차를 타는 것이 중요하다.

1 야자수 그네

#관광 #체험 야자수로 만든 그네가 줄지어 있는 해변 공원. 그네 수도 넉넉하고 모두 다른 모양이라 골라 타는 재미가 있다.

2 팜 비치 더 가든

#관광 아름다운 후타미가우라 해안가에 있는 리조트 몰이다. 여러 채의 건물에 레스토랑, 카페, 상점 등이 들어서 있다.

3 사쿠라이 신사 후타미가우라 도리이

#관광 푸른 바다 위에 떠 있는 새하얀 도리이와 2개의 바위가 있는 풍경으로 유명한 이토시마 최고의 명소.

4 이토시마 팜 하우스 우보

#식사 #카페 현지 농가에서 생산한 달걀로 디저트와 식사를 선보이는 카페. 건물이 귀엽고 눈에 띄어 필수 인증샷 명소로 꼽힌다.

5 탈리아 커피 로스터스

#식사 #카페 자전거 대여소로 더 유명한 카페지만 커피 맛과 분위기에 반하게 된다.

6 노기타 해변

#관광 줄지어 선 야자수, 서핑하기 좋은 파도, 에메랄드빛 바다, 해변 카페와 레스토랑, 상점이 하와이를 떠올리게 한다.

7 런던 버스 카페

#식사 #카페 인증샷 명소이자 노기타 해변의 랜드마크. 진짜 런던에서 가져온 2층 버스다.

8 네티 드레드

#식사 #카페 자메이카 국민 음식인 매콤한 닭 요리, 저크 치킨을 사용한 버거를 판매한다.

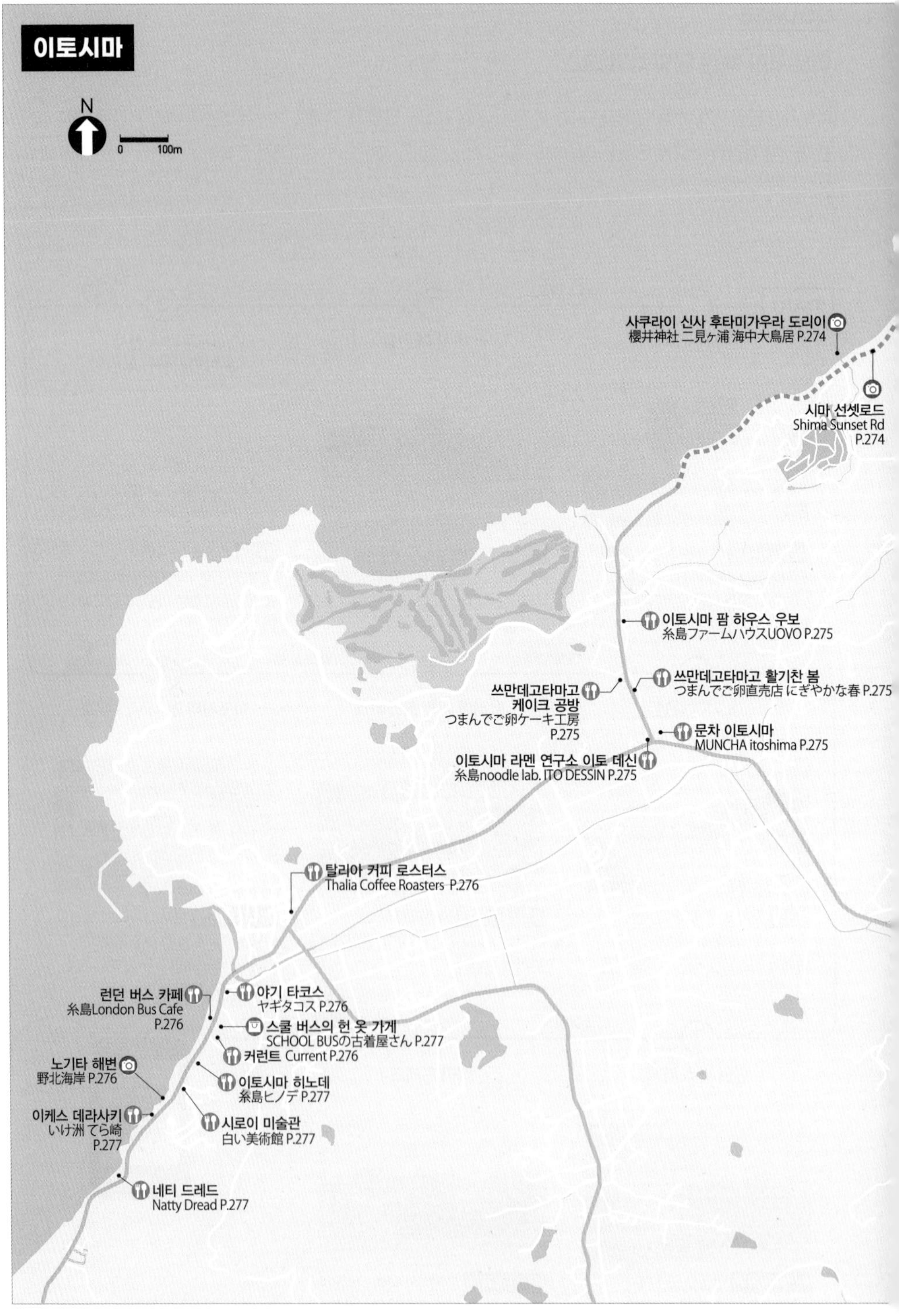

이토시마
N
0
100m
사쿠라이 신사 후타미가우라 도리이
櫻井神社 二見ヶ浦 海中大鳥居 P.274
시마 선셋로드
Shima Sunset Rd
P.274
이토시마 팜 하우스 우보
糸島ファームハウスUOVO P.275
쓰만데고타마고 활기찬 봄
つまんでご卵直売店 にぎやかな春 P.275
쓰만데고타마고
케이크 공방
つまんでご卵ケーキ工房
P.275
문차 이토시마
MUNCHA itoshima P.275
이토시마 라멘 연구소 이토 데신
糸島noodle lab. ITO DESSIN P.275
탈리아 커피 로스터스
Thalia Coffee Roasters P.276
런던 버스 카페
糸島London Bus Cafe
P.276
야기 타코스
ヤギタコス P.276
스쿨 버스의 헌 옷 가게
SCHOOL BUSの古着屋さん P.277
커런트 Current P.276
노기타 해변
野北海岸 P.276
이토시마 히노데
糸島ヒノデ P.277
이케스 데라사키
いけ洲 てら崎
P.277
시로이 미술관
白い美術館 P.277
네티 드레드
Natty Dread P.277

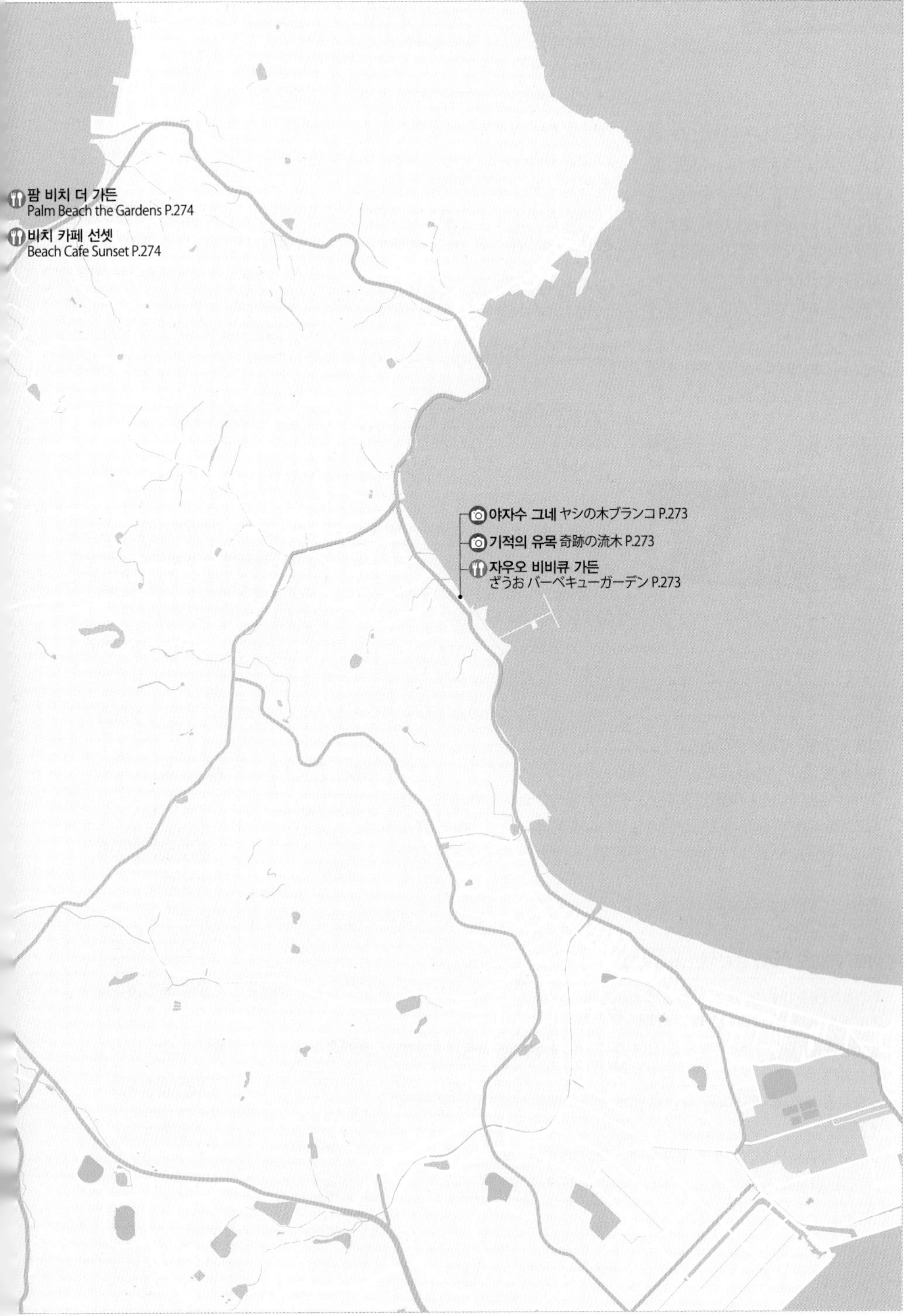
팜 비치 더 가든
Palm Beach the Gardens P.274
비치 카페 선셋
Beach Cafe Sunset P.274
야자수 그네 ヤシの木ブランコ P.273
기적의 유목 奇跡の流木 P.273
자우오 비비큐 가든
ざうお バーベキューガーデン P.273

이토시마 가는 법

버스

이토시마까지의 교통편은 버스와 렌터카, 두 가지 선택지만 있다고 보면 된다. 구간별로 기차를 이용할 수 있으나 어차피 버스로 갈아타야 해서 번거롭다. 다만 배차 간격이 길고, 평일과 주말 시간이 다르니, 버스 시간을 염두에 두고 일정을 짜야 한다. 이때 하루 동안 이용할 수 있는 이토시마반도 1DAY 프리 패스 구입은 필수다. 산큐 패스 소지자는 무료로 이용 가능하다.

1. 쇼와 버스 웨스트 코스트 라이너

하카타와 텐진에서 출발해 이토시마로 운행하는 버스다. 버스는 야자수 그네가 있는 해안가와 후타미가우라, 이토시마 팜 하우스 우보까지 운행한다. 다만 런던 버스가 있는 노기타 해변은 가지 않으니 후타미가우라에서 갈아타거나 처음부터 이토시마호를 탑승하자.

탑승 장소 하카타 버스 터미널 3층 32번 승강장
시간 (계절별 변동) 이토시마행 08:00대~13:00대 / 하카타, 텐진행 12:00대~19:00대, 40~50분 소요
요금 1060¥(후타미가우라 기준)

2. 이토·시마호 いと·しま号

쇼와 버스 웨스트 코스트 라이너와 반대 방향으로 달리는 버스다. 노기타 해변으로 바로 가려면 이 라인을 탑승하자.

탑승 장소 하카타 버스 터미널 3층 32번 승강장
시간 월~금요일 07:13~22:38, 토·일요일 12:18~22:08, 1시간 10분 소요
요금 1000¥(노기타 기준)

렌터카

버스로 관광지나 맛집 하나하나를 다 찾아가기 어렵다. 렌터카를 이용하면 편리한데 반드시 가고자 하는 스폿에 주차장이 있는지 확인하고 없는 경우 반드시 인근 유료 주차장 이용 유무도 파악하고 가야 한다. 일본은 불법 주정차에 대해서는 꽤 엄격한 편이다. 또 이토시마는 도로에 비해 넘쳐나는 렌터카와 불법 주차 문제로 골머리를 썩고 있으니 성수기나 주말에는 렌터카 이용을 자제하는 것이 좋다(렌터카 이용은 P.165 참고).

시간 하카타역 기준 40분 소요

자전거

이토시마 구석구석을 누비고 싶다면 자전거를 대여하자. 실제로 이토시마 곳곳에 있는 레스토랑이나 카페, 숍은 자전거 대여를 겸하는 경우가 많다. 오르막 길도 있으니 전기 자전거를 권한다.

+ PLUS

이토시마반도 1DAY 프리 패스
糸島半島 1DAY フリーパス

하카타 텐진과 이토시마를 연결하는 고속버스 웨스트 코스트 라이너와 이토·시마호를 비롯해 쇼와 버스가 운행하는 이토시마 지역 노선 버스를 하루에 몇 번이고 탑승할 수 있는 티켓이다. 스마트폰 앱 마이루트에서만 판매·사용할 수 있다.

¥ 중학생 이상 1800¥, 아동 900¥

이토시마반도 1DAY 프리 패스 사용 방법

1 스마트폰에 'my route' 앱을 다운로드받는다.
2 버스 탭에서 이토시마 1DAY 프리 패스를 선택한다.
3 이용 인원 수에 맞춰 구매한다. 성인(중학생 이상)은 2명, 아동은 5명까지 가능하다.
4 승차권 구입 후 예약·이용 → 사용 탭에 있는 티켓을 선택하고 이용 개시를 누른다.
5 개시 직후 남은 시간이 화면에 표시된다. 캡처 이미지는 무효.
* 티켓은 하차할 때 제시하므로, 승차한 뒤 구매해도 늦지 않다.

SIGHTSEEING →

야자수 그네
ヤシの木ブランコ

야자수 나무로 만든 그네가 줄지어 있는 해변 공원으로, 그네 수도 넉넉하고 모두 다른 모양과 기능으로 골라 타는 재미가 있다. 하트 모양 그네나 5인승 그네도 있다. 수많은 인증샷 명소로 유명하며 동심으로 돌아가서 바라를 바라보며 타는 그네도 재미있다. <스즈메의 문단속>에 나오는 문과 천사의 사다리, 죠스 등을 배경으로 사진을 찍다 보면 자칫 다음 장소로 이동하지 못할 수도 있으니 주의하자.

구글 지도 Palm Tree Swing

MAP P.271 VOL.1 P.043

웨스트 코스트 라이너 자우오혼텐마에 정류장 하차

기적의 유목
奇跡の流木

2018년 여름에 겪은 폭우에 해변으로 흘러 내려온 나무다. 바다를 건너오며 많은 다리와 배와 충돌 없이 해변까지 무사히 온 것을 기적으로 여겨 '기적의 유목'이라 불린다. 이 나무는 행운을 가져다주는 상징으로 여겨져 많은 사람들이 모여 앉아 인증샷을 찍는 장소로 사랑받고 있다.

구글 지도 Palm Tree Swing

MAP P.271

웨스트 코스트 라이너 자우오혼텐마에 정류장 하차

EATING →

자우오 비비큐 가든
ざうお バーベキューガーデン

야자수 그네는 레스토랑 자우오 후쿠오카 본점에서 만든 시설이다. 자우오 본점은 280석을 갖춘 고급 레스토랑이며, 그 앞에 비비큐 가든을 별도로 운영하고 있다. 야외나 다름 없는 간이 건물인 비비큐 가든은 우리나라 수산시장처럼 직접 활어 가게에서 해산물을 고른 뒤 좌석에 앉아 직접 요리해 먹는 방식으로 운영된다. 무려 1000석이나 되는 좌석에서 숯 위에 석쇠를 올려 직접 해산물을 구워 먹는다는 점에서는 동남아 분위기에 더 가깝다. 여름에는 바비큐를, 겨울에는 굴을 주로 구워 먹는다. 주차는 200대나 가능하지만 유료다.

구글 지도 HarborHouse BBQ Garden

MAP P.271

웨스트 코스트 라이너 자우오혼텐마에 정류장 하차 10:30~18:30 기본 이용료 성인 1600¥, 중·고등학생 1300¥, 초등학생 800¥, 3~6세 400¥ / BBQ 코스(이용료, 비품 포함) 성인 3300¥, 중·고등학생 2800¥, 초등학생 2200¥ https://harborhouse-bbq-garden.com

사쿠라이 신사 후타미가우라 도리이

櫻井神社 二見ヶ浦 海中大鳥居

푸른 바다 위에 떠 있는 새하얀 도리이와 2개의 바위가 있는 풍경은 언제 봐도 놀랍다. 도리이 뒤편, 해안선에서 150m 떨어진 곳에는 바다 위에 솟은 듯한 2개의 바위가 자리 잡고 있는데, 그 모습이 마치 부부 같다고 하여 '부부 바위(메오토이와, めおといわ)'라고 불린다. 부부 바위는 도리이 사이로 보여 마치 액자 속 그림 같다. 바위는 시메나와라고 불리는 굵은 밧줄로 연결되어 신비로움을 더한다. 부부 바위 사이로 지는 석양은 1년 중 여름에만 볼 수 있는 절경이며, 일본의 석양 100선으로 선정됐다.

구글 지도 사쿠라이 후타미가우라 메이토이와

MAP P.270 VOL.1 P.043

ⓢ 웨스트 코스트 라이너 후타미가우라 정류장 하차

시마 선셋 로드

Shima Sunset Road

이토시마 동쪽 후타미가우라 해변부터 벤텐 다리까지 이어지는 길이다. 석양이 아름다운 해변가 도로를 따라서 레스토랑, 카페 등이 늘어서 있다. 드라이브 코스로 인기며, 카페에 앉아 해 지는 모습을 바라보며 여유롭게 시간을 보내기도 좋다.

구글 지도 Shima Sunset road

MAP P.270

ⓢ 웨스트 코스트 라이너 후타미가우라 정류장부터 시작

EATING →

팜 비치 더 가든

Palm Beach the Gardens

아름다운 후타미가우라 해안가에 있는 리조트 몰. 여러 채의 건물에 레스토랑, 카페, 상점 등이 들어서 있다. 바다와 어울리는 건물과 휴양지 같은 인테리어 등은 그 자체로도 볼거리다. 몰 내에 마련된 엔젤 스윙 포토 존도 빼놓지 말자.

구글 지도 팜 비치 이토시마

MAP P.271

ⓢ 웨스트 코스트 라이너 팜 비치 정류장(후타미가우라 정류장 1정거장 전) Ⓛ 11:00~(가게마다 다름, 홈페이지 참조) ⓗ http://pb-gardens.com

비치 카페 선셋

Beach Cafe Sunset

1990년부터 팜 비치에서 영업해온 카페로 진짜 나무로 지은 해변가 오두막과 테라스 좌석으로 유명하다. 오두막 안으로 들어서면 모래사장과 수평선이 나무로 만든 프레임에 걸쳐져 한 폭의 그림 같은 풍경이 특징이며, 카페 실내는 열대식물 등으로 꾸며 이국적인 분위기를 풍긴다. 특히 일몰 스폿으로 유명해, 일몰 시간에 방문하면 더욱 아름다운 풍경을 볼 수 있다. 이토시마에서 생산된 채소와 달걀 등을 사용한 메뉴를 선보이며, 함께 운영 중인 커런트에서 가져온 빵을 사용한 메뉴도 맛있다.

구글 지도 Beach Cafe SUNSET

MAP P.271

ⓢ 웨스트 코스트 라이너 팜 비치 정류장(후타미가우라 정류장 1정거장 전) Ⓛ 11:00~21:00(마지막 주문 20:00) ⊖ 목요일, 셋째 주 수요일 ¥ 홈메이드 차이 600¥, 선셋 비치(논알코올 칵테일) 770¥, 파스타 1300¥

이토시마 팜 하우스 우보
糸島ファームハウスUOVO

후타미가우라에서 1정거장, 2km 정도 떨어진 거리에 달걀을 테마로 만든 예쁜 카페 건물이 있다. 바로 이토시마 팜하우스 우보다. 현지 농가에서 생산한 달걀로 디저트와 식사를 선보이는 곳인데, 건물이 귀엽고 눈에 띄어 필수 포토 스폿으로 꼽힌다. 메인 메뉴는 현지 달걀로 만든 푸딩과 롤케이크, 달걀 샌드위치, 신선한 달걀을 밥에 비벼 먹는 최고의 달걀밥(極上の卵かけご飯膳)이 있다. 달걀밥에는 된장국과 절임 반찬이 함께 나오며 달걀은 무제한이다. 전기 자전거도 대여한다.

구글 지도 UOVO

MAP P.270 VOL.1 P.043

Ⓢ 사쿠라이 후타리가우라 다음 쓰만데고란 정거장 하차 Ⓒ 월~금요일 10:00~17:30, 토·일요일·공휴일 09:00~17:30 ¥ 최고의 달걀밥 900¥, 우보 커스터드 푸딩 480¥, 프리미엄 롤케이크 1850¥

쓰만데고타마고 활기찬 봄
つまんでご卵直売店 にぎやかな春

양계장에서 운영하는 식당으로 달걀을 넣은 메뉴는 모두 맛있다. 직접 키운 닭과 달걀을 사용하는 오야코동이 특히 유명하며 신선한 달걀에 간장만 넣은 날달걀 비빔밥도 인기다. 신선한 농산물, 생선, 육류 제품뿐만 아니라 인근의 유명한 양조장에서 만든 아마자케도 판매한다.

구글 지도 쓰만데고란

MAP P.270

Ⓢ 사쿠라이 후타리가우라 정류장 다음 쓰만데고란 정류장 하차 Ⓒ 09:30~17:00 ¥ 오야코동 990¥, 날달걀 비빔밥 280¥ ⓗ https://natural-egg.co.jp/top_spring

쓰만데고타마고 케이크 공방
つまんでご卵ケーキ工房

쓰만데고타마고 양계장이 운영하는 케이크 공방이다. 양계장에서 생산하는 고품질 달걀을 사용해 롤케이크를 비롯한 다양한 베이커리 제품을 만든다. 후쿠오카산 무농약 밀가루, 이토시마산 양봉장에서 생산한 꿀 등을 사용하는 것이 특징. 롤케이크가 대표 상품이며, 푸딩도 인기다.

구글 지도 Tumandegoran Cakery

MAP P.270

Ⓢ 사쿠라이 후타리가우라 정류장 다음 쓰만데고란 정류장 하차 Ⓒ 10:30~17:00 ⊖ 화요일 ¥ 롤케이크 12cm 1520¥, 푸딩 388¥

문차 이토시마
MUNCHA itoshima

타피오카가 함유된 다양한 맛의 음료를 판매하는 타피오카 전문점이다. 간단히 끼니를 때울 수 있는 핫도그와 프라이드 치킨, 감자 등의 메뉴도 판매한다. 동화에 나올 법한 빨간 지붕과 파란 벽이 눈길을 사로잡는데, 인테리어는 더 예뻐서 사진 찍기에도 좋다. 전기 자전거도 대여한다.

구글 지도 MUNCHA itoshima

MAP P.270

Ⓢ 쓰만데고란 정거장 하차 후 도보 5분 Ⓒ 11:00~19:00 ⊖ 부정기 ¥ 사쿠라이 핫도그 550¥, 밀크 타피오카 550¥

이토시마 라멘 연구소 이토데신 糸島noodle lab. ITO DESSIN

이토시마에서 보기 드문, 라멘을 파는 가게다. 모두 이곳 주인이 직접 개발한 메뉴이며 레시피와 맛, 모양까지 독특하다. 하얀 거품 위에 토마토와 레몬을 토핑한 닭 거품 백탕면이나 3종류의 간장에 레드 와인을 넣어 풍미를 더한 이토시마 소유 라멘 등 일본식과 서양식을 결합해 맛을 창조해내는 능력이 대단하다.

구글 지도 ITO DESSIN

MAP P.270

Ⓢ 쓰만데고란 정거장 하차 후 도보 5분 Ⓒ 월~금요일 11:30~15:30, 토·일요일 11:30~19:00 ¥ 닭 거품 백탕면 1000¥, 이토시마 소유 라멘 1100¥

노기타 해변
野北海岸

이토시마에서 가장 동남아시아 해변 같은 곳이다. 줄지어 선 야자수 나무, 서핑하기 좋은 파도, 에메랄드빛 바다, 해변 카페와 레스토랑은 하와이나 발리 등 휴양지를 연상케 한다. 게다가 이토시마 해수욕장 중에서도 깨끗한 해변이며, 반달형 모래사장이 6km나 이어져 있고 수심이 낮아서 해수욕하기에 좋다. 또 인기 서핑 스폿이라 파도가 좋은 날은 많은 서퍼들이 몰려든다.

구글 지도 Nogita beach

MAP P.270 VOL.1 P.043
Ⓢ 하카타 버스 터미널에서 이토·시마호를 타고 노기타 정류장 하차 후 도보 10분

탈리아 커피 로스터스
Thalia Coffee Roasters

자전거 대여소로 더 유명한 커피숍이다. 노기타 정류장 바로 앞에 있어서 노기타 해변으로 가기 전 자전거를 대여하며 많은 이들이 이용한다. 직접 로스팅한 스페셜티 커피를 선보여 자전거를 빌리러 왔다가 커피 맛에 반해서 가는 곳이다. 자전거는 미리 인스타그램 DM으로 예약하자.

구글 지도
Itoshima Thalia Coffee Roasters

MAP P.270
Ⓢ 하카타 버스 터미널에서 이토·시마호를 타고 노기타 정류장 하차 Ⓞ 월~금요일 10:00~18:00, 토·일요일 09:00~18:00 ¥ 자전거 2시간 800¥, 전동 자전거 2시간 1200¥, 카페라테 450¥, 팬케이크+커피 세트 950¥ Ⓚ 인스타그램 thaliacoffeeroasters

야기 타코스
ヤギタコス

60년 된 차고를 개조해 만든 타코 전문점. 15년 전부터 후쿠오카를 중심으로 이동 판매를 하다가, 2022년 노기타 해변가에 자리를 잡았다. 인기 메뉴는 돼지고기에 치즈를 추가한 타코다. 은은한 숯불 향이 감돌아 입맛을 돋운다. 칠리빈과 함께 먹으면 더 맛있다.

구글 지도 2277-5 Shimanogita, Itoshima

MAP P.270
⌂ 福岡県糸島市志摩野北2277-5 Ⓢ 노기타 정류장에서 도보 9분 Ⓞ 평일 11:00~일몰 ⊖ 부정기 ¥ 돼지고기 타코 600¥(치즈 추가하면 700¥), 칠리빈 700¥

런던 버스 카페
糸島London Bus Cafe

노기타 해변을 더욱 근사하고 매력적으로 만들어주는 주인공이자 랜드마크다. 푸른 바다와 빨간 버스의 대비가 노기타 해안을 더욱 비현실적으로 만들어준다. 진짜 런던에서 가져온 2층 버스이며, 현재 젤라토와 커피 등의 음료를 판매하는 카페로 사용하고 있다. 버스 왼쪽에 위치한 가게에서 젤라토를 구입한 뒤 버스 2층에서 먹을 수 있는데, 버스 차창으로 바라보는 동해는 정말 아름답다.

구글 지도 Itoshima London bus cafe

MAP P.270
Ⓢ 노기타 정류장에서 도보 10분 Ⓞ 11:00~일몰 ¥ 젤라토 450¥, 브랜드 커피 400¥

커런트
Current

노기타 해안을 바라보는 고지대에 있는 레스토랑. 지역 생산물을 사용해 만든 피자, 파스타 등을 판매한다. 천연 효모로 만드는 빵 공방도 겸해 빵 메뉴도 맛있다. 이른 아침에 방문한다면 이토시마 채소 수프, 달걀 프라이, 샐러드 등이 포함된 모닝 플레이트를 추천한다.

구글 지도 Current

MAP P.270
Ⓢ 노기타 정류장에서 도보 12분 Ⓞ 08:00~10:00, 11:00~18:00(주문 마감 17:00) ⊖ 부정기(홈페이지 참조) ¥ 모닝 플레이트 1100¥, 마르게리타 피자 1650¥

시로이 미술관
白い美術館

사진이 취미인 주인이 운영하는 갤러리 카페다. 유럽풍 건물 외관만큼이나 카페 안에는 갤러리답게 여러 작품이 전시돼 있다. 커피는 직접 볶은 커피를 시간을 들여 정성스럽게 융 드립으로 내려준다. 특히 아이스커피의 경우, 곱게 간 얼음을 사용해 무척 시원하다. 치즈 케이크도 주문 즉시 구워 맛이 뛰어나지만, 준비 시간이 많이 걸리니 시간 여유가 있을 때만 방문하자. 주인이 내키면 커피를 더 주기도 하고, 즉석에서 자신의 자작곡을 들려주기도 한다. 이곳 테라스에서 바라보는 석양은 아름답기로 유명하다. 가능하다면 저녁에 방문해보자.

구글 지도 2476-1 Shimanogita, Itoshima

MAP P.270
노기타 정류장에서 도보 16분 평일 11:30~15:30, 토·일요일 11:30~17:00 블렌드 커피 670¥, 아이스 블렌드 커피 700¥

이케스 데라사키
いけ洲 てら崎

어부를 겸하고 있는 주인이 신선한 활어를 이용한 해산물 요리를 선보이는 고급 일식당이다. 시원한 오션뷰, 고급스러운 인테리어, 신선한 제철 해산물 등으로 인기를 얻고 있다. 어시장 못지않은 신선한 사시미, 덮밥 메뉴 등이 마련돼 있다. 계절에 따라 굴, 오징어, 전복 등 해산물 요리를 추천하며 솥밥도 인기 메뉴다.

구글 지도 2632 Shimanogita, Itoshima

MAP P.270
노기타 정류장에서 도보 17분 11:00~21:00 화요일 데라사키 정식 3300¥, 조림 정식 2320¥, 오징어회 1800¥~

네티 드레드
Natty Dread

이토시마에서 유명한 수제 버거 전문점이다. 배 모양의 건물과 바다가 펼쳐진 창밖 풍경, 가게 내부의 아기자기한 인테리어가 시선을 사로잡는다. 이곳의 대표 메뉴는 저크 치킨으로, 닭고기를 매콤한 시즈닝으로 양념한 자메이카 국민 음식이다. 가게 앞은 넓은 공터라 주차하기 좋다.

구글 지도 Natty Dread

MAP P.270
노기타 정류장에서 도보 24분 11:30~15:00 (재료 소진 시 영업 종료) 수요일 저크 치킨 단품 660¥, 저크 치킨 에그 햄버거 858¥, 콜라와 사이드 메뉴 추가 400¥

이토시마 히노데
糸島ヒノデ

넓은 주차장과 예쁜 테라스를 갖춘 레스토랑이다. 채소가 듬뿍 든 타코와 현미를 사용한 타코 라이스, 야미 치킨 등 식사 메뉴도 판매한다. 야미 치킨은 요거트, 채소, 현미, 구운 치킨 등 특제 향신료를 사용해 요리한 원 플레이트 요리로 가장 인기 있는 메뉴다. 해가 질 때까지만 영업하니 유의하자.

구글 지도 Hinode

MAP P.270
노기타 정류장에서 도보 14분
11:00~일몰 목요일
타코 500~750¥, 야미 치킨 900~1100¥

SHOPPING →

스쿨 버스의 헌 옷 가게
SCHOOL BUSの古着屋さん

노기타 해변에 자리 잡은 중고 의류 상점이다. 센스 있는 의류와 잡화를 갖추어 젊은 사람들의 방문이 끊이지 않는다. 상점 건물과 앞마당에 놓인 낡은 미국 스쿨 버스가 멋스러워 한 번쯤 들어가게 된다. 중고 의류에 관심이 있다면 먼저 홈페이지를 통해 판매하는 물품을 확인하고 방문하자.

구글 지도 Itoshima School Bus

MAP P.270
런던 버스 카페 맞은편 월~목요일 12:00~18:00 / 금~토요일 12:00~18:00, 21:00~다음 날 02:00 https://schoolbus.fashionstore.jp

7 YUFUIN

유후인

유후인은 일본 내에서도 손꼽히는 인기 온천 마을이다. 유후산으로 둘러싸인 자연 풍경과 피부 미용에 좋다고 알려진 온천수, 아기자기한 볼거리가 가득한 유노츠보 거리 덕분이다. 아쉬운 건 인기가 많아 난개발이 되다 보니, 일본 애니메이션 <이웃집 토토로>의 고즈넉한 분위기는 사라진 지 오래라는 점이다. 다만 관광 거리만 약간 벗어나면 한적한 온천 마을의 분위기를 느낄 수 있으니 시간 여유가 있다면 꼭 료칸에서 하루 머물러보자.

COURSE

유후인 핵심 당일치기 코스

유후인 여행은 료칸에서 온천과 가이세키를 즐기며 푹 쉬는 것이 정석이다. 그러나 료칸에 머물 만큼 시간이 넉넉하지 않다면 후쿠오카에서 당일치기 여행을 다녀오는 것을 추천한다.

#관광 유후인 한가운데 자리한 작은 호수로 주변을 한 바퀴 돌며 산책하기 좋다.

#체험 #온천 유후인은 피부 미용에 좋은 온천수로 유명하다. 당일치기 온천도 가능하다.

유후인

N
0
50m
미르히
ミルヒ P.289
에이코프
Aコープ
돈구리노모리
どんぐりの森 P.292
넨린 ねんりん P.285
커피 집 페퍼
珈琲屋 Pepper P.286
비스피크
B-Speak P.289
시치린야키 와사쿠
七厘焼き和作 P.284
유후마부시 신
由布まぶし 心 P.284
유후인 버거 하우스 P.285
ゆふいんバーガーハウス
유후후
ゆふふ P.285
버짓 렌터카
バジェット レンタカー
라멘 사무라이
ラーメン 侍
P.285
오토마루 온천관
乙丸温泉館 P.286
코미코 아트 뮤지엄 유후인
COMICO ART MUSEUM YUFUIN
P.287
유후인 버스 터미널
Yufuin Bus Terminal
유후인역
미르히 도넛 카페
ミルヒドーナツ
&カフェ P.286
긴노이로도리
銀の彩 P.280
오무스비 카페
타비무스비
おむすび Café
たびむすび P.286
타케오
たけお P.284
로손
유후인 관광 정보 센터
YUFUiNFO P.284
맥스밸류
マックスバリュ P.286
닛산 렌터카
日産レンタカー
야마다야
やまだ屋
유후인 고토부키 하나노쇼 호텔
花の庄
오야도 우라쿠
お宿 有楽
유후인 산스이칸
ゆふいん山水館 P.139
료소 마키바노이에
旅荘 牧場の家 P.139
산쇼로
山椒郎 P.284
유후인료칸 노기쿠
湯布院旅館のぎく
유후인 건강 온천관
由布市湯布院健康温泉館 P.286

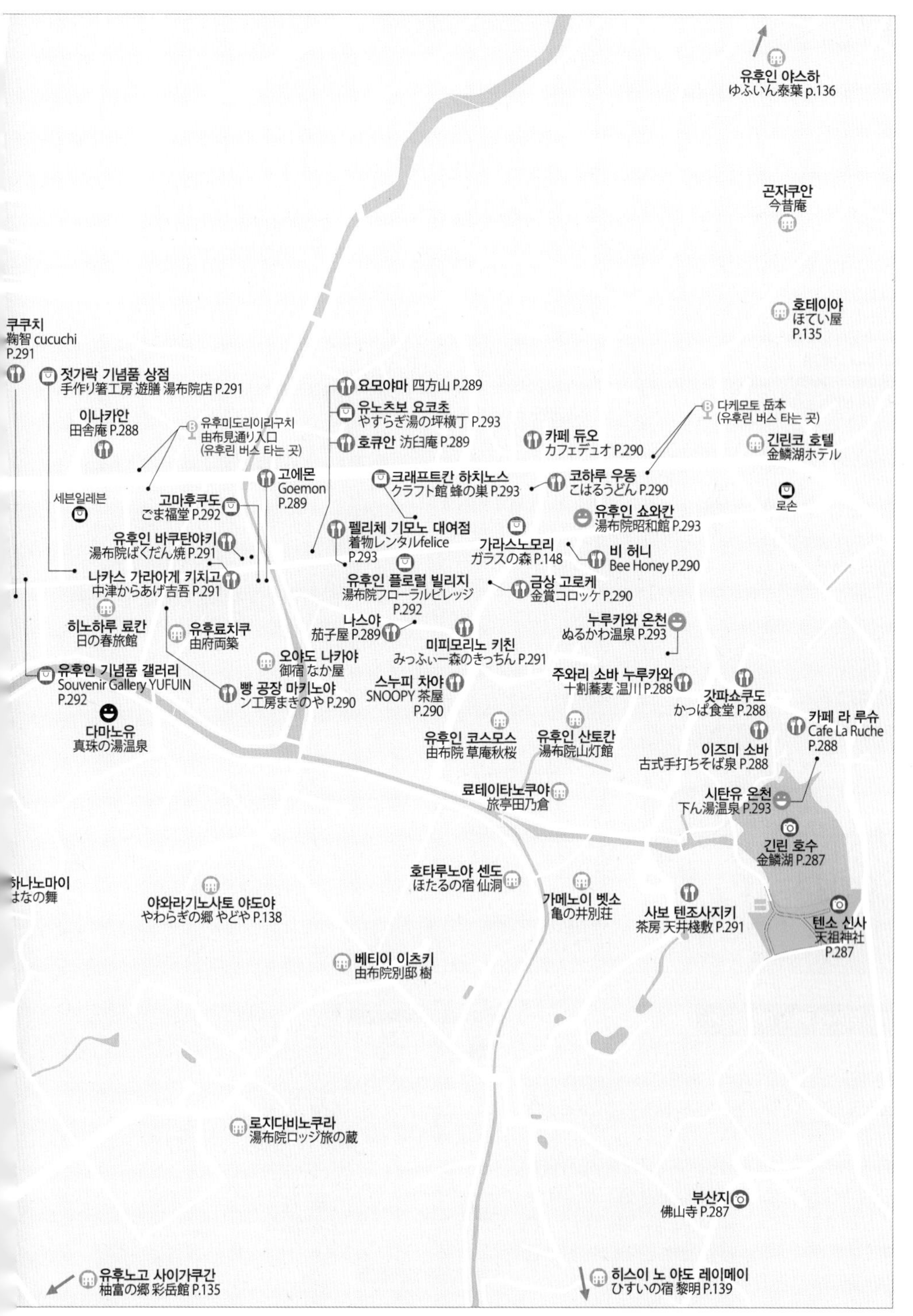

유후인 야스하
ゆふいん泰葉 p.136
곤자쿠안
今昔庵
호테이야
ほてい屋
P.135
쿠쿠치
鞠智 cucuchi
P.291
젓가락 기념품 상점
手作り箸工房 遊膳 湯布院店 P.291
이나카안
田舎庵 P.288
유후미도리이리구치
由布見通り入口
(유후린 버스 타는 곳)
요모야마 四方山 P.289
유노츠보 요코초
やすらぎ湯の坪横丁 P.293
호큐안 汸臼庵 P.289
다케모토 岳本
(유후린 버스 타는 곳)
카페 듀오
カフェデュオ P.290
긴린코 호텔
金鱗湖ホテル
고에몬
Goemon
P.289
크래프트칸 하치노스
クラフト館 蜂の巣 P.293
코하루 우동
こはるうどん P.290
로손
세븐일레븐
고마후쿠도
ごま福堂 P.292
유후인 쇼와칸
湯布院昭和館 P.293
펠리체 기모노 대여점
着物レンタルfelice
P.293
유후인 바쿠탄야키
湯布院ばくだん焼 P.291
가라스노모리
ガラスの森 P.148
비 허니
Bee Honey P.290
나카스 가라아게 키치고
中津からあげ吉吾 P.291
유후인 플로럴 빌리지
湯布院フローラルビレッジ
P.292
금상 고로케
金賞コロッケ P.290
히노하루 료칸
日の春旅館
유후료치쿠
由府両築
나스야
茄子屋 P.289
누루카와 온천
ぬるかわ温泉 P.293
미피모리노 키친
みっふぃー森のきっちん P.291
오야도 나카야
御宿 なか屋
유후인 기념품 갤러리
Souvenir Gallery YUFUIN
P.292
빵 공장 마키노야
ン工房まきのや P.290
스누피 차야
SNOOPY 茶屋
P.290
주와리 소바 누루카와
十割蕎麦 温川 P.288
갓파쇼쿠도
かっぱ食堂 P.288
다마노유
真珠の湯温泉
유후인 코스모스
由布院 草庵秋桜
유후인 산토칸
湯布院山灯館
카페 라 루슈
Cafe La Ruche
P.288
이즈미 소바
古式手打ちそば泉 P.288
료테이타노쿠라
旅亭田乃倉
시탄유 온천
下ん湯温泉 P.293
긴린 호수
金鱗湖 P.287
하나노마이
はなの舞
호타루노야 센도
ほたるの宿 仙洞
가메노이 벳소
亀の井別荘
사보 텐조사지키
茶房 天井桟敷 P.291
텐소 신사
天祖神社
P.287
야와라기노사토 야도야
やわらぎの郷 やどや P.138
베티이 이츠키
由布院別邸 樹
로지다비노쿠라
湯布院ロッジ旅の蔵
부산지
佛山寺 P.287
유후노고 사이가쿠간
柚富の郷 彩岳館 P.135
히스이 노 야도 레이메이
ひすいの宿 黎明 P.139

유후인 가는 법

1. 오이타 공항에서 유후인 가기

유후인은 오이타현에 위치해 거리상으로만 보면 오이타 공항이 가장 가깝다. 하지만 운항편이 들쭉날쭉해 이용률은 낮은 편이다. 오이타 공항에서 유후인으로 가려면 유후인행 고속도로 경유 논스톱 버스를 이용할 수 있다.

탑승 장소 3번 승차장
시간 10:00~19:25(수시로 바뀌므로 홈페이지 확인), 55분 소요
요금 편도 1550¥, 왕복 2600¥
www.oitakotsu.co.jp/bus/airport(유후인 라이너 선택)

2. 후쿠오카 공항에서 유후인 가기

후쿠오카 공항에서 바로 유후인으로 가면 조금 더 시간을 절약할 수 있다. 국제선 터미널 1층 11번 승강장에서 유후인행 버스에 탑승한다. 티켓은 터미널 1층 고속버스 티켓 창구에서 구매하거나, 사전에 온라인 예매한다.

탑승 장소 국제선 터미널 1층 11번 승강장
시간 09:08~17:08, 1시간 40분 소요
요금 편도 3250¥

3. JR 하카타역에서 유후인 가기

버스

가장 이용하기 편리하고 가격도 만족스러워 인기가 많기 때문에 빨리 예약하는 것이 좋다. 텐진 고속버스 터미널(3층 5번 승차장), 하카타 버스 터미널(3층 34번 승차장), 후쿠오카 공항 국제선 터미널(11번 승차장) 순으로 경유해 논스톱으로 운행하며 JR 유후인역에서 하차한다.

시간 (텐진 고속버스 터미널 기준) 08:25~16:25, 1시간에 1회 운행, 2시간 20분 소요
요금 편도 3250¥, 2장 세트(니마이킷푸) 5760¥ www.highwaybus.com

기차

직행열차인 유후인노모리와 유후는 늘 매진되는 인기 노선이고 운행편도 적다. 특히 전석 지정석으로 운영하는 '유후인노모리' 현장 예매는 거의 불가능하다. 그 외 일반 기차를 타고 싶다면 반드시 인터넷을 통해 예약하자. JR 오이타역이나 JR 도스역에서 환승해야 하는데 돌아서 가고 요금도 비싸서 북규슈 레일 패스 소지자가 아니면 추천하지 않는다.

시간 07:43~18:30(2시간에 1대꼴로 운행), 약 2시간 20분 소요
요금 편도 유후인노모리 5690¥, 유후 5190¥

렌터카

후쿠오카에서 유후인까지는 도로 상황이 좋은 편이라 운전 초보자도 운전하기 좋다. 국도보다 고속도로가 훨씬 빠른데 우리나라의 하이패스와 비슷한 'ETC'가 포함된 차량을 선택하면 편리하다. 일정 기간 동안 규슈 내 고속도로를 무제한으로 이용하는 KEP를 선택하면 경비를 절약할 수 있다(렌터카 이용은 P.154 참고).

시간 하카타역 기준 1시간 30분 소요

유후인행 버스 예약하기

❶ 구글 브라우저로 고속버스 홈페이지(www.highwaybus.com)에 접속한다. 구글 한글 번역 기능을 켜면 한글로 변환된다.

❷ 지역은 '후쿠오카현', 노선은 '후쿠오카 후쿠오카 공항~유후인선(유후인호)'을 선택한다. 승차 정류장은 하카타 버스 터미널(후쿠오카), 하차 버스 정류장은 '유후인에키마에 버스 센터', 승차일과 여성, 남성 인원을 선택한 후 검색을 클릭한다(예약은 탑승 한 달 전부터 가능하다).

❸ 원하는 시간대를 선택한다. 좌석 상태가 '공석 있음'일 경우에만 예약이 가능하다. '공석 있음'을 클릭하면 통상(웹) 요금과 통상(편도 예약, 산큐 패스, 회수권)이 나오는데 일반 티켓 구매자는 일반(web)을, 산큐 패스 이용자는 통상(편도 예약, SUNQ 패스, 회수권)을 선택한다.
❹ 팝업 창이 뜨면 '동의하고 다음으로 진행'을 클릭한다.
❺ 좌측에서 예약 내용을 확인한 후 우측에서 좌석 지정 방법(자동 또는 직접 지정)을 고르고, 왕복과 편도 예약 중 하나를 선택한다.
❻ 좌석 직접 지정과 편도 예약을 선택한 경우, 보이는 화면에서 좌석을 선택하고 하단의 '좌석을 확정하고 예약 운임 확인으로 진행' 버튼을 누른다.
❼ 좌측의 '회원'이 아닌, 우측의 '손님'으로 예약을 한다. 성과 이름은 영문으로, 이메일 주소와 전화번호도 입력한 뒤, 손님으로 예약을 클릭한다. 예약 확인 내용도 읽어본 뒤, 하단 '이 내용으로 예약'을 누르고, 이용 약관 창이 뜨면 이 또한 '동의하고 다음으로 진행'을 클릭한다.
❽ 예약이 확정되면 기입한 이메일로 확인 내용이 온다. 이때 링크를 눌러 예약 내용을 확인하고, 결제 방법을 선택한다. 결제는 카드 결제와 편의점 결제, 나중에 결제가 있는데 원하는 것으로 선택하자. 결제 후 취소 시 1명당 110¥의 취소 수수료가 발생한다.
❾ 탑승 당일 승차 시, 최종 이메일을 제시한다. 이때 스크린샷 화면은 안 되고, 반드시 WEB 결제 완료 통지 메일 혹은 휴대폰 승차권 통지 메일로 온 휴대폰 승차권을 제시해야 한다.

❹

❺

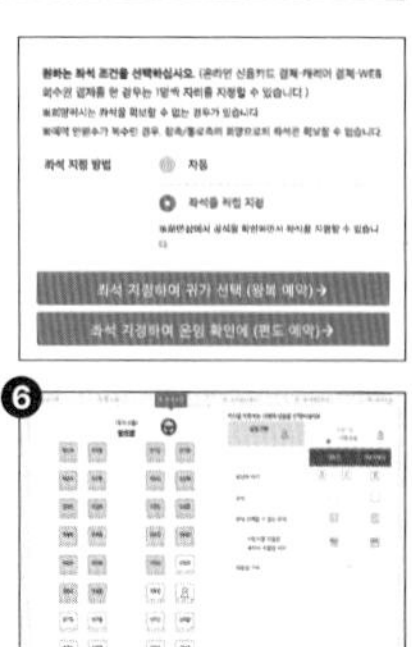

❻
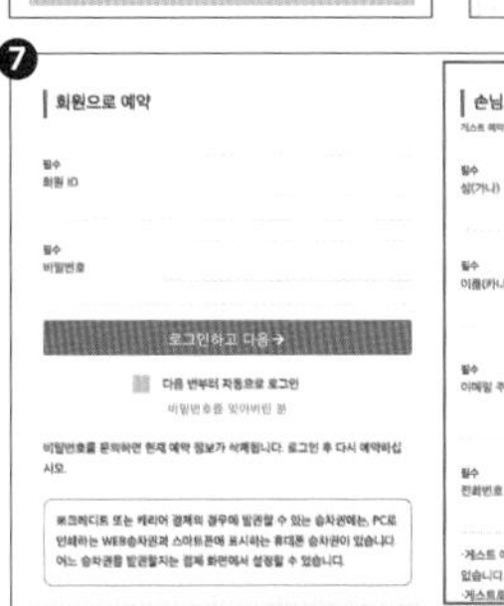

❼
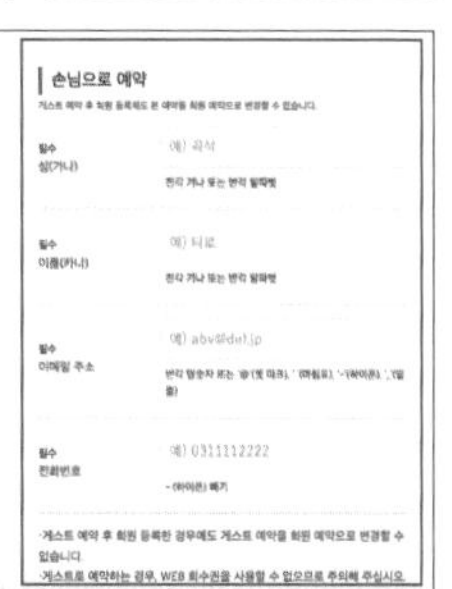

+ PLUS

유후인 이색 교통수단

유후인 관광지는 대부분 도보로 돌아볼 수 있지만 특별한 경험을 원한다면 이색 교통수단을 추천한다. 모두 유후인 관광 정보 센터에서 당일 예약 가능하며, 관광 마차와 노루쿠는 동절기 운행을 중단한다.

1. 관광마차

유후인을 천천히 둘러보기 좋은 교통수단이다. 부산지와 우나기히메 신사 등을 약 60분 동안 돌아본다. 관광지에서는 잠시 내려 둘러볼 시간도 제공된다.

¥ 요금 중학생 이상 2200¥, 4세~초등학생 1650¥

2. 전기차 노루쿠(nolc)

시속 19km로 운행하는 전기차로, 유후인의 숨겨진 명소를 돌아보는 9인승 관광버스다. JR 유후인역에서 출발해 50분간 유후인 플로라 하우스, 우나기히메 신사 등을 방문한다.

¥ 요금 중학생 이상 1800¥, 초등학생 이하 1300¥

3. 렌털 자전거

유후인을 효율적이고 자유롭게 돌아볼 수 있는 방법이다.

¥ 요금 1시간에 300¥

유후시 관광 정보 센터
YUFUiNFO

'유후 인포'라고 불리는 관광 안내소로 프리츠커 건축상을 받은 건축가 반 시게루가 설계했다. 건물 전면을 유리로 시공했으며, Y자 모양의 목조 기둥이 특징이다. 1층에는 관광 안내는 물론 숙박 및 관광 마차 예약, 자전거 렌털까지 가능하다. 수하물 보관과 짐 배달 서비스가 있어 코인 로커가 찼을 때 이용하기 좋다. 2층에는 전망 덱, 여행 서적이 구비된 도서관 등이 있다.

구글 지도 유후시 관광 정보 센터

MAP P.280
Ⓢ 유후인역에서 오른쪽 Ⓞ 10:00~17:30

유후마부시 신
由布まぶし 心

마부시(비벼 먹는 덮밥)를 전문으로 하는 곳. 재료에 따라 분고규와 유후인 장어, 토종 군계 등 세 가지 마부시가 있는데 분고규의 인기가 압도적이다. 맛에 대한 호불호가 갈리니 참고하자. 현금 결제만 가능. 긴린 호수 옆에도 지점이 있다.

구글 지도 유후마부시 신

MAP P.280
Ⓢ 유후인역에서 도보 1분 ⊖ 097-784-5825 Ⓞ 11:00~16:00(L.O 15:30), 17:30~21:00(L.O 20:00) ⊖ 목요일, 공휴일인 경우 정상 영업 ¥ 분고규 마부시 2909¥ Ⓗ http://ichiba.geocities.jp/ggkbh080

산쇼로
山椒郎

교외의 한적한 논밭 사이에 자리 잡아 조용하게 식사할 수 있는 고급 레스토랑. 런치 메뉴 중 인기 있는 요리는 아와세바코 도시락. 500¥을 추가하면 오늘의 디저트 플레이트까지 풀코스로 즐길 수 있다.

구글 지도 산쇼로

MAP P.280
Ⓢ 유후인 오거리에서 2시 방향 도리이 방향으로 도보 9분 ⊖ 097-784-5315 Ⓞ 월·목요일 11:00~15:00, 금~일요일 11:00~15:00·18:00~22:00 ⊖ 화·수요일 ¥ 아와세바코 런치 도시락 2500¥ Ⓗ www.facebook.com/sansyourou

시치린야키 와사쿠
七厘焼き 和作

현지인에게 인기 있는 고깃집. 여러 부위를 함께 맛볼 수 있는 일종의 세트 메뉴인 모리아와세가 가장 인기 있는데 갈비, 등심, 우설이 포함된 시코노규 산마이가 가격 대비 특히 훌륭하다. 가게가 좁으니 홈페이지에서 예약한 후 방문하자.

구글 지도 와사쿠

MAP P.280
Ⓢ 유후인역에서 도보 3분 ⊖ 097-785-2848 Ⓞ 17:30~22:30 ⊖ 목요일 ¥ 시코노규 산마이 2750¥ Ⓗ www.yufuin-wasaku.com

타케오
たけお

이층집을 개조해 만든 가게로 일본 가정집 분위기가 난다. 대표 메뉴는 타케오동(たけお丼). 우리나라의 비빔밥과 비슷한데 쌀밥에 소고기, 송어, 명란, 각종 채소, 김치, 달걀, 김가루를 올려 내온다.

구글 지도 타케오

MAP P.280
Ⓢ 유후인역에서 유노츠보 거리 쪽으로 직진하다 오거리에서 2시 방향 도리이 입구에서 바로
⊖ 097-784-5385 Ⓞ 11:30~14:30, 17:00~20:00
⊖ 월요일(공휴일인 경우 그다음 날)
¥ 타케오동 1200¥, 소바 샐러드 750¥, 돼지고기 직화 구이 900¥

넨린
ねんりん

가벼운 가이세키를 원한다면 좋은 대안이 될 수 있다. 내부가 꽤 넓은 편이라 단체 손님이 주를 이루지만 분위기와 음식이 괜찮다. 꽃으로 장식된 바구니에 음식을 담아 내오는 하나카고벤토가 인기. 회, 튀김, 샐러드, 주먹밥, 조림, 과일에 달걀찜과 미소된장국이 곁들여 나온다.

구글 지도 넨린

MAP P.280
유후인역에서 유노츠보 거리를 따라 도보 3분 0977-84-5313 11:00~14:30, 17:00~21:00 목요일 하나카고벤토 2200¥, 쇼카도벤토 2500¥ www.nenrin.jp

라멘 사무라이
ラーメン 侍

미소 라멘과 돈코츠 라멘, 볶음밥, 야키교자 등을 판매하는 라멘 집이다. 우리 입맛에 딱 맞는 매운 라멘을 판매하며, 육즙 가득한 교자도 별미다. 무엇보다 유후인에서 브레이크 타임 없이 늦은 시간까지 문을 여는 몇 안 되는 가게라 더 귀하다. 가격이 좀 비싼 대신 양은 푸짐하다. 현금 결제만 가능하지만 카카오페이는 가능하다.

구글 지도 Samurai Ramen

MAP P.280
유후인역에서 유보츠보 거리를 따라 도보 4분 10:30~21:00 부정기 사무라이 매운 라멘 세트 2230¥, 사무라이 라멘 1180¥

유후인 버거 하우스
ゆふいんバーガーハウス

와규로 만든 버거를 판매하는 수제 버거 집이다. 큼지막한 사이즈에 충실한 재료와 소스를 넣어 모두가 만족할 맛이다. 인기 메뉴는 와규 갈비 버거와 데리야키 타마고 버거. 와규 갈비 버거는 두툼한 소고기 패티와 달걀 프라이, 두꺼운 치즈 등이 잘 어우러져 풍성한 맛을 낸다.

구글 지도 유후인 버거 하우스

MAP P.280
유후인 버스 터미널 맞은편 11:00~17:00 인스타그램(@yufuinburgerhouse)에 공지 와규 갈비 버거 960¥, 데리야키 타마고 버거 860¥(레귤러 기준)

긴노이로도리
銀の彩

'은색'이라는 뜻을 지닌 디저트 전문 카페. 제철 과일을 비롯해 규슈에서 나는 식재료로 에클레르, 케이크, 쿠키 등 다양한 디저트를 만들어 판다. 특히 인기 있는 것이 에클레르. 녹차 맛, 크림 맛, 초콜릿 맛, 과일 맛 등 다양한 에클레르를 맛볼 수 있다.

구글 지도 기노이로도리

MAP P.280
유후인 오거리에서 도리이로 들어서서 바로 수·목요일 11:00~17:00, 금~일요일 11:00~18:00 월·화요일 에클레르 230~280¥

유후후
ゆふふ

푸딩 & 롤케이크 전문점. 롤케이크보다 보들보들한 식감의 '유후 고원 부드러운 푸딩(由布高原なめらかプリン)'이 인기 있다. 유후인역에서 가까워 잠깐 들르기에 좋다. 불친절하다는 후기가 많으니 참고하자. 현금 결제만 가능.

구글 지도 유후후 유후인역전점

MAP P.280
유후인역에서 도보 2분 10:00~18:00 부정기 푸딩 378¥

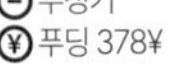

커피 집 페퍼
珈琲屋 Pepper

색소폰 연주자 아트 페퍼의 이름을 따서 만든 재즈 카페. 유명한 재즈 뮤지션들의 LP가 진열돼 있고, 재즈 선율이 흘러 재즈 팬들의 마음을 흔든다. 주문 즉시 드립으로 내려주는 커피 맛도 좋다. 버스터미널 옆에 위치해 버스 도착까지 시간을 보내기 적당하다.

구글 지도 cafe pepper yufuin

MAP P.280
ⓢ 유후인역에서 직진, 도보 5분 🕔 10:30~16:30 ⊖ 수·목요일 ¥ 블렌드 커피 520¥, 드립 커피 500¥~(1잔 추가 시 200¥ 할인)

오무스비 카페 타비무스비
おむすびCafé たびむすび

20여 가지 무스비(삼각 김밥)를 파는 레스토랑으로 아침 식사하기 좋다. 한국어 메뉴판이 있어서 메뉴를 고르기 어렵지 않다. 한 끼 식사를 원한다면 무스비와 가라아게, 된장국, 반찬, 디저트를 세트로 구성한 오무스비 플레이트를 추천한다. 도시락 포장도 가능해 시간 없을 때 가볍게 먹기 좋다.

구글 지도 TABIMUSUBI

MAP P.280
ⓢ 유후인역 오른쪽 맞은편 🕔 08:00~17:00 ⊖ 부정기 ¥ 무스비 200~280¥, 오무스비와 가라아게 플레이트 1380¥

미르히 도넛 카페
ミルヒドーナツ&カフェ

유후인에서 인기 있는 치즈 케이크 전문점 미르히에서 선보이는 도넛 카페다. 좌석이 없는 미르히 본점과 달리 넉넉한 좌석을 갖추고 아이스크림, 커피 등 음료도 판매한다. 다양한 종류의 도넛과 치즈 푸딩이 대표 메뉴. 미르히의 대표 메뉴인 치즈 케이크도 있지만 차갑게 식힌 것만 판매한다. 따뜻한 치즈 케이크를 먹고 싶다면 본점으로 가자.

구글 지도 Milch Donut

MAP P.280
ⓢ 유후인역 오른쪽 맞은편 🕔 10:00~17:00 ⊖ 부정기 ¥ 치즈 케이크 280¥

SHOPPING →

맥스밸류
マックスバリュ

오후 5~6시면 대부분의 상점이 문을 닫는 유후인에서 드물게 밤늦도록 문을 여는 대형 마트. 상품이 다양하고 가격도 저렴한 편이라 야식을 먹고 싶거나 쇼핑할 때 들르기 좋다. 유후인산 특산품도 저렴한 가격에 구입할 수 있다.

구글 지도 맥스밸류 유후인점

MAP P.280
ⓢ 유후인역에서 나와 직진하다 오거리가 나오면 2시 방향 도로로 진입, 두 번째 갈림길로 우회전 🕔 08:00~21:00 ⊖ 연중무휴

EXPERIENCE →

오토마루 온천관
乙丸温泉館

그야말로 시골 동네 온천. 탈의실과 수온이 다른 2개의 탕이 전부다. 그러나 물이 좋고 요금이 족욕탕 수준으로 저렴해 시설을 기대하지 않으면 만족스럽다. 유후인역 인근에 있어 기차를 타기 전 잠시 들러 피로를 풀기 좋다. 비누와 샴푸, 수건 등은 비치되어 있지 않다.

구글 지도 Otomaru Onsenkan

MAP P.280 VOL.1 P.143
ⓢ 유후인역에서 직진하다 유후인 커피 옆 골목에 들어서면 바로, 도보 4분 🕔 06:30~22:00 ⊖ 연중무휴 ¥ 입욕비 200¥

유후인 건강 온천관
湯布院健康温泉館

지역민을 위한 건강 센터. 온천뿐 아니라 독일식 수영장, 헬스 기구, 안마 의자 등 현대식 시설을 갖춰놓았다. 온천은 내탕과 노천탕이 있으며, 노천탕은 선베드까지 갖춘 정원으로 이어져 온천욕을 느긋하게 즐기기 좋다.

구글 지도 Yufuin Kenko Onsenkan

MAP P.280 VOL.1 P.143
ⓢ 유후인역 앞 오거리에서 도리이를 지나 직진하다 다리 건너 오른쪽, 도보 7분 🕔 10:00~21:30(마지막 입장 21:00) ⊖ 둘째·넷째 주 목요일(공휴일인 경우 그다음 날) ¥ 목욕만 520¥, 모든 시설 이용료 성인 830¥, 아동 620¥(중학생까지)

긴린 호수
金鱗湖

유후인 한가운데에 자리한 작은 호수. '긴린(金鱗)'이란 금빛 비늘이라는 뜻으로, 메이지 시대에 한 학자가 호수에서 헤엄치는 물고기의 비늘이 석양을 받아 황금색으로 빛나는 모습을 보고 이름 붙였다고 전해진다. 호수 바닥에서 따뜻한 온천수가 뿜어져 나와 일정한 수온을 유지하는 덕분에 얼지 않는데, 특히 겨울철 새벽에는 물안개가 짙게 끼어 몽환적인 풍경을 연출하는 것으로 유명하다.

구글 지도 킨린 호수

MAP P.281 VOL1 P.035
유후인역에서 유노츠보 거리를 따라 도보 18분 ¥ 무료

텐소 신사
天祖神社

호수 위에 떠 있는 듯한 도리이로 유명한 신사. 작지만 소박한 아름다움을 갖추어 반드시 사진을 찍어야 하는 인증샷 명소다. 긴린코 호수와 인접해 있지만 유노츠보 거리와 정반대에 위치해 인적이 드물어 조용히 시간을 보내기 좋다.

구글 지도 텐소신사

MAP P.281
긴린 호수 남쪽 ¥ 무료

부산지
佛山寺

무려 1000년 전에 지은 신사로 원래 유후산 중턱에 있었으나 약 500년 전 대지진으로 지금의 자리로 이전해 왔다. 억새 지붕으로 만든 문이 인상적이다. 굳이 찾아갈 필요는 없으나 긴린 호수 뒤편으로 이어지는 길이 한적하고 아름다워 산책 코스로 최고다.

구글 지도 부산지

MAP P.281
긴린 호수 뒤편 자동차 길을 따라 도보 5분 24시간 연중무휴 ¥ 무료

코미코 아트 뮤지엄 유후인
COMICO ART MUSEUM YUFUIN

나라 요시토모의 거대한 흰 강아지 'Your Dog'이 전시돼 있는 미술관으로 구마 겐고가 설계한 건물 자체도 작품이다. 나라 요시토모, 구사마 야요이, 무라카미 다카시 등 일본 대표 작가들의 작품을 상설 전시 중이다. 반드시 홈페이지를 통해서 예약하고 방문하자.

구글 지도 comico art museum yufuin

MAP P.280
유후인역에서 유노츠보 거리를 따라 도보 10분 09:30~17:00(입장 마감 16:00) 격주 수요일(홈페이지 예약 달력 확인) ¥ 성인 1700¥, 대학생 1200¥, 중·고등학생 1000¥, 초등학생 700¥, 아동 무료 https://camy.oita.jp

갓파쇼쿠도
かっぱ食堂

깔끔하고 세련된 음식을 선보이는 식당. 지나치게 상업화된 유후인에서 그나마 가격 대비 양이 많은 점도 반갑다. 사진이 첨부된 한국어 메뉴도 있으며 평범한 입맛에 잘 맞는 음식 위주라서 뭘 골라도 맛이 괜찮다.

구글 지도 갓파식당

MAP P.281
Ⓢ 긴린 호수 앞 삼거리 🕓 11:30~재료 소진 시 영업 종료 ⊖ 수요일 ¥ 도리텐 정식 1700¥, 히레가스 정식 1800¥

이나카안
田舎庵

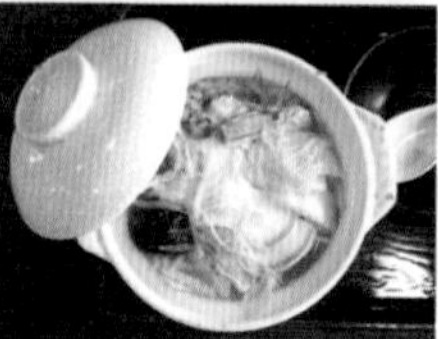

우동을 주문하면 면을 뽑기 시작해 시간이 걸리지만, 그만큼 부드럽고 쫄깃한 면발이 일품이다. 대표 메뉴는 우엉튀김 우동인 고보텐 우동. 후쿠오카산 밀가루에 오키나와 천연 소금으로 간을 맞춰 만든다. 현금 결제만 가능.

구글 지도 이나카안

MAP P.281
Ⓢ 유후인역에서 직진하다 비스피크 왼쪽 길로 직진, 드러그스토어 코스모스 유후인점 옆 🕓 11:00~15:00 ⊖ 목요일 ¥ 고보텐 우동 세트 1330¥

주와리 소바 누루카와
十割蕎麦 温川

긴린 호수 주변에서 가장 좋은 위치에 있지만 꽤 조용한 소바 집. 자루소바를 전문으로 하는데, 먹는 방법이 특이해 재미있다. 오리고기 몇 점이 함께 나오는 가모난반 모리 소바가 특히 좋다. 한국어 메뉴판이 있다.

구글 지도 누루카와

MAP P.281
Ⓢ 긴린 호수 앞 삼거리 🕓 11:00~18:00(재료 소진 시 영업 종료) ⊖ 부정기 ¥ 소바 100g 660¥, 150g 880¥, 200g 1100¥

이즈미 소바
古式手打ちそば 泉

옛날식 수타 소바 전문점으로 이즈미는 샘(泉)이라는 뜻이다. 이 집의 비법은 소바 반죽에 사용한 물에 있다. 유후인의 지하수를 직접 끌어올려 숯으로 여과한 물을 사용한다고. 긴린 호수가 보이는 자리에서 먹으면 더 운치 있다.

구글 지도 이즈미소바

MAP P.281
Ⓢ 긴린 호수 바로 앞 🕓 11:00~15:00 ⊖ 부정기 ¥ 세이로 소바 1480¥(오모리 2150¥), 오로시 소바 1650¥, 오니기리 400¥(현금 결제만 가능)

카페 라 루슈
Cafe La Ruche

긴린 호수 전망이 아름다운 베이커리 카페다. 직접 구운 빵과 직접 로스팅한 신선한 커피를 판매한다. 식사 메뉴는 단품보다는 음료와 세트로 주문하는 것이 저렴하다. 과거 샤갈 미술관이었던 2층은 무료 갤러리와 소품 숍으로 운영된다.

구글 지도 카페 라 루슈

MAP P.281
Ⓢ 긴린 호수 바로 앞 🕓 09:00~16:30(아침 메뉴 09:00~10:30) ⊖ 수요일 ¥ 커피 650¥, 카페라테 650¥, 라 루슈 모닝 플레이트 2000¥

호큐안
汸臼庵

유노츠보 거리 내 또 다른 작은 거리인 유노츠보 요코초에 위치한 즉석 어묵 가게. 보기엔 평범한 핫바 같지만 어묵의 부드러움과 감칠맛에 나도 모르게 '하나 더'를 외치게 된다. 문어, 오징어, 호박, 감자버터 등 다양한 맛이 있다.

구글 지도 1524-1 Yufuincho Kawakami

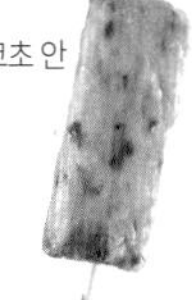

MAP P.281
ⓢ 유노츠보 거리 내 유노츠보 요코초 안
ⓣ 10:00~17:00
⊖ 부정기 ¥ 1개 450¥

고에몬
Goemon

오이타현산 식재료로 만든 디저트를 판매하는 베이커리 카페 겸 기념품 숍이다. 크림치즈 안에 바닐라 치즈와 커스터드 크림이 들어 있는 반숙 치즈 케이크가 대표 메뉴이며, 롤케이크, 바움쿠헨, 치즈 타르트, 아이스크림, 푸딩 등도 인기 메뉴다. 유후인 내에서만 총 4개의 지점을 운영 중이며, 어디를 가든 판매 제품은 비슷하다.

구글 지도 고에몬

MAP P.281
ⓢ 유노츠보 거리 내 유노츠보강 바로 옆
ⓣ 09:00~17:00 ⊖ 부정기
¥ 치즈 케이크 1620¥

비스피크
B-Speak

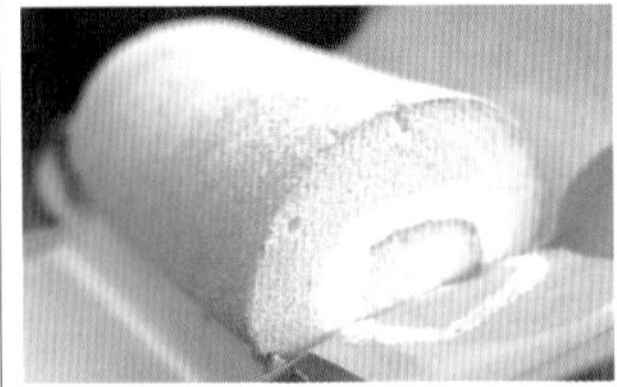

유후인을 대표하는 롤케이크를 파는 상점. 이 집 롤케이크는 촉촉한 빵과 부드러운 생크림의 조화가 완벽 그 자체다. 그러나 빵보다 크림을 많이 넣는 일본식 롤케이크를 생각하면 실망하기 쉽다. 조각 케이크를 먹으려면 오픈런 필수!

구글 지도 비스피크

MAP P.280
ⓢ 유후인역에서 유노츠보 거리를 따라 도보 7분
ⓣ 10:00~17:00(재고 소진 시 영업 종료)
⊖ 부정기 ¥ 롤케이크 1620¥(대), 보냉 백 396¥

요모야마
四方山

일본 전통 닭 품종인 샤모를 화로에 직접 구워 먹는 닭 요리 전문점이다. 화력 센 숯불에 비법 소스를 바른 샤모와 채소 등을 직접 구워 먹을 수 있다. 다양한 닭의 부위를 골라 구워 먹을 수 있으며, 나베 요리로도 즐길 수 있다. 샤모 날개 구이는 테이크아웃도 가능하다.

구글 지도 요모야마

MAP P.281
ⓢ 유노츠보 거리 내 유노츠보 요코초 안
ⓣ 11:00~20:00(수요일은 점심만 운영)
⊖ 목요일 ¥ 샤모 이로리야키 세트 2480¥

나스야
茄子屋

정갈한 토리텐(닭튀김) 정식으로 유명한 식당이다. 바삭하게 튀겨낸 큼지막한 닭튀김은 육즙이 가득해 씹는 맛이 좋으며, 정식에 곁들여 나오는 조림 반찬도 일품이다. 닭철판구이 또한 인기 메뉴다. 재료가 소진되면 영업을 종료하니 서둘러 방문할 것을 추천한다.

구글 지도 나스야

MAP P.281
ⓢ 유후인역에서 유노츠보 거리를 따라 도보 16분
ⓣ 11:00~14:00 ⊖ 화요일
¥ 토리텐 정식 1200¥

미르히
milch ミルヒ

유노츠보 거리의 대표 치즈 케이크 전문점. 갓 구운 뜨끈뜨끈한 치즈 케이크는 푸딩처럼 부드럽다. 작고 저렴해서 부담 없이 먹기 좋으니 배불러도 하나쯤 맛보자. 요즘은 이곳 본점에서만 판매하는 미르히 푸딩이 치즈 케이크보다 더 인기다.

구글 지도 미르히

MAP P.280
ⓢ 유후인역에서 유노츠보 거리를 따라 도보 10분 ⓣ 10:30~17:30
⊖ 부정기 ¥ 치즈 케이크 280¥, 미르히 푸딩 360¥

비 허니

Bee Honey

부드러운 유후인산 우유로 만든 아이스크림에 과자를 깔고 벌꿀을 듬뿍 올렸다. 달긴 하지만 남녀노소 모두 좋아할 맛!

구글 지도 Bee Honey

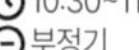
MAP P.281

유후인역에서 유노츠보 거리를 따라 도보 17분
10:30~11:30, 12:30~16:00
부정기
벌꿀 아이스크림 430¥

카페 듀오

カフェ·デュオ

몽글몽글 입체적인 라테 아트로 유명한 카페다. 라테 아트는 카페라테뿐 아니라 말차, 코코아, 우유 등은 물론 차가운 음료도 가능하다. 피자 토스트, 크루아상 샌드위치 등 식사 대용 빵도 준비돼 있다. 현금만 가능.

구글 지도 cafe Duo

MAP P.281

유후인역에서 유후다케 방면으로 직진 후 왼쪽
10:00~16:30 홈페이지 공지 라테 아트 700¥, 수플레 치즈 케이크 550¥
https://cafeduo-yufuin.com

금상 고로케

金賞コロッケ

NHK에서 기획한 제1회 전국 고로케 대회에서 금상을 차지하며 이름에 금상이 붙었다. 유후인 거리의 터줏대감으로 자리하면서 여기저기 유사 상품이 나올 정도로 인기다. 지방을 줄인 고기로 바삭바삭한 식감을 내고 칼로리도 낮췄다.

구글 지도 금상 고로케

MAP P.281

유후인역에서 직진하다 비스피크 매장 오른쪽으로 들어서서 직진, 도보 15분 09:00~17:30(계절에 따라 다름) 부정기
고로케 1개 200¥~
www.verde-yufuin.com

스누피 차야

Snoopy 茶屋

스누피 캐릭터 모양의 음식을 판매하는 레스토랑. 식사 메뉴부터 디저트까지 매우 다양한 메뉴를 선보이는데, 어떤 메뉴든 사랑스러운 플레이팅이 만족스럽다. 식당 바로 옆에는 굿즈·베이커리 숍인 우드스톡 네스트와 초콜릿·디저트 숍 스누피 초콜릿까지 이어져 스누피 타운을 이루고 있다.

구글 지도 스누피 차야

MAP P.281

유후인역에서 유노츠보 거리를 따라 도보 17분
스누피 차야 10:00~17:00 부정기 피자 1550¥, 스누피 카레 1408¥

코하루 우동

こはるうどん

부담 없이 먹을 수 있는 우동 집. 국물 맛이 다른 집에 비해 덜 짜서 취향이 크게 갈리지 않는다. 가게 이름을 딴 코하루 우동은 기본 우동 위에 고기, 버섯, 유부, 새우, 미역, 달걀 등 토핑을 올려 담백하면서 깔끔한 맛이 난다.

구글 지도 코하루 우동

MAP P.281

유후인역에서 유노츠보 거리를 따라 도보 16분
11:00~14:30 부정기 코하루 우동 870¥, 카레 우동 세트 1160¥

빵 공장 마키노야

ン工房まきのや

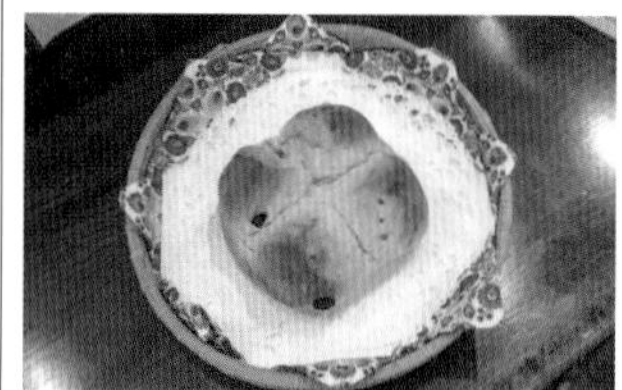

자연 재료만 이용해 건강한 빵을 만든다. 홋카이도 밀가루, 구마모토 우유, 오키나와 소금과 설탕, 천연 효모 100%를 사용한다. 인기 제품은 건포도 호박빵으로, 홋카이도산 호박과 와인에 절인 건포도를 넣어 만든다.

구글 지도 마끼노야

MAP P.281

유후인역에서 유노츠보 거리를 따라 직진하다 오른쪽 10:00~재고 소진 시 화요일 건포도 호박빵 400¥ http://makinoya.xii.jp

유후인 바쿠탄야키
湯布院ばくだん焼

지름 8cm, 중량 200g, 타코야키 8개에 상당하는 대왕 타코야키를 판매하는 곳이다. 타코야키 위에 소스, 마요네즈, 가다랑어포를 올린 뒤 원하는 메뉴에 맞는 토핑을 뿌려 내온다. 생각보다 질감이 물컹물컹해 호불호가 갈린다.

구글 지도 유후인 바쿠탄야키

MAP P.281
유후인역에서 유노츠보 거리를 따라 도보 12분
10:00~17:00 화요일
오리지널 500¥, 치즈·파·마요 각 550¥
www.bakudanyakihonpo.co.jp

미피모리노 키친
みっふぃー森のきっちん

2층으로 이루어진 동화 같은 건물에 미피 캐릭터를 주제로 빵과 음료, 아이스크림, 굿즈를 판매하는 캐릭터 숍이다. 미피 얼굴을 한 빵은 특별한 맛은 아니지만 귀여워서 누구나 하나쯤 구입하게 되는 인기 메뉴. 인형뿐 아니라 식기, 에코 백, 파우치, 잼 등 미피에 관한 모든 굿즈가 있으니 미피 팬이라면 꼭 가보자.

구글 지도 미피모리노 키친

MAP P.281
유후인역에서 유노츠보 거리를 따라 도보 16분, 스누피 차야 옆
09:30~17:30(동절기 17:00까지) 부정기
미피 빵 쿠션 2300¥, 미피 빵 313¥

쿠쿠치
鞠智 cucuchi

히다 다카야마에서 이축해 온 옛 주택에 들어선 카페 겸 기념품 숍이다. 유자만주, 유후인 도라야키, 설탕 절임 과자 등 일본식 과자와 서양식 빵, 구움 과자도 판매한다. 제철 과일로 만든 빵과 밀크잼도 별미다. 카페에서는 커피와 수제 진저에일, 계절 디저트 등을 판매하며 소바와 고로케 등 식사 메뉴도 갖추었다.

구글 지도 쿠쿠치

MAP P.281
유후인역에서 유노츠보 거리를 따라 도보 10분 10:00~17:30 카페 수·목요일, 기념품 숍 연중무휴 도리야키 320¥, 유자만주 6개 세트 1400¥

SHOPPING →

나카스 가라아게 키치고
中津からあげ吉吾

일본식 닭튀김인 가라아게를 테이크아웃으로 판매하는 가게다. 유자 후추 맛이 나는 가라아게로 인기를 끌고 있다. 닭은 부위별로 판매하는데, 큼지막한 사이즈에 육즙이 풍부하고 살이 부드러운 것이 특징. 길을 걸으며 먹을 수 있도록 간편하게 포장해주기 때문에 길거리 음식으로 한 번쯤 먹어볼 만하다.

구글 지도 나카쓰 가라아게 키치고 유후인 점

MAP P.281
유후인역에서 유노츠보 거리를 따라 도보 12분
10:30~16:30 부정기 원조 가라아게 520¥(3조각), 유자 가라아게 520¥(5조각)

사보 텐조사지키
茶房 天井棧敷

©Kamenoibesso

료칸 가메노이 벳소에서 운영하는 카페다. 나무로 마감된 고풍스러운 분위기의 인테리어와 은은한 조명, 따뜻한 음악 덕분에 마음이 차분해진다. 커피와 샌드위치, 토스트, 아이스크림 등을 판매하는데 가츠 산도(돈가츠 샌드위치)가 인기 메뉴며, 커피도 맛있기로 유명하다. 오후 5시까지는 카페로, 이후 밤 12시까지는 바(bar)로 영업한다.

구글 지도 사보 텐조사지키

MAP P.281
긴린 호수 바로 앞 09:00~17:00 부정기
텐조사지키 블렌드 커피 600¥, 가츠 산도 1210¥

젓가락 기념품 상점
手作り箸工房 遊膳 湯布院店

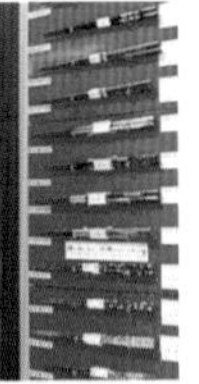

일본 리빙 잡화점 어디서든 젓가락을 쉽게 구입할 수 있지만, 이곳은 레벨이 다른 수제 젓가락을 판매하는 곳이다. 가격은 비싼 편이나 요청하면 이름 각인도 가능해 선물용으로 사랑받는다. 젓가락뿐 아니라 식기, 젓가락 케이스, 예쁜 수저 받침도 판매해 구경하는 재미가 있다. 식기세척기 사용이 불가능한 제품도 있으니 유의하자.

구글 지도 젓가락 기념품 상점

MAP P.281
유후인역에서 유노츠보 거리를 따라 도보 11분
09:30~17:30 부정기

유후인 기념품 갤러리
Souvenir Gallery YUFUIN

교토 잡화 브랜드 숍으로, 일본 복고풍 지갑과 가방, 우산, 모자, 스카프 등을 판매한다. 유후인 지점은 유후인 한정 제품을 따로 제작해 판매하는데 시즌에 따라 다양한 제품을 선보인다.

구글 지도 Souvenir Gallery YUFUIN

MAP P.281
ⓢ 유후인역에서 유노츠보 거리를 따라 도보 11분
ⓣ 11:00~16:00 ⊖ 부정기
¥ 유후인 한정 지갑 중사이즈 2800¥
ⓗ http://kyoto-souvenir.co.jp/brand/souvenir_gallery

고마후쿠도
ごま福堂

고소한 깨로 만든 간식과 식료품이 가득한 가게다. 깨 마요네즈, 깨 설탕, 깨 아이스크림 등을 판매하며, 검은깨와 일반 깨를 으깨 만든 큐브가 인기. 젤리나 사탕같이 보이지만 입에 넣으면 씹지 않아도 사르르 녹는다. 매장에서는 스파게티나 샐러드 등 식사 메뉴도 판매한다.

구글 지도 Gomafukudoyufuinten

MAP P.281
ⓢ 유후인역에서 유노츠보 거리를 따라 도보 13분
ⓣ 3~11월 09:00~18:00, 12~2월 19:00~17:30
⊖ 연중무휴 ¥ 오카키 486¥ ⓗ www.terakoyahonpo.jp

가라스노모리
ガラスの森

각종 유리공예 제품을 판매하는 숍. 엄청난 수의 유리공예 제품을 선보여 아이쇼핑을 하는 것만으로 즐겁다. 값이 비싸지만 기념품용 마그넷 정도는 큰맘 먹고 살 만하다. 2층의 오르골노모리(オルゴールの森)는 오르골을 판매하는 곳으로 함께 둘러보기 좋다.

구글 지도 Yufuin Music Box Forest

MAP P.281
ⓢ 유후인역에서 유노츠보 거리를 따라 도보 15분
ⓣ 09:00~17:30
⊖ 연중무휴

돈구리노모리
どんぐりの森

일본의 인기 애니메이션 스튜디오인 지브리의 캐릭터가 가득한 곳이다. 입구에 대형 토토로가 자리 잡고 있어 유후인이 애니메이션 <이웃집 토토로>의 배경이라는 사실을 떠올리게 한다.

구글 지도 동구리노모리

MAP P.280
ⓢ 유후인역에서 유노츠보 거리를 따라 도보 9분
ⓣ 월~금요일 10:00~17:00, 토·일요일·공휴일 09:30~17:30 ⊖ 부정기
ⓗ www.folkart.co.jp

유후인 플로럴 빌리지
湯布院フローラルビレッジ

세계에서 가장 아름다운 마을로 꼽히는 영국의 코츠월드(Cotsworld)를 재현한 작은 테마파크다. 수공예품을 파는 아기자기한 상점이 모여 있으며 정원에는 오리와 토끼가 뛰논다. 그 밖에 여성 전용 호텔과 온천, 족욕 시설도 있어 편히 쉬었다 갈 수 있다.

구글 지도 유후인 플로랄빌리지

MAP P.281
ⓢ 유후인역에서 유노츠보 거리를 따라 도보 16분 ⓣ 09:30~17:30 ⊖ 연중무휴 ¥ 가게마다 다름
ⓗ http://floral-village.com

크래프트칸 하치노스
クラフト館 蜂の巣

유리와 나무로 지은 건물 자체가 작품인 공방이다. 유리와 나무를 소재로 한 식기, 문구, 장식품, 액세서리 등 다양한 상품을 볼 수 있다. 2층은 커피숍이 있어서 햇살을 받으며 차 한잔하기 좋다. 사진은 찍을 수 없다.

구글 지도 craft work HACHINOSU

MAP P.281
유후인역에서 유노츠보 거리를 따라 도보 13분
09:30~18:00 수요일

유노츠보 요코초
湯の坪横丁

유노츠보 거리 내 또 하나의 작은 거리로, 옛 민가풍 건물이 인상적인 상점 14곳이 모여 있어 마치 시장 거리 같다. 대나무, 보자기, 도자기 등 독특한 공예품을 파는 가게가 많다. 전통 과자나 절임류 등 식료품을 파는 곳도 있어 시식하는 재미 또한 쏠쏠하다.

구글 지도 Yunotsubo Yokocho

MAP P.281
유후인역에서 유노츠보 거리를 따라 도보 12분
www.yufuin.org

유후인 쇼와칸
湯布院昭和館

이름 그대로 쇼와 시대(1926~1989) 풍경을 그대로 재현해낸 근현대 생활 박물관이다. 당시 사용했던 소품뿐 아니라 그 시대 자재를 사용해 거리 풍경을 재현하는 등 고증에 신경 썼다. 레트로한 감성과 빈지티한 소품 덕분에 색다른 사진이나 영상을 남기기에도 좋다.

구글 지도 Yufuin Showa Museum

MAP P.281
유후인역에서 유노츠보 거리를 따라 도보 16분
09:00~17:00 부정기 성인 1200¥, 중·고등학생 1000¥, 4세~초등학생 600¥, 75세 이상 1100¥

EXPERIENCE →

시탄유 온천
下ん湯温泉

긴린 호수와 이어진 공동 온천으로 일본의 옛 온천 분위기가 고스란히 남아 있다. 내탕과 노천탕 모두 남녀 혼탕이며, 요금을 받는 사람 없이 자율적으로 운영된다. 노천탕은 긴린 호수의 정취를 느낄 수 있어서 인기 높다. 여성들에게는 큰 용기가 필요하지만, 남성들에게는 가격 대비 만족도가 높은 곳이다.

구글 지도 시탄유 온천

MAP P.281
긴린 호수 바로 옆 097-784-3111(내선 514 유후인 관광과) 09:00~20:00 연중무휴
입욕비 300¥ www.city.yufu.oita.jp/kankou/onsen/shitanyu

누루카와 온천
ぬるかわ温泉

온천보다는 저렴한 료칸으로 유명한 곳. 총 7개의 탕이 있는데, 당일치기 관광객은 전세탕만 이용할 수 있다. 내탕과 노천탕의 가격에 차이가 있으며 숙박객은 무료다.

구글 지도 누루카와 료칸

MAP P.281 VOL.1 P.143
유후인역에서 나와 직진, 유노츠보 거리 내 비허니를 지나 삼거리에서 오른쪽 08:00~20:00
연중무휴 가족탕(2인) 1시간 2000¥(실내), 2600¥(노천), 1명 추가 시 성인 600¥, 아동 300¥
www3.coara.or.jp

펠리체 기모노 대여점
着物レンタルfelice

유후인의 분위기를 살리는 데는 일본 전통 복장인 기모노만 한 것이 없다. 기모노와 유카타를 대여하고 있는데, 만만한 가격은 아니다. 평범한 기모노와 유카타부터 고가의 기모노까지 선보이며, 비용을 지불하면 어울리는 헤어 스타일링도 가능하다. 남자 유카타도 있으며, 2명이 렌털하면 가격을 조금 할인해준다.

구글 지도 기모노 대여점 펠리체

MAP P.281
유후인역에서 유노츠보 거리를 따라 도보 14분
09:00~17:00 부정기 기모노 대여 5000~8000¥, 머리 1500¥, 두 사람 세트 9800¥

8 NAGASAKI

나가사키

나가사키만큼 다양한 모습을 지닌 도시가 또 있을까. 나가사키는 동양과 서양, 천주교와 불교, 과거와 현재가 공존하는 도시다. 특히 최대 번화가인 하마마치와 제2차 세계대전 당시 원자폭탄이 투하된 역사의 흔적이 극명한 대비를 이룬다. 또 나가사키항 쪽으로 가면 개항 초기에 지은 네덜란드식 저택 단지 구라바엔이 있고, 인근에는 화려한 중국인 거리 신치 중화가가 있어서 다채로운 분위기가 특징이다.

COURSE

나가사키 핵심 2DAY 코스

나가사키 여행은 당일치기보다 하루 이상 머물면서 도시 곳곳을 돌아보길 권한다. 탁 트인 나가사키항, 최대 번화가 하마마치, 평화 공원 등 돌아볼 곳도 많고 나가사키만의 먹거리도 다양해서 지루할 틈이 없다.

① 데지마

#관광 나가사키항으로 들어온 서양인과 일본인의 접촉을 막기 위해 1636년에 만든 부채꼴 인공 섬이다. 당시의 모습을 재현해놓은 건물과 유물이 전시되어 있다.

② 나가사키 신치 중화가

#쇼핑 #식사 나가사키의 차이나타운. 중국 분위기의 거리를 걸으면서 나가사키 짬뽕과 만두, 중국식 후식 등을 맛보자.

③ 하만마치 상점가

#쇼핑 #식사 전형적인 일본 아케이드 상점가. 돈키호테를 비롯한 각종 잡화점과 나가사키 카스텔라 판매점 등이 있으며 전통 있는 카페와 맛집도 많다.

④ 욧소 본점

#식사 일본식 달걀찜인 자완무시가 맛있기로 소문난 일본 정식집. 나가사키 삼색 덮밥 무시즈시와 함께 나오는 세트가 가장 인기다.

⑤ 메가네바시

#관광 '안경 다리'로 유명한 관광 명소. 산책길에서 하트 모양의 돌을 찾으면 사랑이 이뤄진다는 이야기가 있다.

⑥ 쇼오켄 본점

#식사 나가사키 3대 카스텔라 본점 중 유일하게 카페도 하는 곳. 카스텔라 맛도 가장 대중적이고, 레트로풍 분위기 카페도 매력적이다.

⑦ 이나사야마 전망대

#관광 세계 신 3대 야경을 볼 수 있는 절경 명소다. 나가사키 시내, 운젠, 고토열도 등이 보인다.

지도 한눈에 보기

2일 차

START → 8 (도보 1분) → 9 (도보 10분) → 10 (도보 10분) → 11 (도보 10분) → 12 (도보 3분) → 13

8 나가사키 수변 공원

#관광 나가사키항에 정박한 크루즈선, 해안선을 따라 달리는 외국인, 곳곳에 우뚝 서 있는 야자수가 어우러져 나가사키 중심가의 고풍스러운 분위기와는 전혀 다른 느낌이다.

9 나가사키현 미술관

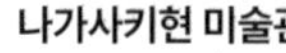

#관광 미술관 건물 사이로 운하가 있고 건물 자체가 예술 작품처럼 아름다워 주변을 산책하기만 해도 좋다. 미술관 옥상 정원에 오르면 나가사키항을 한눈에 볼 수 있다.

10 오란다자카

#관광 19세기 중반부터 외국인이 모여 살던 지역으로, 그들이 살았던 서양식 주택이 잘 보존돼 있다. 지금은 대부분 박물관과 카페, 레스토랑 등으로 사용된다.

13 구라바엔

#관광 꼭 가야 하는 나가사키 대표 관광지다. 개항 초기에 지은 오래된 서양식 건물 8채를 고스란히 옮겨놓은 정원이다.

12 오우라 천주당

#관광 1863년 프랑스 선교회가 지은 이곳은 일본에서 가장 오래된 목조 성당이다. 나가사키에서 처형당한 순교자 2명의 혼을 모신 곳이니만큼 성지순례 필수 코스로 꼽힌다.

11 시카이로

#식사 나가사키 짬뽕의 역사가 시작된 곳이다. 천핑순 씨가 1899년 창업한 이래 4대째 운영 중이며, 지금도 전통적인 방법을 지켜 짬뽕을 만든다.

+ TIP

나가사키현 캐릭터

간바쿤과 란바짱 がんばくん・らんばちゃん

나가사키에 사는 원앙을 모티브로 한 캐릭터다. 이 두 캐릭터는 '나가사키 간바란바 국체 대회'를 응원하기도 했다. 간바쿤은 체육복을 입은 건강한 소년으로 '간바란바'라는 말을 좋아한다고. '간바란바'는 '힘내자(간바로)'는 말의 사투리 표현이다. 란바짱은 치어리더의 모습을 한 활발한 소녀로 간바쿤의 소꿉친구다.

나가사키

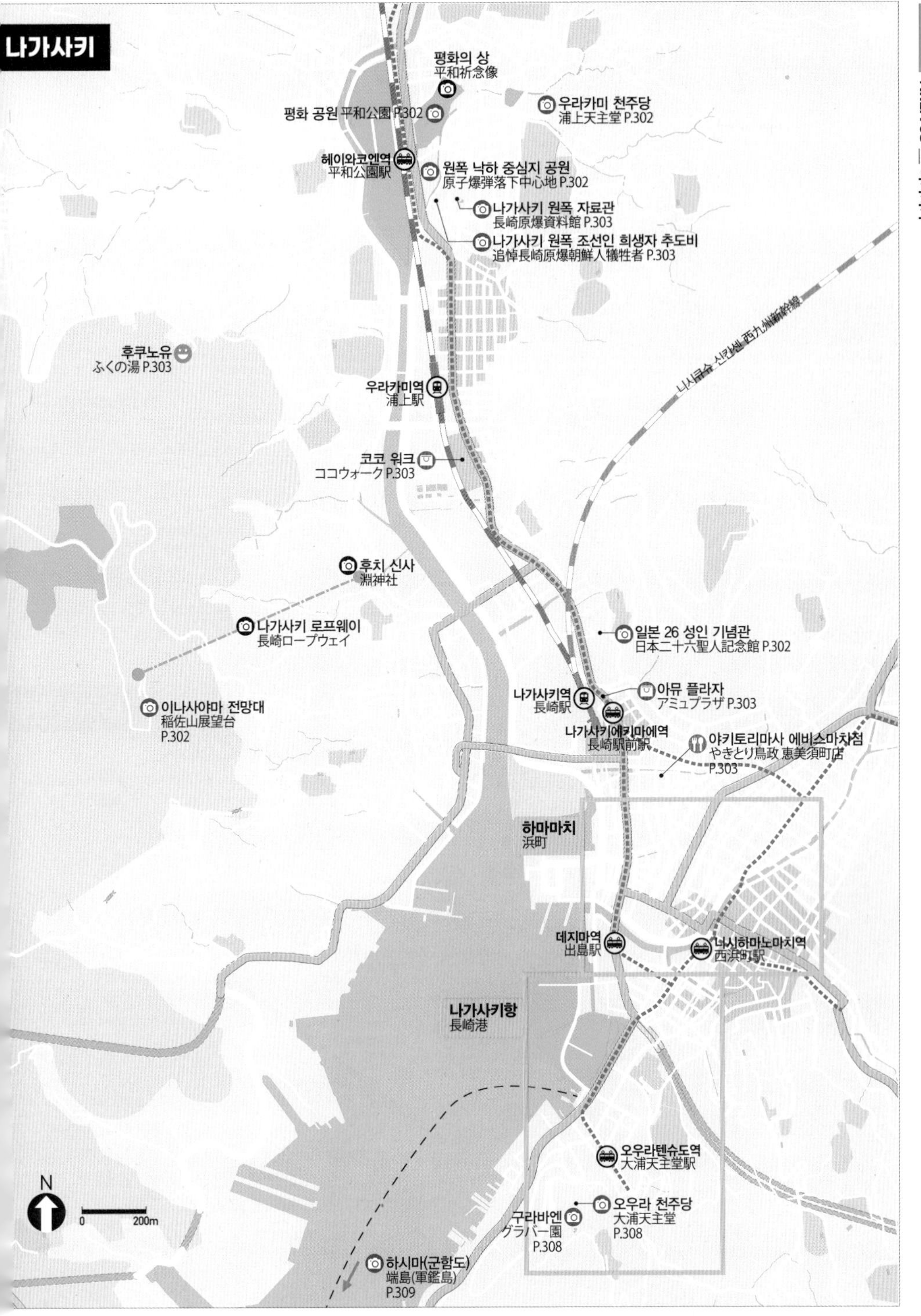
평화의 상
平和祈念像
평화 공원 平和公園 P.302
우라카미 천주당
浦上天主堂 P.302
헤이와코엔역
平和公園駅
원폭 낙하 중심지 공원
原子爆弾落下中心地 P.302
나가사키 원폭 자료관
長崎原爆資料館 P.303
나가사키 원폭 조선인 희생자 추도비
追悼長崎原爆朝鮮人犠牲者 P.303
니시큐슈 신칸센 西九州新幹線
후쿠노유
ふくの湯 P.303
우라카미역
浦上駅
코코 워크
ココウォーク P.303
후치 신사
淵神社
나가사키 로프웨이
長崎ロープウェイ
일본 26 성인 기념관
日本二十六聖人記念館 P.302
이나사야마 전망대
稲佐山展望台
P.302
나가사키역
長崎駅
아뮤 플라자
アミュプラザ P.303
나가사키에키마에역
長崎駅前駅
야키토리마사 에비스마치점
やきとり鳥政 恵美須町店
P.303
하마마치
浜町
데지마역
出島駅
니시하마노마치역
西浜町駅
나가사키항
長崎港
오우라텐슈도역
大浦天主堂駅
N
0
200m
오우라 천주당
大浦天主堂
P.308
구라바엔
グラバー園
P.308
하시마(군함도)
端島(軍艦島)
P.309

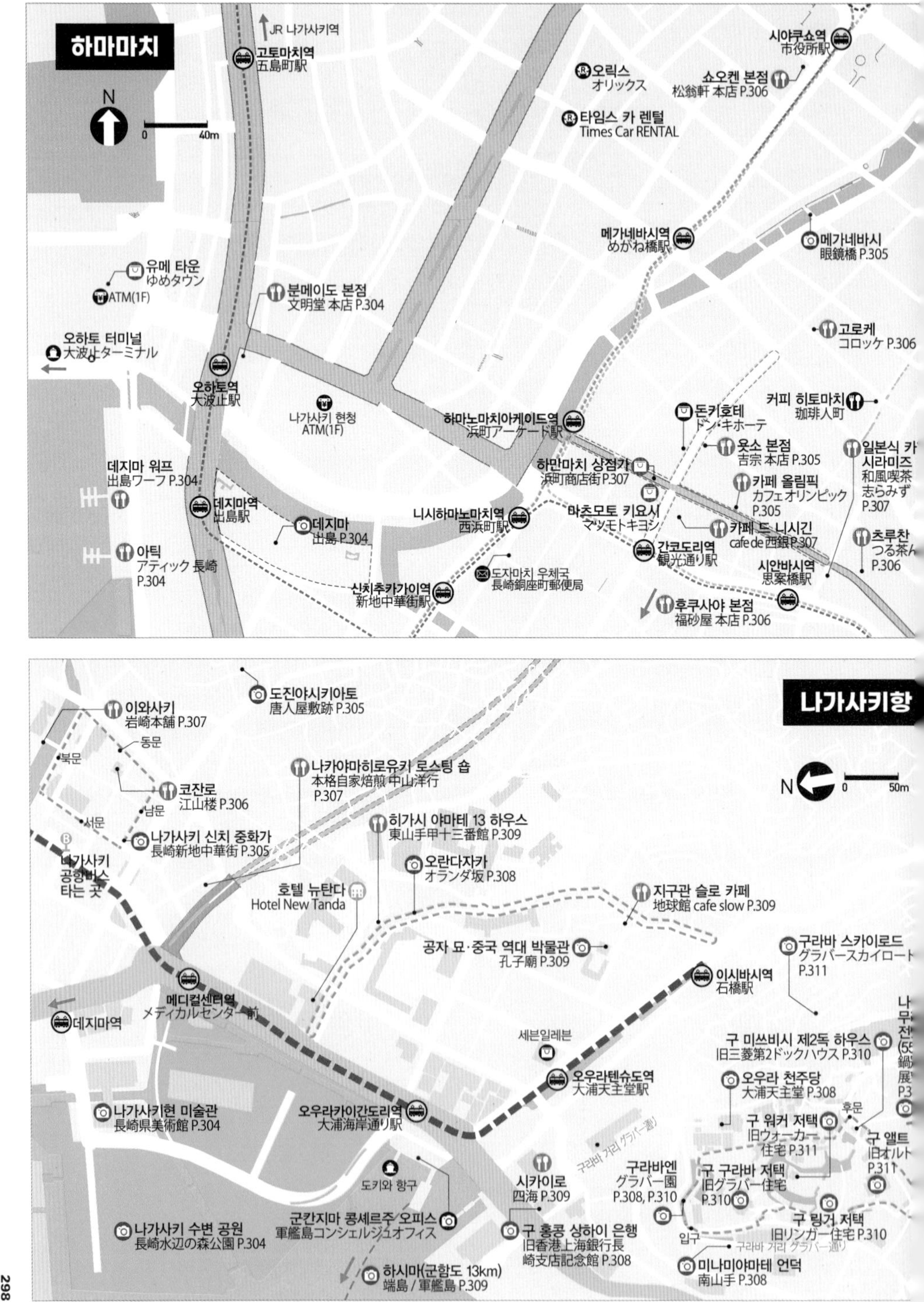
하마마치
JR 나가사키역
고토마치역
五島町駅
시야쿠쇼역
市役所駅
오릭스
オリックス
쇼오켄 본점
松翁軒 本店 P.306
타임스 카 렌털
Times Car RENTAL
메가네바시역
めがね橋駅
메가네바시
眼鏡橋 P.305
유메 타운
ゆめタウン
ATM(1F)
분메이도 본점
文明堂 本店 P.304
고로케
コロッケ P.306
오하토 터미널
大波止ターミナル
오하토역
大波止駅
나가사키 현청
ATM(1F)
하마노마치아케이드역
浜町アーケード駅
돈키호테
ドン・キホーテ
커피 히토마치
珈琲人町
옷소 본점
吉宗 本店 P.305
데지마 워프
出島ワーフ P.304
하만마치 상점가
浜町商店街 P.307
카페 올림픽
カフェオリンピック
P.305
데지마역
出島駅
데지마
出島 P.304
니시하마노마치역
西浜町駅
마츠모토 키요시
マツモトキヨシ
카페 드 니시긴
cafe de 西銀 P.307
아틱
アティック 長崎
P.304
간코도리역
観光通り駅
도자마치 우체국
長崎銅座町郵便局
신치추카가이역
新地中華街駅
시안바시역
思案橋駅
후쿠사야 본점
福砂屋 本店 P.306
나가사키항
도진야시키아토
唐人屋敷跡 P.305
이와사키
岩崎本舗 P.307
동문
북문
나카야마히로유키 로스팅 숍
本格自家焙煎 中山洋行
P.307
코잔로
江山楼 P.306
남문
서문
히가시 야마테 13 하우스
東山手甲十三番館 P.309
나가사키 신치 중화가
長崎新地中華街 P.305
나가사키 공항버스 타는 곳
오란다자카
オランダ坂 P.308
호텔 뉴탄다
Hotel New Tanda
지구관 슬로 카페
地球館 cafe slow P.309
공자 묘·중국 역대 박물관
孔子廟 P.309
구라바 스카이로드
グラバースカイロード
P.311
메디컬센터역
メディカルセンター前
이시바시역
石橋駅
데지마역
세븐일레븐
구 미쓰비시 제2독 하우스
旧三菱第2ドックハウス P.310
오우라텐슈도역
大浦天主堂駅
오우라 천주당
大浦天主堂 P.308
나가사키현 미술관
長崎県美術館 P.304
오우라카이간도리역
大浦海岸通り駅
후문
구 워커 저택
旧ウォーカー住宅 P.311
구라바 거리 グラバー通り
구라바엔
グラバー園
P.308, P.310
도키와 항구
시카이로
四海 P.309
구 구라바 저택
旧グラバー住宅
P.310
구 링거 저택
旧リンガー住宅 P.310
나가사키 수변 공원
長崎水辺の森公園 P.304
군칸지마 콩셰르주 오피스
軍艦島コンシェルジュオフィス
구 홍콩 상하이 은행
旧香港上海銀行長
崎支店記念館 P.308
입구
하시마(군함도 13km)
端島 / 軍艦島 P.309
미나미야마테 언덕
南山手 P.308

나가사키 가는 법

나가사키 공항에서 시내로 가기

시내에서 자동차로 40분 거리에 나가사키 공항(長崎空港)이 있다. 대한항공 등이 부정기적으로 운항하지만, 시간대가 다양하지 않은 것이 단점. 나가사키 공항으로 입국했다면, 국제선 터미널 5번 승차장에서 공항버스나 4번 승차장에서 나가사키 버스를 타고 JR 나가사키역에서 하차하면 된다.

탑승 장소 공항버스 5번 승차장 / 나가사키 버스 4번 승차장
시간 09:00~21:45 운행, 43~55분 소요
요금 편도 1200¥

후쿠오카 공항에서 시내로 가기

버스로 간다면, 후쿠오카 시내에서 나가사키로 가는 것보다는 후쿠오카 공항에서 바로 가는 편이 시간과 교통비가 절약된다. 국제선 터미널 1층 8번 승차장에서 나가사키행 고속버스에 탑승하자. 티켓은 매표기에서 발권하거나 산큐 패스 예약자는 실물 티켓을 인수한 뒤 제시하면 된다.

탑승 장소 국제선 터미널 1층 8번 승차장
시간 09:07~20:52 운행, 2시간 20~30분 소요
요금 편도 2900¥

+ TIP

나가사키 종합 관광 안내소

JR 나가사키역에 도착하면 종합 관광 안내소를 찾아가자. 한글로 된 대형 지도와 각종 팸플릿을 구할 수 있는데, 나가사키 시내 주요 관광지뿐 아니라 노면전차 노선도 알기 쉽게 정리되어 있어 도움이 된다. 노면전차 1일권도 판매한다. 이외에도 각종 티켓 판매와 함께 짐이 많다면 수하물을 호텔로 보내는 서비스도 제공하고 있다(유료).

JR 하카타역에서 나가사키 가기

버스

하카타 버스 터미널 3층 37번 승차장, 텐진 고속버스 터미널 5층 4번 승차장, 후쿠오카 공항 국제선 터미널(모든 버스가 경유하지는 않음) 순으로 경유해 나가사키로 향한다. 어디서 타든 요금은 동일하며 버스는 자주 있는 편이나 논스톱 편은 2시간 30분, 우레시노와 오무라 등을 경유하는 편은 3시간 10분 정도 걸리므로 논스톱 편인지 확인하고 탑승해야 한다.

탑승 장소 하카타 버스 터미널 3층 37번 승차장, 텐진 고속버스 터미널 5층 4번 승차장, 후쿠오카 공항 국제선 터미널
시간 05:59~21:19(평일 기준) 운행, 2시간 30분~3시간 10분 소요
요금 편도 2900¥, 2장 세트(니마이킷푸) 5400¥

후쿠오카와 나가사키를 오가는 버스

나가사키 버스 터미널

기차

나가사키행 신칸센 열차(니시큐슈 신칸센)를 이용하면 시간을 훨씬 절약할 수 있다. 요금은 버스에 비해 2배가 넘지만, 빠르게 나가사키를 다녀올 사람이라면 추천. 아쉽게도 JR 하카타역에서 JR 다케오역까지는 기존 재래선(릴레이 카모메)을 유지해 그 자리에서 한 번 갈아타야 한다. JR 하카타역 3번 플랫폼에서 출발한다.

시간 06:00~22:07(평일 기준) 운행, 1시간 20~1시간 40분 소요
요금 편도 6050¥

나가사키 시내 교통

나가사키 노면전차

주요 여행지에 접근하기 좋고 타고 내리기 편리하며 그 자체로 좋은 관광 체험이므로 꼭 이용하기를 권한다. 무엇보다 주요 관광 명소를 모두 거친다. 1·3·4·5호선, 4개의 노선을 운영 중이며 5분 30초~20분 간격으로 운행한다.

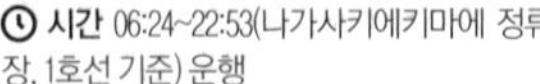

시간 06:24~22:53(나가사키에키마에 정류장, 1호선 기준) 운행
요금 1회 140¥, 1일권 600¥

+ TIP

노면전차 탑승 방법
노면전차는 버스와 마찬가지로 뒷문으로 승차한 뒤 내릴 때 요금을 요금통에 넣는다. 다만, 버스와는 다르게 구간별로 요금이 다르지 않고 모든 구간의 요금이 동일하다. 거스름돈은 나오지 않으니 차내에 있는 잔돈 교환기로 동전을 미리 교환해두자. 일본 충전식 교통카드를 사용하면 1회 환승(지정 정류장만)이나 단구간 요금 할인도 된다.

노면전차 1일 승차권
1일권은 JR 나가사키역 인포메이션 센터(현금만 가능)나 JR 나가사키역 열차 티켓 발매소(카드도 가능)에서 구입할 수 있다. 그러나 노면전차가 구간이 짧고 1회 탑승 요금도 저렴하기 때문에 여러 곳을 돌아볼 계획이 아니라면 굳이 구입할 필요는 없다.

시내버스

대부분의 관광지를 노면전차로 갈 수 있어서 시내버스를 이용할 일은 거의 없지만, 이나사야마 전망대처럼 노면전차가 가지 않는 관광지에 가려면 시내버스를 타야 한다. 버스 정류장마다 한글 노선도가 있어서 탑승하는 데 어려움은 없다. 산큐 패스 소지자는 무료로 탑승할 수 있다.

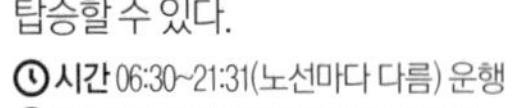

시간 06:30~21:31(노선마다 다름) 운행
요금 이나사야마 전망대 편도 190¥

사계절 대표 축제

봄 – 나가사키 범선 축제
長崎帆船まつり

일본과 네덜란드의 교류 400주년을 기념해 시작된 축제다. 나가사키항에서 각종 범선을 감상할 수 있다. 새하얀 돛을 펼치는 퍼포먼스와 선내 공개, 나가사키항 내 체험 크루즈 외에 로프 묶는 법을 가르쳐주는 체험형 이벤트도 마련된다.

기간 4월 중
장소 나가사키항, 나가사키 수변 공원, 데지마 워프 주변

여름 – 나가사키항 축제
長崎みなとまつり

나가사키항의 개항을 기념하는 여름 축제. 1만여 발의 불꽃이 나가사키 항구를 수놓는 불꽃놀이를 감상할 수 있다. 축제 기간 동안 항구에 볼거리 가득한 무대뿐 아니라 나가사키의 먹거리를 맛볼 수 있는 부스도 들어선다.

기간 7월 말 **장소** 나가사키항

가을 – 나가사키 군치 長崎くんち

호화찬란한 제례로 알려진 일본 3대 군치 중 하나. 에도 시대 스와 신사 앞에서 신에게 춤을 바친 것이 나가사키 군치의 시작이라 전해진다. 무대에서 펼쳐지는 퍼포먼스와 복을 나눠주기 위해 가정집이나 가게 앞에서 퍼포먼스를 선보이는 니와사키마와리 등이 볼거리다.

기간 10월 중
장소 스와 신사, 오타비쇼, 야사카 신사, 공회당 앞 광장

겨울 – 나가사키 랜턴 페스티벌
長崎ランタンフェスティバル

나가사키 시내 중심부를 약 1만5000개에 달하는 화려한 랜턴과 대형 오브제로 장식해 환상적인 분위기를 자아낸다. 기간 중 각 축제 장소에서는 용춤, 중국 곡예, 공연 등 중국 전통 행사가 이어진다.

기간 1~2월 중(중국 설 기간)
장소 나가사키 신치 중화가, 하만마치 아케이드, 중앙 공원 외

노면전차 노선도

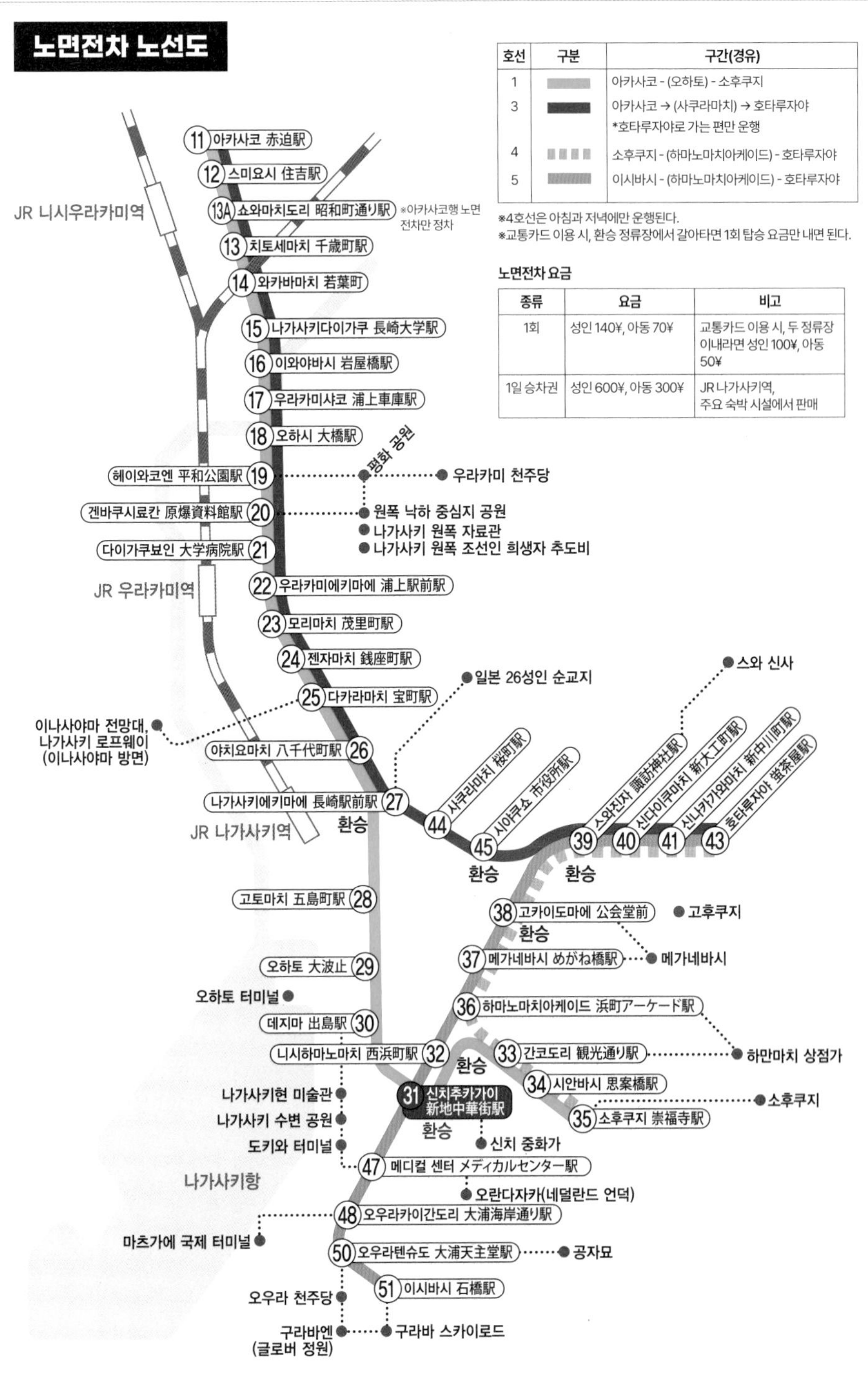

호선	구분	구간(경유)
1		아카사코 - (오하토) - 소후쿠지
3		아카사코 → (사쿠라마치) → 호타루자야 *호타루자야로 가는 편만 운행
4		소후쿠지 - (하마노마치아케이드) - 호타루자야
5		이시바시 - (하마노마치아케이드) - 호타루자야

※4호선은 아침과 저녁에만 운행된다.
※교통카드 이용 시, 환승 정류장에서 갈아타면 1회 탑승 요금만 내면 된다.

노면전차 요금

종류	요금	비고
1회	성인 140¥, 아동 70¥	교통카드 이용 시, 두 정류장 이내라면 성인 100¥, 아동 50¥
1일 승차권	성인 600¥, 아동 300¥	JR 나가사키역, 주요 숙박 시설에서 판매

일본 26 성인 기념관

日本二十六聖人記念館

1597년 도요토미 히데요시가 천주교 금지령을 내리며 26명의 선교사와 신자가 순교한 장소다. 1862년 로마 교황 비오 9세가 당시 희생자들을 성인으로 추대했다. 일본 가톨릭교회의 공식 순례지로 지정된 곳으로 일본의 가톨릭 역사를 소개해놓았다.

구글 지도 일본 26성인 기념관

MAP P.297

나가사키역에서 육교를 건너 왼쪽으로 올라가다 NHK(일본방송협회) 골목으로 직진, 도보 6분 095-822-6000 09:00~17:00 12월 31일~다음 해 1월 2일 성인 500¥, 중·고등학생 300¥, 초등학생 150¥

이나사야마 전망대

稲佐山展望台

세계 신 3대 야경으로 선정된 곳. 해발 333m의 전망 지점에 서면 나가사키 시내는 물론이고 운젠, 고토열도, 아마쿠사 등의 지역이 한눈에 들어온다. 항상 바람이 많이 부니 긴소매 겉옷을 챙겨 가는 것이 좋다.

구글 지도 이나사야마 전망대

MAP P.297

나가사키역에서 무료 셔틀버스가 운행된다. 7분 소요 095-861-7742 09:00~22:00(시기마다 조금씩 다름. 홈페이지에서 확인) 연중무휴 로프웨이 성인 1250¥, 고등학생 940¥, 중학생 미만 620¥ http://inasayama.net

우라카미 천주당

浦上天主堂

오랫동안 탄압받던 일본의 가톨릭 신자들이 1895년부터 30년에 걸쳐 지은 성당이다. 동양 제일의 로마네스크 양식 대성당이었지만 원폭 피해를 입어 모두 파괴됐다. 현재의 건물은 1959년 재건된 이후 1980년 재정비한 것이다. 그나마 보존된 종 하나로 하루에 세 번 시각을 알린다.

구글 지도 우라카미 천주당

MAP P.297

노면전차 1호선 헤이와코엔역에서 내려서 평화공원과 원폭 낙하 중심지 공원 사이 길로 올라간다. 도보 10분 095-844-1777 09:00~17:00 월요일 무료입장

평화 공원

平和公園

원폭의 폐해를 알리기 위해 조성한 공원. 산책하듯 걸으며 평화의 샘과 평화의 상등을 천천히 둘러보자. 평화의 샘은 원폭 투하 당시 타는 듯한 갈증에 괴로워하며 숨진 사람들의 넋을 위로하기 위해 만들었다. 매년 8월 9일에는 희생된 사람들을 추모하는 위령제가 열린다.

구글 지도 평화공원

MAP P.297

노면전차 1호선 헤이와코엔역에서 내린 뒤 길을 건너서 왼쪽 095-829-1171 무료입장 http://nagasakipeace.jp

원폭 낙하 중심지 공원

原子爆弾落下中心地公園

원자폭탄이 실제로 투하됐을 것으로 짐작되는 곳을 공원으로 조성했다. 원폭이 떨어진 지점인 원폭 낙하 중심지에 추모의 탑이 서 있고, 그 뒤편으로 폭발 당시 3000°C가 넘는 고온에 녹아버린 유리, 벽돌, 기와 등이 전시돼 있다.

구글 지도 폭심지 공원

MAP P.297

노면전차 1호선 헤이와코엔역에서 내린 뒤 길을 건너면 바로 095-829-1171 무료입장 http://nagasakipeace.jp

나가사키 원폭 조선인 희생자 추도비 追悼長崎原爆朝鮮人犠牲者

원폭에 직간접적으로 노출돼 사망한 1만 여 명의 조선인 희생자의 넋을 기리기 위해 건립된 추도비. 원폭 낙하 중심지 공원에서 나가사키 원폭 자료관으로 가는 길목에 있지만, 작고 외진 곳에 있어서 잘 살펴보지 않으면 찾기 어렵다.

구글 지도 나가사키 원폭 조선인 희생자 추도비

MAP P.297
Ⓢ 원폭 낙하 중심지 공원에서 나가사키 원폭 자료관 가는 길, 계단 옆 동상 뒤편 Ⓐ 長崎県長崎市平野町5-18

나가사키 원폭 자료관
長崎原爆資料館

원폭 피해 사실에 관한 자료를 모아놓은 곳. 원폭 투하 피해 상황을 알리는 전시물이 주를 이루며, 핵무장의 심각성을 일깨우고 평화를 염원하는 전시물도 있다. 하지만 왜 원폭 피해를 당했는지에 관한 설명이 전혀 없으며 전범 국가라면 마땅히 해야 할 참회와 사과는 찾아볼 수 없어 씁쓸한 기분이 든다.

구글 지도 나가사키 원폭 자료관

MAP P.297
Ⓢ 원폭 낙하 중심지 공원 뒤편 Ⓣ 095-844-1231 Ⓞ 9월~다음 해 4월 08:30~17:30, 5~8월 ~18:30(마지막 입장 30분 전) Ⓒ 12월 29~31일 Ⓨ 성인 200¥, 초등·중고생 100¥, 초등학생 미만 무료

야키토리마사 에비스마치점
やきとり鳥政 恵美須町店

좁은 강변가에 들어선 고급스러운 분위기의 이자카야다. 퇴근해서 한잔하러 들르는 현지인들이 대부분이다. 주요 메뉴는 주문 즉시 화로에 구워 나오는 야키토리. 불 맛이 나는 꼬치는 어떤 것을 골라도 다 맛있다. 구운 오니기리, 굴튀김, 포일에 넣고 구운 감자와 마늘 등 합리적인 가격에 다양한 메뉴를 맛볼 수 있다.

구글 지도 야키토리마사 에비스마치점

MAP P.297
Ⓢ 나가사키역에서 도보 8분 Ⓞ 17:00~23:30
Ⓨ 야키토리 150~240¥

SHOPPING →

아뮤 플라자
アミュプラザ

나가사키 역사와 연결된 쇼핑몰로 다양한 레스토랑이 있어서 간단히 식사하기 좋다. 1층에서 나가사키 특산품을 판매하며, 유니클로와 GU, 편집숍 빔즈, 저널 스탠더드 등도 입점돼 있어서 쇼핑을 하기에도 좋다. 상점에 따라서 외국인 할인이 적용되는 곳이 있으니 여권을 꼭 지참하자.

구글 지도 아뮤플라자 나가사키

MAP P.297
Ⓢ 나가사키역과 연결 Ⓣ 095-808-2001 Ⓞ 상점가 10:00~21:00, 레스토랑 11:00~23:00(L.O 22:15)

코코 워크
ココウォーク

JR 우라카미역 앞에 생긴 쇼핑몰. 1층에는 버스 센터가 입점돼 있으며, 일본 대표 브랜드 유니클로, GU, 니토리, ABC 마트와 슈퍼마켓, 각종 음식점 등이 있어서 쇼핑과 식사를 한자리에서 즐길 수 있다. 날이 맑다면 대관람차도 타보자.

구글 지도 코코워크

MAP P.297
Ⓢ 우라카미역에서 도보 5분
Ⓣ 095-848-5509
Ⓞ 10:00~20:00

EXPERIENCE →

후쿠노유
ふくの湯

우리 돈 1만 원이 채 되지 않는 비용으로 일본 3대 야경 중 하나를 바라보며 온천욕을 할 수 있는 유료 온천. 건물 안에서는 현금 대신 센서가 부착된 밴드를 이용해 결제한다.

구글 지도 후쿠노유

MAP P.297
Ⓢ JR 나가사키역에서 출발하는 무료 셔틀버스로 20분 Ⓣ 095-833-1126 Ⓞ 시간 월~목·일요일 09:30~다음 날 01:00, 금·토요일, 공휴일 전날 09:30~다음 날 02:00 Ⓨ 성인 850¥, 3세~초등학생 450¥, 가족탕(4명 기준) 1시간 2800¥ Ⓦ www.fukunoyu.com/nagasaki_fukunoyu.cgi

데지마
出島

서양인과 일본인의 접촉을 막기 위해 1634년에 만든 부채꼴의 인공 섬. 섬이 형성된 이후 일본에 건너온 서양 사람들이 들어와 살았으며 200년이 넘는 시간 동안 일본 유일의 서양을 상대로 한 교역의 전초기지 역할을 해왔다. 당시의 모습을 재현해놓은 건물과 유물이 전시되어 있다.

구글 지도 데지마

MAP P.298 VOL.1 P.039
노면전차 데지마역 바로 옆 095-829-1194 08:00~21:00(마지막 입장 20:40) 연중무휴 성인 520¥, 고등학생 200¥, 초등·중학생 100¥ http://nagasakidejima.jp

나가사키 수변 공원
長崎水辺の森公園

나가사키항에 조성된 아름다운 공원이다. 드넓은 공원에는 항에 정박한 크루즈선, 해안선을 따라 달리는 사람들, 곳곳에 우뚝 서 있는 야자수가 어우러져 나가사키 중심가의 고풍스러운 분위기와는 전혀 다른 느낌을 풍긴다. 공원 사이로 운하가 흘러 독특한 정취를 느낄 수 있다.

구글 지도 나가사키 수변 공원

MAP P.298
노면전차 데지마역에서 하차 후 도보 5분 24시간 무료입장 www.mizubenomori.jp

EATING →

데지마 워프
出島ワーフ

해안가에 가면 흔하게 볼 수 있는 전망 좋은 상점가다. 카페, 레스토랑, 잡화점 등 15개의 상점이 늘어서 있다. 나가사키만을 바라보고 자리 잡고 있어서 어느 곳이든 뷰가 좋다. 밤이 되면 바다와 어우러진 야경이 펼쳐져 더 멋지다.

구글 지도 데지마 워프

MAP P.298
노면전차 데지마역에서 내리면 바로 095-828-3939 11:00~23:00(가게마다 다름) http://dejimawharf.com

아틱
アティック

바다가 보이는 테라스에서 운치 있는 시간을 보낼 수 있는 카페. 사카모토 료마, 구라바엔의 주인이던 토머스 글로버 등 나가사키의 역사적 인물들을 모델로 삼은 라테 아트로 유명하다.

구글 지도 Attic

MAP P.298
데지마 워프 내 095-820-2366 월~목요일·일요일 11:00~23:00, 금·토요일 11:00~23:30 연중무휴 아틱 케이크 세트 780¥, 료마 카푸치노 380¥ http://attic-coffee.com

분메이도 본점
文明堂 本店

고풍스러운 검은색 외관에 금빛 마크가 눈에 확 띈다. 1900년, 후쿠사야, 쇼오켄보다 늦게 문을 연 카스텔라 전문점이지만 말차 맛, 초콜릿 맛 등 다양한 맛의 카스텔라를 선보여 주목받고 있다. 다른 집보다 상대적으로 담백한 맛이 인기 요인.

구글 지도 분메이도 본점

MAP P.298
노면전차 오하토역에서 내리면 바로 095-824-0002 09:00~18:00 1월 1일 카스텔라 972¥(5조각)

EXPERIENCE →

나가사키현 미술관
長崎県美術館

미술관 건물 사이로 운하가 나 있고 건물 자체가 예술 작품처럼 아름다워 주변을 산책하기만 해도 좋다. 게다가 미술관 옥상 정원에 오르면 나가사키항을 한눈에 볼 수 있다. 전시실에는 파블로 피카소의 '비둘기가 있는 정물'을 비롯해 유명 작가의 작품들이 전시돼 있다.

구글 지도 나가사키현 미술관

MAP P.298
노면전차 데지마역에서 하차해 도보 5분 095-833-2110 10:00~20:00 둘째·넷째 주 월요일(공휴일인 경우 그다음 날), 연말연시 성인 420¥, 대학생 310¥, 초·중·고등학생 210¥

메가네바시

眼鏡橋

수면에 비친 모습이 안경을 닮았다고 해서 일명 '안경 다리'로 불리는 다리. 일본 곳곳에 있는 메가네바시 가운데 가장 오래됐다. 주변 산책로에 숨어 있는 하트 모양의 돌을 찾아내면 사랑이 이뤄진다는 속설이 있다.

구글 지도 메가네바시

MAP P.298
노면전차 메가네바시역에서 도보 5분

나가사키 신치 중화가

長崎新地中華街

커다란 중화풍 문과 집집마다 달린 붉은 등 덕분에 멀리서도 차이나타운이라는 것을 한눈에 알 수 있다. 규모는 크지 않지만 꽤 번성한 일본의 3대 차이나타운 중 하나. 십자형 거리의 사방 입구에 중화 문이 세워져 있다. 상점 대부분이 나가사키 짬뽕을 파는 중화요리 전문점과 만주집이며, 중국식 후식이나 기념품 등을 접할 수 있다.

구글 지도 나가사키 신치 중화가

MAP P.298
노면전차 신치추카가이역에서 도보 2분
095-822-6540

도진야시키아토

唐人屋敷跡

도진야시키아토는 에도 시대 쇄국정책에 따라 나가사키에 설치한 중국인 주거지구다. 한때 이곳에는 2000명이 넘는 중국인이 거주했지만 큰 화재로 간테이도(関帝堂)를 제외하고 대부분 소실됐고 지금은 건물 네 채만이 재건됐다. 중국 뒷골목의 정취를 느낄 수 있는 곳이다.

구글 지도 Tojin Yashiki

MAP P.298
노면전차 신치추카가이역에서 도보 8분
095-829-1193(나가사키시 문화재과)
24시간 연중무휴 무료입장

EATING →

욧소 본점

吉宗 本店

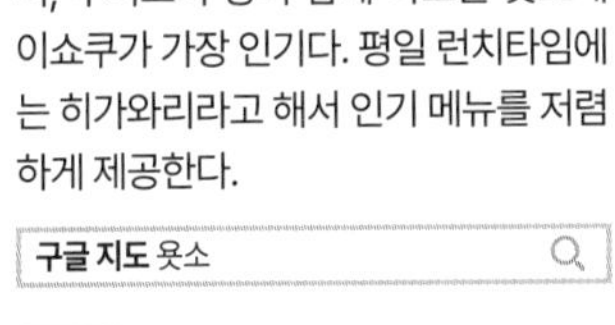

일본식 달걀찜인 자완무시가 맛있기로 소문난 일본 정식 집. 자완무시와 가쿠니, 무시스시 등이 함께 나오는 욧소테이쇼쿠가 가장 인기다. 평일 런치타임에는 히가와리라고 해서 인기 메뉴를 저렴하게 제공한다.

구글 지도 욧소

MAP P.298
하만마치 상점가 내
095-821-0001
11:00~21:00(L.O 20:00)
월·화요일 자완무시 단품 880¥, 욧소테이쇼쿠 2750¥

카페 올림픽

フェ オリンピック

35cm에서 120cm까지 다양한 높이의 파르페를 선보이는 집. 어마어마한 양 때문에 푸드 파이터들이 꼭 찾는 명소가 됐다. 혼자 가면 35cm 파르페로 충분하다.

구글 지도 Cafe Olympic

MAP P.298 VOL.1 P.081
하만마치 상점가 내
095-824-3912
11:30~21:30 연중무휴
파르페 35cm 990¥, 40cm 1320¥, 50cm 1980¥

츠루찬
つる茶ん

1925년에 개업한 곳으로 규슈에서 가장 오래된 다방이다. 인기 메뉴는 돈가츠, 스파게티, 볶음밥이 한 그릇에 나오는 도루코 라이스지만, 이를 조금 변형한 메뉴들도 눈길을 끈다. 돈가츠 대신 새우튀김이, 나폴리탄 파스타 대신 크림소스 파스타가 나오는 식이다. 전통 방식으로 만든 원조 나가사키풍 밀크셰이크도 이 집의 대표 메뉴다.

구글 지도 츠루찬

MAP P.298

Ⓢ 노면전차 시안바시역에서 하차, 하만마치 상점가 끝에 위치 ⊖ 095-824-2679 Ⓛ 10:00~21:00 ⊖ 연중무휴 ¥ 도루코 라이스 1780¥

고로케
コロッケ

차별화된 도루코 라이스를 선보이는 곳이다. 일반적인 도루코 라이스도 판매하지만, 여기에 고로케가 올라가는 것이 특징. 고로케 속 감자는 크림처럼 부드러워 입에서 사르르 녹는다. 인기 메뉴는 달군 프라이팬에 제공되는 고로케 스파게티. 바삭한 고로케 덕분에 항상 대기 줄이 늘어선다.

구글 지도 나가사키 고로케

MAP P.298

Ⓢ 노면전차 메가네바시역에서 내린 뒤 다리를 건너 왼쪽 골목으로 들어서면 첫 번째 사거리 ⊖ 095-826-1220 Ⓛ 11:30~16:00 ⊖ 화요일 ¥ 고로케 런치 900¥, 콤비 햄버거 1350¥

후쿠사야 본점
福砂屋 本店

나가사키 카스텔라를 처음 선보인 곳이다. 쫀득한 식감은 후쿠사야를 따라올 곳이 없다. 상품의 종류를 늘리기보다는 오리지널 상품에 주력한다. 노란색 포장을 현대식으로 바꾼 큐브 카스텔라는 선물용으로 인기다.

구글 지도 후쿠사야 본점

MAP P.298

Ⓢ 노면전차 시안바시역에서 내려 하만마치 상점가 맞은편 길로 들어가면 바로
⊖ 095-821-2938
Ⓛ 09:30~17:00 ⊖ 수요일
¥ 1박스 1350¥(0.6호), 큐브 카스텔라 1개 324¥

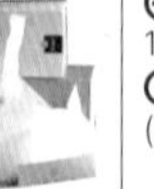

쇼오켄 본점
松翁軒 本店

1681년에 개업해 지금까지 전통적인 방법으로 카스텔라를 만드는 곳이다. 본점은 카페를 겸하고 있다. 1층은 카스텔라를 파는 매장으로, 2층은 카페로 운영한다. 카페는 레트로풍 인테리어로 인기다. 카스텔라는 좀 단 편.

구글 지도 쇼오켄 본점

MAP P.298

Ⓢ 노면전차 시야쿠쇼역에서 바로
⊖ 095-822-0410 Ⓛ 09:00~18:00(1층), 11:00~17:00(2층 카페)
⊖ 연중무휴 ¥ 1박스 648¥(5조각), 1296¥(0.6호)

코잔로
江山楼

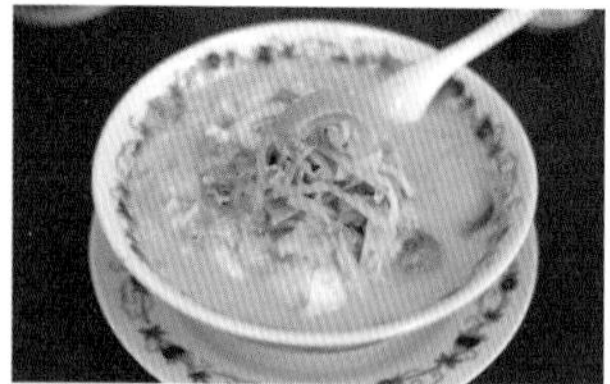

일본 맛집 사이트에서 맛집 1위에 오른 집. 대표 메뉴인 나가사키 짬뽕은 육수를 닭으로 우려 부드러운 맛이 나며, 채소와 해산물의 씹히는 맛이 살아 있다. 상어 지느러미와 해삼을 넣은 특상 짬뽕은 이 집의 특선 메뉴다.

구글 지도 코우잔로우 차이나타운 중화 식당

MAP P.298

Ⓢ 노면전차 신치추카가이역에서 내려 신치 중화가에 들어서 사거리 왼쪽 ⊖ 095-821-3735 Ⓛ 11:00~15:00, 17:00~20:00 ⊖ 연중무휴 ¥ 특상 짬뽕 2750¥, 나가사키 짬뽕 1760¥, 사라 우동 1540¥

이와사키
岩崎本舗

나가사키의 명물 요리인 가쿠니만주의 원조 집. 1997년 나가사키 특산물 대전에서 최우수상을 받기도 했다. 양념해 부드럽게 삶은 돼지고기(동파육)를 꽃빵에 통째로 넣은 가쿠니만주는 강렬한 비주얼만큼이나 맛도 독특하다. 일본식 중국 요리인 싯포쿠 요리 중 하나를 간편하게 만든 것이라고 한다.

구글 지도 이와사키 혼포

MAP P.298
노면전차 신치추카가이역에서 내려 신치추카가이 북문 입구 앞 095-818-7075 09:30~21:00 연중무휴 가쿠니만주 1개 698¥ http://0806.jp

카페 드 니시긴
cafe de 西銀

또 하나의 나가사키 명물 디저트 '시스케이크(シースケーキ)'의 원조 베이커리 겸 카페다. 시스 케이크는 스펀지빵 중간에 커스터드 크림을 바르고 그 위에 생크림, 복숭아, 파인애플을 올려 만든 케이크다. 특별할 것 없는 평범한 맛이지만, 현지인에게는 향수를 불러일으키는 디저트로 사랑받는다.

구글 지도 7-4 Hamamachi

MAP P.298
하만마치 상점가 내 09:00~19:00 시스케이크 370¥, 나가사키 밀크셰이크 650¥, 모닝 세트 590¥~

일본식 카페 시라미즈
和風喫茶 志らみず

일본 전통 디저트 전문 카페 겸 상점이다. 상점 안쪽에는 세련된 분위기의 카페가 있다. 단팥죽, 당고, 나가사키 카스텔라 등의 일본 전통 디저트와 나가사키 밀크셰이크, 말차 등 음료를 판매하며, 가고시마 명물인 시로쿠마 빙수도 맛볼 수 있다.

구글 지도 7-4 Aburayamachi

MAP P.298
하만마치 상점가 내
10:00~18:30 화요일
밀크셰이크 880¥

SHOPPING →

나카야마히로유키 로스팅 숍
本格自家焙煎 中山洋行

나가사키는 일본에 커피가 처음 전파된 도시로, 일찌감치 카페 문화와 로스터리 기술이 발달했다. 나카야마히로유키는 나가사키에서 1952년부터 원두를 판매해온 로스터리로, 다양한 원산지의 커피를 판매해 원하는 맛의 커피를 찾을 수 있다. 간편하게 먹을 수 있는 드립백도 판매한다.

구글 지도 13-9 Shinchimachi

MAP P.298
신치 중화가 내 월~금요일 09:00~18:00, 토요일 10:00~17:00 일요일, 공휴일 100g 500¥~

하만마치 상점가
浜町商店街

나가사키 최대의 번화가로 온갖 상점이 즐비하다. 하만마치 아케이드와 간코도리 아케이드가 십자 모양으로 교차하는데, 이 둘을 합쳐 하만마치 상점가라 부른다. 아케이드 내에 하마야 백화점(浜屋百貨店)과 돈키호테, 마츠모토 키요시 등이 있고, 패션 상품과 잡화를 파는 점포며 레스토랑과 패스트푸드점, 유명한 카스텔라 브랜드의 매장 등이 모여 있어서 쇼핑과 식도락을 즐기기에 부족함이 없다.

구글 지도 나가사키 하마노마치 상점가

MAP P.298
노면전차 간코도리역에서 바로 050-3525-6127 www.hamanmachi.com

구라바엔

グラバー園

개항 초기에 지은 건축물로 이뤄진 거대한 정원으로 드라마 세트장에 온 듯한 분위기다. 특히 이곳에서 내려다보는 나가사키 항구의 풍경이 아름답기로 유명하다. 꽤 넓기 때문에 시간을 넉넉히 잡아야 제대로 볼 수 있다.

구글 지도 글로버 가든

MAP P.298 VOL.1 P.039
노면전차 오우라텐슈도역에서 다리 건너 직진, 패밀리마트 옆 언덕으로 올라간다. 095-822-3359 08:00~18:00(성수기에는 연장 개장) 성인 620¥, 고등학생 310¥, 초등·중학생 180¥ www.glover-garden.jp/index.html

오우라 천주당

大浦天主堂

1863년 프랑스 선교회에서 지은 일본 최고(最古)이자 최고(最高)의 목조 성당. 나가사키에서 처형당한 순교자 26명의 혼을 모신 곳이니만큼 천주교 신자에게는 성지순례 장소로, 일반 여행자에게는 사진 찍기 좋은 곳으로 알려져 항상 사람들로 붐빈다.

구글 지도 오우라 천주당

MAP P.298
노면전차 오우라텐슈도역에서 하차, 구라바엔 바로 옆 095-823-2628 08:00~18:00 연중무휴 성인 1000¥, 중·고등학생 400¥, 초등학생 300¥ www1.bbiq.jp/oourahp

오란다자카

オランダ坂

개항 초기 서양인이 많이 모여 살던 지역. 오란다 상(당시 외국인을 부르던 명칭)이 모여 산다고 해서 오란다자카라는 이름이 붙었다. 오래된 건축물과 언덕 너머로 펼쳐지는 항만 풍경이 잘 어우러져 대충 찍어도 화보 같은 사진이 나오는 곳이니 인증샷 찍는 것을 잊지 말자.

구글 지도 오란다자카

MAP P.298 VOL.1 P.039
노면전차 이시바시역에서 도보 20분

미나미야마테 언덕

南山手

한껏 꾸며놓은 아름다움보다 현지 분위기 그대로를 느끼고 싶다면 이곳이 제격. 비록 경사가 만만찮아 발이 혹사당하지만 눈은 호강한다. 주택가라서 고요히 혼자만의 시간을 보내기도 좋다. 걷기 부담스럽다면 구라바엔 입구 주변 길이라도 걸어보자.

구글 지도 미나미야마테마치

MAP P.298
구라바엔 입구에서 구라바 거리(グラバー通り)를 따라 도보 10분

구 홍콩 상하이 은행

旧香港上海銀行長崎支店記念館

1904년에 지은 서양식 건물로 일본의 국가 지정 중요 문화재다. 은행 업무를 보던 당시의 모습을 전시하거나 콘서트 등을 위한 다목적 홀로 이용하는 1층은 요금을 내지 않아도 부분적으로 둘러볼 수 있으니 지나는 길에 잠시 들르자.

구글 지도 구 홍콩 상하이 은행 나가사키 지점 기념관

MAP P.298
노면전차 오우라카이간도리역에서 도보 3분 095-827-8746 09:00~17:00(마지막 입장 16:40) 셋째 주 월요일(공휴일인 경우 그다음 날) 성인 300¥, 19세 미만 150¥, 1층은 무료 www.nmhc.jp/museum

나베칸무리야마 전망대

鍋冠山展望台

여행자보다 나가사키 시민들이 많이 찾는 산속 전망대. 산길을 15분쯤 올라야 나오지만 그곳에서 마주한 멋진 풍경이 모든 것을 잊게 만든다. 다른 전망대에 비해 나가사키 항만 풍경이 더 가까이에 펼쳐지는 느낌이다. 인적 드문 산길을 한참 지나야 하는 만큼 밤보다는 낮에 찾아가는 편이 안전하다.

구글 지도 나베칸무리야마 전망대

MAP P.298
구라바엔 후문에서 이정표를 따라 산길로 15분 24시간 연중무휴 무료입장

공자 묘·중국 역대 박물관
孔子廟·中国歴代博物館

공자 묘 중 유일하게 중국인이 해외에 건립한 묘당이다. 72 현인상이나 공자상 등은 모두 중국에서 들여온 것이며, 건물 뒤쪽에 중국의 국보급 문화재를 전시하는 중국 역대 박물관이 있다. 무료로 참여할 수 있는 필사 코너나 공자 제비뽑기도 재밌다.

구글 지도 나가사키 공자묘·중국역대박물관

MAP P.298
노면전차 이시바시역에서 길 건너 도보 2분 095-824-4022 09:30~18:00 연중무휴 ¥ 성인 660¥, 고등학생 440¥, 초등·중학생 330¥ http://nagasaki-koushibyou.com

하시마(군함도)
端島 / 軍艦島

19세기 후반 미쓰비시 그룹이 채탄 작업을 위해 개발한 섬. 강제징용된 800명이 넘는 조선인들이 이곳에서 지하 갱도, 그중에서도 가장 위험하고 열악한 막장에서 고강도 노동에 시달려야 했다. 이런 이유로 '한번 발 들이면 살아서는 나올 수 없는 지옥 섬'으로 악명을 떨쳤다. 투어 프로그램을 이용해보자.

구글 지도 하시마 섬

MAP P.298
노면전차 오우라카이간도리역에서 하차해 항구 쪽으로 나가면 도키와 터미널이 바로 보인다. 095-895-9300 09:40 미팅(투어는 10:30~13:15), 12:50 미팅(투어는 13:40~16:20) 연중무휴 ¥ 성인 5000¥, 학생 4000¥, 초등학생 2500¥(주말 및 성수기 500¥ 할증), 하시마 입장료 별도

EATING →

시카이로
四海樓

1899년 나가사키 짬뽕의 역사가 시작된 곳이다. 천핑순 씨가 창업한 이래 현재 4대째 운영 중이며, 지금도 전통적인 방법을 고수해 짬뽕을 만든다. 원조 집답게 늘 관광객으로 북적인다.

구글 지도 시카이로

MAP P.298
노면전차 오우라텐슈도역 하차, 아나 크라운 플라자 호텔 맞은편 095-822-1296
11:30~15:00, 17:00~20:00
수요일, 12월 30일~1월 1일
¥ 나가사키 짬뽕·사라 우동 각 1320¥

히가시 야마테 13 하우스
東山手甲十三番館

오란다자카 초입에 위치한 건물이다. 프랑스 영사관으로 쓰인 건물이었는데, 현재 1층은 카페로, 2층은 나가사키 정보 관광관으로 이용 중이다. 나가사키 카스텔라와 음료 등을 판매한다.

구글 지도 Higashi Yamate 13 House

MAP P.298
오란다자카 내
10:00~16:00
월요일 ¥ 나가사키 카스텔라와 커피 & 홍차 세트 450¥

지구관 슬로 카페
地球館 cafe slow

외국인의 주택으로 쓰던 건물로, 현재는 레스토랑으로 개조해 커피와 디저트뿐 아니라 다양한 식사 메뉴도 판매한다. 레스토랑 이름처럼 식사 메뉴는 가능한 한 첨가물을 사용하지 않고 나가사키에서 생산한 식재료로 만든다. 2층은 유학생, 이민자 등을 위한 국제 교류 공간으로 쓰인다.

구글 지도 「지구관」 cafe slow

MAP P.298
오란다자카 내 11:00~16:00 월요일 ¥ 점심 메뉴 1560¥~

ZOOM ——— IN

개항 당시의 분위기를 느낄 수 있는 구라바엔

나가사키 시내에 있던 개항 초기에 지은 오래된 서양식 건물을 고스란히 옮겨놓은 정원이다. 동서양의 분위기가 공존하는 목조와 석조 건물 내부에는 가구나 소품, 식탁 등 당시 사용했을 법한 가구와 식기까지 세팅해 당시의 생활상을 생생히 느낄 수 있다. 특히 이곳에서 내려다보는 나가사키 항구의 풍경이 아름답기로 유명하다. 구라바 주택 위에 있는 광장에는 오페라 <나비부인>에 출연했던 미우라 다마키(三浦環)의 동상과 이탈리아에서 기증한 푸치니 동상이 서 있다. 꽤 넓기 때문에 시간을 넉넉히 잡아야 제대로 둘러볼 수 있다. Ⓜ P.298

① 구 구라바 저택

旧グラバー住宅

일본이 기나긴 쇄국정책을 포기한 직후인 1863년에 지은 건물로 당시 나가사키 거류지 주변에 들어섰다. 서양식 목조건물로는 일본에서 가장 오래되었으며 건축적 가치를 인정받아 일본 국가 지정 문화재로 지정되었다. 이 집의 주인이던 토머스 글로버(Thomas Glover)는 스코틀랜드에서 건너온 무역업자였다. 조선, 탄광, 어업 등 다양한 산업 분야를 근대화한 인물로 일본의 산업화를 앞당기는 데 일조한 것으로 평가받는다. 우리가 잘 아는 '기린맥주'의 창립 멤버이기도 하다.

② 구 링거 저택

旧リンガー住宅

일본 국가 지정 문화재로 초기 거류지 건축의 표본이라 인정받는다. 특히 눈여겨볼 부분은 목조건물의 외벽에 돌을 덧씌워 마감한 점으로, 한 건축물에 일본식과 서양식이 혼재하는 것이 특징. 나가사키에 처음으로 상수도를 설치한 인물로 잘 알려진 영국 상인 프레더릭 링거(Frederick Ringer)가 살던 저택으로, 어업, 제분, 제과 등 폭넓은 분야에서 사업을 했던 거상답게 저택 내부도 화려하게 꾸며져 있다.

③ 구 미쓰비시 제2독 하우스

旧三菱第2ドックハウス

배가 수리를 위해 독에 정박해 있는 동안 선원들의 숙소로 이용하던 건물로 메이지 초기에 유행하던 양식으로 지은 것이 특징이다. 1896년 항만에 지은 건물을 1972년에 이곳으로 옮겨 왔다. 건물 안에는 당시 모습을 재현한 여러 개의 방이 있으며, 2층 테라스에서 나가사키 항만의 시원한 풍경이 한눈에 들어와 여행자들에게 인기 있다.

④ 구 앨트 저택

旧オルト住宅

구라바엔 내에 있는 세 군데 국가 지정 문화재 중 하나. 영국인 차 무역상 윌리엄 J. 앨트(William J. Alt)가 살던 저택으로 메이지 말기의 건축양식을 잘 보여준다. 그리스 신전을 연상케 하는 둥근 기둥과 대조적으로 우리나라 한옥이나 초가집에서 흔히 보이는 우진각의 형태를 띠는 점이 독특한데, 건물을 배경으로 사진을 찍기도 좋다.

⑤ 구 워커 저택

旧ウォーカー住宅

메이지 시대 중기에 세운 건물로 당시 나가사키 거류 무역상 사이에서 중추적인 역할을 하던 로버트 워커(Robert Walker)가 살았다. 워커는 현재 기린맥주의 전신인 재팬 브루어리 컴퍼니를 창립했는데, 일본 최초의 청량음료인 '반자이 사이다'를 개발한 회사로도 유명하다.

⑥ 지유테이

自由亭 喫茶室

일본 최초의 서양 음식점이다. 지금은 카페로 운영 중이며 앤티크한 유럽풍 인테리어로 잘 꾸며놓았다. 1593~1680년 실제 레스토랑에서 사용한 커틀러리를 유리 박스에 넣어 전시한 모습도 볼 수 있다.

⑦ 구라바 스카이로드

グラバー·スカイロード

누구나 나가사키의 탁 트인 전망을 즐길 수 있는 무료 전망대. 엘리베이터를 타고 정상에 올라서면 주변 풍경이 한눈에 들어온다. 근처에 구라바엔 후문이 있어 함께 둘러보면 편하다.

Ⓢ 노면전차 종점인 이시바시역에서 하차해 오른쪽 골목길로 접어들면 왼쪽에 바로 Ⓛ 24시간 ⊖ 연중무휴 ¥ 무료입장

BEPPU

벳푸

벳푸는 일본에서 온천 용출량이 가장 많은 도시로 인기가 많다. 소규모 호텔과 료칸 위주인 유후인과 달리 가족 단위 여행자가 많아 주로 중·대형 온천 호텔과 리조트가 들어서 있으며 아이들 눈높이에 맞춘 테마파크도 다양해 볼거리가 많다. 야세우마, 당고지루, 토리텐, 지옥 푸딩, 벳푸식 냉면 등 향토 음식도 다양해 먹는 즐거움도 남다르다.

COURSE

벳푸 핵심 1DAY 코스

벳푸에서 꼭 가봐야 할 명소와 맛집을 하루에 모두 둘러볼 수 있는 코스다. 대중교통을 이용하기 어려운 곳들이 있으니 렌터카로 둘러보는 것을 추천한다. 대중교통을 이용할 경우 카메쇼 쿠루쿠루 즈시와 아마미 차야 대신 지고쿠무시 간나와로 대신하면 동선이 매끄럽다.

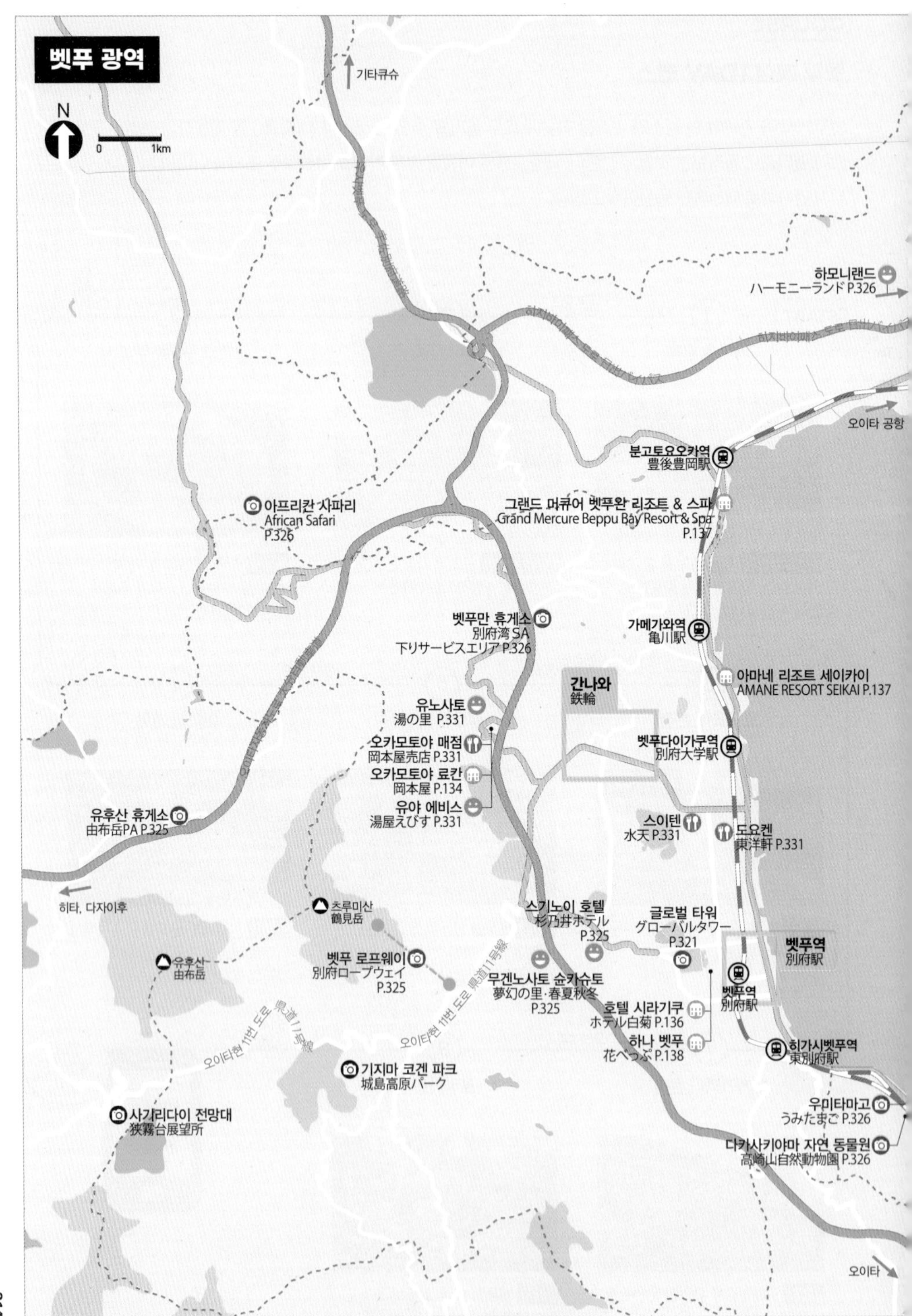
벳푸 광역
N
0
1km
기타큐슈
하모니랜드
ハーモニーランド P.326
오이타 공항
분고토요오카역
豊後豊岡駅
그랜드 머큐어 벳푸완 리조트 & 스파
Grand Mercure Beppu Bay Resort & Spa
P.137
아프리칸 사파리
African Safari
P.326
벳푸만 휴게소
別府湾 SA
下りサービスエリア P.326
가메가와역
亀川駅
아마네 리조트 세이카이
AMANE RESORT SEIKAI P.137
간나와
鉄輪
유노사토
湯の里 P.331
오카모토야 매점
岡本屋売店 P.331
오카모토야 료칸
岡本屋 P.134
유야 에비스
湯屋えびす P.331
벳푸다이가쿠역
別府大学駅
유후산 휴게소
由布岳PA P.325
스이텐
水天 P.331
도요켄
東洋軒 P.331
히타, 다자이후
츠루미산
鶴見岳
스기노이 호텔
杉乃井ホテル
P.325
글로벌 타워
グローバルタワー
P.321
벳푸역
別府駅
유후산
由布岳
벳푸 로프웨이
別府ロープウェイ
P.325
무겐노사토 슌카슈토
夢幻の里・春夏秋冬
P.325
호텔 시라기쿠
ホテル白菊 P.136
벳푸역
別府駅
하나 벳푸
花べっぷ P.138
히가시벳푸역
東別府駅
오이타현 11번 도로 県道11号線
오이타현 11번 도로 県道11号線
기지마 코겐 파크
城島高原パーク
우미타마고
うみたまご P.326
사가리다이 전망대
狭霧台展望所
다카사키야마 자연 동물원
高崎山自然動物園 P.326
오이타

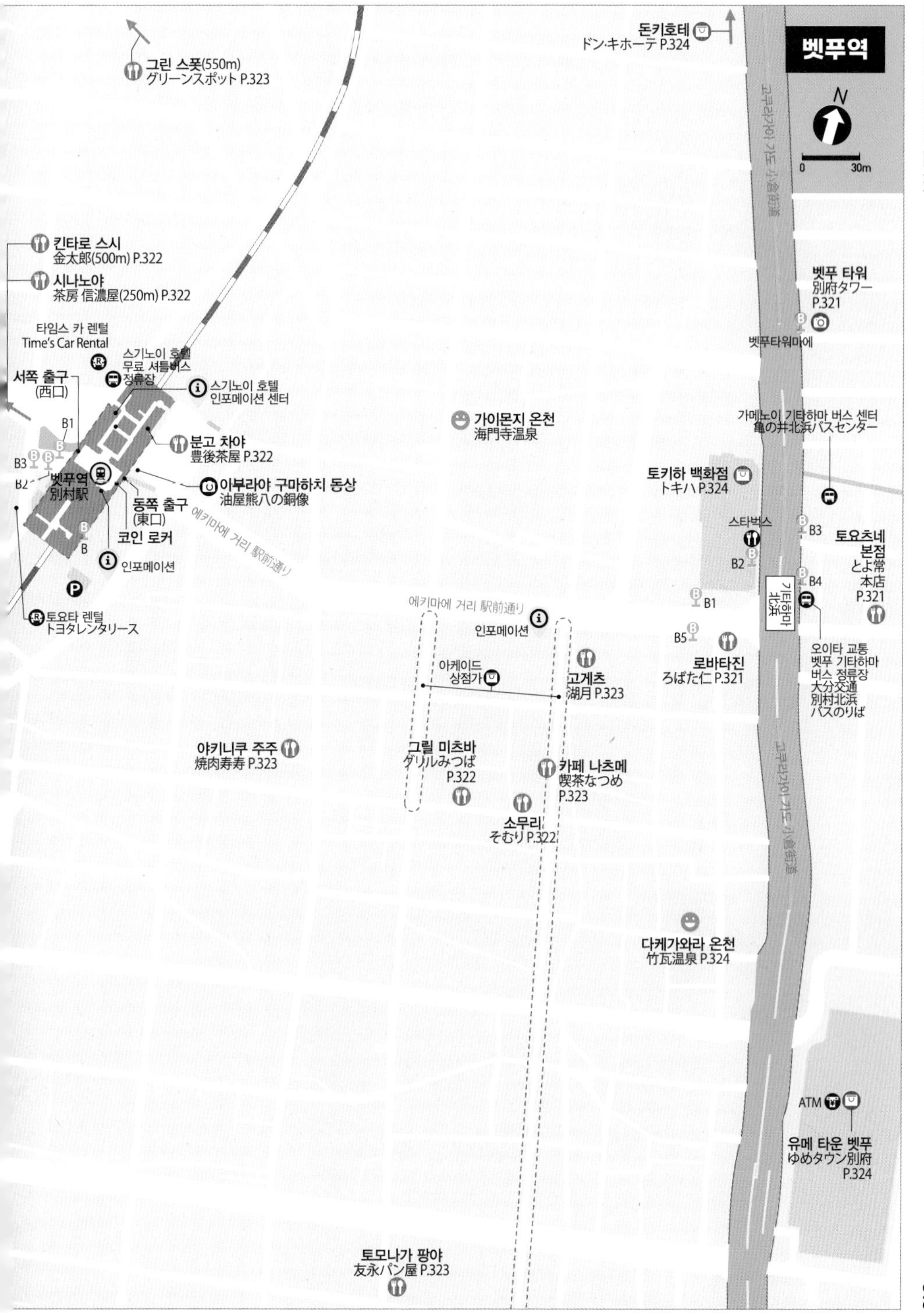

벳푸역
N
0
30m
돈키호테
ドン·キホーテ P.324
그린 스폿(550m)
グリーンスポット P.323
고쿠라가이 가도 小倉街道
킨타로 스시
金太郎(500m) P.322
시나노야
茶房 信濃屋(250m) P.322
타임스 카 렌털
Time's Car Rental
스기노이 호텔
무료 셔틀버스
정류장
서쪽 출구
(西口)
스기노이 호텔
인포메이션 센터
B1
B3
B2
벳푸역
別府駅
분고 차야
豊後茶屋 P.322
이부라야 구마하치 동상
油屋熊八の銅像
동쪽 출구
(東口)
에키마에 거리 駅前通り
코인 로커
B
인포메이션
토요타 렌털
トヨタレンタリース
가이몬지 온천
海門寺温泉
벳푸 타워
別府タワー
P.321
벳푸타워마에
가메노이 기타하마 버스 센터
亀の井北浜バスセンター
토키하 백화점
トキハ P.324
스타벅스
B3
B2
B4
B1
B5
토요츠네
본점
とよ常
本店
P.321
기타하마
北浜
에키마에 거리 駅前通り
인포메이션
아케이드
상점가
고게츠
湖月 P.323
로바타진
ろばた仁 P.321
오이타 교통
벳푸 기타하마
버스 정류장
大分交通
別府北浜
バスのりば
야키니쿠 주주
焼肉寿寿 P.323
그릴 미츠바
グリルみつば
P.322
카페 나츠메
喫茶なつめ
P.323
소무리
そむり P.322
다케가와라 온천
竹瓦温泉 P.324
ATM
유메 타운 벳푸
ゆめタウン別府
P.324
토모나가 팡야
友永パン屋 P.323

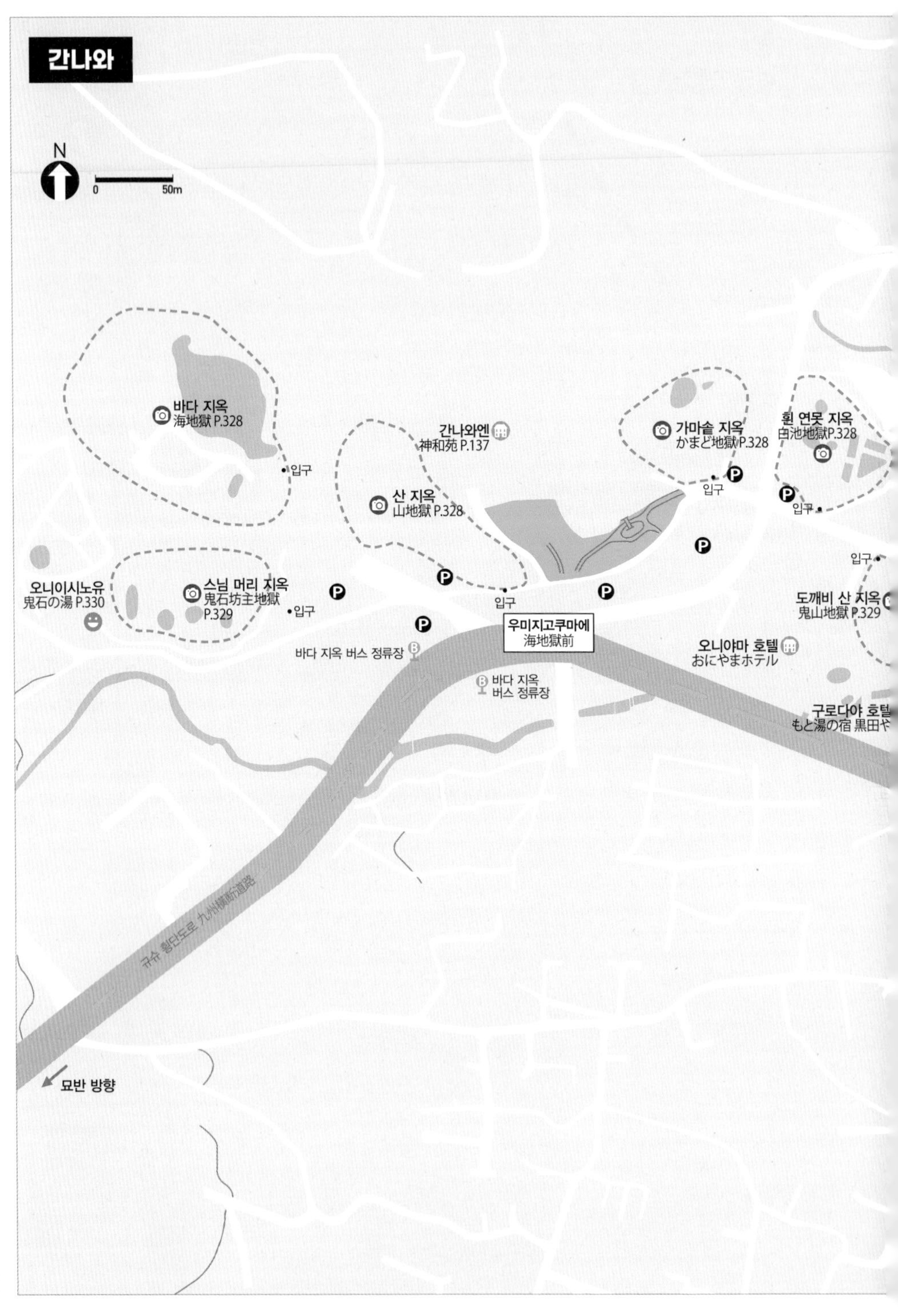

간나와
N
0
50m
바다 지옥
海地獄 P.328
입구
간나와엔
神和苑 P.137
산 지옥
山地獄 P.328
가마솥 지옥
かまど地獄 P.328
입구
흰 연못 지옥
白池地獄 P.328
입구
입구
오니이시노유
鬼石の湯 P.330
스님 머리 지옥
鬼石坊主地獄
P.329
입구
입구
도깨비 산 지옥
鬼山地獄 P.329
우미지고쿠마에
海地獄前
바다 지옥 버스 정류장
바다 지옥
버스 정류장
오니야마 호텔
おにやまホテル
구로다야 호텔
もと湯の宿 黒田や
규슈 횡단도로 九州横断道路
묘반 방향

피의 연못 지옥 血の池地獄(2km) P.329
소용돌이 지옥 龍巻地獄(2km) P.329
유케무리 전망대 湯けむり展望台(900m)

이야시노야도 이로하 癒しの宿 彩葉

간나와 유노카 かんなわ ゆの香

피의 연못 지옥/소용돌이 지옥 방향 16·16A번 버스 타는 곳
유후인 방향 유후린 버스 타는 곳

로커
간나와 버스 터미널② 鉄輪バスターミナル

간나와무시유 鉄輪むし湯 P.330

온센카쿠 温泉閣

기라쿠 きらく

로커
간나와 버스 터미널① 鉄輪バスターミナル

미유키야 みゆき屋

무료 족욕장 足蒸し

지고쿠무시코보 간나와 地獄蒸し工房 鉄輪 P.329

료칸 쿠니사키소우 旅館国東荘

미유키노유 みゆきの湯 P.330

속버스 차장

호텔 간나와 ホテル鉄輪

효탄 온천 ひょうたん温泉 P.330

구치 口)

규슈 횡단도로 九州横断道路

호텔 산스이칸 ホテル山水館

유메타마테바코 夢たまて筥

규슈 횡단도로 九州横断道路

마루쇼쿠 マルショク

아마미 차야 甘味茶屋 (450m) P.331
카메쇼 쿠루쿠루 즈시 亀正くるくる寿し (700m) P.330

벳푸 가는 법

비행기

벳푸에서 가장 가까운 공항은 약 38km 거리의 오이타 국제공항이다(자동차로 45분). 하지만 운항편이 많지 않아 이용하기 불편하다. 벳푸 시내로 가는 공항 버스는 공항 터미널 밖 2번 승차장에서 탑승하며 항공편 도착 시간에 맞춰 운행한다.

탑승 장소 공항 터미널 밖 2번 승차장
시간 공편 도착 시간에 맞춰 운행, JR 벳푸역 기준 51분 소요
요금 1500¥

고속버스

가장 저렴하고 정류장이 다양하다는 것이 장점이다. 후쿠오카에서는 하카타 버스 터미널(3층 34번 승차장) → 텐진 버스 터미널(3층 5번 승차장) → 후쿠오카 공항 국제선 터미널(10번 승차장) 순으로 경유하며 벳푸에서는 간나와구치(鉄輪口) 혹은 벳푸 기타하마(別府北浜)에서 하차할 수 있다. 장거리 노선이라 산큐 패스 이용자도 반드시 예약해야 한다. 성수기와 주말은 차량 정체로 시간이 더 오래 걸린다.

시간 (하카타 출발 기준) 07:31~21:04(1시간당 1~2대꼴 운행), 2시간 20분~2시간 40분 소요
요금 편도 3250¥

텐진 고속버스 터미널

하카타 버스 터미널

기차

요금이 비싸지만 체력과 시간 소모가 가장 적다. 열차 종류와 시간대에 따라 소요 시간이 다른데, 비싸더라도 직통으로 최단 시간에 갈 수 있는 소닉 열차를 추천한다. 오이타(大分) 방향 소닉(ソニック) 또는 니치린(にちりん) 열차에 탑승한다. JR 규슈 레일 패스 소지자는 지정석을 예매 후 탑승해야 한다.

탑승 장소 (후쿠오카 출발) JR 하카타역 2번 플랫폼, (기타큐슈 출발) JR 고쿠라역 7번 플랫폼
시간 06:21~22:06 운행 / 1시간 45분~2시간 10분 소요 **요금** 6910¥

소닉 883계 열차

소닉 885계 카모메 열차

+ TIP

규슈넷 티켓 할인 기차표 구입하기

공식 홈페이지(https://train.yoyaku.jrkyushu.co.jp)로 들어가 회원 가입을 한 뒤 열차편을 예약할 수 있는데, 할인 티켓으로 발권하면 최대 50% 정도 저렴하다. 단, 탑승 3일 전까지 인터넷 예매 및 결제를 해야 하며 탑승역 지정석 발매기에서 실물 티켓으로 교환해야 한다. 예약 번호, 사용한 신용카드, 전화번호 뒤 네 자리가 반드시 필요하다.

1. 하야토쿠3 早特3(조기 구입 티켓)
가장 저렴한 티켓이다. 단, 선착순으로 판매하기 때문에 서둘러 구입해야 한다. 출발일 한 달 전부터 탑승 3일 전까지만 예매할 수 있다.

2. 규슈넷 티켓 九州ネット
하야토쿠 티켓을 구하지 못했다면 선택할 수 있는 할인 티켓이다. 500¥가량 더 비싸지만 일반 티켓보다는 훨씬 저렴하다.

렌터카

후쿠오카에서 벳푸까지는 도로 상황이 좋은 편이라 운전 초보자도 운전하기 좋다. 우리나라의 하이패스와 비슷한 'ETC'가 포함된 차량을 선택하면 편리하다. 일정 기간 동안 규슈 내 고속도로를 무제한으로 이용하는 KEP를 선택하면 경비를 절약할 수 있다.

벳푸 시내 교통

렌터카

위치가 애매한 식당이나 온천, 리조트, 근교 관광지에 갈 예정이라면 렌터카는 필수다. 다행히 벳푸의 도로망이 매우 단순하고 차량 통행이 많지 않아 초보도 운전하기 쉽다. JR 벳푸역 주변에 다양한 렌터카 회사 사무실이 모여 있어 대여와 반납이 쉬우며 큰길가에 주유소가 많아 주유도 편리하다. 여행 전에 시간을 두고 예약하자. 토요타(トヨタ), 타임스카 렌털(タイムズカー)을 추천한다.

시내 버스

시골이라 운행 편수가 적고 노선이 한정적이지만 관광객이 많이 이용하는 JR 벳푸역~간나와 구간은 배차 간격이 그나마 짧아 버스로 다닐 만하다. 운행 시간이 정확한 편이니 구글맵을 참고하자. 일본 전국 호환 교통카드를 사용할 수 있으며 산큐 패스 이용자는 무료다.

시간 08:00~19:00(노선별, 정류장별로 차이 있음)
요금 이동 거리에 따라 다름(JR 벳푸역~간나와 390¥)

택시

짐이나 일행이 많을 때 이용하면 편리하다. 단, 가까운 거리도 순식간에 요금이 올라가기 때문에 두 번 이상 탈 경우 렌터카를 이용하는 게 나을 수 있다.

도보

JR 벳푸역 주변과 간나와 지역은 충분히 걸어 다닐 만하다. 단, 한여름에는 걷는 것 자체가 힘들 수 있으니 조심하자.

+ TIP

<벳푸 교통, 이곳만 알면 해결된다!>

1. JR 벳푸역 JR別府駅

JR 열차가 서는 기차역이자 벳푸 교통의 중심지다. 동쪽 출구와 서쪽 출구로 나뉘며 각각 다른 노선버스 정류장이 있다. 스기노이 호텔 무료 셔틀버스도 벳푸역 서쪽 출구에서 출발한다.

2. 간나와 버스 터미널 ① 鉄輪バスターミナル①

간나와 지역 교통의 중심지. 간나와 지역까지 운행하는 주요 노선버스는 이곳을 거쳐 간다. JR 벳푸역, 기타하마 방향 시내버스가 정차한다.

3. 간나와 버스 터미널 ② 鉄輪バスターミナル②

후쿠오카와 후쿠오카 공항으로 가는 고속버스, 피의 연못 지옥 및 묘반, 아프리칸 사파리로 가는 시내버스를 탈 수 있다.

4. 기타하마 버스 센터 北浜バスセンター

버스 회사에 따라 2개의 건물로 나뉘어 있고 버스 정류장도 1번부터 5번까지 다섯 군데로 나뉘어 있으므로 잘 찾아가야 한다.

• 가메노이 기타하마 버스 센터(3번 버스 정류장)

나가사키·후쿠오카에서 온 고속버스 하차와 인포메이션, 후쿠오카·후쿠오카 공항, 나가사키행 버스 티켓도 구입할 수 있다.

• 오이타 교통 벳푸 기타하마 버스 정류장(4번 버스 정류장)

우미타마고·다카사키야마, 오이타 방향 시내버스 탑승과 인포메이션

• 2번 버스 정류장

오이타 공항행 에어라이너 버스(공항버스), 후쿠오카·나가사키 등으로 가는 고속버스와 일반 버스 정류장

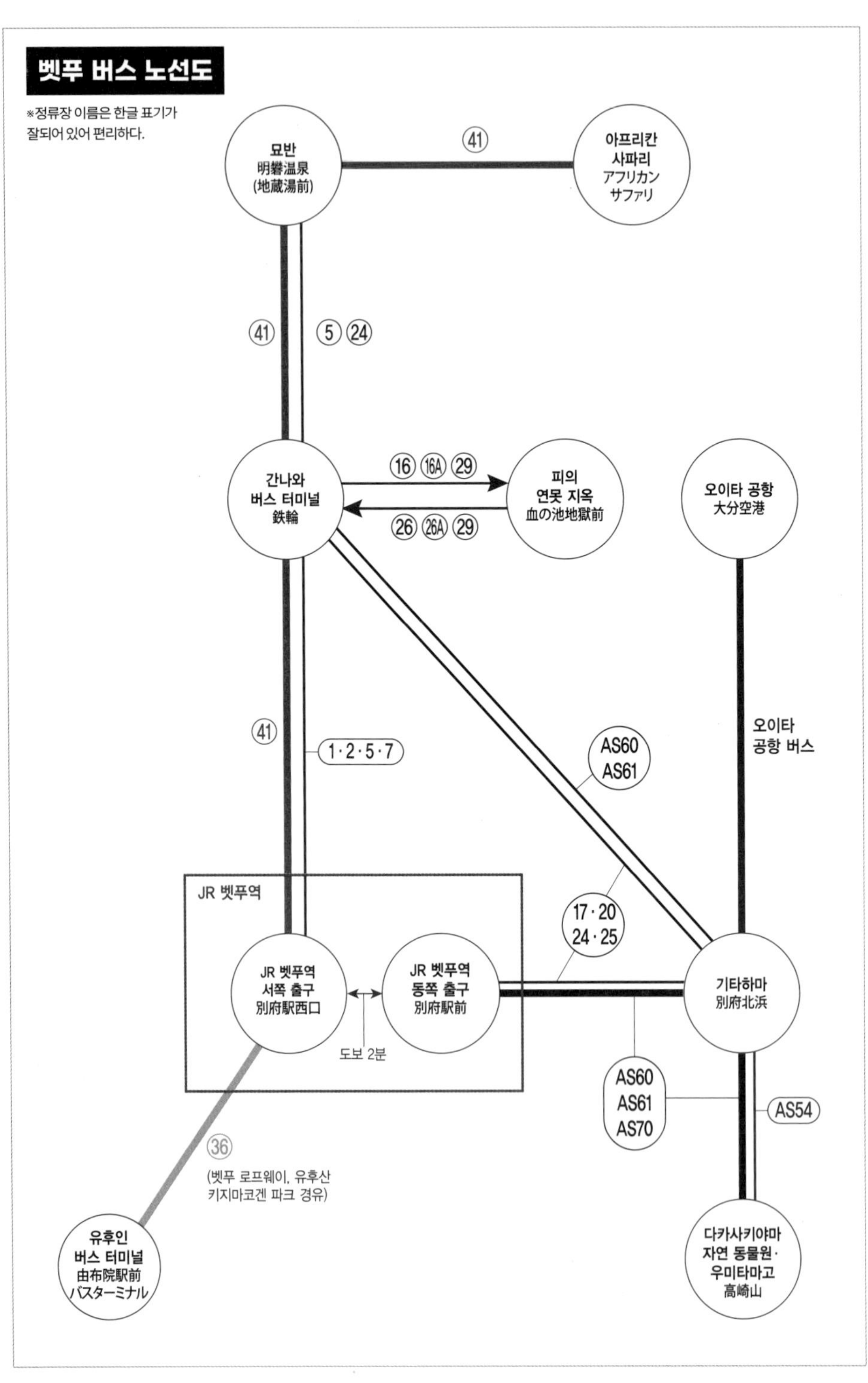
벳푸 버스 노선도
※정류장 이름은 한글 표기가 잘되어 있어 편리하다.
묘반
明礬温泉
(地蔵湯前)
41
아프리칸 사파리
アフリカン
サファリ
41
5 24
간나와 버스 터미널
鉄輪
16 16A 29
26 26A 29
피의 연못 지옥
血の池地獄前
오이타 공항
大分空港
41
1·2·5·7
AS60
AS61
오이타 공항 버스
JR 벳푸역
17·20
24·25
JR 벳푸역 서쪽 출구
別府駅西口
JR 벳푸역 동쪽 출구
別府駅前
도보 2분
기타하마
別府北浜
AS60
AS61
AS70
AS54
36
(벳푸 로프웨이, 유후산 키지마코겐 파크 경유)
유후인 버스 터미널
由布院駅前
バスターミナル
다카사키야마 자연 동물원·우미타마고
高崎山

벳푸 타워

別府タワ

벳푸를 상징하는 랜드마크 타워로 도쿄 타워, 츠텐카쿠, 하카타 포트 타워 등을 설계한 나이토 다추가 설계해 1957년 완공됐다. 높이 90m의 전망층에서는 벳푸 중심가를 내려다볼 수 있지민 시골이라 크게 볼만한 풍경은 없다. 경관 조명이 들어오는 저녁에 벳푸 타워를 배경으로 사진 찍는 것을 추천.

구글 지도 벳푸 타워

MAP P.315

ⓢ 벳푸역 동쪽 출구에서 도보 10분 ☎ 097-726-1555 ⓘ 09:30~21:00 ⊖ 부정기
ⓨ 성인 800¥, 중·고등학생 600¥, 4세~초등학생 400¥

글로벌 타워

グローバルタワー

비콘 플라자 컨벤션 센터에 있는 100m 높이의 부속 전망대. 벳푸 시가지와 벳푸만의 푸르른 바다가 두 눈 가득 펼쳐진다. 밤에는 아무것도 보이지 않으니 날씨 좋은 날 오후에 올라가보자.

구글 지도 글로벌 타워

MAP P.314

ⓢ 벳푸역 서쪽 출구 버스 정류장에서 3·30번 버스를 타고 호텔 시라기쿠마에 또는 비콘 플라자에서 하차 ☎ 097-726-7111 ⓘ 3~11월 09:00~21:00, 12~2월 09:00~19:00 ⊖ 부정기(악천후에는 휴무) ⓨ 고등학생 이상 300¥, 초등·중학생 200¥, 아동 무료

EATING →

토요츠네 본점

とよ常 本店

창업한 지 100년 가까이 된 일식 전문점. 창업 당시부터 3대째 맛을 이어온 특제 소스를 듬뿍 뿌린 '특상 텐동(特上天丼)'이 가장 인기 있는 메뉴다. 새우튀김 개수에 따라 가격이 달라지는데 3개면 적당하다. 현지인도 줄 서서 먹는 집이라 웨이팅은 있지만 회전이 빨라 생각보다 오래 기다리지 않아도 된다. 예약 불가이며 입구의 대기 리스트에 이름을 적고 기다리면 된다. 한국어 메뉴판이 있다.

구글 지도 토요츠네 본점

MAP P.315

ⓢ 벳푸역 동쪽 출구에서 도보 9분 ⓘ 11:00~21:00 ⊖ 화·수요일
ⓨ 특상 텐동(새우튀김 3개) 1350¥, 덴푸라 정식 1430¥

로바타진

ろばた仁

사시미와 해산물 요리가 특히 맛있는 음식점이다. 저렴한 편이고 인근에 맛집이 몰려 있어 2차, 3차까지 가기에 제격이다. 주말에는 빈자리가 없을 만큼 붐비니 조금 이른 시간에 방문하자. 한국어 메뉴가 있다.

구글 지도 로바타진 본점

MAP P.315

ⓢ 벳푸역 동쪽 출구에서 직진, 토키하 백화점 맞은편, 도보 7분 ☎ 097-721-1768
ⓘ 17:00~23:00
⊖ 연말연시
ⓨ 모둠 사시미 1100¥

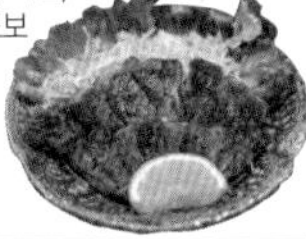

킨타로 스시
金太郎

엄청난 크기의 후토마키로 유명한 집. 양이 워낙 많아서 어지간한 대식가가 아니면 다 먹기가 힘들 정도다. 스시도 다양하지만 가격 대비 만족도가 높지 않은 편. 부부가 운영하는 곳이라 손님이 많으면 음식이 나오기까지 오래 걸린다.

구글 지도 킨타로스시 벳푸

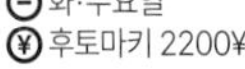
MAP P.315
벳푸역에서 도보 10분
12:00~14:30, 18:00~20:30
화·수요일
후토마키 2200¥

시나노야
茶房 信濃屋

오래된 일본식 전통 가옥을 개조한 카페 겸 밥집으로 벳푸 여행을 좀 더 특별하게 기억하고 싶다면 강력 추천. 벳푸 지역의 향토 요리와 옛날식 디저트를 좋은 분위기에서 맛볼 수 있어 여행객과 현지인 모두에게 사랑받는다. 모든 메뉴가 두루두루 인기 있다.

구글 지도 시나노야

MAP P.315
벳푸역 서쪽 출구에서 도보 6분
097-725-8728 09:00~17:15 목요일
커피 600¥~, 당고지루 정식 1200¥~, 젠자이 800¥

분고 차야
豊後茶屋

오이타현의 향토 요리를 전문으로 하는 곳으로 위치가 좋아서 여행자가 들르기에 딱 좋다. 토리텐동 정식과 분고 정식이 특히 인기 있다. 정식 주문 시 밥 곱빼기는 무료. 입구의 대기자 리스트에 이름과 인원수를 적은 후 기다려야 한다. 키즈 메뉴도 갖춰 아이들과 함께 가기 좋다.

구글 지도 분고차야

MAP P.315
벳푸역 1층 097-725-1800
10:00~22:00 부정기
분고 정식 1450¥, 토리텐 정식 1050¥

소무리
そむり

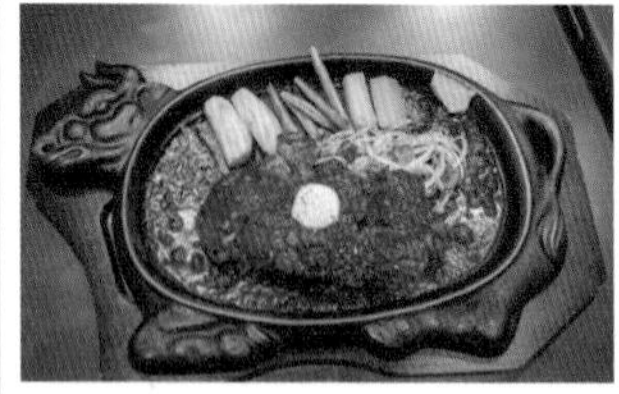

분고규 스테이크가 유명한 집. 육질이 4등급 이상의 최고급 분고규만 사용해 최상의 맛을 낸다. 비싼 가격이 부담된다면 점심시간(11:30~13:30)에만 주문할 수 있는 스테이크 런치를 먹자. 미디엄 사이즈 스테이크와 수프, 샐러드, 커피가 포함된 세트 메뉴로 가성비가 가장 좋다.

구글 지도 소무리

MAP P.315
벳푸역에서 도보 6분 097-724-6830
화~일요일 11:30~13:30, 17:30~20:30
월·수요일(저녁)
스테이크 런치 미디엄 사이즈 3300¥

그릴 미츠바
グリルみつば

벳푸의 역사와 함께해온 전통 양식집. 분고규 스테이크가 이 집의 효자 메뉴다. 튀김 빵가루는 토모나가 팡야의 식빵을 건조해 빻아서 이용하며, 육수는 닭 뼈를 우린 '도리가라'를 기본으로 해 부드러운 맛이 특징이다. 런치 메뉴가 그나마 가성비 좋은 편.

구글 지도 Grill Mitsuba

MAP P.315
벳푸역 동쪽 출구에서 도보 5분 097-723-2887 11:30~14:00, 18:00~20:00 화요일(부정기) 분고규 로스 런치 5400¥

고게츠
湖月

주말만 영업하는 한입 교자 전문점. 작게 빚은 교자 하나에 주력하는 집인데 주문을 받으면 바로 구워 내오니 맛이 없을 수가 없다. 여기에 시원한 맥주 한 잔을 곁들이면 게임 끝. 이 작은 식당에 왜 단골손님이 그토록 많은지 알 것 같다. 현금 결제만 가능하다.

구글 지도 교자 코게츠

MAP P.315
벳푸역에서 도보 5분 097-721-0226
14:00~20:00 월~목요일
야키교자·병맥주 각 600¥

야키니쿠 주주
焼肉寿寿

일반 야키니쿠 집과 다르게 호르몬(내장) 부위와 희귀 부위, 프리미엄 육우에 좀 더 치중한다. 특히 프리토로 호르몬을 비롯한 호르몬 메뉴가 가장 인기 있으며 구로게 와규도 여성들에게 호평받는다. 관광객보다 현지인이 많다는 것도 장점. 현금 결제만 가능.

구글 지도 야키니쿠쥬쥬

MAP P.315
벳푸역에서 도보 5분 097-723-9993
17:30~23:00 월요일
프리토로 호르몬 590¥, 구로게 와규 숙성 프리미엄 히레 2380¥

그린 스폿
グリーンスポット

'일왕이 즐겨 마시던 커피'로 유명한 카페로, 벳푸에 가면 꼭 찾아가야 할 곳이다. 대표 메뉴는 '호박의 여왕(琥珀の女王)'. 48시간 동안 워터 드립으로 내린 커피를 다시 48시간 동안 숙성하는데, 고운 우유 거품을 올려 내온다.

구글 지도 Green Spot

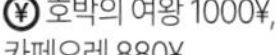

MAP P.315
벳푸역에서 도보 13분, 벳푸 공원 오른쪽 시오야 코포 빌딩 1층
097-725-2079
10:00~18:00 화요일
호박의 여왕 1000¥, 카페오레 880¥

토모나가 팡야
友永パン屋

개업한 지 110년이 된 유서 깊은 빵집. 모든 빵이 베스트셀러일 정도로 맛을 인정받는데 그중에서도 팥빵이 유독 인기가 많다. 속에 든 소에 따라 통팥을 넣은 오구라앙과 팥을 완전히 으깨 넣어 보들보들한 식감이 매력적인 고시안으로 나뉜다. 원하는 빵을 주문지에 적어 제출하는 방식이다. 포장만 가능.

구글 지도 토모나가팡야

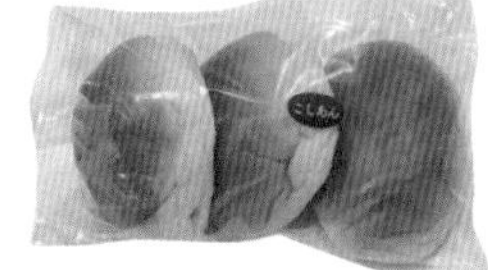

MAP P.315
벳푸역 동쪽 출에서 도보 12분(구글맵 등을 참고)
097-723-0969 08:30~18:00
일요일, 공휴일 빵 90~290¥

카페 나츠메
喫茶なつめ

온천수로 만든, 일명 '온천 커피(温泉コーヒー)'를 판매하는 커피숍으로 55년이 넘는 역사를 자랑한다. 엄선한 생두를 이 집만의 방식으로 자가 배전(커피콩을 직접 볶는 것)해 내리는 것이 원칙. 간카이젠지(観海寺) 온천 지역의 온천물로 만들어 입맛을 돋우고 피부 미용에도 좋다고 한다.

구글 지도 카페 나츠메

MAP P.315
벳푸역에서 도보 7분 097-721-5713
11:00~16:00 수요일 온천 커피 600¥

돈키호테
ドン・キホーテ

최근 생긴 돈키호테 지점으로 밖에서는 커 보이지만 실제로는 2층부터는 주차장으로 이용해 1층이 전부다. 물건이 정신없이 쌓여 있고 길이 복잡해서 길을 잃기에 딱 좋은 환경이지만 어지간한 쇼핑 리스트는 모두 갖추고 있다. 구석구석 잘 살펴볼 것. 다른 돈키호테 지점에 비해 여행객이 적어 오래 기다리지 않아도 된다.

구글 지도 돈키호테 벳푸점

MAP P.315 VOL.1 P.096
벳푸역 동쪽 출구에서 20·23·24·26번 버스를 타고 마토가하마코엔 정류장에서 하차
0570-200-465 09:00~다음 날 02:00 연중무휴

유메 타운 벳푸
ゆめタウン別府

대형 쇼핑센터로 일단 없는 것이 없다. 하지만 이거다 싶은 것도 없다는 것이 흠. 칼디 커피 팜, 유니클로, 다이소, 지유(GU), 빌리지 뱅가드 등이 대표적인 숍. 시내에서 가깝고 대형 마트도 입점해 장을 보기에도 좋다.

구글 지도 유메타운 벳푸

MAP P.315
벳푸역에서 도보 11분 097-726-3333
09:30~21:00 연중무휴

토키하 백화점
トキハ

로프트, 무인양품, 세리아, 벳푸 유일의 스타벅스 매장이 들어선 백화점. 지하에는 넓은 식품 코너가 있다. 라이프스타일 숍을 제외하고는 근처의 유메 타운 벳푸에 가는 편이 훨씬 낫다. 건물이 오래되어 백화점보다는 대형 쇼핑몰 같은 느낌이다.

구글 지도 토키와 백화점 벳푸점

MAP P.315
벳푸역 동쪽 출구에서 도보 7분 097-723-1111 10:00~19:00 부정기

다케가와라 온천
竹瓦温泉

1878년부터 무려 150년 가까이 영업해온 터줏대감 온천. 건물은 1938년에 지은 것으로 근대 산업 문화유산으로 지정된 문화재라는 사실이 놀랍다. 일본 분위기 물씬 풍기는 건물 안에서 온천욕을 하기 위해 여행자들이 몰려드는데, 일반 온천보다 '스나유(모래찜질)'의 인기가 대단하다.

구글 지도 타케가와라 온천

MAP P.315 VOL.1 P.142
벳푸역 동쪽 출구에서 도보 10분 097-723-1585 모래찜질 08:00~22:30(마지막 입장 21:30)
모래찜질 셋째 주 수요일(공휴일인 경우 그다음 날) 모래찜질 1500¥

스기노이 호텔
杉乃井ホテル

호텔이라기보다는 벳푸 여행에서 빼놓을 수 없는 랜드마크. 가장 큰 온천 규모를 자랑하는데 1200평 규모의 '다나유온천'과 야외 온천 수영장인 '아쿠아 가든'에서는 벳푸 최고의 전망이 발아래 펼쳐진다. 다나유는 숙박객이 아니어도 입욕료를 내면 이용 가능하다.

구글 지도 스기노이 호텔

MAP P.314 VOL.1 P.134
ⓢ 벳푸역 서쪽 출구 타임스 카 렌털(노란색 간판) 바로 옆에서 무료 셔틀버스 운행 ☎ 097-778-8888 ⓘ 다나유 투숙객 05:00~24:00, 비투숙객 09:00~23:00 ⊖ 연중무휴 ¥ 숙박객은 입욕료 무료. 요일별, 시기별로 입장료에 차이가 있다. 성인 1900~3100¥, 만 3세~초등학생 1400~2200¥

벳푸 로프웨이
別府ロープウェイ

1,300m의 츠루미산 정상까지 단숨에 올라가는 케이블카. 다섯 군데의 정상 전망소에서 보는 풍경이 압권이다. 모두 둘러보는 데 최소 40분, 넉넉잡아 1시간 정도 걸린다.

구글 지도 벳푸 로프웨이

MAP P.314
ⓢ 벳푸역 서쪽 출구 1번 버스 승차장에서 36·37번 버스를 타고 25분(1시간에 1~2대꼴로 운행, 요금 500¥) ☎ 097-722-2278 ⓘ 09:00~17:00, 20분 간격 운행(11월 15일~3월 14일은 16:30까지) ⊖ 연중무휴 ¥ 성인 왕복 1800¥, 아동 900¥

무겐노사토 슌카슈토(임시 휴업 중)
夢幻の里・春夏秋冬

인적 드문 곳에 자리한 온천. 계절에 따라 온천 분위기와 입욕감이 확연히 달라지는 것이 이곳만의 특징. 남녀 공용탕과 다섯 가지 전세탕을 보유하고 있는데 이곳에서 유일하게 원천이 2개인 호타루노유와 폭포 바로 앞에서 온천을 즐길 수 있는 타키노유가 인기 있다. 예약 불가능. 공사로 임시 휴업 중이니 미리 확인하고 가자.

구글 지도 무겐노사토 온천·슌카슈토(춘하추동)

MAP P.314 VOL.1 P.142
ⓢ 렌터카 없이는 찾아가기 힘듦(가는 길이 복잡해 내비게이션의 도움을 받는 것이 편하다) ☎ 097-725-1126 ⓘ 10:00~18:00(마지막 접수 17:00) ⊖ 부정기(악천후 및 정비일) ¥ 타키노유 3000¥, 게츠노유 2800¥, 호타루노유 2500¥(모든 전세탕은 4명 정원, 60분 사용), 공용탕 성인 700¥

유후산 휴게소
由布岳PA

유후인과 벳푸를 잇는 고속도로에 있는 작은 휴게소. 화장실과 음료 자판기밖에 없는 작은 휴게소지만 주변 풍경이 아름답다. 특히 유후산과 츠루미산의 파노라마 뷰가 좋아서 잠깐 들러볼 만하다. 상행과 하행 모두 휴게소가 있지만 유후인에서 벳푸 방향(하행)의 풍경이 좀 더 멋지다.

구글 지도 Yufudake Parking Area

MAP P.314
ⓢ 렌터카 없이는 찾아가기 힘듦

우미타마고
うみたまご

벳푸 교외에 있는 수족관. 볼거리가 풍부해 가족 단위 여행객이 많이 찾는 관광 명소가 됐다. 다섯 가지 쇼만 챙겨 봐도 입장료가 아깝지 않으니 쇼타임을 꼭 확인하고 가자. 수중 산책, 우미타마 퍼포먼스, 돌고래 퍼포먼스는 놓치지 말자.

구글 지도 우미타마고 수족관

MAP P.314

Ⓢ 토키하 백화점 맞은편의 기타하마 정류장에서 AS60번·AS61 버스를 타고 다카사키야마 시젠도부츠엔마에에서 하차 ☎ 097-285-3020 🕐 09:00~17:00(성수기에는 21:00까지) ⊖ 연중무휴 ¥ 성인 2600¥, 초등·중학생 1300¥, 아동 850¥, 3세 이하 무료

벳푸만 휴게소
別府湾SA(下り)

벳푸행 고속도로에 있는 휴게소. 벳푸만과 벳푸 시내, 츠루미산이 모두 보이는 곳에 자리해 경치가 정말 좋다. 휴게소 안에는 후쿠오카에서 소바로 유명한 '신슈소바 무라타'와 유후인 케이크 맛집 '비스피크'도 있다. 버스 투어를 이용하더라도 이곳을 들르는 업체가 많으니 차에서 내려 경치라도 감상해보자.

구글 지도 벳푸완 서비스 에리어(하행)

MAP P.314

Ⓢ 렌터카 없이는 찾아가기 힘듦
☎ 097-727-8118 🕐 07:00~20:00

다카사키야마 자연 동물원
高崎山自然動物園

1500마리가 넘는 야생 원숭이를 볼 수 있는 동물원. 산의 메인 광장 격인 사루요세바(サル寄せ場)를 두 원숭이 무리가 교대로 이용하는데, 교대 시간을 전후해 '감자 먹이 주기 행사'가 열린다. 이때가 되면 원숭이 울음소리가 온 산에 울려 퍼지는 진풍경이 펼쳐진다.

구글 지도 다카사키야마 자연 동물원

MAP P.314

Ⓢ 기타하마 4번 버스 정류장에서 A560·A561번 버스로 15분 ☎ 097-532-5010 🕐 09:00~17:00 ⊖ 연중무휴 ¥ 성인 520¥, 초등·중학생 260¥

아프리칸 사파리
African Safari

일본 최대 규모의 사파리. 집게로 먹이를 집어 창밖으로 내밀면 먹이를 받아 먹는 야생동물을 관찰할 수 있는 정글 버스가 인기다. 단, 동물들과 교감하는 시간은 10초 이내라 큰 기대는 금물. 정글 버스가 워낙 인기라 오픈런 필수다.

구글 지도 아프리칸 사파리

MAP P.314

Ⓢ 벳푸역 서쪽 출구 앞 2번 버스 승차장에서 아프리칸 사파리행 41번 버스 승차 ☎ 097-848-2331 🕐 3~10월 09:00~16:00, 11월~다음 해 2월 10:00~15:00 ⊖ 연중무휴(폭설, 폭우 등 악천후 시 폐장) ¥ 입장료 성인 2600¥(입장료와 정글 버스 요금은 별도), 4세 이상 1500¥

하모니랜드
ハーモニーランド

산리오 테마파크. 어딜 가나 산리오 캐릭터로 도배되어 있고 유아용 어트랙션으로 이루어져 아이들의 만족도가 높은 편. 공원 내 먹을거리도 다양하고 생각보다 맛있다. 여행사에서 티켓을 미리 구입하면 저렴하다.

구글 지도 하모니랜드

MAP P.314

Ⓢ 버스와 열차 모두 교통편이 좋지 않아 렌터카 추천 🕐 10:00~17:00(야간 오픈 시 20:00까지)
⊖ 수·목요일
¥ 3600¥(4세 미만 무료)

ZOOM ———————— IN

지옥 순례 한눈에 보기

테마와 특성이 다른 여덟 곳의 지옥 온천을 둘러보는 일정을 '지옥 순례'라고 한다. 모두 둘러볼 필요는 없고 두세 군데만 가보면 충분하다. 가마솥 지옥, 바다 지옥이 특히 인기다. 나머지는 시간이 넉넉하다면 둘러보자. 무료 족욕장을 갖춘 곳이 많아 수건을 챙겨 가면 요긴하다.

Ⓨ 개별 티켓(지옥 한 곳당) 성인 450¥ /
지옥 7개 통합 티켓(2일 이내 지옥 온천당 1회씩 입장 가능)
성인 2200¥, 초·중학생 1000¥

바다 지옥 즐기기

지고쿠무시 야키 푸링(地獄蒸し焼きプリン)은 바다 지옥의 온천 증기로 만든 푸딩으로 일반 푸딩과 맛이 조금 다르다. 증기로 찐 만두도 인기. 엔만노유(えんまんの湯)는 바다 지옥의 온천수를 가루로 만든 입욕제다.

가마솥 지옥 즐기기

온천 사이다와 온천 달걀, 가마도 지고쿠 오리지널 푸딩이 인기. 무료 족욕을 해보자. 참고로 이른 시간일수록 수질이 확실히 좋다.

피의 연못 지옥 즐기기

지노이케 연고(血の池軟膏)는 습진, 무좀, 가려움증, 화상 등 피부 질환 완화에 효과가 있는 연고로 다른 곳에서 쉽게 구할 수 없어 선물로도 좋다.

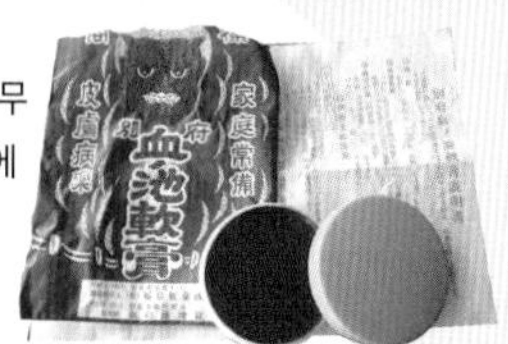

바다 지옥
海地獄

자꾸 보면 바다인 줄 착각하게 되는 코발트빛 지옥 연못과 여름이면 가시연꽃으로 뒤덮이는 연못 풍경이 아름다운 지옥 온천. 8개 지옥 온천 중 볼거리가 가장 많으며 일본 국가 명승지로 지정되어 있다. 기념품점이 지옥 온천 중 가장 규모가 커 쇼핑을 하기도 좋다. 무료 족욕장도 있다.

구글 지도 우미 지고쿠(바다지옥)

MAP P.316
간나와 버스 터미널에서 도보 9분 097-766-0121 08:00~17:00 연중무휴 성인 450¥

산 지옥
山地獄

산 중턱에서 온천 증기가 기둥처럼 피어오르는 지옥. 온천 자체보다 온천 증기를 이용해 키우는 다양한 동물이 볼거리인데 굳이 시간 들이고 돈 써가며 볼 가치는 없다. 아이와 동행한다면 한 번쯤 들를 만하다. 지옥 순례 통합 입장권으로 입장할 수 없으며 요금을 별도로 지불해야 한다.

구글 지도 산 지옥

MAP P.316
간나와 버스 터미널에서 도보 8분 097-766-1577 08:00~17:00 연중무휴 성인 500¥, 초·중·고등학생 300¥

가마솥 지옥
かまど地獄

지역 토속 신인 '가마도 하치만'에 제사 지낼 때에 올릴 밥을 90°C가 넘는 이곳 온천 증기로 지었다고 해서 '부뚜막 지옥'이라고 불리던 지옥 온천. 거대한 솥과 가마도 도깨비 조형물, 온도에 따라 코발트빛과 에메랄드빛, 주황색 등 다른 색을 띠는 온천이 주요 볼거리. 매점과 무료 족욕장도 갖추었다.

구글 지도 가마도 지고쿠(가마솥지옥)

MAP P.316
간나와 버스 터미널에서 도보 5분 097-766-0178 08:00~17:00 연중무휴 성인 450¥

흰 연못 지옥
白池地獄

특이하게 물이 흰색인 지옥 온천이다. 온천수가 분출될 때는 무색이지만 온도와 압력 차에 따라 점차 흰색과 청백색으로 변하는 것으로 과학적 가치를 인정받아 국가 명승지로 지정됐다. 온천수의 색깔이 조금씩 변해가는 모습을 지켜볼 만하다.

구글 지도 Shiraike Jigoku

MAP P.316
간나와 버스 터미널에서 도보 3분 097-766-0530 08:00~17:00 연중무휴 성인 450¥

도깨비 산 지옥
鬼山地獄

1923년 일본 최초로 온천 열기를 이용해 악어 사육을 시작했다고 해서 '악어 지옥'이라고도 불린다. 수온 99°C의 지옥 연못을 중심으로 70여 마리의 악어가 살고 있으며 악어에게 먹이를 주는 모습을 볼 수도 있다.

구글 지도 오니야마 지고쿠(귀산 지옥)

MAP P.316
ⓢ 간나와 버스 터미널에서 도보 4분 ☎ 097-767-1500 ⓣ 08:00~17:00 ⊖ 연중무휴 ¥ 성인 450¥

스님 머리 지옥
鬼石坊主地獄

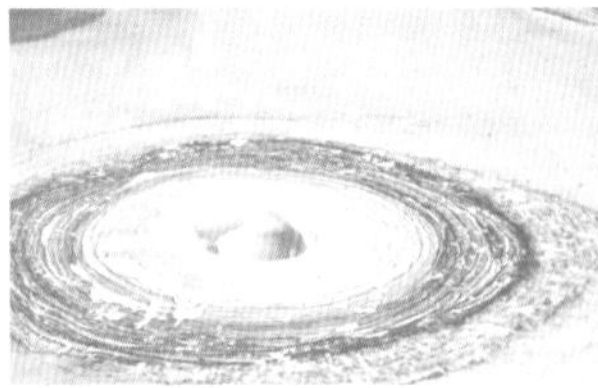

보글보글 뜨거운 진흙이 끓어오르는 모습이 흡사 스님의 머리 같다고 해서 이런 이름이 붙었다. 생각보다 규모가 작고 스님의 머리도(?) 작아서 크게 기대했다가는 실망할 수도 있다. 무료 족욕장을 갖추었다.

구글 지도 Oniishi Bozu Jigoku

MAP P.316
ⓢ 간나와 버스 터미널에서 도보 9분 ☎ 097-727-6655 ⓣ 08:00~17:00 ⊖ 연중무휴 ¥ 성인 450¥

소용돌이 지옥
龍巻地獄

30~40분 간격으로 온천수가 치솟는 광경을 볼 수 있다. 볼거리가 적지만 유일한 간헐천이라 가볼 만한 가치가 충분하다.

구글 지도 회오리 지옥

MAP P.317
ⓢ 간나와 버스 터미널②에서 16·16A·29번 버스를 타고 6분 ☎ 097-766-1854 ⓣ 08:00~17:00 ⊖ 연중무휴 ¥ 성인 450¥

피의 연못 지옥
血の池地獄

피와 지옥. 무시무시한 단어 2개가 합쳐지니 이름만으로도 살벌하다. 원천 부근의 점토층이 온천수와 섞이며 피바다(?)를 이루어 이런 이름이 붙었는데, 맑은 날에는 실제로 온천수의 색깔이 피와 비슷해 보인다.

구글 지도 Chinoike Jigoku

MAP P.317
ⓢ 간나와 버스터미널②에서 16번 또는 16A·29번 버스를 타고 6분 ☎ 097-766-1191 ⓣ 08:00~17:00 ⊖ 연중무휴 ¥ 성인 450¥

지고쿠무시코보 간나와
地獄蒸し工房 鉄輪

펄펄 끓어오르는 온천수를 이용해 찜 요리를 해 먹을 수 있는 곳. 직접 쪄야 해서 번거롭지만 오히려 그게 매력이다. 배부르게 먹으려면 1명당 3000¥은 필요하다.

구글 지도 Jigokumushikobo Kannawa

MAP P.317
ⓢ 벳푸역 동쪽 출구 바로 오른쪽에 보이는 버스 승차장에서 15·16·20·24·25번 등 간나와 방향 버스를 타고 30분 ☎ 097-766-3775 ⓣ 10:00~19:00(L.O 18:00) ⊖ 셋째 주 수요일 ¥ 찜통 기본 임대료(15분/소) 400¥, 세트 메뉴 1800~2200¥

효탄 온천
ひょうたん温泉

일본 유일의 미슐랭 가이드 3 스타 온천. 입욕료만 내면 실내탕과 노천탕, 온천 증기 사우나 등을 모두 즐길 수 있고, 추가 요금을 내면 온도별 모래찜질도 할 수 있다. 워낙 많은 여행자가 찾기 때문에 시간대별로 수질의 차이가 있으므로 가급적 이른 시간에 가는 것이 좋다.

구글 지도 효탄 온천

MAP P.317 VOL.1 P.142
간나와 버스 터미널에서 도보 5분
097-766-0527 09:00~24:00 부정기
입욕료 13세 이상 1020¥, 초등학생 400¥ / 스나유(모래찜질) 760¥ / 가족탕 3명 1시간 2400¥

미유키노유
みゆきの湯

여덟 가지 유형의 전세탕을 운영하는 온천. 네 가지 실내탕과 네 가지 노천탕으로 구분돼 있는데, 실내가 넓고 4명까지 이용 가능한 탕이 대부분이라 가족 단위 여행객이 많이 찾는다. 입구에서 자판기로 입욕 요금을 결제한 다음 직원의 안내에 따라 입장하면 된다.

구글 지도 Miyuki No Yu

MAP P.317
간나와 버스 터미널에서 도보 2분 097-775-8200 11:00~20:00(토·일요일, 공휴일은 10:00~) 연중무휴 노천탕 1시간 2100~2600¥, 실내탕 1시간 2100¥(시간과 요일에 따라 다름)

오니이시노유
鬼石の湯

시간을 잘 맞추면 온천을 독차지하는 호사를 누릴 수 있는 비밀스러운 온천. 1개의 실내탕과 2개의 널찍한 노천탕으로 이뤄져 있고 시설도 잘 유지되고 있다. 지옥 온천 순례를 마치고 들르기에 좋은 위치다. 물품 보관함이 널찍해 당일 여행 시에 제격.

구글 지도 오니이시노유

MAP P.316
간나와 버스 터미널에서 도보 12분, 도깨비 바위 스님 지옥 매표소 옆길 097-727-6656
10:00~22:00 부정기 성인 620¥, 초등학생 300¥, 유아 200¥ / 가족탕 4명 1시간 2000¥

간나와무시유
鉄輪むし湯

가마쿠라 막부 시대의 전통 방식을 고수하는 온천 증기 사우나. 샤워 후 가운을 걸친 채 이용하는데, 혈액순환을 촉진하는 약초인 석창포와 온천 증기가 만나 효과가 극대화되어 신경통, 관절염 등에 특히 좋다.

구글 지도 칸나와 무시유

MAP P.317
간나와 버스 터미널에서 도보 2분 097-767-3880 06:30~20:00(마지막 입장 19:30)
넷째 주 목요일(공휴일인 경우 그다음 날) 입욕료 700¥, 유카타 대여 220¥, 수건 대여 310¥

카메쇼 쿠루쿠루 즈시
亀正くるくる寿し

벳푸에서 가장 인기 있는 스시 집. 재료가 아주 신선하고 맛도 훌륭하다. 스시 종류가 70여 가지에 이르고 디저트와 사이드 메뉴도 다양해 늘 손님들로 북적인다. 예약이 불가능하기 때문에 직접 가서 대기자 명단에 이름을 올리고 기다려야 한다. 오픈런을 하지 않으면 최소 2시간 이상 기다려야 할 수 있다. 오후 4시가 넘어가면 인기 메뉴는 품절되는 일이 많다. 키오스크로 주문해야 한다.

구글 지도 카메쇼 쿠루쿠루 스시

MAP P.317
벳푸역 동쪽 출구 버스 정류장에서 24번 버스를 타고 20분 또는 간나와 버스 터미널에서 24번 버스를 타고 5분, 유노카와구치(湯の川口) 정류장에서 하차(1시간에 1대꼴로 운행) 097-766-5225
11:00~21:00(L.O 20:30) 수요일(공휴일인 경우 그다음 날) 스시 253~550¥

아마미 차야
甘味茶屋

예쁘게 꾸민 디저트 카페로 오이타 지역 명물 음식과 전통 다과를 주로 판다. 당고지루 정식, 젠자이, 말차 파르페를 추천한다. 사실 뭘 먹어도 분위기 덕에 더 맛있게 느껴지는 경향이 있다.

구글 지도 아마미차야

MAP P.317

Ⓢ 간나와지역에서 자동차로 5~10분 ⊖ 097-767-6024 ⊙ 10:00~21:00 ⊖ 12월 31일, 1월 1일 ¥ 당고지루 정식 1280¥, 말차 파르페 800¥

오카모토야 매점
岡本屋売店

원조 지옥 찜 푸딩으로 유명한 집. 묘반 온천 지역의 지열로 찐 푸딩으로 캐러멜 소스의 단맛을 조금 줄이고 부드러운 식감을 살린 것이 특징이다. 한입 맛보면 일본 10대 푸딩으로 선정되었다는 사실을 인정할 수 있을 듯. 매점 너머로 보이는 풍경이 좋아 쉬어 가기에도 좋다.

구글 지도 오카모토야 지옥찜푸딩

MAP P.314

Ⓢ 벳푸역 동쪽 출구에서 24번 버스를 타고 묘반에서 하차 ⊖ 097-766-3228 ⊙ 08:30~18:30 ⊖ 연중무휴 ¥ 지고쿠무시 푸딩 440¥, 온센 타마고 1350¥

도요켄
東洋軒

토리텐의 발상지. 일본 왕의 식탁에도 올랐을 만큼 맛으로 인정받았다. 합성 보존료와 첨가물을 전혀 넣지 않고 천연 재료만으로 요리하며 밥과 국, 샐러드를 포함한 토리텐 정식 세트가 특히 가격에 비해 훌륭한 편. 카보스(유자의 일종) 소스나 식초, 간장에 찍어 먹으면 더 맛있다.

구글 지도 토요켄

MAP P.314

Ⓢ 벳푸역 동쪽 출구에서 24번 버스를 타고 후나코지에서 하차해 도보 5분 ⊖ 097-723-3333 ⊙ 11:00~15:00, 17:00~21:00 ⊖ 부정기 ¥ 토리텐 정식 세트 1472¥

스이텐
水天

카메쇼 쿠루쿠루 즈시의 유명세에 밀리지만 오래 기다리지 않고 보통 이상의 스시를 먹으려면 이곳이 나을 수도. 매장이 넓고 깨끗해 쾌적하게 식사할 수 있다는 점도 장점이다. 세트 메뉴보다 단품 메뉴를 여러 가지 고르는 것이 낫다.

구글 지도 스이텐

MAP P.314

Ⓢ 렌터카로 10번 국도를 타고 가다 규슈 횡단도로로 우회전 ⊖ 097-721-0465 ⊙ 월~금요일 11:00~14:00, 17:00~21:00, 토·일요일·공휴일 11:00~14:30, 17:00~21:00 ⊖ 부정기 ¥ 스시 143~759¥

EXPERIENCE →

유야 에비스
湯屋えびす

온천의 고장 벳푸에서도 드문 유황 온천을 즐길 수 있다. 수질이 좋고 유황 농도가 짙은 덕에 고릿한 냄새가 이틀은 가는 점도 꽤 즐거운(?) 경험이다. 언덕 위의 다른 건물에서 일반 온천도 운영한다(23:00까지 영업 / 성인 1300¥, 중학생 600¥, 초등학생 400¥).

구글 지도 유야 에비스

MAP P.314 VOL.1 P.142

Ⓢ 벳푸역 동쪽 출구 오른쪽 버스 승차장에서 24번 버스를 타고 묘반에서 하차 ⊖ 097-767-5858 ⊙ 11:00~20:00 ⊖ 수요일 ¥ 1시간 2000¥(자쿠지가 있는 탕은 2300¥), 토·일요일·공휴일 2500¥

유노사토
湯の里

벳푸에서 가장 고지대인 묘반 지역에서도 하늘과 가장 가까운 노천 온천이라서 시야가 탁 트이는 느낌이 압도적이다. 피부 미용, 부인병 등 여성의 미용과 건강에 특히 효험이 있는 것으로 알려져 있다. 단, 온천 말고는 즐길 거리가 없다.

구글 지도 Myoban Onsen Yunosato Open-air

MAP P.314

Ⓢ 벳푸역 동쪽 출구 오른쪽 버스 승차장에서 24번 버스를 타고 묘반에서 하차 ⊖ 097-766-8166 ⊙ 10:00~21:00(마지막 입장 20:00) ⊖ 부정기 ¥ 성인 600¥, 4세~초등학생 300¥

10 KITA KYUSHU

기타큐슈(고쿠라 & 모지코 & 시모노세키)

기타큐슈는 규슈 제2의 도시로 규슈(九州)와 혼슈(本州)섬을 잇는 위치라 오래전부터 상공업이 발달했다. 기타큐슈 여행의 중심은 역시 고쿠라역이다. 후쿠오카에서 신칸센으로 20분 거리라 가깝고, 반경 1~2km 안에 주요 관광지가 모여 있어 뚜벅이 여행자들에게 사랑받는다. 시간이 남는다면 규슈 최북단에 있는 모지코와 혼슈섬 최서단의 시모노세키도 돌아보자. 은근 예쁜 장소가 많고 두 섬을 넘나들며 여행하는 재미도 남다르다.

COURSE

고쿠라 핵심 당일치기 코스

고쿠라 시내의 핵심만 빠르게 둘러보는 코스다. 대부분 걸어야 하기 때문에 편한 차림은 기본. 짐은 최소한으로만 가져가자. 후쿠오카에서 신칸센으로 왕복한다고 가정했을 때, 6~8시간 정도면 넉넉하다. 아침 식사는 하카타역 인근 식당에서 해결하거나 에키벤을 사서 신칸센 안에서 먹는 것을 추천.

① 고쿠라역

#관광 #쇼핑 코인 로커에 짐부터 맡기고 여행 시작! 역 곳곳에 <은하철도 999> 포토 존과 동상이 있다.

② 시로야

#식사 고쿠라에서 가장 유명한 빵집인 시로야 빵지 순례를 놓치지 말자.

③ 우오마치 상점가

#쇼핑 드러그스토어, 칼디 등 인기 있는 숍을 차례로 둘러보자.

4-A 스케상 우동

#식사 기타큐슈에서 시작한 체인 우동 집. 니쿠고보텐 우동(고기 우엉튀김 우동)이 유명하다.

4-B 이나카안 본점

#식사 좀 더 조용한 분위기에서 식사하고 싶다면 이곳으로. 합리적인 가격에 장어덮밥을 맛볼 수 있다.

⑤ 단가 시장

#관광 #식사 기타큐슈의 부엌이라는 별명이 있는 전통시장. 어묵은 반드시 먹어보자.

⑥ 고쿠라 성

#관광 도심 한가운데 자리한 오래된 성. 천수각에 올라보자.

⑦ 리버워크 기타큐슈 & 로피아

#관광 #쇼핑 지하 1층 로피아에서 쇼핑하는 것도 잊지 말자.

COURSE

모지코 & 시모노세키 핵심 당일치기 코스

기타큐슈 근교에 있는 모지코와 시모노세키를 하루 만에 완전 정복할 수 있는 코스. 후쿠오카에서 출발할 경우 신칸센과 일반 열차를 타고 시모노세키역으로 간 다음 시내버스를 타는 것이 더 편하다. 새벽 일찍부터 서둘러 가라토 시장 오픈 시간에 맞춰야 한다.

#식사 모지코에서 가장 유명한 야키카레집. 복어튀김, 바나나 맥주 등도 맛있다. 웨이팅 40분 이상.

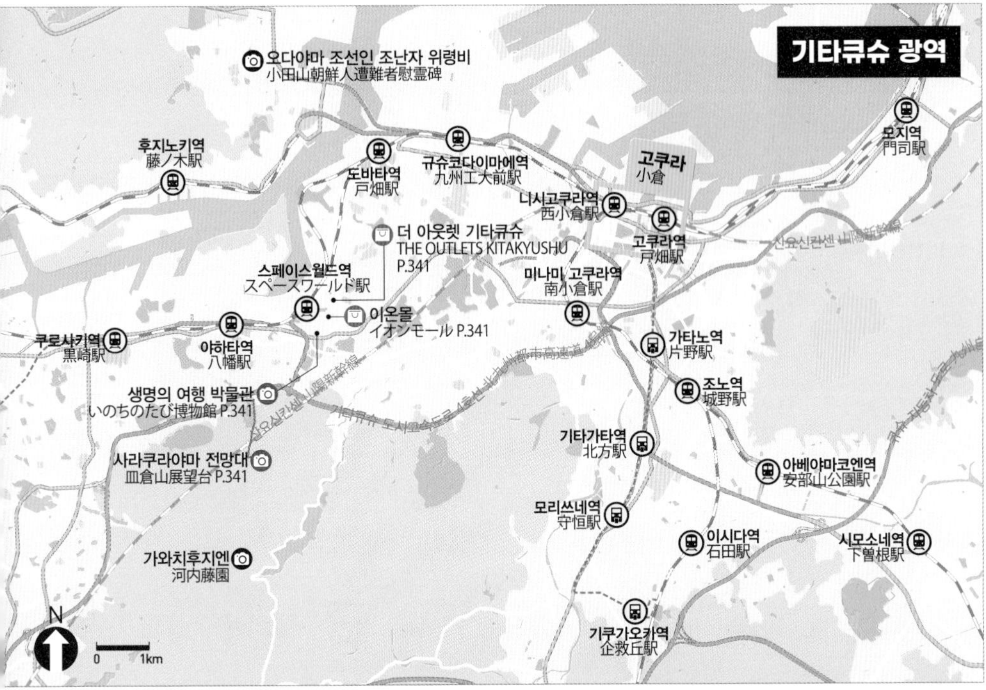
기타큐슈 광역
오다야마 조선인 조난자 위령비
小田山朝鮮人遭難者慰霊碑
모지역
門司駅
후지노키역
藤ノ木駅
도바타역
戸畑駅
규슈코다이마에역
九州工大前駅
고쿠라
小倉
니시고쿠라역
西小倉駅
고쿠라역
戸畑駅
산요신칸센 山陽新幹線
더 아웃렛 기타큐슈
THE OUTLETS KITAKYUSHU
P.341
스페이스월드역
スペースワールド駅
미나미 고쿠라역
南小倉駅
이온몰
イオンモール P.341
쿠로사키역
黒崎駅
야하타역
八幡駅
가타노역
片野駅
조노역
城野駅
생명의 여행 박물관
いのちのたび博物館 P.341
기타가타역
北方駅
사라쿠라야마 전망대
皿倉山展望台 P.341
아베야마코엔역
安部山公園駅
모리쓰네역
守恒駅
이시다역
石田駅
시모소네역
下曽根駅
가와치후지엔
河内藤園
기쿠가오카역
企救丘駅
N
0 1km

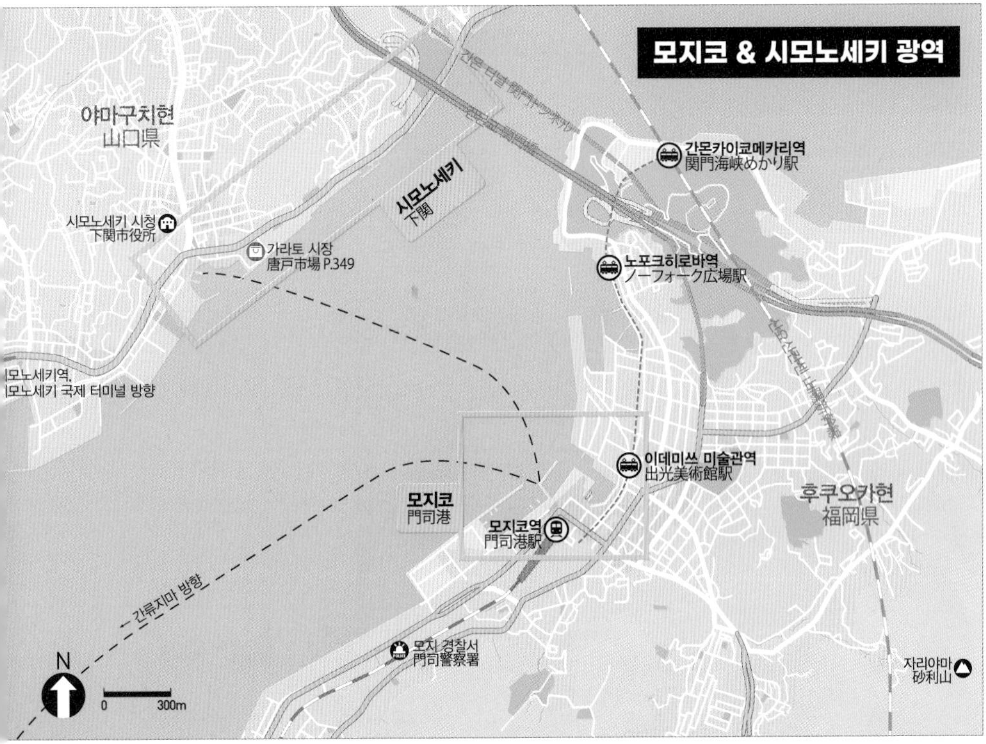
모지코 & 시모노세키 광역
간몬 터널 関門トンネル
야마구치현
山口県
간몬카이쿄메카리역
関門海峡めかり駅
시모노세키
下関
시모노세키 시청
下関市役所
가라토 시장
唐戸市場 P.349
노포크히로바역
ノーフォーク広場駅
산요신칸센 山陽新幹線
시모노세키역,
시모노세키 국제 터미널 방향
이데미쓰 미술관역
出光美術館駅
모지코
門司港
후쿠오카현
福岡県
모지코역
門司港駅
간류지마 방향
모지 경찰서
門司警察署
자리야마
砂利山
N
0 300m

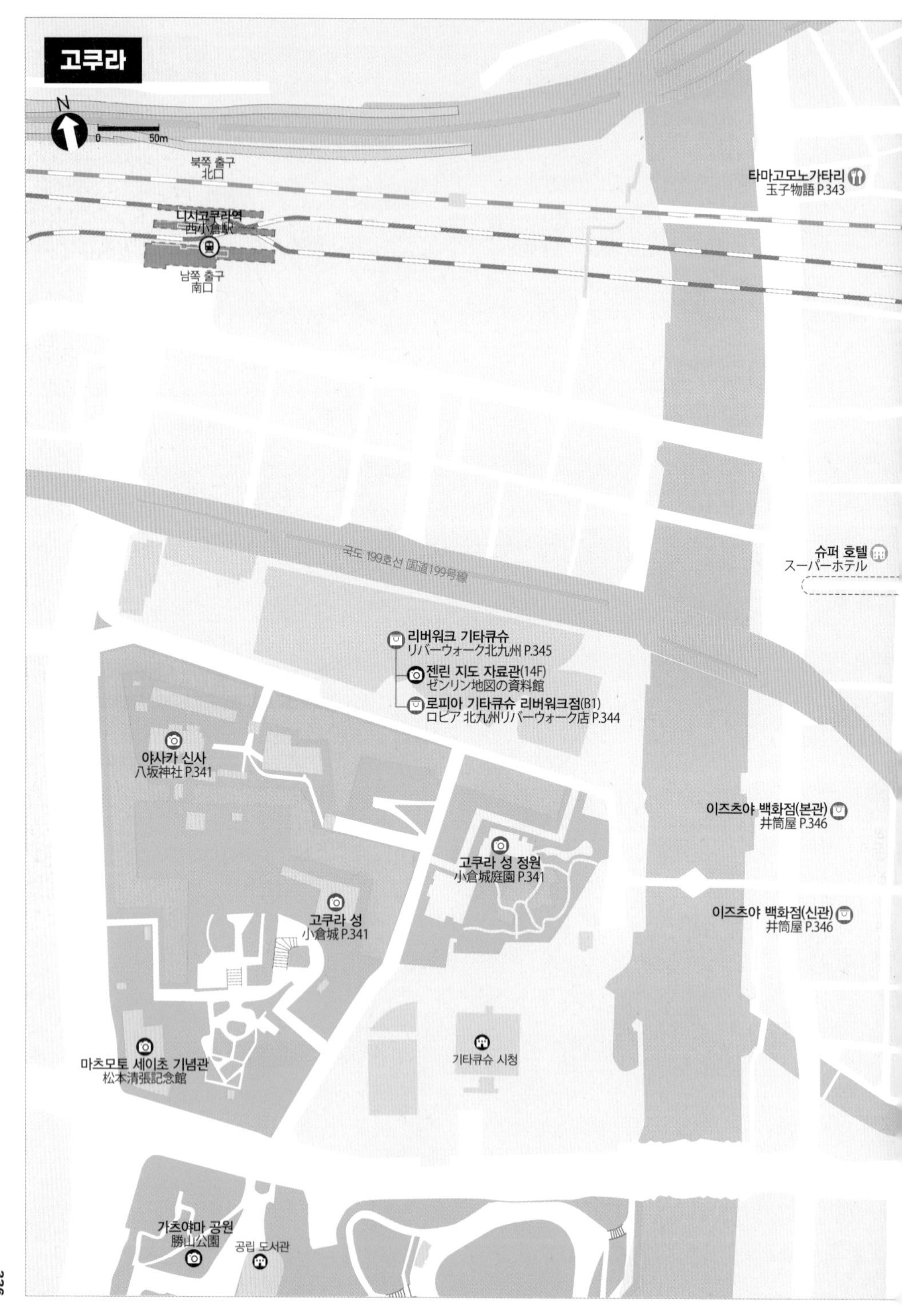
고쿠라
N
0
50m
북쪽 출구
北口
니시고쿠라역
西小倉駅
남쪽 출구
南口
타마고모노가타리
玉子物語 P.343
국도 199호선 国道199号線
슈퍼 호텔
スーパーホテル
리버워크 기타큐슈
リバーウォーク北九州 P.345
젠린 지도 자료관(14F)
ゼンリン地図の資料館
로피아 기타큐슈 리버워크점(B1)
ロピア 北九州リバーウォーク店 P.344
야사카 신사
八坂神社 P.341
이즈츠야 백화점(본관)
井筒屋 P.346
고쿠라 성 정원
小倉城庭園 P.341
이즈츠야 백화점(신관)
井筒屋 P.346
고쿠라 성
小倉城 P.341
마츠모토 세이초 기념관
松本清張記念館
기타큐슈 시청
가츠야마 공원
勝山公園
공립 도서관

+ TIP

은하철도 999 동상 & 멘홀 뚜껑

銀河鉄道999の像

고쿠라는 만화 <은하철도 999>를 만든 마츠모토 레이지가 어린 시절을 보낸 곳이다. 그래서인지 고쿠라역을 중심으로 <은하철도 999> 관련 포토 존과 벤치, 멘홀 뚜껑 등을 쉽게 찾아볼 수 있다.

구글 지도 고쿠라역 999 차장씨의 좌석 벤치

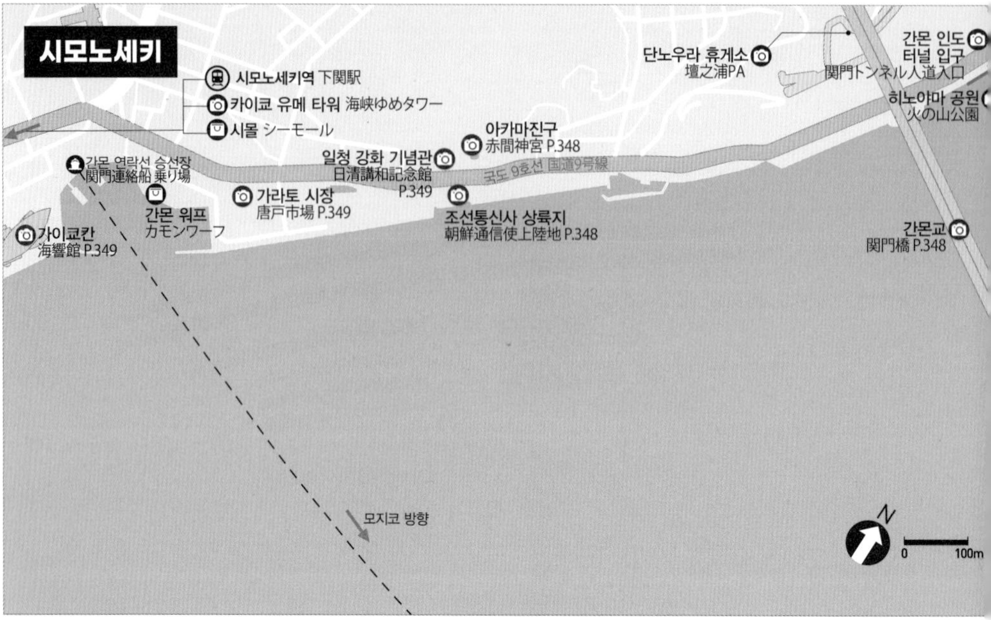

시모노세키

시모노세키역 下関駅
카이쿄 유메 타워 海峡ゆめタワー
시몰 シーモール
간몬 연락선 승선장 関門連絡船乗り場
간몬 워프 カモンワーフ
가이쿄칸 海響館 P.349
가라토 시장 唐戸市場 P.349
일청 강화 기념관 日清講和記念館 P.349
아카마진구 赤間神宮 P.348
국도 9호선 国道9号線
조선통신사 상륙지 朝鮮通信使上陸地 P.348
단노우라 휴게소 壇之浦PA
간몬 인도 터널 입구 関門トンネル人道入口
히노야마 공원 火の山公園
간몬교 関門橋 P.348
모지코 방향
N
0 100m

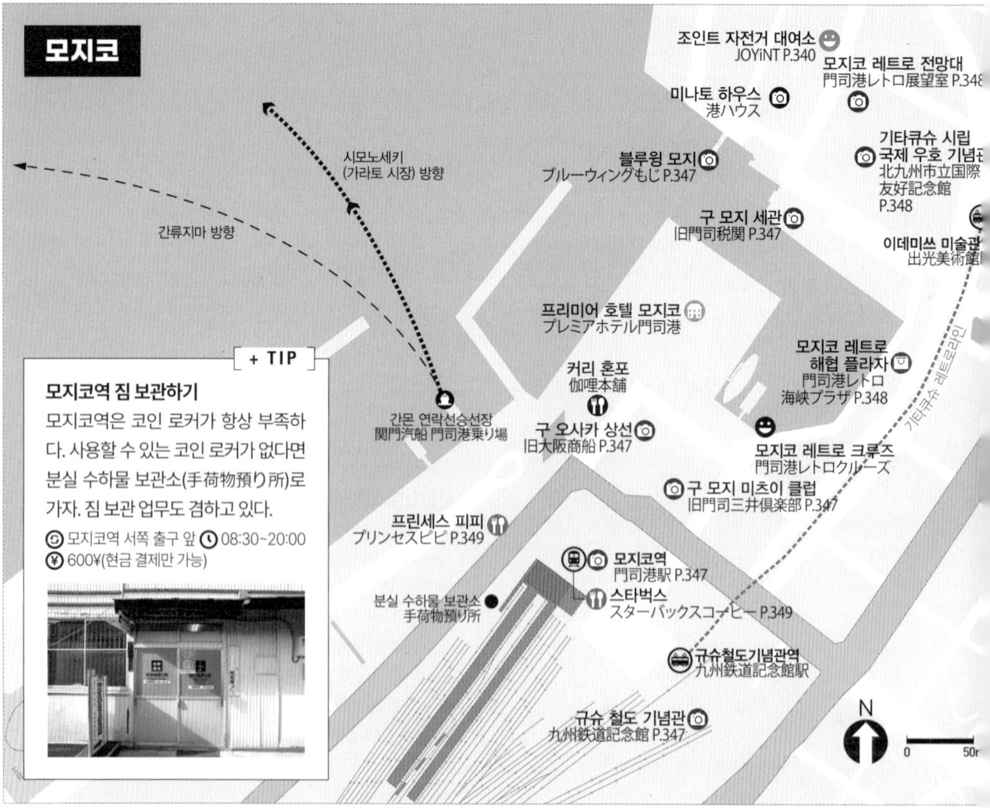

모지코

조인트 자전거 대여소 JOYiNT P.340
모지코 레트로 전망대 門司港レトロ展望室 P.348
미나토 하우스 港ハウス
기타큐슈 시립 국제 우호 기념관 北九州市立国際友好記念館 P.348
블루윙 모지 ブルーウィングもじ P.347
시모노세키 (가라토 시장) 방향
간류지마 방향
구 모지 세관 旧門司税関 P.347
이데미쓰 미술관 出光美術館
프리미어 호텔 모지코 プレミアホテル門司港
모지코 레트로 해협 플라자 門司港レトロ海峡プラザ P.348
커리 혼포 伽哩本舗
간몬 연락선승선장 関門汽船 門司港乗り場
구 오사카 상선 旧大阪商船 P.347
모지코 레트로 크루즈 門司港レトロクルーズ
기타큐슈 레트로라인
구 모지 미츠이 클럽 旧門司三井倶楽部 P.347
프린세스 피피 プリンセスピピ P.349
모지코역 門司港駅 P.347
분실 수하물 보관소 手荷物預り所
스타벅스 スターバックスコーヒー P.349
규슈철도기념관역 九州鉄道記念館駅
규슈 철도 기념관 九州鉄道記念館 P.347
N
0 50m

+ TIP

모지코역 짐 보관하기

모지코역은 코인 로커가 항상 부족하다. 사용할 수 있는 코인 로커가 없다면 분실 수하물 보관소(手荷物預り所)로 가자. 짐 보관 업무도 겸하고 있다.

모지코역 서쪽 출구 앞 08:30~20:00
600¥(현금 결제만 가능)

기타큐슈 가는 법

비행기

우리나라에서 기타큐슈 국제공항(KKJ)까지 진에어가 단독으로 취항하고 있다. 예전에 비해 항공 편수는 줄었지만 후쿠오카 공항이 포화 상태에 이르면 언제든 기타큐슈 노선이 증설될 여지는 있다.

고속버스

산큐 패스 소지자에게 추천하는 교통수단. 가격이 저렴하다. 주말에는 차량 정체가 심해 예상 시간보다 오래 걸리기 일쑤다.

탑승 장소 텐진 고속버스 터미널 5층 2번 승강장
시간 06:00~00:15(10~20분 간격으로 운행) 1시간 30분~2시간 소요
요금 1350¥(심야 24:00부터 2260¥)

JR 일반 열차

시간이 오래 걸려 여행자들에게 추천하지 않는다. JR 하카타역 3번 또는 4번 플랫폼에서 모지코 방향 로컬 열차를 탑승한다.

탑승 장소 JR 하카타역 3·4번 플랫폼
시간 04:56~22:09, 20~30분 간격으로 운행, 약 1시간 25분 소요 **요금** 1310¥

JR 특급 소닉 열차

가성비가 가장 좋은 교통수단으로 JR 규슈 레일 패스 소지자에게 추천한다.

탑승 장소 JR 하카타역 2번 플랫폼
시간 06:16~23:40, 30~40분 간격으로 운행, 45~51분 소요 **요금** 2440¥

신칸센

가장 빠르고 편리한 교통수단. 단거리 노선이라 경험 삼아 타볼 만하다. JR 서일본 관할 산요신칸센 노선이기 때문에 JR 규슈 레일 패스 사용 불가. 자유석으로 예매하면 50% 정도 저렴해 가성비도 좋다.

탑승 장소 JR 하카타역 12·13번 플랫폼
시간 05:51~23:19(5~30분 간격으로 운행) 16~19분 소요 **요금** 자유석 2160¥, 지정석 3870¥

기타큐슈(고쿠라)에서 모지코 가는 법

JR 고쿠라역에서 모지코 방향 열차에 탑승해 JR 모지코역(종점)에서 하차. 15분 간격으로 운행한다.

탑승 장소 JR 고쿠라역
시간 05:55~다음 날 00:31(15분 간격 운행), 약 13분 소요
요금 280¥

모지코에서 시모노세키 가는 법

연락선(페리)을 타는 것이 보편적이다. JR 모지코역에서 3분 거리의 간몬 연락선 승선장에서 가라토 시장행 연락선을 타고 5분이면 시모노세키에 도착한다.

탑승 장소 간몬 연락선 승선장 **시간** 06:59~21:29(20~30분 간격 운행) **요금** 성인 편도 400¥, 아동 200¥(자전거 260¥ 별도)

공항에서 시내로 가기

공항버스

기타큐슈 공항 건물 밖 1번 승차장에서 고쿠라 방향 공항버스를 타면 고쿠라역까지 갈 수 있다. 중간에 정차하지 않고 직행으로 가는 논스톱 편도 있다.

시간 05:45~다음 날 00:15, 일반 53분, 논스톱 33분 소요 **요금** 710¥

기타큐슈 시내 교통

도보

주요 볼거리가 시내 중심가에서 최대 800m 이내에 모두 몰려 있어 고쿠라 시내만 둘러본다면 걸어서 충분히 다닐 수 있다.

모노레일

대부분 도보로 이동 가능하지만 단가 시장에 갈 때는 모노레일을 이용하는 것이 좋다.

시간 고쿠라역 기준 06:07~24:00
요금 이동 거리에 따라 다름(단가 시장 기준 100¥)

JR 열차

사라쿠라야마 전망대나 생명의 여행 박물관, 모지코 등 근교로 나갈 경우에는 JR 열차를 이용하면 된다.

시간 JR 고쿠라역 기준 04:51~23:48(노선 및 행선지에 따라 다름)
요금 이동 거리에 따라 다름(사라쿠야마 전망대 기준 280¥)

+ TIP

고쿠라 교통, 이곳만 알면 된다!

1. 고쿠라역 小倉駅

JR 열차, JR 특급 소닉, 신칸센 등 열차 교통의 중심지. 고쿠라 모노레일 역도 있다.

2. 고쿠라역 버스 센터
小倉駅バスセンター

단거리 시외버스, 기타큐슈 공항버스를 탈 때 외에는 갈 일이 없다.

3. 고속버스 승차장
高速バスのりば

후쿠오카, 벳푸, 유후인 등 주요 도시로 가는 고속버스를 탈 수 있다. 일반 버스 정류장처럼 생겼으니 잘 찾아봐야 한다.

모지코 & 시모노세키의 이색 교통편

모지코와 시모노세키 모두 관광지가 좁은 구역에 몰려 있어 걸어서 충분히 돌아볼 만하다. 하지만 여행 온 기분을 내고 싶다면 색다른 교통수단을 경험해보자.

1. 기타큐슈 레트로 라인 '시오카제호'

규슈 철도 기념관 역에서 간몬 카이쿄 메카리역까지 총 4개의 역을 연결하는 관광 열차로 간몬해협의 시원한 풍경을 감상할 수 있다.

시간 주말과 공휴일에만 한시적으로 운행, 배차 간격 40분
요금 성인 300¥, 아동 150¥

2. 간몬 인도 터널

일본에서 가장 큰 섬인 혼슈(本州)까지 해저 터널로 연결되어 있다. 편도 15~20분은 걸어야 하니 시간 여유가 있다면 시도해보자.

시간 06:00~22:00
요금 보행자 무료

3. 자전거 대여

조인트 자전거 대여소에서 대여할 수 있다. 매우 다양한 자전거가 있는데 체력에 자신이 없다면 전동 자전거 추천.

시간 10:00~18:00(11~3월은 17:00까지)
요금 1일 800~1000¥

사라쿠라야마 전망대
皿倉山展望台

일본 3대 야경 전망대로 꼽힌 곳. 슬로프카를 두 번 타야 닿을 수 있는 정상에 오르면 황홀한 풍경을 만날 수 있다. 산 정상이 매우 추우니 방한용품을 꼭 챙겨 가자.

구글 지도 사라쿠라산 전망대

MAP P.335
Ⓢ 야하타역에서 나와 오른쪽 버스 정류장에서 무료 셔틀버스 탑승(1시간에 1~2대꼴로 운행) Ⓛ 월~금요일 10:00~17:40, 토·일요일·공휴일 10:00~21:40 ⊖ 연중무휴 ¥ 입장료 성인 1200¥, 아동 600¥

생명의 여행 박물관
いのちのたび博物館

기타큐슈 시립 자연사 박물관. 공룡 및 동물 화석과 모형이 전시되어 있어 아이들과 함께 둘러보기 좋다. 한국어 번역 애플리케이션이 있지만 번역의 도움 없이 관람해도 충분히 흥미롭다. 15분에 한번 공연하는 백악기 존 체험은 절대로 놓치지 말자.

구글 지도 기타큐슈시립 이노치노타비 (생명의 여행) 박물관

MAP P.335
Ⓢ 스페이스월드역에서 도보 10분 Ⓛ 09:00~17:00(마지막 입장 16:30) ⊖ 연말연시 ¥ 성인 600¥, 고등학생 360¥, 초등·중학생 240¥, 아동 무료

더 아웃렛 기타큐슈 & 이온몰
THE OUTLETS KITAKYUSHU & イオンモール

패션과 쇼핑에 관심이 있다면 가볼 만한 곳. 우리나라의 기흥 아웃렛과 비슷한 분위기로 현지인들도 가족 단위로 많이 찾는다. 주로 캐주얼 및 스포츠웨어 브랜드가 많으며 식당가도 넓다. 바로 옆 이온몰과 함께 둘러보면 동선이 좋다. 규모가 커 많이 걸어야 하니 마음의 준비를 단단히 하자.

구글 지도 THE OUTLETS KITAKYUSHU

MAP P.335
Ⓢ 스페이스월드역에서 도보 5분 Ⓛ 10:00~20:00 ⊖ 연중무휴

고쿠라
SIGHTSEEING →

고쿠라 성
小倉城

고쿠라 시내 중심에 있는 성(城). 에도 시대 초기(1602년)에 모리 가츠노부가 성곽을 쌓고, 호소카와 다다오키가 천수각 건물을 지어 올렸다. 현재는 천수각과 성벽 일부만 남아 있어 규모가 크지 않지만 산책 삼아 둘러보기 좋다. 천수각 내부를 역사체험이 가능한 민예 자료관으로 꾸며놓았고 천수각 최상층에서 고쿠라 시내의 풍경을 감상할 수 있어 입장료가 아깝지는 않다. 매일 밤 경관 조명이 들어오면 더욱 로맨틱하다. 천수각 바로 앞보다는 리버워크 쇼핑몰 앞이 사진 찍기 좋은 명당이다.

구글 지도 고쿠라성

MAP P.336 VOL.1 P.040
Ⓢ 니시고쿠라역에서 안내 표지판을 따라 도보 10분 Ⓛ 4~10월 09:00~20:00, 11월~다음 해 3월 09:00~19:00(마지막 입장 폐장 30분 전) ⊖ 연중무휴 ¥ 성인 350¥, 중·고등학생 200¥, 초등학생 100¥

+ TIP

고쿠라 성과 함께 보면 좋은 관광지

고쿠라 성 정원
성 바로 옆에 조성된 일본식 정원. 다도 체험도 가능하다.

야사카 신사
경제적으로 번영하게 해준다는 신사. 액운도 쫓아준다고 한다.

차차 타운
チャチャタウン小倉

고쿠라 도심 한가운데 자리한 쇼핑몰. 쇼핑 목적보다는 관람차를 타기 위해 방문하는 사람이 많다. 고쿠라에서 가장 아름다운 일몰을 볼 수 있는 것으로도 유명하며 가격도 저렴해서 부담되지 않는다. 쇼핑몰 안에는 요금이 저렴한 오락실, 마트, 다이소 등도 입점되어 있다.

구글 지도 챠챠타운 코쿠라

MAP P.337
Ⓢ 고쿠라역에서 도보 12분, 또는 고쿠라역 앞 버스 정류장에서 시내버스로 5분 Ⓣ 10:00~20:00
Ⓨ 관람차 300¥, 미취학 아동 무료

스케상 우동
資さんうどん

24시간 영업하는 체인 우동 전문점. 기타큐슈에서 1976년 창업해 일본 전국에 체인점을 거느리고 있다. 이곳이 유명세를 탈 수 있게 만든 니쿠고보텐 우동은 반드시 먹어볼 것. 길쭉한 모양의 우엉튀김을 사용해 우동 국물이 가득 밴 튀김과 바삭한 튀김 모두 맛볼 수 있다. 결제는 키오스크에서 셀프로 하면 된다.

구글 지도 스케상우동 우오마치점

MAP P.337
Ⓢ 헤이와도리역 6·7번 출구 사이 골목으로 들어가면 왼쪽 Ⓣ 24시간 ⊖ 연중무휴
Ⓨ 니쿠 & 고보텐 우동 770¥

시로야
シロヤ

하루 5000개는 거뜬히 팔린다는 샤니 빵과 오믈렛 빵으로 유명한 빵집. 살짝 질긴 듯한 빵 안에 달콤한 연유가 듬뿍 들어 있어 먹고 돌아서면 또 생각난다. 깨가 듬뿍 든 구로고마 프랑스나 버터 빵도 괜찮다.

구글 지도 시로야 베이커리 고쿠라점

MAP P.337
Ⓢ 고쿠라역 고쿠라 성 출구에서 도보 1분
Ⓣ 10:00~18:00
⊖ 1월 1일
Ⓨ 샤니 빵 140¥

이나카안
田舎庵

한국인이 좋아할 만한 식감의 장어덮밥 집. 실내 분위기가 고급스럽고, 직원들의 응대도 괜찮은 수준이라 접대 손님이 많다. 비싼 가격이 부담스럽다면 우나동, 제대로 된 정찬을 즐기고 싶다면 우나주나 가바야키테이쇼쿠를 추천. 장어 양에 따라 가격이 세분화돼 있으며 한국어 메뉴가 있다. 타베로그 500 안에 드는 일본에서도 알아주는 맛집이며 간이 잘 맞기로 유명하다.

구글 지도 이나카안 고쿠라 본점

MAP P.337
Ⓢ 헤이와도리역 4번 출구에서 뒤돌아 첫 번째 골목으로 들어가면 바로
Ⓣ 11:00~20:00 ⊖ 연말연시
Ⓨ 가바야키테이쇼쿠·우나주 각 3520¥, 우나동 2200¥

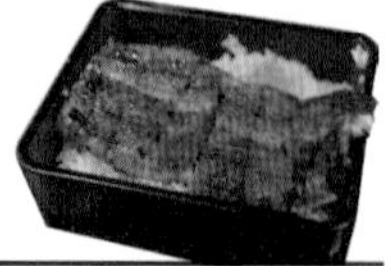

덴스이
てんすい

현지인이 즐겨 찾는 야키니쿠 전문점. 가격이 비싼 편이지만 고기 질이 그만큼 좋다. 오늘의 붉은 살 3종 세트를 비롯한 세트 메뉴의 가성비가 좋지만 최소 2인 이상부터 주문할 수 있다. 나 홀로 여행자는 5000¥ 정도는 각오해야 한다.

구글 지도 텐수이

MAP P.337
고쿠라역 고쿠라 성 출구에서 도보 5분 11:00~14:30, 17:30~23:00(L.O 22:30) 일요일 세트 메뉴 4500¥, 우설 1800¥, 갈비 1000~3000¥

타마고모노가타리
玉子物語

오므라이스 하나로 입소문 난 곳. 재료나 소스에 따라 오므라이스 메뉴가 다양한데 세트 메뉴를 선택하는 것이 유리하다. 이 집 특유의 보들보들한 식감을 제대로 즐기려면 최대한 빨리 먹는 게 관건. 외진 곳에 있어 낮에 방문하는 것을 추천. 현금 결제만 가능.

구글 지도 EGG STORY KOKURA

MAP P.336
고쿠라역 신칸센 매표소 방향 출구에서 도보 5분 11:30~14:30, 18:00~20:00 일요일, 셋째 주 월요일 런치 세트 1300¥(11:30~14:30 주문 가능)

이신
いしん

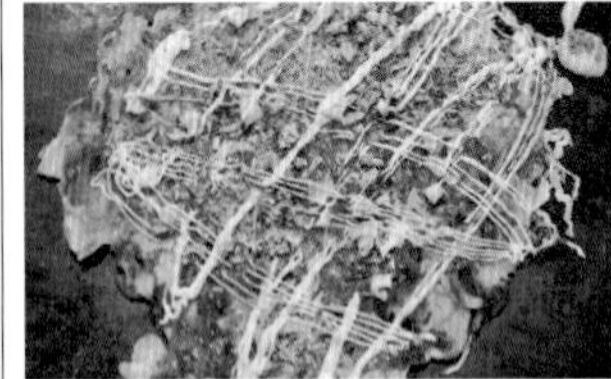

현지인들 사이에서 오코노미야키와 야키 소바가 맛있기로 유명한 집. 돼지고기, 새우, 오징어 등이 푸짐하게 들어 있는 이신야키가 가장 인기고, 돈토로모야시 야키 소바도 맛있다. 간이 센 편이니 밥을 주문하거나 소스를 조금만 뿌리자.

구글 지도 오코노미야끼 이신

MAP P.337
헤이와도리역에서 도보 5분 11:00~20:00 화요일(화요일이 공휴일인 경우 그다음 날) 이신야키 1070¥, 돈토로모야시 야키 소바 850¥

후지시마
ふじしま

튀김 정식 전문점. 현지인이 바글바글한 'ㄷ' 자 모양의 카운터석에 앉으면 현지인의 식탁에 초대된 기분이 든다. 튀김 개수에 따라 세 가지 메뉴로 나뉘고 밥 양에 따라 가격이 세분화되어 있는데 튀김 정식인 덴푸라테이쇼쿠와 새우튀김 정식인 에비덴푸라테이쇼쿠가 인기다.

구글 지도 후지시마

MAP P.337
고쿠라역에서 도보 2분(상호명보다 '天ぷら定食'라 적힌 간판을 찾는 것이 더 빠르다)
10:00~19:00 목요일
덴푸라테이쇼쿠 660~940¥

샌드위치 팩토리 OCM
サンドイッチファクトリーOCM

샌드위치 전문점. 시로야 식빵을 쓰기 때문에 빵의 질이 우수하고, 속에 넣는 재료도 평균 이상의 맛을 낸다. 속 재료를 두 가지까지 선택할 수 있는데 오리지널, 치킨, 새우튀김, 참치가 특히 인기다. 준비한 재료가 소진되면 문을 닫기 때문에 인기 메뉴는 빨리 품절된다.

구글 지도 샌드위치 팩토리 OCM

MAP P.337
헤이와도리역에서 도보 3분
10:00~18:30 연중무휴
샌드위치 410~720¥(속 재료를 두 가지 이상 주문 시 가격이 높은 메뉴로 계산), 음료 300~450¥

수제 햄버그 라루콘
手づくりハンバーグ ラルコーン

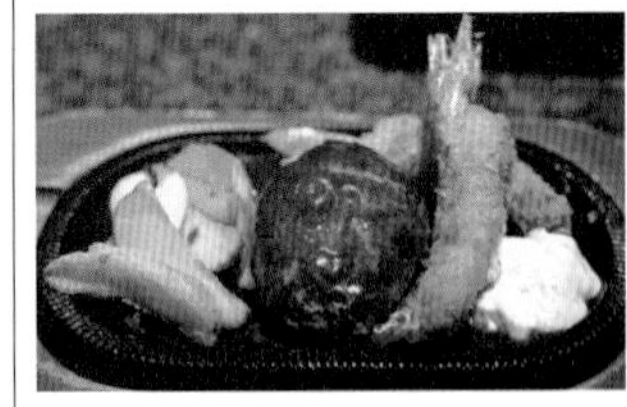

수제 햄버그 전문점으로 다양한 구성의 햄버그 메뉴를 내놓는다. 고로케, 새우튀김, 스테이크 등 아홉 가지 런치 세트 메뉴가 있으며 150¥을 추가하면 음료도 고를 수 있다. 싱글 사이즈로 충분할 만큼 양이 많은 편. 런치 세트 메뉴는 평일 오전 11시부터 오후 3시까지 주문 가능하다.

구글 지도 수제 햄버거 라루콘

MAP P.337
헤이와도리역에서 도보 2분 11:00~22:00 부정기 런치 세트 메뉴 싱글 1188~1562¥, 더블 1716~2090¥

단가 시장
旦過市場

고쿠라를 대표하는 전통시장. 규모가 아주 크지는 않으나 사람 사는 모습을 보며 돌아보기에 더없이 좋다. 생선이며 과일, 반찬을 파는 가게는 우리와 같은 듯 달라 눈길이 가고, 회덮밥이나 어묵 등 싸고 맛있는 길거리 음식이 마음을 빼앗는다. 과연 '기타큐슈의 부엌'이라 불릴 만하다. 주말에는 영업을 하지 않는 곳이 많으니 일정을 짤 때 주의하자.

구글 지도 단가 시장

MAP P.337 VOL.1 P.041
Ⓢ 고쿠라역에서 모노레일을 타고 단가역에서 하차, 1번 출구에서 좌회전 Ⓒ 가게마다 다르지만 대개 평일 08:30~15:00가 황금 시간대 ⊖ 연중무휴

모지코 맥주 공방
門司港地ビール工房

야키 카레와 맥주가 맛있는 집. 각종 대회에서 상을 받은 맥주는 반드시 맛보길 권한다. 맥주와 곁들이기 좋은 음식과 안주가 괜찮다는 평이 많다. 물 대신 바이첸 맥주로 맛을 낸 바이첸 야키 카레도 맛있다. 한국어 메뉴도 준비돼 있다.

구글 지도 모지코 맥주 공방

MAP P.337
Ⓢ 고쿠라역에서 도보 5분
Ⓒ 월~금요일 11:30~14:00, 17:30~22:00 / 주말 11:30~22:00
⊖ 1~4월 둘째·넷째 주 월요일
¥ 바이첸 야키 카레 1300¥, 맥주 레귤러 글라스 550¥

살바토레 쿠오모 & 바
Salvatore Cuomo & Bar

식사 시간이면 기다리는 사람들로 긴 줄이 생기는 이탤리언 레스토랑. 뷔페 음식은 싼 만큼 맛이 없다는 편견을 버리게 할 만큼 '싸고 맛있는 음식'으로 승부하는 런치 뷔페가 유명하다. 갓 구운 화덕 피자와 사이드 메뉴를 입장 후 90분 동안 마음껏 먹을 수 있고, 200¥을 추가하면 드링크 바도 무제한 이용할 수 있다.

구글 지도 SALVATORE CUOMO & BAR 小倉

MAP P.337
Ⓢ 고쿠라역 고쿠라 성 출구에서 도보 4분
Ⓒ 07:00~09:30, 11:30~15:30, 17:30~23:00
⊖ 연중무휴 ¥ 평일 런치 뷔페 1600¥, 주말 런치 뷔페 1800¥

크라운 빵
クラウンパン

현지인들이 즐겨 찾는 빵집. 어떤 빵을 골라도 실패가 없으며 가격이 저렴해서 여러 개 사서 맛보기 좋다. 크루아상이나 연유빵을 추천. 푸르츠 롤과 케이크 등 디저트도 두루두루 인기 있다. 하카타역에서는 오래 기다려야하는 미뇽 크루아상도 가게 밖에서 판매하는데 대기 시간이 훨씬 짧다.

구글 지도 크라운제빵(미뇽)

MAP P.337
Ⓢ 고쿠라역 고쿠라 성 출구에서 도보 2분
Ⓒ 07:00~21:00 ⊖ 부정기
¥ 앙버터 180¥, 팽 오 쇼콜라 250¥

SHOPPING →

로피아 기타큐슈 리버워크점
ロピア 北九州リバーウォーク店

식품 및 공산품, 도시락을 저렴하게 판매하는 대형 마트 체인. 가격이 엄청 저렴한 대신 면세 혜택을 받을 수 없고 현금 결제만 가능하다. 후쿠오카 지점에 비해 손님이 적어서 그나마 여유로운 쇼핑이 가능하다는 것이 가장 큰 장점. 오후 3~4시가 손님이 가장 적다. 의약용품 역시 우오마치 상점가와 가격이 비슷하다.

구글 지도 로피아 기타큐슈리버워크점

MAP P.336
Ⓢ 니시고쿠라역에서 도보 3분, 리버워크 쇼핑몰 지하 1층 Ⓒ 10:00~20:00 ⊖ 부정기

리버워크 기타큐슈
リバーウォーク北九州

대규모 문화 상업 쇼핑몰로 NHK 방송국, 시립 미술관 등이 함께 있다. 건물의 특이한 형태 덕분에 고쿠라의 랜드마크가 되고 있는데, 후쿠오카 캐널 시티를 설계한 유명 건축가 존 저드의 작품이라고. 5층의 루프 가든에 가면 고쿠라의 전경이 한눈에 들어온다.

구글 지도 리버워크 기타큐슈

MAP P.336
니시고쿠라역 남쪽 출구에서 도보 3분 10:00~20:00 연중무휴

아뮤 플라자
アミュプラザ

JR 고쿠라 역사 내에 있는 대형 쇼핑몰. 후쿠오카 아뮤 플라자에 비해 규모는 작지만 러쉬, 맥스밸류 익스프레스(마트), 프랑프랑 등 인기 숍이 포진해 있고, 유료 물품 보관함도 설치돼 있어 쇼핑하기에 편리하다. 일부 점포 면세 가능. 레스토랑이 밀집한 6층에서는 와이파이 무료 이용 가능하다. 면세 카운터는 1층에 있다.

구글 지도 아뮤플라자 고쿠라

MAP P.337
고쿠라역에서 연결 10:00~20:00
부정기

우오마치 상점가
魚町銀天街

헤이와도리역에서 고쿠라역까지 약 400m에 걸쳐 이어지는 아케이드형 상점가. 비가 오나 눈이 오나 쾌적하게 다닐 수 있는 건 기본이다. 굳이 무언가 사지 않아도 슬렁슬렁 걸으며 거리와 사람 구경하는 것만으로 흥미롭다. 골목 구석구석 숨어 있는 맛집을 발견하는 기쁨은 덤.

구글 지도 우오마치 긴텐가이

MAP P.337
고쿠라역 고쿠라 성 출구에서 보행교를 건너 오른쪽. 맥도날드부터 아케이드 상점가가 시작된다.
가게마다 다름, 대개 10:00~20:00

선 드러그
サンドラッグ

현지인에게 인기 있는 드러그스토어. 상품 진열에 통일성이 다소 부족해 원하는 물건을 찾기가 좀 어렵지만 가격대는 저렴한 편이다. 다만 항상 손님이 많아 혼잡하고 정신없는 것이 단점. 5500¥ 이상 구입 후 면세 혜택을 받는다고 생각하면 기타큐슈에서는 이곳이 가장 저렴하다. 일부 제품은 1인당 구입 제한이 있다.

구글 지도 썬드러그 우오마치 긴텐가이점

MAP P.337
우오마치 상점가 내에 위치 09:00~20:30
연중무휴

세인트 시티
セントシティ

패션, 잡화 및 라이프스타일 숍 등이 들어선 대형 쇼핑몰. 지하 1층의 르미에르 마르셰 마트, 1층의 무인양품, 3층의 유니클로, 5층 GU, 6층 로프트 등이 입점되어 원스톱 쇼핑이 가능하다. 한국인이 많이 찾는 브랜드는 대부분 면세 가능.

구글 지도 세인트시티

MAP P.337
고쿠라역 고쿠라 성 출구 바로 앞
10:00~20:00 연중무휴

칼디 커피 팜
Kaldi Coffee Farm

수입 식음료 전문점으로 숨은 꿀템이 많고 커피 시음 행사 등 다양한 행사가 열려 손님이 늘 많다. 가장 주목할 제품은 역시 직접 로스팅한 커피. 오직 칼디에서만 판매하는 오리지널 커피와 수입 식품, 레토르트 제품이 인기 품목. 후쿠오카 지점에 비해 규모는 작지만 외국인이 적어 재고가 널널한 편이다.

구글 지도 칼디 커피

MAP P.337
ⓢ 우오마치 상점가 내에 위치 ⓣ 10:00~20:00
⊖ 부정기

마루와
丸和

1946년 일본 최초의 슈퍼마켓으로 개업해 1979년 가장 먼저 24시간 영업 시스템을 마련한 유서 깊은 곳. 이 인근에서 규모가 큰 편이고 상품도 다양하게 갖추고 있다. 특히 도시락을 반값에 판매하는 밤 8시 이후를 노리면 훨씬 저렴한 가격에 쇼핑할 수 있다. 인력난과 경영 악화로 지금은 24시간 영업을 하지 않으며 상호도 '유메마트 고쿠라'로 바뀌었다.

구글 지도 마루와 고쿠라점

MAP P.337
ⓢ 단가역 1번 출구에서 도보 3분
ⓣ 09:00~22:00 ⊖ 연중무휴

쓰루하 드러그
ツルハドラッグ

드러그스토어 겸 잡화점. 규모가 크고 취급하는 상품이 다양해 웬만한 제품은 여기 다 있다. 우오마치 상점가 내에 있는 드러그스토어에 비해 가격 면에서 메리트가 크지는 않지만, 손님이 많지 않아 여유로운 쇼핑이 가능하다는 것이 가장 큰 장점. 생각보다 넓지만 물건을 찾기 쉽게 진열되어 있다.

구글 지도
Tsuruha Drug Kokurafunaba Shop

MAP P.337
ⓢ 헤이와도리역 6번 출구에서 도보 5분
ⓣ 09:00~22:00 ⊖ 연중무휴

아루아루 시티
あるあるCity

만화와 애니메이션 덕후라면 이곳으로 진격! 게이머스, 멜론북스, 애니메이트, 만다라케 등 대표적인 애니메이션 토이숍이 들어서 있으며, 5층에는 만화 박물관이 자리 잡고 있다.

구글 지도 아루아루 시티

MAP P.337
ⓢ 고쿠라역 신칸센 출구로 나와 연결 통로를 따라 도보 3분
ⓣ 11:00~20:00
⊖ 연중무휴 ¥ 가게마다 다름, 만화 박물관 성인 480¥, 중·고등학생 240¥, 초등학생 120¥

만다라케
MANDARAKE

덕후들의 성지. 애니메이션, 피겨, 토이, 게임 등 키덜트족을 위한 구역과 아이돌 사진과 굿즈, 잡지, CD와 DVD 등 J-팝 팬을 위한 구역 등으로 이뤄져 있어 거대한 대중문화 박물관에 들어온 듯한 기분이 든다. 일본 아이돌 사진과 굿즈, CD 등도 폭넓게 갖추어 여성 손님이 많다는 것이 차별점. 면세 가능.

구글 지도 만다라케 고쿠라점

MAP P.337
ⓢ 아루아루 시티 4층 ⓣ 12:00~20:00 ⊖ 연중무휴

이즈츠야 백화점
井筒屋

고쿠라 유일의 백화점. '백화점'이라는 명칭이 무색하리만큼 유명 패션 브랜드를 제외하고는 쇼핑할 만한 곳이 없다는 게 흠. 지하 식품관의 라인업이 꽤 괜찮아서 잠시 들르기 좋다. 특히 규슈에 6개뿐인 토라야 양갱이 인기. 신관 8층에서 면세 수속 가능. 무료 와이파이 이용 가능.

구글 지도 고쿠라 이즈츠야

MAP P.336
ⓢ 고쿠라역 고쿠라 성 출구에서 직진, 고쿠라역 앞 사거리에서 좌회전, 역에서 도보 6분
ⓣ 10:00~19:00 ⊖ 부정기

모지코역
門司港駅

1891년 독일인 헤르만 룸쇠텔의 지휘 아래 지은 철도 역사. 네오르네상스 양식의 목조건물로 당시로선 매우 드물게 수세식 화장실을 갖췄는데 대리석과 타일로 마감했으며, 역사 외부는 중후하면서도 모던함을 잘 살렸다. 미적, 역사적 가치를 인정받아 기차 역사로는 최초로 일본 중요 문화재로 지정되었다.

구글 지도 모지코 역

MAP P.338
ⓢ 고쿠라역에서 일반 열차를 타고 모지코역에서 하차 ⓒ 24시간 ⊖ 연중무휴 ¥ 무료입장

구 오사카 상선
旧大阪商船

1917년에 지은 오사카 상선 모지 지점 건물을 복원한 것으로 주황색 벽돌과 흰색 돌을 타일처럼 이용해 건축했다. 건축 당시에는 선박의 대합실과 사무실로 이용됐으나 지금은 지역 작가의 작품을 전시하고 판매하는 갤러리와 디자인 하우스로 변모했다. 시간이 된다면 들어가서 구경해보자.

구글 지도 구 오사카 상선

MAP P.338
ⓢ 모지코역에서 나오면 정면에 보인다. ⓒ 09:00~17:00 ⊖ 연중무휴 ¥ 무료입장 / 갤러리 성인 150¥, 아동 70¥

구 모지 미츠이 클럽
旧門司三井倶楽部

미츠이 물산의 사교 클럽으로 이용되던 하프팀버 양식(반목조) 건물. 모든 객실에 벽난로를 설치하고 문틀, 창틀, 계단 등에 거대한 장식을 새기는 등 당시 모던 건축물의 깊이가 잘 드러난다. 아인슈타인이 머물렀던 2층을 전시실로 꾸며놓았다.

구글 지도 구 모지미츠이 클럽

MAP P.338
ⓢ 모지코역에서 나오면 바로 보인다. ⓒ 09:00~17:00 ⊖ 연중무휴 ¥ 2층 성인 150¥, 초등·중학생 70¥

규슈 철도 기념관
九州鉄道記念館

철도와 관련이 있는 모든 것을 모아놓은 박물관. 실제 열차들을 전시해놓았는데, 일부 열차는 탑승할 수 있으며 운전석도 구경할 수 있다. 실제 규슈 지역에서 판매한 에키벤(열차 도시락), 시대별 티켓, 기관차 모형 등을 자세히 소개하며 체험거리도 다양하다.

구글 지도 큐슈 철도 기념관

MAP P.338
ⓢ 모지코역에서 오른쪽, 도보 3분
ⓒ 09:00~17:00(마지막 입장 16:30)
⊖ 둘째 주 수요일(8월 제외), 7월 둘째 주 수·목요일
¥ 성인 300¥, 중학생 이하 150¥, 4세 미만 무료

구 모지 세관
旧門司税関

1912년 붉은 벽돌로 지은 2층 규모의 세관 청사. 대대적인 레노베이션을 거쳐 1994년부터는 갤러리로 일반에 공개하고 있다. 1층의 세관 홍보실에서는 밀수 수법이나 적발 사례를 다양한 전시물로 소개하며, 소규모 갤러리와 전망대 등도 함께 있어 쉬었다 갈 겸 둘러보기 좋다. 건물 자체도 아름답다.

구글 지도 구 모지 세관

MAP P.338
ⓢ 모지코역에서 직진, 블루윙 모지 건너 오른쪽
ⓒ 09:00~17:00 ¥ 무료입장

블루윙 모지
ブルーウィングもじ

일본 최대의 보행자 전용 도개교. 연인들의 성지로 알려지며 여행자들이 많이 찾는 명소가 됐다. 오전 10시부터 오후 4시 20분까지 매시 정각과 20분(1일 6회)에 각각 도개교가 올라가고 내려오는 장면을 볼 수 있다.

구글 지도 블루윙 모지

MAP P.338
ⓢ 모지코역에서 직진

기타큐슈 시립 국제 우호 기념관
北九州市立国際友好記念館

모지항이 국제 무역 창구로 이름을 날리던 때 중국의 다롄과 교류가 활발했다. 1994년, 양 도시의 우호 체결 15주년을 기념해 다롄에 있는 철도 사무소 건물을 똑같이 지은 도서관이다. 1층에 중국 음식점이, 2층과 3층에는 동아시아 역사 자료를 소장한 전시실이 들어서 있으나 큰 볼거리는 없다.

구글 지도 기타큐슈시 다롄우호기념관

MAP P.338

Ⓢ 블루윙 모지를 건너 오른쪽, 모지코역에서 도보 8분 Ⓣ 09:00~17:00 Ⓞ 레스토랑 월요일(공휴일인 경우 화요일) Ⓨ 무료입장

모지코 레트로 전망대
門司港レトロ展望室

모지코와 간몬해협, 시모노세키가 한눈에 보이는 전망대. 일본의 공공 시설과 박물관 건축의 거장으로 잘 알려진 구로카와 기쇼의 손을 거쳐 완성된 레트로 하이마트 31층에 자리 잡고 있다. 입장료가 아깝지 않을 만큼 멋진 풍경을 볼 수 있는데, 이른 오전이나 해 질 무렵의 풍경이 특히 환상적이다.

구글 지도 모지코 레트로 전망대

MAP P.338

Ⓢ 모지코역에서 도보 8분 Ⓣ 10:00~21:30 Ⓞ 연 4회 부정기 Ⓨ 성인 300¥, 아동 150¥

아카마진구
赤間神宮

1185년 건립되어 조선통신사의 객관으로 쓰인 유서 깊은 신사로 시선을 사로잡는 붉은 색채에 이끌려 들어가보면 호젓한 분위기에 압도된다. 신사가 하루 중 가장 아름다운 때는 해가 떠오를 무렵. 가라토 시장에서 가까워 함께 여행하기 좋다.

구글 지도 아카마 신궁

MAP P.338

Ⓢ 페리 승선장에서 간몬교 방향으로 도보 9분 Ⓣ 09:00~17:00 Ⓞ 연중무휴 Ⓨ 무료입장

모지코 레트로 해협 플라자
門司港レトロ 海峡プラザ

바닷가 산책로를 따라 자리한 복합 쇼핑 상가. 일본 최초로 바나나를 들여온 곳답게 바나나와 관련한 먹거리와 상품이 주를 이루는데, 말린 바나나와 바나나 소프트아이스크림, 맥주가 특히 인기 있다. 이곳의 상징물인 바나나맨(バナナマン)도 인증 사진 명소로 유명하다.

구글 지도 모지코 레트로

MAP P.338

Ⓢ 모지코역에서 도보 3분
Ⓣ 기념품점 10:00~20:00, 식당 11:00~22:00
Ⓨ 말린 바나나 600¥, 바나나 소프트아이스크림 400¥

간몬교
関門橋

일본에서 가장 큰 섬인 혼슈(本州)와 큐슈(九州)를 연결하는 다리. 길이 1,068m, 해발 61m 높이를 자랑하며 다리 북쪽과 남쪽에 각각 전망 좋은 휴게소가 있어 경치를 감상하기에 좋다. 시간이 있다면 간몬 인도 터널도 걸어서 건너보자. 왕복 30분이면 두 섬을 왕래할 수 있다.

구글 지도 간몬교

MAP P.338

Ⓢ 차를 렌트하지 않으면 찾아갈 수 없으니 눈으로 보거나 간몬 인도 터널을 걷자. Ⓣ 인도 터널 06:00~22:00 Ⓨ 인도 터널 보행자 무료, 자전거 오토바이 20¥, 고속도로 경차 320¥

조선통신사 상륙지
朝鮮通信使上陸地

조선통신사가 일본에 첫발을 디뎠던 곳으로 작은 공원으로 조성돼 있다. 쇄국 정책을 펼치던 일본과 유일하게 국교를 맺고 있던 조선의 사절이 초청받아 총 12회에 걸쳐 방문했다. 조선통신사들은 시모노세키에서 육로로 오사카와 교토까지, 조선 후기에는 도쿄(에도)까지 행차하며 일본 곳곳에 조선의 선진 문물을 전파했다.

구글 지도 조선통신사 상륙지

MAP P.338

Ⓢ 아카마진구 바로 앞
Ⓣ 24시간 Ⓨ 무료입장

가라토 시장
唐戸市場

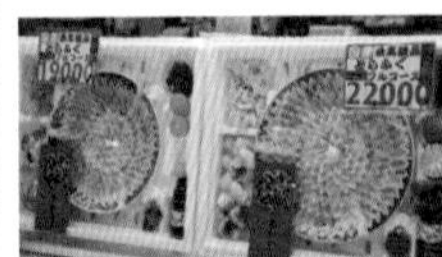

간몬해협에 자리한 어시장. 금요일부터 일요일 아침에 열리는 일명 '스시 배틀(寿司バトル)'은 이곳 최대의 자랑거리로 집집마다 싱싱하고 저렴한 스시를 판다. 원하는 초밥을 1개 단위로 구입할 수 있어 이 집 저 집 다니며 고르는 재미가 있는데 특히 복어회나 복어 정소, 다양한 스시는 반드시 맛봐야 하며 배가 덜 찼다면 카이센동(해물덮밥)도 시도할 만하다. 질 좋은 스시를 맛보려면 개장 2시간 이내에 가야 한다. 스시 배틀 시간과 휴일을 홈페이지에서 체크한 다음 일정을 정하자. 현금 결제만 가능한 곳도 있다.

구글 지도 가라토 시장

MAP P.338 VOL.1 P.041
Ⓢ 간몬 연락선 승선장에서 가라토행 페리를 타고 5분 Ⓣ 금·토요일 10:00~15:00, 일요일·공휴일 08:00~15:00 ⊖ 1월 1일~4일, 부정기 ¥ 스시 110¥~

일청 강화 기념관
日清講和記念館

청일전쟁 이후 이토히로부미를 대표로 한 일본과 청나라 양국 간 시모노세키조약이 체결된 역사적 장소. 이 조약을 근거로 청나라는 조선에 대한 모든 권리를 박탈당하게 된다. 일본이 조선에 대한 지배력을 확대하고 식민지 지배의 초석을 마련했다는 점에서 역사적 슬픔이 무겁게 다가온다.

구글 지도 청일 강화 기념관

MAP P.338
Ⓢ 페리 승선장에서 간몬교 방향으로 도보 9분
Ⓣ 09:00~17:00 ⊖ 연중무휴 ¥ 무료입장

EATING →

가이쿄칸(2025년 여름까지 휴관)
海響館

간몬해협을 마주하고 있는 수족관. 시모노세키의 명물인 복어로 꾸민 수조와 돌고래 쇼가 유명하며 다양한 이벤트가 상시 열리니 스케줄표를 참고해서 둘러보자. 가라토 시장과 함께 관광하기에 좋은데, 가라토 시장 주차비가 꽤 비싼 편이므로 이곳에 주차하고 두 곳 모두 돌아보는 것이 경제적이다.

구글 지도 카이쿄칸

MAP P.338
Ⓢ 페리 승선장에서 도보 2분 Ⓣ 09:30~17:30(마지막 입장 17:00) ¥ 성인 2090¥, 초등·중학생 940¥, 유아 410¥, 3세 미만 무료

스타벅스 모지코역점
スターバックス コーヒー 門司港駅店

1914년에 건설된 기차역이라는 콘셉트를 제대로 살려 1910~1920년대 다이쇼 시대(大正, 1912~1926년) 분위기를 낸다. 천장 철골 등은 규슈 지역의 폐선로를 사용하고 후쿠오카현의 나무로 만든 가구를 사용했다. 스타벅스 로고는 열차의 헤드 마크를 본떠 만드는 등 볼거리도 충실히 갖췄다.

구글 지도 스타벅스 모지코역점

MAP P.338
Ⓢ 고쿠라역 1층 Ⓣ 08:00~21:00 ⊖ 부정기
¥ 커피 300¥~

프린세스 피피
プリンセスピピ

모지코에서 가장 인기 있는 야키 카레 집. 알코올/무알코올 바나나 맥주, 복어튀김, 치즈 소프트 아이스크림 등의 메뉴도 두루두루 인기 있다. 야키 카레 토핑 종류와 양에 따라 메뉴가 달라지는데 채소와 소고기를 강력 추천. 대기 시간이 1시간 이상 걸리기 때문에 모지코에 도착하자마자 웨이팅을 걸어두자.

구글 지도 프린세스 피피

MAP P.338
Ⓢ 모지코역 건너편 Ⓣ 11:00~20:00
¥ 소고기 야키 카레 1500¥

INDEX